普通高等教育农业农村部“十三五”规划教材

MS Office
高级应用

白明昌　董莉霞　主编

中国农业出版社
北　京

内容简介

本书根据教育部考试中心制定的《全国计算机等级考试二级 MS Office 高级应用与设计考试大纲（2021 年版)》的要求编写而成。此教材重点介绍了 MS Office 2016 软件常用的三大模块 Word、Excel、PowerPoint 的特点、功能和综合应用，并甄选了历年考题中的典型题目进行详细解析及考点分析。本书结构紧凑，内容精练，实用性强，文字通俗易懂，是参加计算机等级考试人员的必备教材。本书既可作为高校 MS Office 高级应用课程的教材，也可作为其他各类计算机培训班的教学用书或计算机爱好者的实践参考用书。

编写人员名单

主　编　白明昌　董莉霞

参　编　陶　志　孙　勤

逯玉兰　李宇泊

当今时代，信息技术飞速发展，其应用领域越来越广泛。人们的思维方式和处理信息的方式发生了变化，同时，信息时代对人们处理信息和数据的能力要求也有所提高。Office 自问世以来，受到了人们广泛的关注，随着 Office 版本的升级，其功能越来越强大，用户越来越多。

作为长期从事大学计算机基础教学的教师，我们深刻体会到信息技术在高等教育中的基础地位和重要作用。近年来，部分学校计算机基础课的课时有所压缩，而越来越多的大学生热衷于学习 Office 软件的各种功能，因此我们想努力编写一本内容通俗易懂、适应当前学生学习特点的 Office 高级应用教材。本书围绕 Office 2016，重点介绍了 Word 2016、Excel 2016 和 PowerPoint 2016 三大软件的应用。

本教材具有以下特点：

1. 定位精准。本书面向高等学校计算机公共基础教学，针对想熟练掌握 Word 2016、Excel 2016 和 PowerPoint 2016 应用的学生而编写。

2. 案例丰富。本教材在介绍每个知识点时，都有相对应的案例和解析步骤，实用性非常强，在每一部分的末尾，都有综合案例，学生在学习的过程中，可以循序渐进，举一反三。

3. 与等级考试紧密结合。本教材的编写，参考了《全国计算机等级考试二级 MS Office 高级应用与设计考试大纲（2021 年版）》的要求，紧扣考点，教材中的知识点和实例有助于学生复习、备考计算机等级考试。

前　言 >>>

本书共分为 4 个部分，第一部分为 Office 2016 应用基础，第二部分为 Word 2016 的功能与应用，第三部分为 Excel 2016 的功能与应用，第四部分为 PowerPoint 2016 的功能与应用。本书共分为 18 章，其中，第 1 章、第 2 章由董莉霞编写，第 3 章至第 7 章由陶志编写，第 8 章至第 10 章由孙勤编写，第 11 章至第 14 章由逯玉兰编写，第 15 章至第 17 章由李宇泊编写，第 18 章由白明昌编写。由于作者水平有限，书中难免存在不足和错误之处，恳请读者批评指正。

编　者

2021 年 9 月

目录
CONTENTS

第三部分　Excel 2016的功能与应用

第四部分　PowerPoint 2016 的功能与应用

第一部分

Office 2016 应用基础

Office 2016 是一款由微软公司开发的办公软件，于 2016 年上市。该软件是广大用户日常学习、工作中不可或缺的工具。其中，Word 2016、Excel 2016、PowerPoint 2016 最为常用。Office 2016 与其他 Office 版本相比，功能更强大，页面更人性化，可以使用户的日常学习和办公更加得心应手，事半功倍。

第1章　Office 2016 快速入门

Office 2016 的操作界面和其他版本相比，其设计更加人性化，可以协助用户更好地完成学习和工作。Office 2016 版本的界面显示方式、各个选项卡以及功能区中功能按钮的位置，均可以根据用户的需要变化。例如，可以隐藏 Office 2016 的功能区，或者用户可以增加“快速访问”工作栏中的一些快捷按钮，将最常用的命令集中起来统一管理。

Office 2016 常用的应用程序包括 Word 2016、Excel 2016、PowerPoint 2016、Access 2016、Outlook 2016 等，其界面大都相似，部分功能基本相同，例如，创建新文档、启动文档、退出文档、保存等内容都一致。

1.1　认识 Office 2016

1.1.1　Word 2016 简介

Word 2016 是 Office 2016 中最为常用的程序之一，主要用于文字处理和文档编辑，是 Office 2016 套件的核心程序。Word 2016 提供了丰富的功能集，以便创建复杂的文档，同时提供了一些较易于使用的文档创建工具。

1.1.2　Excel 2016 简介

Excel 2016 是另一个 Office 2016 中最为常用的程序之一。利用 Excel 2016 可以进行各种数据处理、统计分析以及辅助决策操作，在管理、统计、金融等众多领域都有广泛的使用。

用户可以使用 Excel 2016 创建工作簿，可以进一步分析数据和统计数据，还可以使用 Excel 2016 跟踪数据，生成数据模型，编写计算公式对数据进行计算分析，透视数据，以专业外观形式的图表来显示数据及结果，方便用户做出决策。

1.1.3　PowerPoint 2016 简介

PowerPoint 2016 是 Office 2016 中的演示文稿软件，简称 PPT。用户可以将提前制作好的 PPT 在投影仪或计算机上进行演示，还可以将 PPT 打印出来，制作成胶片，以便应用到更广泛的领域中。例如，用户利用 PowerPoint 2016 创建各种演示文稿，在互联网上召开远程会议，给观众展示演示文稿的精彩内容。PPT 中的每一页叫作幻灯片，每张幻灯片之间都是互相独立但又紧密相连的。PPT 已逐渐成为人们学习、工作和生活的重要组成部分，在毕业答辩、工作汇报、宣广告传、产品推介、会议庆典、管理咨询等各个领域都有着广泛的使用。

1.2 Office 2016 的友好界面

1.2.1 功能区与选项卡

Office 2016 中，功能区的设计令人耳目一新。所有的功能区都以选项卡的形式，对命令进行分组和显示。功能区的选项卡在排列方式上也有所变化，与用户完成任务的顺序基本上趋于一致。选项卡中命令的组合方式，相比其他版本，直观性进一步增强，提高了用户对应用程序的可操作性。Word 2016、Excel 2016、PowerPoint 2016 功能区如图 1－1、图 1－2 和图 1－3 所示。

图 1－1 Word 2016 的功能区

图 1－2 Excel 2016 的功能区

图 1－3 PowerPoint 2016 的功能区

Office 2016 的功能区并非固定的，而是根据应用程序窗口的宽度，来不断调整功能区中的内容。例如，当功能区变窄，为了节省空间，一些图标会相应地缩小。

1.2.2 实时预览

Office 2016 拥有实时预览功能。例如，将鼠标指针移动到某一选项，这时指针所指的选项，就会应用到当前用户编辑的文档中。这种实时预览功能，可以有效提高用户对文档的布局、编辑和相关格式化的操作效率。因此，实时预览功能极大地提高了用户编辑文档和美化文档的速率。

1.2.3 屏幕提示功能

Office 2016 和其他版本相比，屏幕提示功能极大地增强。屏幕提示的显示面积更大，容纳的信息更多。增强的屏幕提示信息功能具体表现为：直接从一个命令的显示位置，用户可以快速地访问相关的帮助信息。例如，当用户的鼠标指针指向“插入索引”选项卡时，则会弹出相应的屏幕提示内容：“插入索引，添加索引，列出关键字和这些关键字出现的页码。”通过屏幕提示，用户可以快速地了解该选项的功能。如果需要获取较为详细的帮助信息，用户可以利用该功能提供的链接，直接对当前命令进行访问获取，而不需要再打开帮助窗口进行搜索获取。如图 1－4 所示。

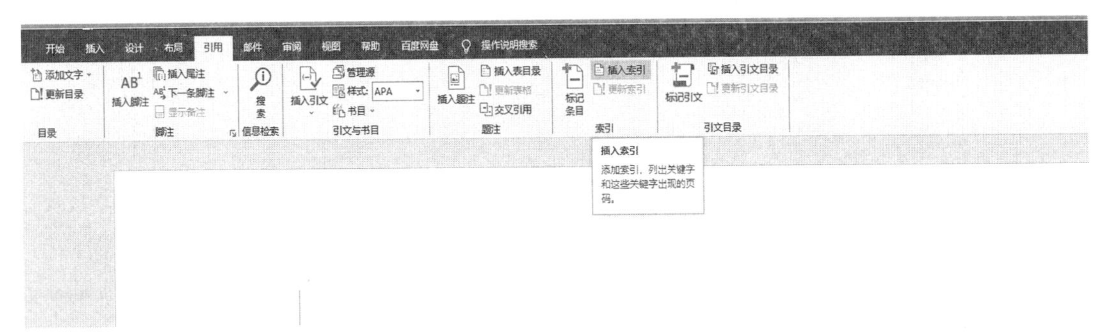

图 1－4　屏幕提示功能

1.2.4　自定义功能区

Office 2016 的功能区中的选项卡以及命令的分布，是按照大多数用户的操作习惯来确定分布的。然而不同的用户可以根据自己的习惯、使用频率等，来定义符合自己使用习惯的 Office 2016 功能区。以 Word 2016 为例，可以按照如下的操作步骤完成功能区的自定义：

①在功能区某一空白处单击鼠标右键，从弹出的菜单中选择“自定功能区义”。如图 1－5 所示。

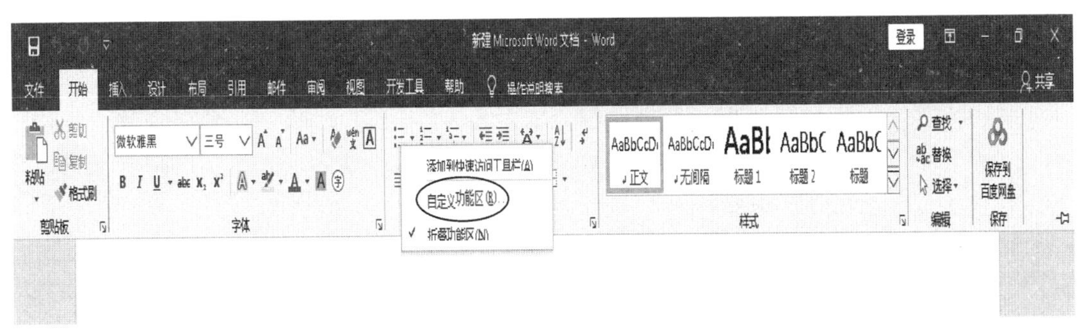

图 1－5　自定义功能区

②此时会出现“Word 选项”对话框，并显示“自定义功能区”功能组。用户如需创建新的选项卡或命令组，则可单击右侧区域内的“新建选项卡”或“新建组”按钮，将命令加入即可；如需修改名称，则可单击“重命名”按钮即可，最后单击“确定”按钮。如图 1－6 所示。

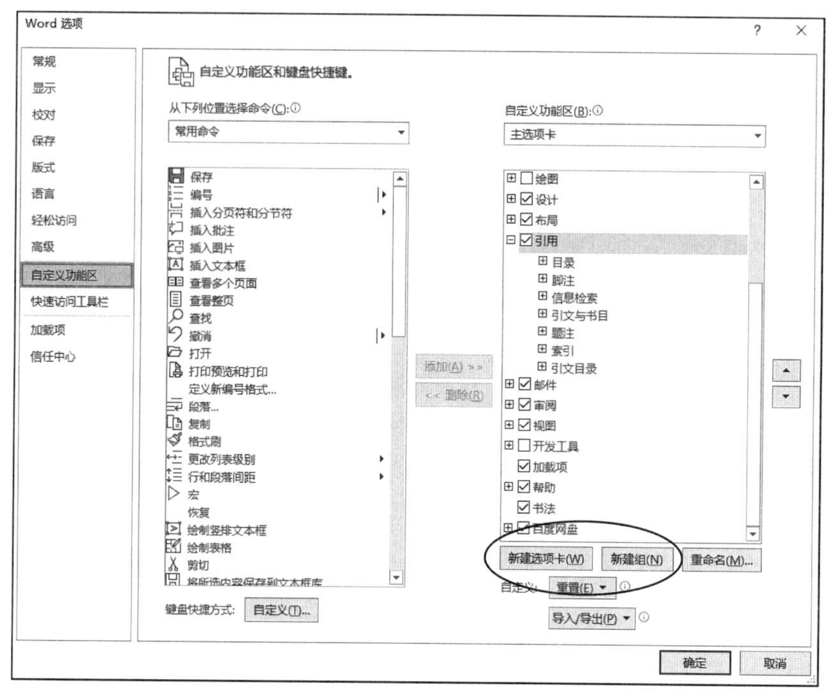

图 1－6　在 Word 2016 中进行自定义功能区的设置

1.2.5　后台视图界面

在 Office 2016 中单击“文件”选项卡，便可看到 Office 2016 的后台视图。在如图 1－7 所示的后台视图中，可以进行管理文档的相关操作，还可以管理文档的相关数据、自定义文

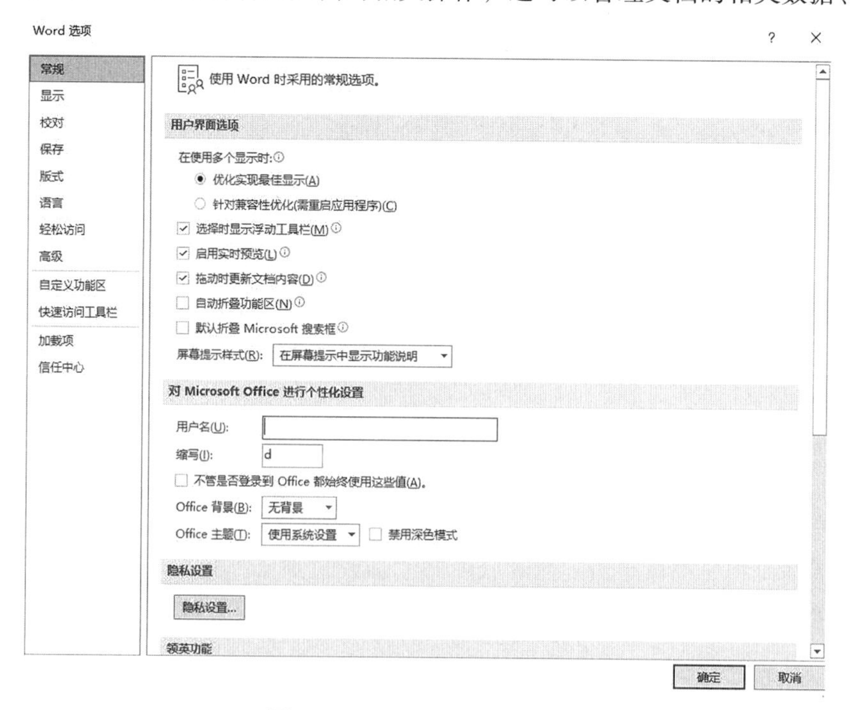

图 1－7　Office 2016 后台视图

档的各种属性选项、设置文档的保护等内容。

当单击列表中的“选项”命令时，相应组件的对话框便被打开。在打开的对话框中，可以进行当前应用程序工作环境的进一步设置。如可以指定文件的保存位置、设置 Office 语言首选项、更改文档在屏幕上的显示方式和打印的显示方式等。如图 1－7 所示。

第 2 章　Office 2016 的新功能

Office 2016 相比 Office 的其他版本，增加了许多新功能，下面以 Word 2016 为例进行介绍。

2.1　协同工作功能

Office 2016 增加了协同工作的功能。用户通过共享功能选项发出邀请，其他文档使用者就可以一同编辑文档，每个使用者编辑过的文档位置，会出现相应的提示，让所有文档编辑者都可以看到文档被编辑过的痕迹。协同工作功能对于需要合作编辑的长文档用户来说，非常便捷高效。

2.2　操作说明搜索功能

在 Word 2016 操作界面的右上方，有一个操作命令搜索框，用户在搜索框中输入想搜索的内容，搜索框便会给出相应标准的 Office 2016 命令。用户直接单击鼠标即可执行相应的命令。该功能对于 Office 的初学者来讲，非常实用。例如，搜索“水印”可以看到 Office 给出的关于水印的命令，如果用户要进行某种水印设置，选择相关命令即可进行设置，简便易行。如图 2－1 所示。

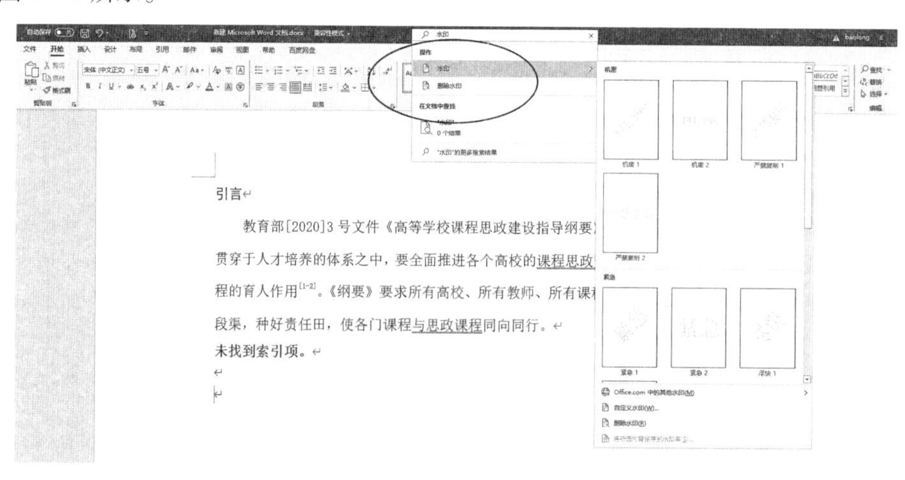

图 2－1　操作说明搜索功能的使用

2.3　云存储功能

云模块已经无缝融入 Office 2016 中，用户既可以一如既往地使用本地硬盘储存，还可以指定云作为默认存储路径。由于“云”也是 Windows 10 操作系统中的主要功能之一，因此 Office 2016 为用户创造了一个较为开放的文档处理平台，用户可以通过手机、平板电脑或其他客户端，随时随地读取存放到云端上的文件，如图 2-2 所示。

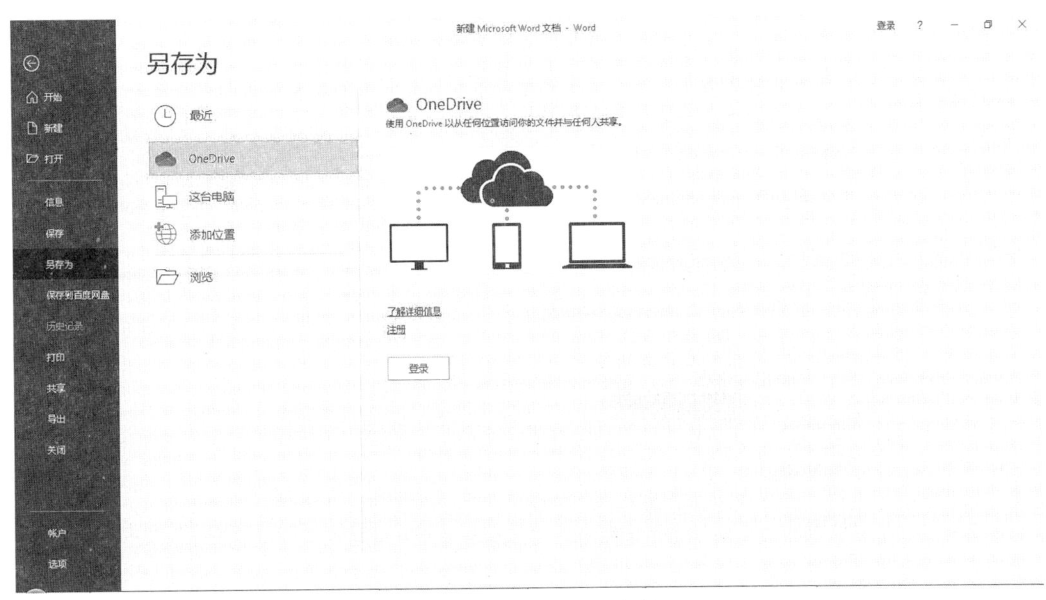

图 2-2　Office 2016 的云存储界面

2.4　主题共享功能

Office 2016 是一款集成自动化办公软件，利用 Office 2016 这款软件，可以实现多用户协同工作。

在 Office 2016 中，可以在 Word 2016、Excel 2016、PowerPoint 2016 三个应用程序之间，实现文档主题的共享。文档的主题是一套格式选项，该套格式选项具有统一的设计元素，包括主题中的字体，各种主题效果。通过对文档主题的应用，用户可以快捷地美化所编辑的内容，如图 2-3 所示。

①打开任一组件，在“文件”选项卡中单击“选项”，打开对应的对话框。

②在“常规”的“对 Microsoft Office 进行个性化设置”中，找到“Office 主题”，对应可选项有三个，分别是“彩色”“深灰色”和“白色”。

“白色”：该主题为 Office 的经典外观，组件的功能区显示为白色的背景。

“深灰色”：Office 组件的界面设置为深灰色，外观显示为较柔和的对比效果。

“彩色”：不同组件的功能区可应用不同的主题颜色，视觉效果较为亮丽。

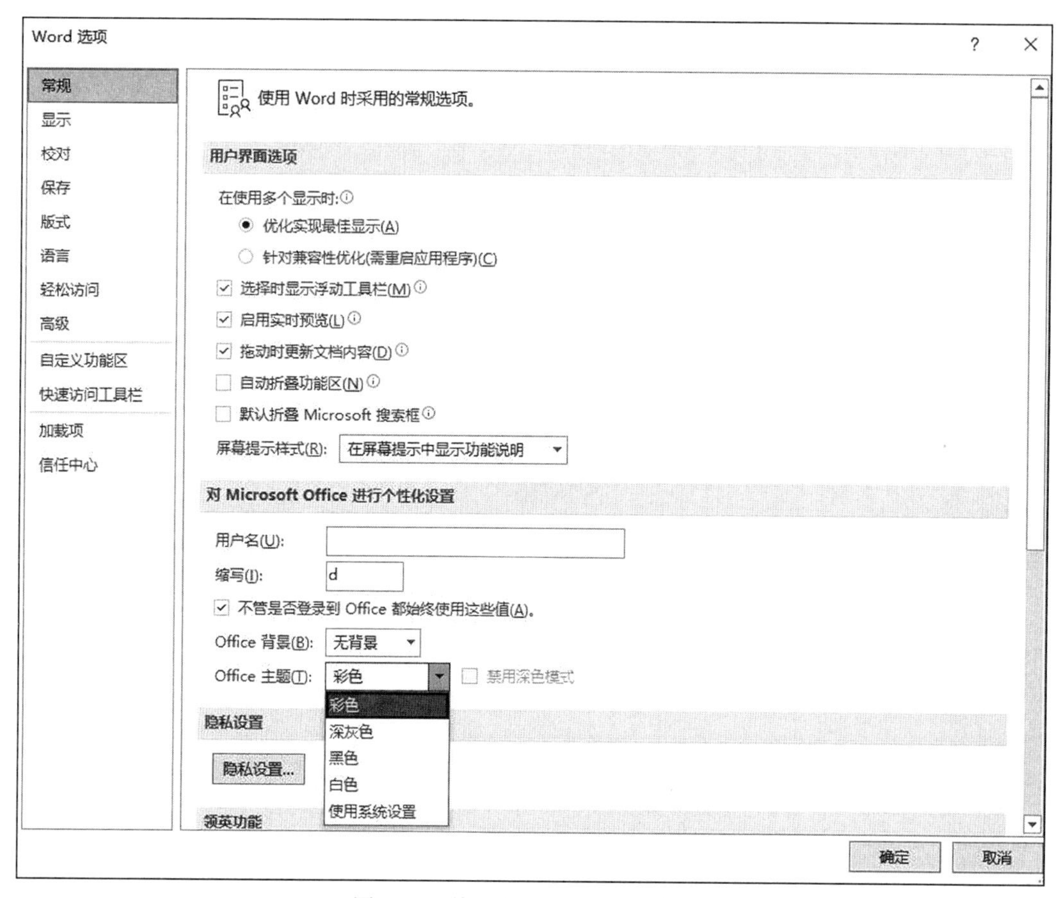

图 2-3 统一设置 Office 主题颜色

第二部分

Word 2016 的功能与应用

Microsoft Word 2016 是微软公司的 Office 2016 系列办公组件之一，是目前较流行的文字编辑软件，它用 Microsoft Office Backstage 视图取代了以前的文件菜单，其改进后的功能可以更方便地创建精美的文档，用户可更加轻松地与他人协同工作并可在任何地点访问文件。本部分主要介绍 Word 2016 的基本操作和各主要功能的实现。

Word 2016 具有以下功能特点：

- 以任务为导向的工作界面。
- 不离开文档，联机观看视频。
- 支持多用户同时在线编辑文档。
- 重排 PDF 文件类型并转化为 Word 文件。
- 在任意屏幕上使用阅读模式。

Word 2016 的新增功能：

（1）新增 6 个图表类型。在 Word 2016 中添加了树状图、旭日图、直方图、箱形图、瀑布图、组合图 6 个新的图表类型。可帮助用户创建一些最常用的数据可视化的图表，展示统计数据中的属性。

①树状图（Tree Diagram）：树状图，也称树枝状图。树状图是数据树的图形表示形式，以父子层次结构来组织对象，它是枚举法的一种表达方式。

②旭日图（Sunburst Chart）：是一种现代饼图，它超越了传统的饼图和环图的功能，能清晰地表达层级和归属关系，以父子层次结构来显示数据构成情况。在旭日图中，离原点越近表示级别越高，相邻两层中，是内层包含外层的关系。

旭日图不仅数据直观，而且图表美观大方。很多数据场景都适合用旭日图表示，比如，在销售汇总报告中，用旭日图可以方便地看到每个店铺的销售业绩分布。

③直方图（Histogram）：又称质量分布图，它是一种统计报告图，是由一系列高度不等的纵向条纹或线段表示数据分布的情况。一般用横轴表示数据类型，纵轴表示分布情况。

④箱形图（Box Plot）：又称盒须图、盒式图或箱线图，是一种用作显示一组数据分散情况资料的统计图。它主要用于反映原始数据分布的特征，还可以进行多组数据分布特征的比较。

⑤瀑布图（Waterfall Plot）：是由麦肯锡顾问公司独创的图表类型，因为形似瀑布而被称为瀑布图。此种图表采用绝对值与相对值结合的方式，适用于表达几个特定数值之间的数量变化关系。

⑥组合图（Combination Charts）：综合运用 Word 2016 所提供的图表形式做出适合各种数据类型和展示要求的综合图形。

（2）支持多用户同时在线编辑文档。Word 2016 将共享功能和 OneDrive 进行了整合，在“文件”菜单的“共享”界面中，可以直接将文件保存到 OneDrive 中，然后邀请其他用户一起来查看、编辑文档。

（3）重排 PDF 文件类型并转化为 Word 文件。通常，用户打开和编辑 PDF 格式的文件，需要下载专门的软件在特定操作环境下进行。但 Word 2016 可以直接打开 PDF 格式文件，还可以保留原格式设计，编辑完成后还可以直接保存为 Word 文件或者继续保存为 PDF 文件。

（4）新增智能查找功能。当用户选择某个字词或短语后，用鼠标右键单击它，并选择智能查找，窗格将打开定义，定义来源于维基百科和网络相关搜索。

（5）操作说明搜索功能。Word 2016 中新增了一个功能，使用起来非常方便，这个功能就是“操作说明搜索”功能，可以利用这个功能快速执行某个命令或搜索某个帮助，从此再也不用因查找某个功能而浪费时间了。

第 3 章　Word 2016 文档美化及对象添加

3.1　美化文档及格式调整

在文档表达基本内容以外，还需要使其呈现出美观、醒目等视觉效果，这需要对其格式和内容呈现方式进行设计调整，例如文字呈现效果、段落结构调整等。另外，为了更形象地展示文中内容和数据，还可以插入艺术字、图片、视频和音频媒体文件等。

3.1.1　段落格式设计

段落是以段落标记作为结束的一段文字的集合，呈现的是整个文档的整体结构。合理统一地规划段落，有助于提升文档的总体视觉效果和内容表现效果。在设计文档过程中，我们往往会对于段落的对齐方式、缩进、间距、前后段落位置关系等有较高要求，从而达到层次有致、结构鲜明的阅读感受。

1. 设置段落对齐方式

（1）选中目标段落，在【开始】选项卡“段落”功能组中，如图 3－1 所示，有 5 个可以调整对齐方式的按钮，分别是“左对齐”“居中对齐”“右对齐”“两端对齐”和“分散对齐”。

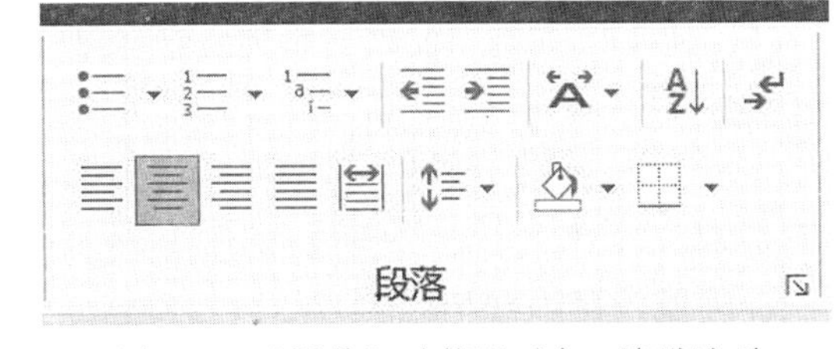

图 3－1　“段落”功能组对齐、缩进选项

（2）选中目标段落，在【开始】选项卡“段落”功能组中，单击右下角的按钮进入“段落”对话框，在默认选项卡“缩进和间距”下“对齐方式”组合框中选择适合的对齐方式。

2. 设置段落缩进

段落缩进是整个段落的每一行都从左或右侧整体向中间趋近相同的距离。从整页纸张来讲，是指除去页边距以外整体缩进的部分。为了整个文档排版美观，可以进行此设置。

（1）选中目标段落，在【开始】选项卡“段落”功能组中，单击“增加缩进量”按钮和“减少缩进量”按钮实现更改缩进量的设置，如图 3－1 所示。这两个按钮只是实现了相对于现在缩进量的进一步增加和减少，不能实现指定缩进量的调整。

（2）选中目标段落，单击【开始】选项卡“段落”功能组右下角按钮，进入“段落”对话框，可在“缩进”区域进行缩进设置，该种方法可以较为精确地调整段落缩进量。

（3）在“段落”对话框“缩进”区域还有“特殊”缩进组合框，可以调整首行相对于整个段落的缩进方式，如“首行缩进”“悬挂缩进”。

此外，段落的缩进，段前、段后的调整也可以在【布局】选项卡“段落”功能组进行，效果是相同的。如图 3－2 所示。

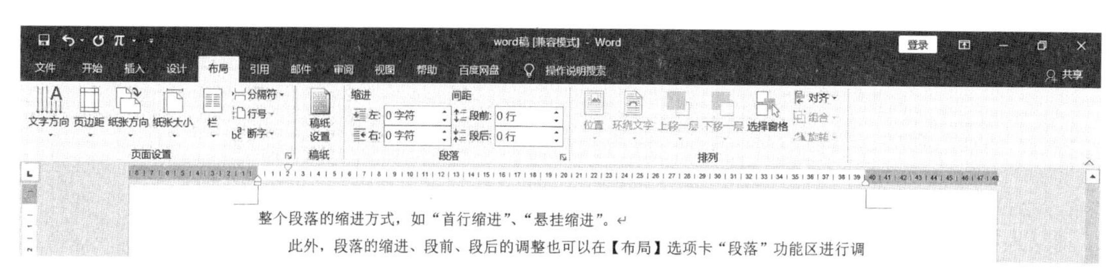

图 3－2　调整缩进

3. 设置段落间距

Word 2016 提供了段落内行间距和段落之间间距两种效果设置功能。在图 3－2 所示界面中，“间距”区域可以进行“段前”“段后”和“行间距”的精准设置。

此外，【设计】选项卡“文档格式”功能组“段落间距”项目中也可以设置段落间距。用户可以选择系统提供的固定间距格式，也可以选择“自定义段落间距”进一步设置。

4. 换行和分页

（1）孤行控制。如果在页面顶部仅显示段落的最后一行，或者在页面底部仅显示段落的第一行，则这样的行称为孤行。选中该选项，则可避免出现这种情况。

（2）与下段同页。被设置了与下段同页的段落，会始终保持与下段在同一页上。表格的题注、图片通常会选择该设置，以保证表格与题注、图片与题注在同一页显示，增强可读性。当然，这可能会导致前面一页的尾部出现空白。

（3）段中不分页。保持一个段落的内容始终位于同一页上，不会在段落中间被分成两页显示。

（4）段前分页。自当前段落开始自动显示在下一页，相当于在该段之前自动插入了一个分页符。

5. 设置段落边框和底纹

段落边框和底纹的设置可以使整个段落看起来更醒目，有别于其他段落，使文档层次感增强。这一设置方法在文本设计工作中经常被采用。

（1）段落边框。选中目标段落，在【开始】选项卡“段落”功能组中，单击“边框”按钮进入“边框和底纹”对话框，在“边框”选项卡中进行设置。此步骤与为文字添加边框步骤相同，只是在“应用于”组合框中需要选择“段落”选项。

（2）段落底纹。为段落添加底纹，在【开始】选项卡“段落”功能组中，单击“边框”按钮进入“边框和底纹”对话框，选择“底纹”选项卡。此步骤与为文字添加底纹步骤相同，只是在“应用于”组合框中需要选择“段落”选项。底纹可以纯色填充，也可以选择图案填充。

6. 首字下沉

Word 2016 为用户提供了“下沉”和“悬挂”两种下沉效果，如图 3－3 所示。

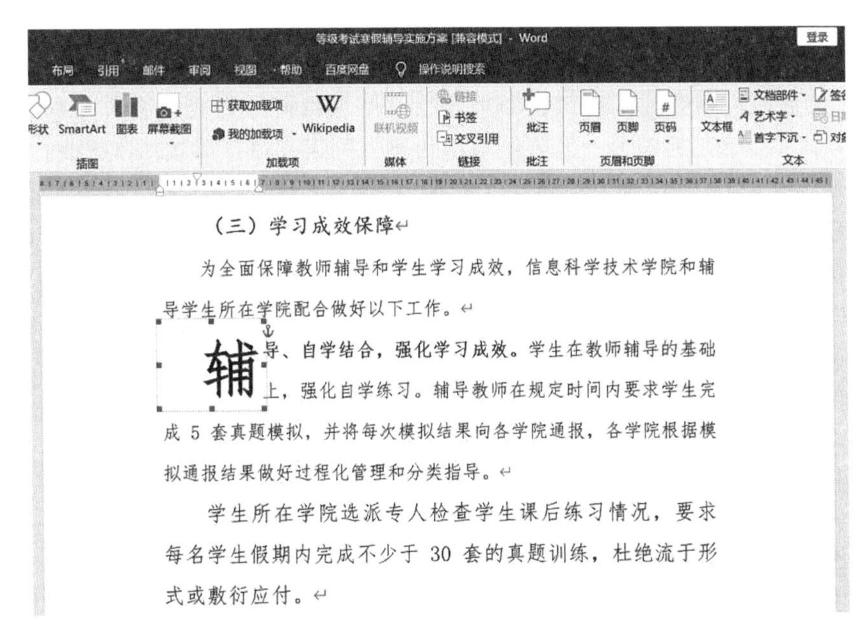

图 3－3 首字下沉两字符效果

【实例 1】将素材文本“寒假辅导工作方案 . docx”中前三段文字按如下要求设置：

（1）首行缩进两字符；

（2）为第一段文字设置左侧缩进 10 磅；

（3）为第二段文字设置首字下沉 2 字符；

（4）为第三段文字添加边框单实线型、2. 25 磅。

◆ 操作步骤：

①同时选中前三段文字，单击【开始】选项卡“段落”功能组右下角按钮，进入“段落”对话框。在“缩进”区域“特殊”组合框中选择“首行缩进”，“缩进值”设置 2 字符，单击“确定”按钮。

②选中第一段文字，打开“段落”对话框，将“缩进”区域“左侧”组合框中的“0 字符”删除，输入“10 磅”，单击“确定”按钮。

③选中第二段文字，在【插入】选项卡下“文本”功能组中选择“首字下沉”按钮，单击“首字下沉选项”，进入“首字下沉”对话框。在“位置”区域单击“下沉”按钮，在“选项”区域“下沉行数”文本框中输入“2”，单击“确定”按钮。

④选中第三段文字，在【开始】选项卡下“段落”功能组中选择“边框”按钮，单击“边框和底纹”按钮进入“边框和底纹”对话框。在“样式”中选择“单实线型”，“宽度”选择“2. 25 磅”，“设置”选择“方框”，“应用于”选择“段落”，单击“确定”按钮。

⑤保存文档。

3. 1. 2 项目符号和编号

在文档中使用项目符号和编号，可以使文档内容层次分明，逻辑清晰，便于阅读。通常，项目符号表现为图形或图片；编号则是通过数字或字母表现内容的顺序。

1. 为文本添加项目符号

（1）在文档中输入文本的同时自动创建项目符号。在文档中需要应用项目符号的位置输入“*”，然后按空格键或 Tab 键，即可开始应用项目符号列表。输入文本后，按 Enter 键，将换行插入下一个项目符号。若要结束项目符号列表，可连续按两次 Enter 键或者按一次 Backspace 键删除最后一个项目符号。

（2）为已存在的文本添加项目符号。选中目标文本，在【开始】选项卡“段落”功能组中选择“项目符号”按钮，选择适合的项目符号图形。若需要自定义项目符号图形，则单击“定义新项目符号”按钮，在用户文件夹中选择符号图形进行设置。

此外，Word 2016 为用户提供了浮动工具栏也可以快速设置项目符号。选中目标文本，其右上角自动出现浮动工具栏，单击“项目符号”按钮，即可完成项目符号的添加。

2. 为文本添加单一编号

选中目标文本，在【开始】选项卡“段落”功能组中单击“编号”按钮，打开“编号库”下拉列表，选择适合的编号格式。

若需要自定义编号格式，则单击“定义新编号格式”按钮进入“定义新编号格式”对话框，根据需要进行设置。

3. 使用多级列表

为了使文档内容更具层次感和条理性，经常需要使用多级编号列表。例如，一篇包含多个章节的书稿，可能需要通过应用多级编号来标识章、节、小节等层次内容。多级编号与文档的大纲级别、内置标题样式、目录相结合时，会快速生成分级别的章节编号。调整章节顺序和级别时，可以自动更新编号和目录。为文本应用多级编号的操作方法如下：

（1）在文档中选择目标文本段落。

（2）在【开始】选项卡的“段落”功能组中，选择“多级列表”按钮，打开多级“列表库”下拉列表进行设置。

（3）如需改变某一级编号的级别，可将光标定位在文本段落之前按 Tab 键，或者在该文本段落中单击右键，在弹出的菜单中选择“减少缩进量”或“增加缩进量”选项来实现。

（4）自定义多级编号列表时，可在“列表库”中单击“定义新的多级列表”项，进入“定义新多级列表”对话框进行设置。

【实例 2】在给定的 Word 素材中，将标题“课程大纲”下的所有样式为正文的文本按照分号转换为独立段落并为其添加项目符号“●”，项目符号大小为“四号”，填充颜色为“标准红色”。

◆ 操作步骤：

①打开 Word 素材，使用 Shift 键选中不连续的含有分号的段落。

②在【开始】选项卡“编辑”功能组中选择“替换”按钮，进入“替换”对话框。在“查找”文本框内输入分号，将光标定位在“替换为”文本框中，依次单击“更多”按钮和“特殊格式”按钮，进入“特殊格式”列表，选择“段落标记”，单击“全部替换”按钮。

③此时，多段文本仍然处于选中状态，选择【开始】选项卡“段落”功能组“项目符号”功能，在“项目符号库”中选择“●”图形，单击“确定”按钮。

④打开“定义新项目符号”对话框，单击“字体”按钮，进入“字体”对话框，在

“字号”列表中选择“四号”，在“字体颜色”列表中选择“标准红色”，单击“确定”按钮。

⑤保存文档。

3.1.3 样式集

样式集实际上是文档中标题、正文和引用等不同文本和对象格式的集合，为了方便用户对文档样式的设置，Word 2016 为不同类型的文档提供了多种内置的样式集供用户选择使用。在【开始】选项卡“样式”功能组的快速样式库中显示的就是某个被选择使用的样式集，用户可以根据需要修改文档中使用的样式集。

应用样式集的具体步骤如下：

①打开 Word 文档，在【文件】选项卡中，选择“选项”并打开“Word 选项”对话框，在对话框左侧列表中选择“快速访问工具栏”选项。

②在“从下列位置选择命令”下拉列表中选择“不在功能区中的命令”选项。在其下拉列表中选择“更改样式”选项，单击“添加”命令将其添加到右侧的列表中，如图 3－4 所示。完成设置后单击“确定”按钮关闭对话框。

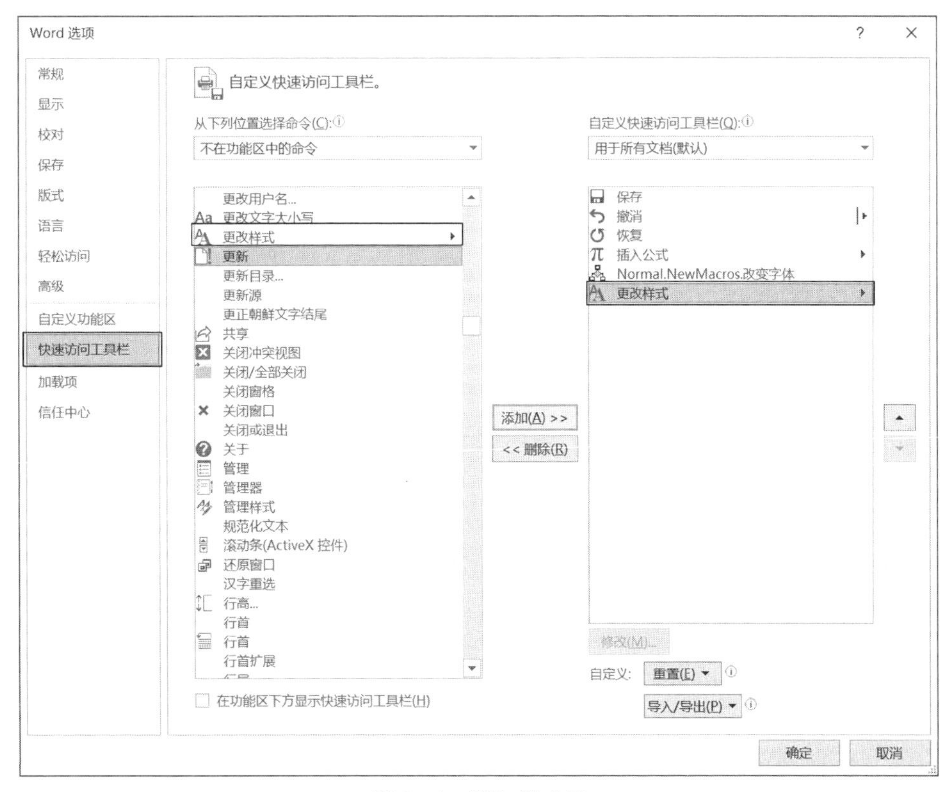

图 3－4 添加样式集

③当需要修改样式集中的字体时，可以在快速访问工具栏中单击“更改样式”按钮，在下拉菜单中选择“字体”命令。在打开的下级菜单中选择需要使用的字体样式，如图 3－5 所示。

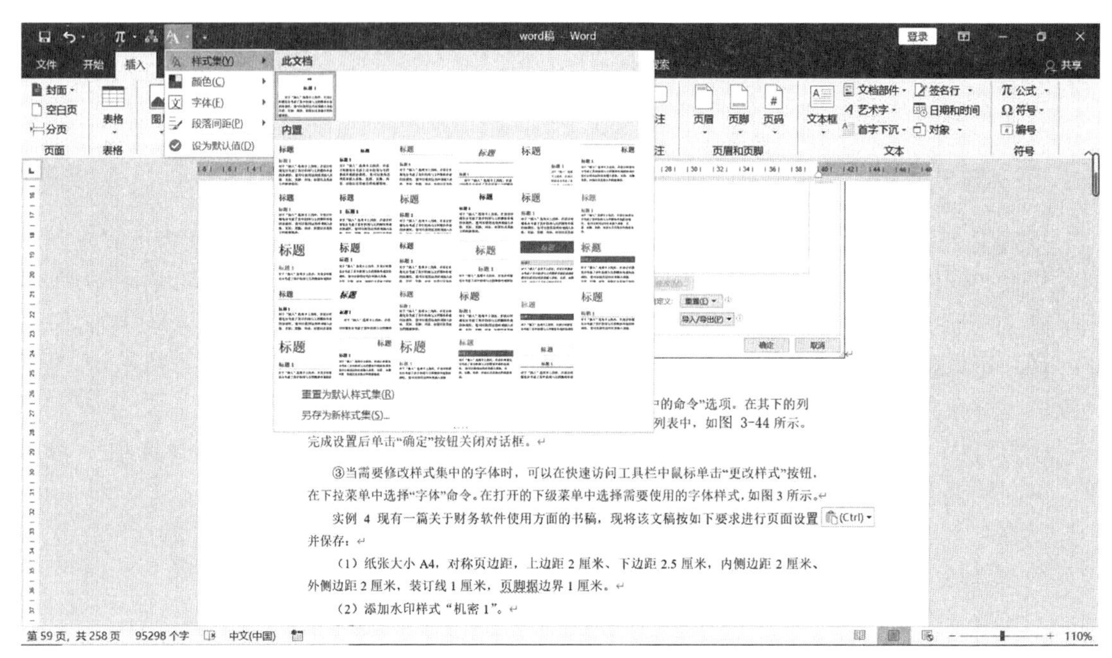

图 3－5 “样式集”列表

● **注意：** 如果要恢复默认的样式集，可以在“样式集”下拉菜单中选择“重设文档快速样式”命令。

④在快速访问工具栏中单击“更改样式”按钮，在下拉菜单中选择“样式集”命令。在打开的“内置”样式集里即可选择适合的样式集统一应用于当前文档。

为了方便操作，用户可以把自己需要的样式集、颜色和字体设置为默认值，只要新建文档就可以使用这个样式集、颜色和字体。设置方法是单击“更改样式”按钮，选择菜单中的“设为默认值”命令即可。

【实例3】打开文档“样式集实例 . docx”，删除文档中所有“页眉”和“页脚”样式；为文档应用名为“正式”的样式集，并组织快速样式集切换。

◆ 操作步骤：

①双击打开文档“样式集实例 . docx”，在【开始】选项卡的“样式”功能组中，单击“对话框启动器”按钮。在弹出的“样式”对话框中，单击“管理样式”按钮，弹出“管理样式”对话框。在该对话框中单击“导入/导出”按钮，弹出“管理器”对话框。

②在对话框左侧样式列表中选择“页眉”和“页脚”样式（此处可以结合使用 Ctrl 键或者 Shift 键），然后单击中间“删除”按钮，即完成了删除“页眉”样式和“页脚”样式的操作，单击“关闭”按钮，关闭“管理器”对话框。

③在【开始】选项卡下“样式”功能组中，单击“更改样式”按钮，在下拉列表中，用鼠标指向样式集，在级联菜单中选择“正式”样式。

④单击“样式”功能组中右下角的“对话框启动器”按钮，弹出“样式”对话框。单击底部“管理样式”按钮，弹出“管理样式”对话框。切换到【限制】选项卡，勾选下方的“阻止快速样式集切换”复选框，单击“确定”按钮，关闭“管理样式”对话框。

⑤关闭并保存文档。

● **注意：**“阻止快速样式集切换”操作，主要是为了避免在文档中设置的一些固定样式被别人修改。

3.2　向文档中添加对象

Word 2016 具有向文档中插入表格、图片、图表、艺术字、文本框等对象的功能，极大地保证了文档美观、简洁的特点，既可以用多种形式展现文档内容本身，又能最大程度美化文档。

3.2.1　表格的添加与格式调整

1. 在文档中插入表格

（1）即时预览创建表格。将光标移动到表格插入位置，单击【插入】选项卡“表格”功能组的“表格”按钮，以滑动鼠标的方式选择所要创建表格的行数和列数，此时在插入位置处可以预览所创建的表格，如图 3－6 所示。该种方法可创建表格的最大容量是 10 行、8 列。若想创建更大型表格，只能借助其他方法了。

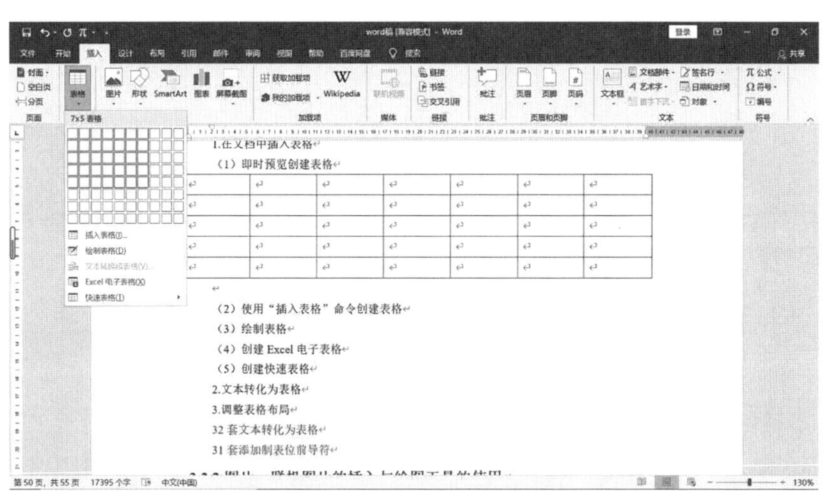

图 3－6　即时预览创建表格

（2）使用“插入表格”命令创建表格。将光标移动到表格插入位置，单击【插入】选项卡“表格”功能组的“表格”按钮，再单击“插入表格”按钮，进入“插入表格”对话框。设置“表格尺寸”及“自动调整”操作，单击“确定”按钮，完成表格创建，如图 3－7 所示。

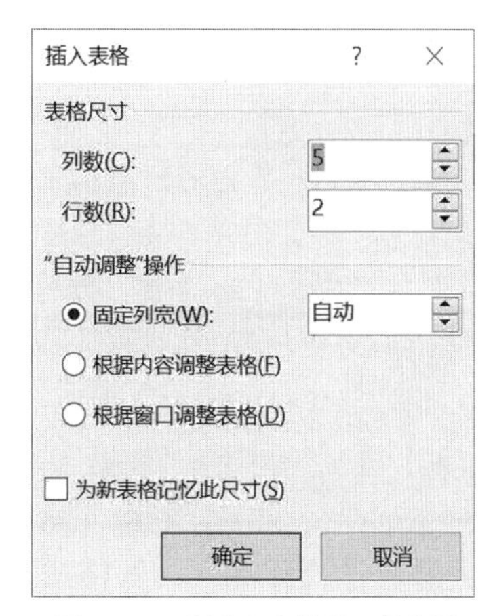

图 3－7　“插入表格”对话框

（3）手动绘制表格。如果要创建不规则的复杂表格，可以采用手动绘制表格的方法。将光标定位在要绘制表格的位置，单击【插入】选项卡“表格”功能组“表格”按钮，再单击“绘制表格”按钮，鼠标指针变成画笔形状，此时用户可以通过拖拽鼠标方式绘制表格了。

（4）创建 Excel 电子表格。在 Word 文档中可以插入

Excel 表格。单击【插入】选项卡“表格”功能组的“表格”按钮，在弹出的列表中选择“Excel 电子表格”命令，此时系统会自动在 Word 文档中插入一个 Excel 表格，如图 3-8 所示。以此种方式创建表格，就犹如在 Excel 环境下处理数据文档，Excel 对于数据的处理要比 Word 更专业。

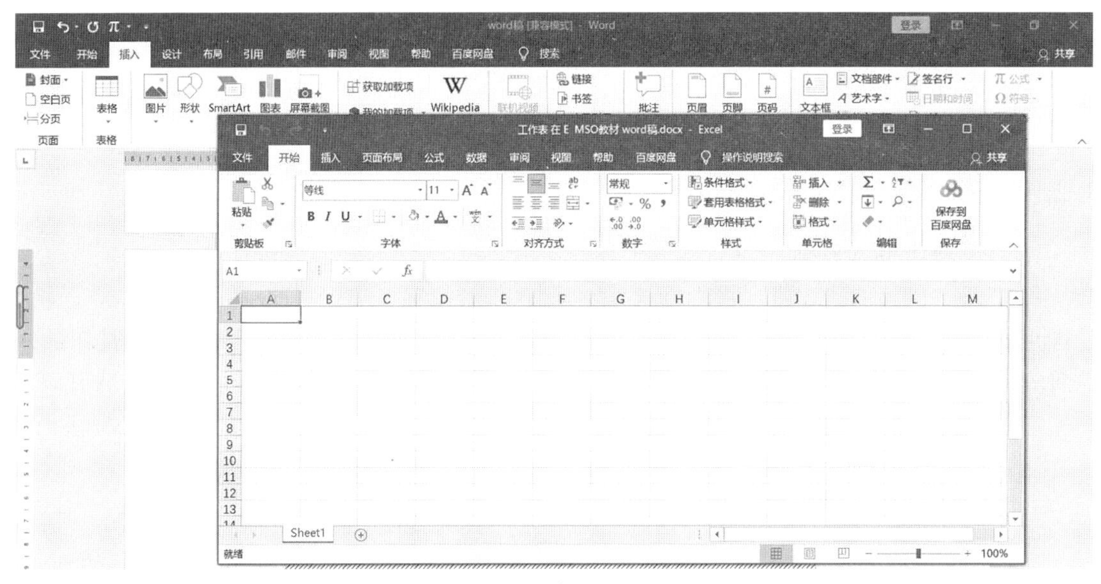

图 3-8 创建 Excel 表格

（5）快速创建表格。Word 2016 提供了一个快速表格库，其中包含一组预先设计好格式的表格，用户可以从中选择以快速创建表格。

将光标定位在文档中要插入表格的位置，单击【插入】选项卡“表格”功能组“表格”按钮，选择“快速表格”命令，打开内置快速表格库，选择所需表格样式，即可将表格插入文档中了。

2. 将文本转化为表格

Word 2016 中，可以将事先编辑好的文本转换成表格，只需要在文本中有统一的分隔符，并在分隔符位置处将文本分别转化为表格中单元格内容。具体操作步骤如下：

（1）选中所要转化为表格的全部文本。

（2）单击【插入】选项卡“表格”功能组“表格”按钮，再单击“文本转换为表格”按钮，打开“将文字转化为表格”对话框，如图 3-9 所示。

（3）选择“文字分隔位置”参数，表格尺寸栏内的“行数”和“列数”会自动被识别出。

（4）在“自动调整”操作区域内，设置表格整体大小后，单击“确定”按钮，完成文本转化为表格操作。

此外，Word 2016 还为用户提供了将表格转换为文本的功能，在【表格工具】选项卡【布局】子选项卡的“数据”功能组内，单击“转换为文本”按钮，弹出如图 3-10 所示对话框。选择“文字分隔符”选项，单击“确定”按钮，即可完成表格转换成文本的操作。用此种方法操作后，文本格式比较混乱，需要调整。

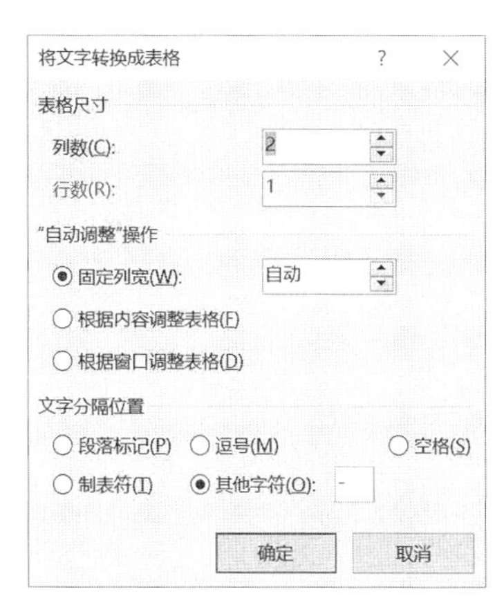

图 3－9　“将文字转换成表格”对话框

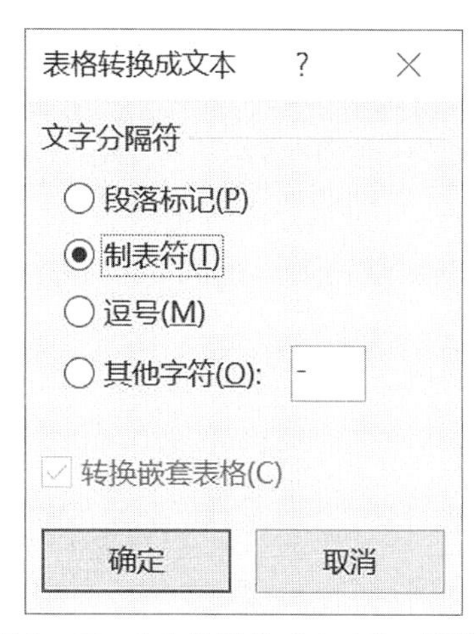

图 3－10　“表格转换成文本”对话框

3. 调整表格布局

（1）基本格式设置。

- 将光标移动到表格的任意位置，出现【表格工具】选项卡的【布局】子选项卡，在“表”功能组中单击“属性”按钮，进入“表格属性”对话框。在此处可以设置表格尺寸、对齐方式、行高、列宽、文字环绕等，如图 3－11 所示。

图 3－11　“表格属性”对话框

- “行和列”功能组可以实现在指定位置插入或删除行和列的功能。
- “合并”功能组可以实现“合并单元格”“拆分单元格”“拆分表格”的功能。“合并单元格”可以将连续排列的单元格合并成一个单元格；“拆分单元格”可以将指定一个单元格拆分成指定的行数和列数；“拆分表格”可以将当前表格以光标所在单元格为界限，上下分为两个表格，列数不变，从行将表格分开。
- “单元格大小”功能组可以调整表的行高、列宽。单击“自动调整”按钮，可在列表中设置表格整体大小。
- 在“对齐方式”功能组可以设置表格中的文本在水平和垂直方向上的对齐方式。
- “数据”功能组，可以对于表格内的数据进行排序，或者简单函数和公式进行计算。其中，单击“公式”按钮，弹出如图 3－12 所示的“公式”对话框。在“粘贴函数”组合框内选择适当的公式，该公式会自动填充至“公式”文本

图 3－12　“公式”对话框

框中，单击“确定”按钮即可完成计算功能。

（2）套用表格样式。表格样式是 Word 2016 系统预设的表格样式集合，套用表格样式会迅速地使表格变得美观。

选中表格的部分或者全部，打开【表格工具】的【布局】选项卡，展开“表格样式”列表，鼠标滑动过不同的样式，都会预览到套用效果，也会显示出该样式的名称，单击所需样式即可。

（3）设置标题行跨页重复。对于内容较多的表格，很难一页显现完整。当翻阅表格时，除首页以外的其他页表格会出现没有表头的情况，对于每列数据的名称很难记起。此时，可以通过设置标题行重复效果，解决这个问题，使得每一页表格的第一行都能显示标题行。

选中目标表格，单击【表格工具|布局】选项卡“数据”功能组的“重复标题行”按钮，即可完成设置。

【实例4】将文档中文本转换为一个与页面同宽的表格。应用一个恰当的表格样式，设置表格自动重复标题行。

◆ 操作步骤：

①打开文档文件，并选中目标文本。

②单击【插入】选项卡“表格”功能组的“表格”按钮，选择“文本转换为表格”命令，弹出“将文字转换为表格”对话框，在“文字分隔位置”选择“空格”项。此时，列数自动识别为6列，行数自动识别为7行。单击“确定”按钮，完成文本转换为表格任务。

③选中表格，选择【表格工具|设计】选项卡“表格样式”功能组，选择一个表格样式并单击，适当调整行高列宽等格式。完成套用表格样式的功能。

④选中该表格，单击【表格工具|布局】选项卡“数据”功能组“重复标题行”按钮，设置重复标题行的功能要求。

⑤保存文件。

3.2.2 图片的插入与设计

在 Word 2016 插入的图片可以是来自外部的图片文件，也可以插入联机图片，这丰富了文档资源的表现形式。

1. 插入来自本地文件的图片

在文档中插入图片的主要操作步骤如下：

（1）将光标移动到需要插入图片的位置。

（2）在【插入】选项卡“插图”功能组中，单击“图片”按钮，在“插入图片来自”列表中选择“此设备”命令，出现“插入图片”对话框，如图3-13所示。

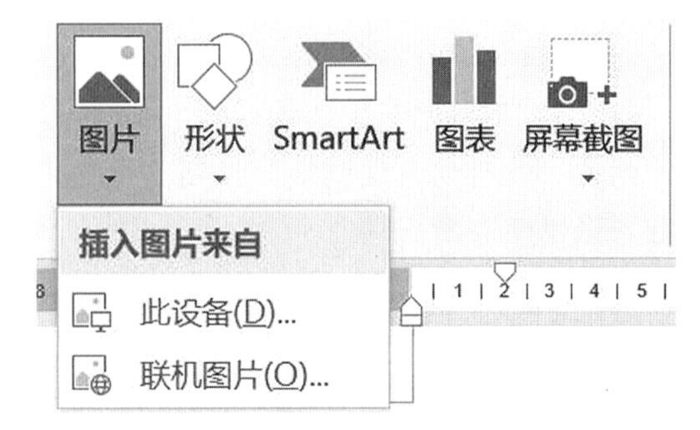

图3-13 “插图”功能组

（3）在对话框中指明插入图片所在文件夹并选定图片，单击“插入”按钮，完成图片插入操作。

2. 插入联机图片

插入联机图片就是计算机在接入 Internet 工作环境下，进行以下操作：

（1）将光标移动到需要插入图片的位置。

（2）在【插入】选项卡“插图”功能组中单击“图片”按钮，在列表中选择“联机图片”命令，进入“插入图片”对话框。

（3）选择“必应图片搜索”按钮或者在“搜索”栏里输入要搜索图片的关键字后，单击“搜索按钮”，进入“联机图片”对话框，选择需要的图片，单击“插入”按钮完成操作。

（4）如果用户登录了微软账户，还可以直接在个人 Online 云存储空间搜索和下载图片并插入文档中。

3. 插入屏幕截图

在编写某些特殊文档（如计算机软件操作教程）时，经常需要向文档中插入屏幕截图。Word 2016 为用户提供了强大的屏幕捕捉功能，不需要借助第三方软件就可以实现。在 Word 文档中插入屏幕截图操作方法如下：

（1）将光标移动到需要插入图片的位置。

（2）在【插入】选项卡“插图”功能组中，单击“屏幕截图”按钮，进入功能列表。

（3）在该列表的中有“可用的视窗”和“功能剪辑”两个功能命令。其中“可用的视窗”栏中列出当前所有打开的程序窗口，如浏览器所有打开的网页、程序设计软件的设计和结果界面等。用户可以根据需要选择完整截图，如图 3－14 所示。

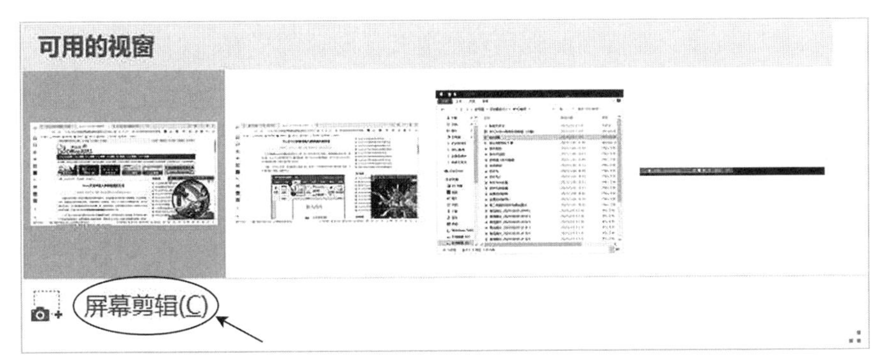

图 3－14 “可用的视窗”列表

（4）如果在“可用的视窗”栏里没有需要的截图，用户可以自行截图。单击列表中“屏幕剪辑”按钮，此时当前文档的编辑窗口将最小化，屏幕将灰色显示。拖动鼠标框选出需要截取的屏幕区域，随即在预定位置原大小显示截图内容。截图过程中，单击右键停止截图。

• **注意：**①Word 2016 用联机图片替代了剪贴画的功能。

②将网页中的图片插入 Word 文档中，可以在打开网页后使用屏幕截图功能截取图像并将其插入文档，也可以直接将网页中的图像拖放到打开的 Word 文档中实现该图像的插入。

4. 设置图片格式

插入图片后，需要对图片进行重新设置，如图片大小、图片位置、图片样式、图片颜色及删除背景等。这类操作主要运用【图片工具|格式】选项卡下的功能项目来完成的，

如图 3－15 所示。

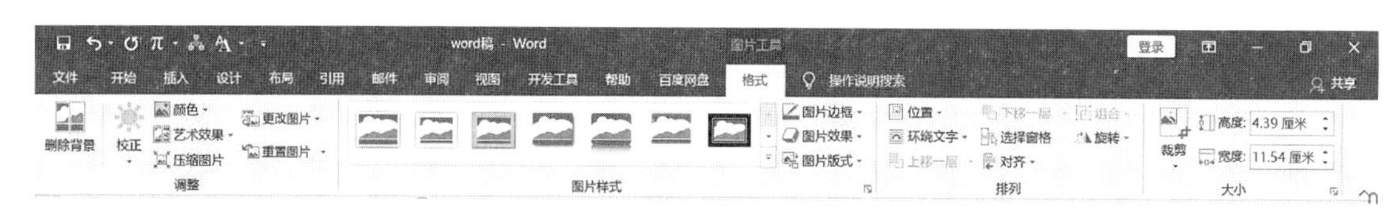

图 3－15 【图片工具|格式】选项卡

（1）更改图片大小。

①选中需要调整大小的图片，在【图表工具|格式】选项卡下“大小”功能组中，在“高度”和“宽度”组合框中输入需要设置图片的大小。或者单击右下角“对话框启动器”按钮，弹出“布局”对话框。

②在“布局”对话框中，切换选项卡至“大小”，输入图片的“高度”“宽度”“旋转”及“缩放”区域的数值。

③单击“确定”按钮，完成图片大小的设置。

（2）对齐、旋转及文字环绕。

①选中需要调整对齐方式、旋转或文字环绕的图片，在【图片工具|格式】选项卡下，单击“对齐”按钮，在下拉列表中选择对齐方式。

②单击“环绕文字”按钮，在列表中选择文字环绕方式。

③单击“位置”按钮，设置当前文字环绕方式下图片的位置。

④单击“旋转”按钮，设置图片的旋转效果。

（3）图片样式。

①选中需要调整样式的图片，在【图片工具|格式】选项卡下，单击“其他”按钮打开图片样式库，当鼠标经过不同样式时，可以实时预览该样式匹配目标图片的样子。

②单击“图片边框”按钮，为图片设置不同宽窄、线型、颜色的边框。

③单击“图片效果”按钮，为图片设置如“发光”“柔化边缘”等效果。

④单击“图片版式”按钮，为图片选择匹配文字后的排版效果。

（4）颜色、艺术效果、删除背景。

①选中需要调整的图片，单击“颜色”按钮，为图片应用颜色效果，如色调、颜色饱和度、透明度等。

②单击“艺术效果”按钮，为图片应用艺术效果，使其更美观。

③单击“删除背景”按钮，在图片中保留颜色较均匀、亮丽的部分，删除掉周边的背景色。

【实例 5】在文档中两段文字之间插入“D：花朵/玫瑰花 . jpg”文件，并调整图片高度为 5 厘米、宽度为 7.47 厘米；位置为“顶端居左，四周型文字环绕”。

◆ 操作步骤：

①将光标移动到第一段尾部，按 Enter 键使两段之间留有一行空行，将光标定位在空行处。

②在【插入】选项卡“插图”功能组中，单击“图片”按钮，选择此设备选项，在“插入图片”对话框中，找到 D 盘，选择花朵文件夹下的“玫瑰花 . jpg”，单击“插入”按

钮，完成插入操作。

③选中图片，在【图片工具|格式】选项卡“大小”功能组中，调整高度为 5 厘米，宽度为 7.47 厘米。

④选中图片，在【图片工具|格式】选项卡“排列”功能组中，单击“位置按钮”，选择“顶端居左，四周型文字环绕”选项。

⑤保存文件。

3.2.3 图表的插入与设计

图表可以对文档中的数据图示化，增强可读性。

在文档中插入图表的操作方法为：

1. 在文档中制作图表

在文档中制作图表的操作方法为：

（1）将光标移动到需要插入图表的位置。

（2）在【插入】选项卡“图表”功能组中，单击“图表”按钮。在弹出的“插入图表”对话框左侧，选择所需的图表类型。Word 2016 为用户提供了 15 种图表样式，用户可以根据自己的数据特征和需要，选择适当的图表类型。

当选择某种图表类型时，在对话框的顶端出现该种图表的各种表现形式，对话框中部会显示该种图表的预览，鼠标滑过时会放大显示，单击“确定”按钮完成操作。

（3）插入图表后，文档编辑区域会出现类似如图 3－16 所示的 Excel 单元格的数字编辑区域和图表区域。以簇状柱形图为例，在数字编辑区域中，列对应图表的横坐标，行对应图表中的纵坐标。按照对应关系编辑所需数据。随着数据的输入，图表形态随之发生改变。最后，关闭数据编辑区域即可。

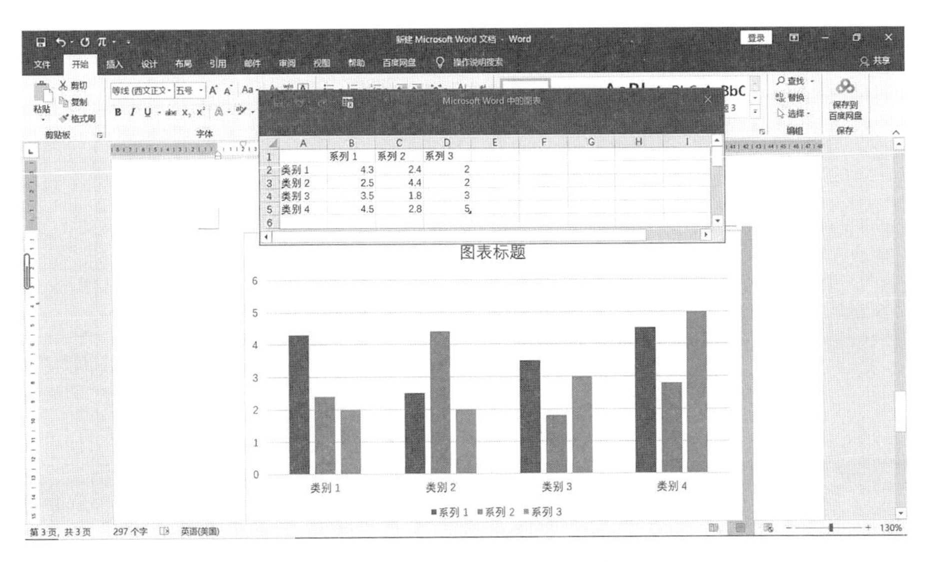

图 3－16 在文档中插入图表

（4）数据编辑后，用户可以利用【图表工具|设计】、【图表工具|格式】两个选项卡对图表的格式进行完善。

● **注意：** 在【图表工具|设计】选项卡“数据”功能组中的“编辑数据”按钮下，有两种编辑数据模式，分别是“编辑数据”与“在 Excel 中编辑数据”。如果选择“编辑数据”项目，则数据处理环境处于 Word 工作环境下；如果选择“在 Excel 中编辑数据”，则数据处理环境处于 Excel 工作环境，数据会得到更专业、更丰富的计算和统计方法。

2. 粘贴 Excel 图表至文档

Word 文档中制作图表对于数据的处理能力不如 Excel 系统那么强大，如果对于数据处理要求较高，可以先在 Excel 系统中编辑好图表，然后采用“复制|粘贴”方法将其粘贴至 Word 文档中。

图表粘贴到 Word 文档后，双击图表即可进入【图表工具】选项卡的编辑状态中，编辑区域右侧会出现如图表设计窗格。

【实例 6】按照如表 3－1 给定的数据，在文档中创建如图 3－17 所示的图表。

表 3－1　各语种选课比例

语种	比例
英语	46%
简体中文	46%
日语	3%
韩语	1%
西班牙语	1%
俄语	1%
蒙古语	1%
繁体中文	1%

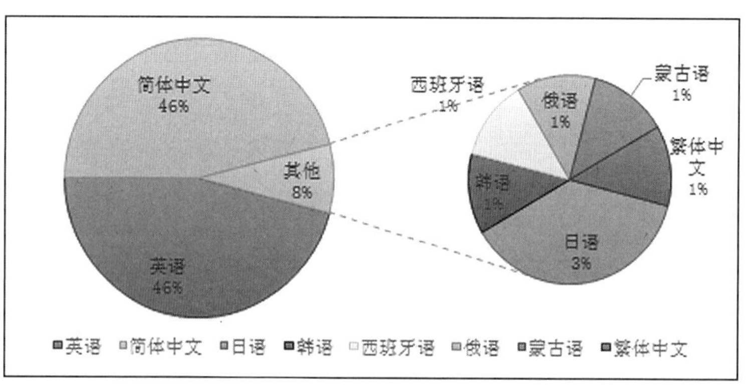

图 3－17　饼图示例

◆ 操作步骤：

①单击【插入】选项卡“插图”功能组中的“图表”按钮，在弹出的对话框中选择“饼图”→“子母饼图”，如图 3－18 所示。

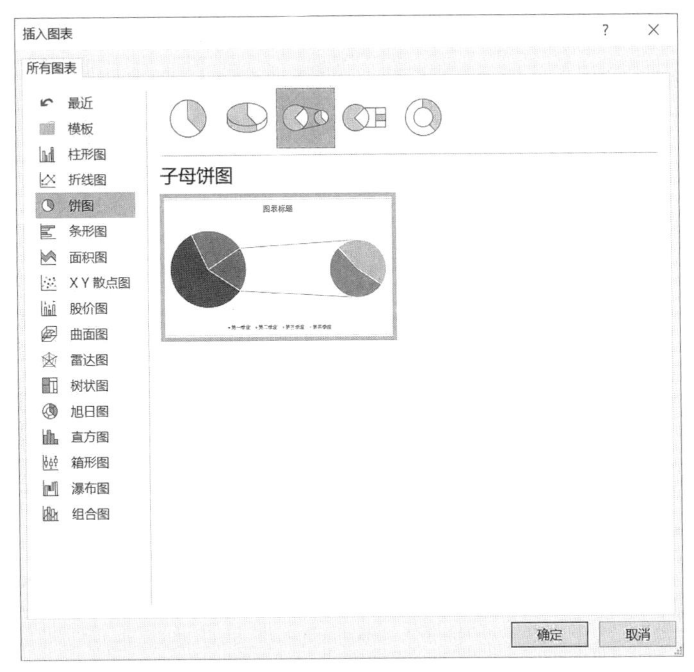

图 3－18　选择图表类型

②将数据粘贴至数据编辑区域，更改系列名称，如图 3－19 所示。

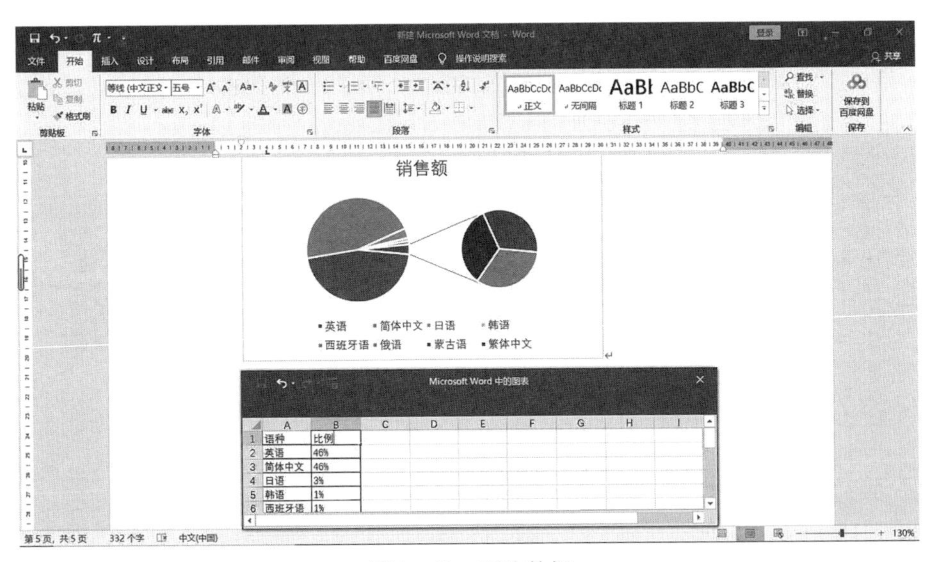

图 3－19　更改数据

③参考示例图片，选中图表对象，单击【图表工具|格式】选项卡下的“形状样式”功能组中的“形状轮廓”按钮，在下拉列表中选择“无轮廓”；右键单击图表区中的数据系列，在弹出的快捷菜单中选择“设置数据系列格式”。在弹出的对话框中，在“系列选项”的“系列分隔依据”下拉列表中选择“位置”，将“第二绘图区包含最后一个”设置为“6”，单击“关闭”按钮。

④单击【图表工具|布局】选项卡下“标签”功能组中的“数据标签”按钮，在下拉列表

中选择“其他数据标签选项”，在弹出对话框中，在“标签包括”功能组中只勾选“类别名称”“值”“显示引导线”三个复选框，在“标签位置”功能组中选择“数据标签外”，在“分隔符”下拉列表中选择“分行符”，设置完成后单击“关闭”按钮。

⑤适当调整“简体中文”“英语”“繁体中文”和“蒙古语”四个标签的位置，使其出现引导线。

⑥单击【图表工具|布局】选项卡下“标签”功能组中的“图例”按钮，在下拉列表中选择“无”；单击左侧的“图表标题”按钮，在下拉列表中选择“无”。

⑦选择图表对象，单击【图表工具|设计】选项卡下“图表样式”功能组中的“样式1”。

⑧删除原数据表格，完成操作。

- **注意：** Word 2016 图表名称与以往版本有所不同，例如“子母饼图”在以往版本中叫作“复合饼图”。此外，对于图表的处理也更为方便。

3.2.4 SmartArt 图形的添加与设计

为了体现工作流程或者数据的层次结构，设计文档时经常需要设计流程图、层次结构图或者矩阵图等。在 Microsoft Office 2016 中，SmartArt 图形功能实现所需图形的绘制，且美观大方，令人印象深刻。

创建 SmartArt 图形的基本方法如下：

（1）将光标移动到需要插入 SmartArt 图形的位置。

（2）单击【插入】选项卡下“插图”功能组的“SmartArt”按钮，打开“选择 SmartArt 图形”对话框。

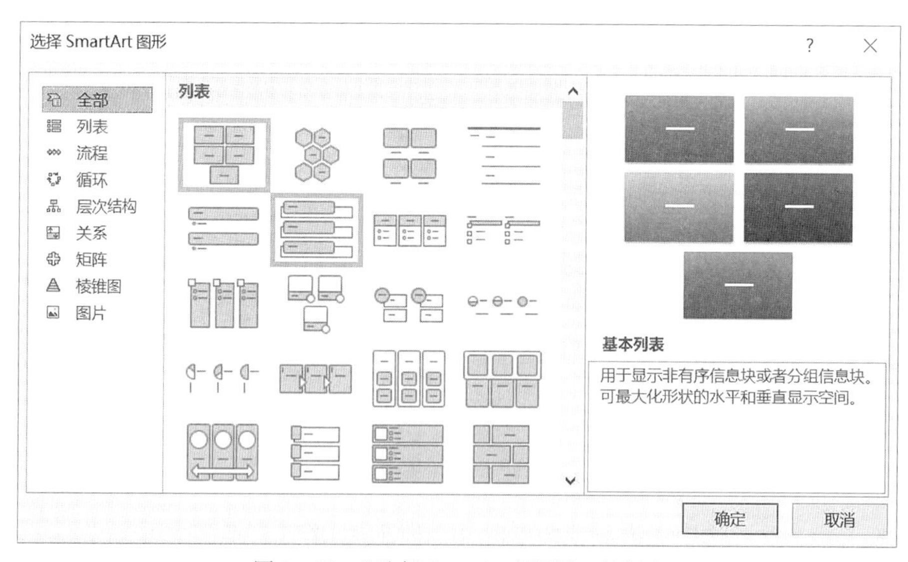

图 3－20 “选择 SmartArt 图形”对话框

（3）该对话框列出了所有 SmartArt 图形的分类，以及每个 SmartArt 图形的外观预览效果和详细的使用说明信息。

（4）在左侧的类别列表中单击选择某一图形类别，如“矩阵”。在中间区域中单击选择某种具体图形样式，右侧将会显示其预览效果。

（5）单击“确定”按钮，将 SmartArt 图形插入文档中。此时就可以对图形中的信息进行填充和编辑。同时功能区自动显示【SmartArt | 工具】和【SmartArt | 格式】两个选项卡。

【实例7】将文档中的文字生成“垂直流程”SmartArt 图形。

◆ 操作步骤：

①单击【插入】选项卡下“插图”功能组中的“SmartArt”按钮，在弹出的对话框中选择“流程”下的“垂直流程”选项，单击“确定”按钮。

②在“SmartArt 样式”功能组中单击“更改颜色”按钮，在弹出的下拉列表中选择“彩色轮廓-个性色1”中的一个，样式设置为“简单填充”。

③在 SmartArt 图形中添加一个图形，将文档的文本依次拖拽到图形中，删除项目符号，适当调整 SmartArt 图形的大小。

④保存文档。

3.2.5 添加公式

在编辑数学、统计学类文档的时候，会需要编辑公式。Word 2016 通过公式编辑器 3.0 为用户提供了大量内置公式和用户自定义公式功能，极大方便了用户的操作。

1. 利用内置公式创建

（1）将光标移动到需要插入公式位置。

（2）在【插入】选项卡“符号”功能组中，单击“公式”按钮出现“公式”列表。其中，“内置”中是系统提供的提前设置完成的“二次公式”“二项式定理”“傅里叶级数”“勾股定理”等9个较为复杂的公式。

（3）“Office. com 中的其他公式按钮”也包含了更多可以用的预置公式。

（4）使用【公式工具 | 设计】对公式进行编辑后，可以调整其格式。

2. 自定义创建公式

如果需要的公式是内置公式列表中没有的，用户可以自定义编辑公式。单击“插入新公式”按钮，则出现如图3-21所示的内容为“在此处键入公式”的公式编辑内容控件。其右下角出现“粘贴选项”按钮，展开后如图3-21所示。同时，功能区出现【公式工具 | 设计】选项卡，由“工具”“转换”“符号”“结构”4个功能组组成。其中，“转换”功能组的功能支持键入 LaTeX 格式的公式和 Unicode 格式的公式。

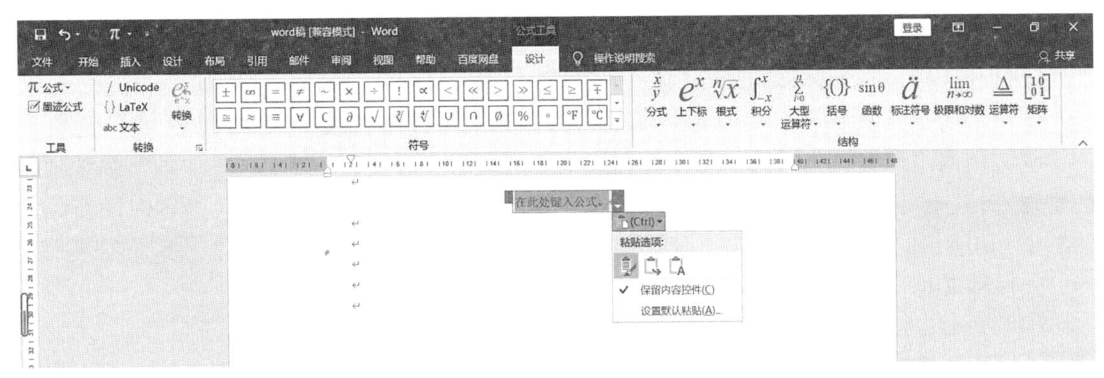

图3-21 粘贴选项

编辑公式时会用到专业符号，可以通过【公式工具|设计】选项卡的“符号”功能组实现，单击“其他”按钮，通过对符号类别的选择，调整符号列表中的内容。

3. 添加墨迹公式

利用【公式工具】设计公式需要不断插入各种符号和运算符，这对用户的计算机键盘控制要求比较高。Word 2016 为用户提供了手写输入公式的功能，为用户提供了方便。

单击【插入】选项卡“符号”功能组的“公式”按钮，选择“墨迹公式”选项，即出现如图 3-22 所示的“数学输入控件”对话框。在下方编辑区域写入数学表达式，在上方预览文本框中即可显示预览内容。

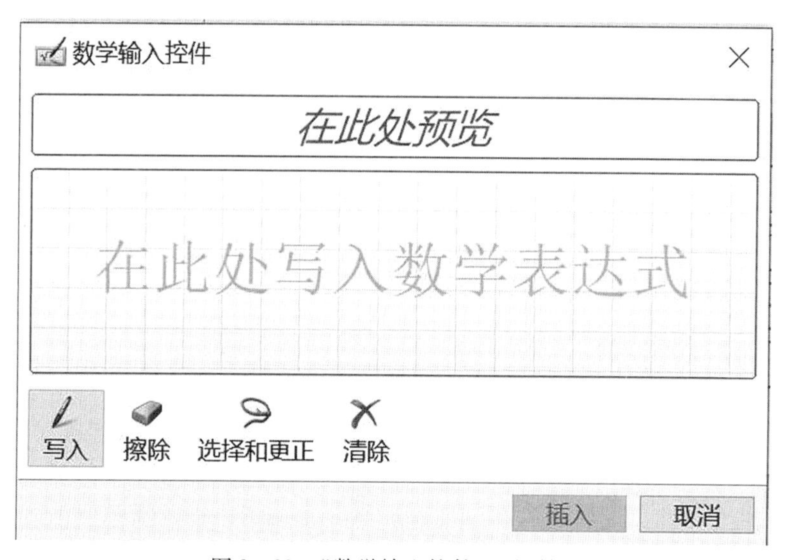

图 3-22 “数学输入控件”对话框

- **注意：** Word 2016 提供了公式编辑功能，该公式只是形式上的展现，并不具备计算功能。

【实例 8】在文档中输入如图 3-23 所示的公式。

$$T=\frac{F}{2}\left(\frac{P}{\pi}+\frac{\mu_t d_2}{\cos\beta}+D_e\mu_n\right)$$

图 3-23 实例公式

◆ 操作步骤：

①打开文档，将光标移动到文档空白处适当位置。

②单击【插入】选项卡“符号”功能组的“公式”按钮，选择“插入新公式”选项。

③文档内出现编辑公式的内容控件，公式中的大写字母“T”“F”“P”“D”需要通过键盘输入，“π”“μ”“β”等字符在“符号”功能组中查找插入。输入内容时注意结合“结构”功能组的“上下标”和“分式”等功能。

④保存文档，操作完成。

第 4 章　Word 2016 文档整体设计

编辑文档不仅可以对页面进行局部内容格式化的操作，还需要对文档的整体结构和排版进行设计。Word 2016 提供了诸多简便的功能，使文档编辑更加轻松。

4.1　使用并管理样式

样式就是一组预置的字符、段落、边框、编号等格式的集合，它可以应用于各级标题、正文以及题注等文本元素中。Word 2016 为用户提供了很多内置样式，用户也可以根据自己的需要创建新的样式或者更改内置样式，使文档格式调整更加快捷、方便。

若长文档需要生成目录，则必须使用文档样式对文档各级标题进行区分和设置。使用了样式的文档可以在文档导航栏中进行查看，文档结构一目了然，并能快速转到该内容部分。

4.1.1　使用文档样式

在编辑文档过程中，使用样式可以省去重复设置同一格式的操作。

1. 快速样式库

对文档内容应用“快速样式库”中样式的操作步骤如下：

（1）在文档中选择需要应用样式的文本段落，或者将光标置于该段落任意位置。

（2）在【开始】选项卡“样式”功能组中单击某一样式按钮，或者单击“其他”按钮将出现“样式库”列表，如图 4－1 所示，然后单击所需要的样式按钮即可。

图 4－1　“样式库”列表

“样式库”列表内所展示的样式是系统预设样式和用户自定义样式的集合。

（3）当鼠标在“样式库”内滑动的时候，所选段落就会呈现该样式的预览格式，单击样式名称即可完成样式的选择。

2. “样式”任务窗格

通过“样式”任务窗格也可以将样式应用于所选择的文本段落，操作步骤如下：

（1）在文档中选择需要应用样式的文本段落，或将光标置于该段落的任意位置。

（2）单击【开始】选项卡“样式”功能组右下角的“对话框启动器”，打开“样式”任务窗格，如图4－2所示。

（3）“样式”任务窗格中列出了当前系统中的样式名称，若勾选“显示预览”选项，则不仅可以看到每种样式的名称，还可以看到该样式的预览效果，如图4－3所示。

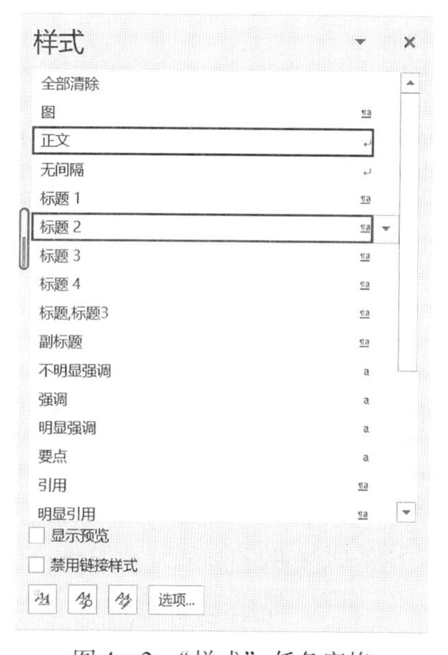

图4－2　“样式”任务窗格

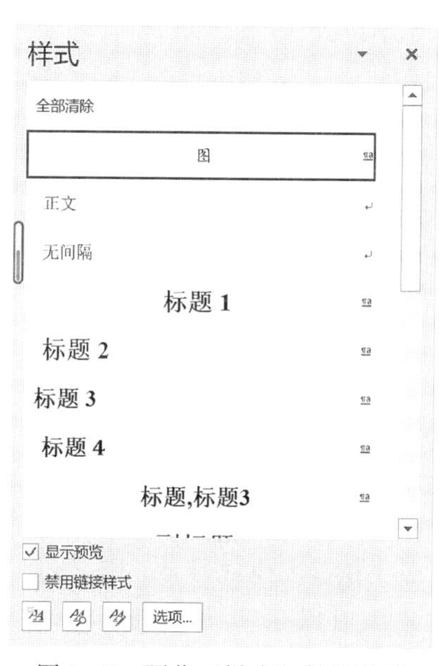

图4－3　预览“样式”任务窗格

单击“样式”任务窗格标题后面的三角形按钮，可以实现“移动”“关闭”“调整窗格大小”的功能。其中，选择“移动”功能，光标变成米字形，“样式”任务窗格缩小并随光标移动，如图4－4所示。移动到合适位置单击鼠标左键，该缩小的任务窗格将固定在该处，方便用户使用。

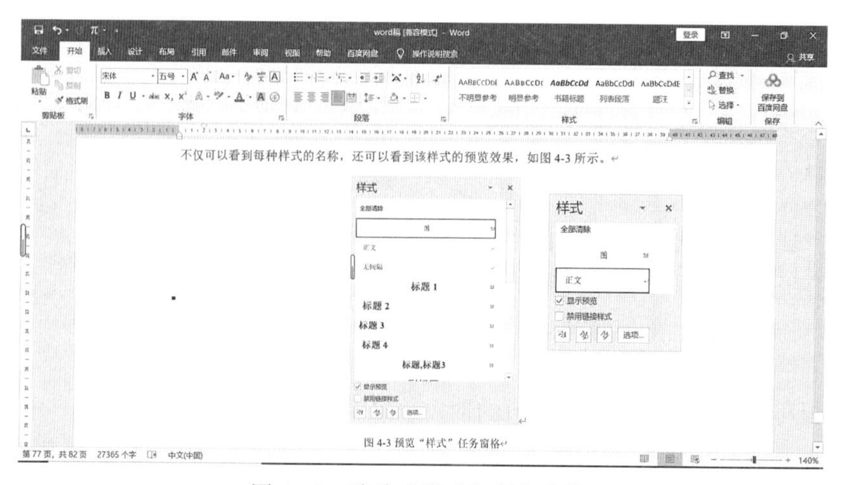

图4－4　移动“样式”任务窗格

● **注意**：应用 Word 提供的内置样式“标题1”“标题2”“标题3”……在创建目录、按大纲级别组织和管理文档时，是非常有用的。当然，这些内置样式是可以根据用户的需要进行更改的。

3. 样式集

除了单独为选定的文本或段落设置样式外，Word 2016 预置了很多专业设计的样式集，每个样式集都包含了一套可以应用于整篇文档的样式组合。只要选择了某个样式集，样式集中包含的各种功能样式就会自动应用于整篇文档，从而实现一次性设置文档中所有样式的功能。应用样式集的方法如下：

（1）为文档文本应用不同的 Word 内置样式，如正文文本应用“正文”样式、标题文本应用“标题1”样式等。

（2）在【设计】选项卡的“文档格式”功能组中，单击“其他”按钮出现“文档格式”列表，“此文档”区域显示目前该文档正在应用的样式集。“内置”区域显示 Word 2016 系统自带的样式集，如图 4-5 所示。

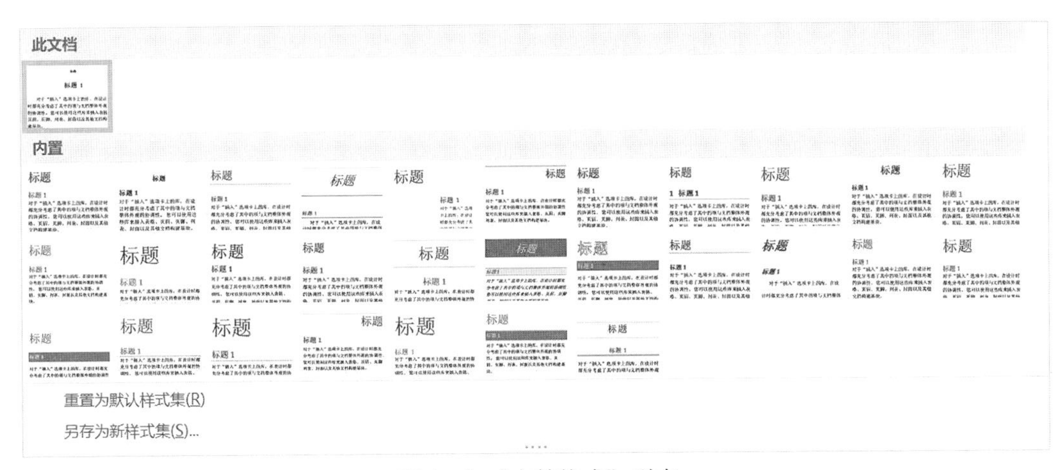

图 4-5　“文档格式”列表

（3）当鼠标滑过不同样式集时，就会使当前文本呈现该样式集效果，单击其中一种样式集即可完成选定样式集的操作。

【实例1】打开文档“应用样式实例 . docx”，为第一段“企业质量管理浅析”应用样式“标题1”，并居中对齐；为“一、”“二、”“三、”“四、”“五、”“六、”对应段落应用样式“标题2”。

◆ 操作步骤：

①打开文档“应用样式实例 . docx”，选中文档第一段内容”企业质量管理浅析”，单击【开始】选项卡下“样式”功能组中的“标题1”样式；单击“段落”功能组中的“居中”按钮。

②按住 Ctrl 键，依次选中“一、”“二、”“三、”“四、”“五、”“六、”对应的段落，单击【开始】选项卡下“样式”功能组中的“标题2”样式。

③保存并关闭文档。

4.1.2 修改样式

在【开始】选项卡的“样式”功能组中，存在大量针对不同文本内容预设的内置样式，如“正文”“题注”“标题 1”“标题 2”“标题 3”等。如果用户对这些预设样式有不同要求，可以通过修改样式的操作修改已存在的样式。

1. 根据所选文本格式修改样式

（1）将一段文本调整为所需要的格式，例如某一段正文段落。

（2）选中该段文本，在【开始】选项卡的“样式”功能组中单击“对话框启动器”按钮，打开“样式”任务窗格，如图 4－6 所示。在窗格列表中找到“正文”样式，右键单击该样式选择“更新正文以匹配所选内容”项目，完成样式的修改。

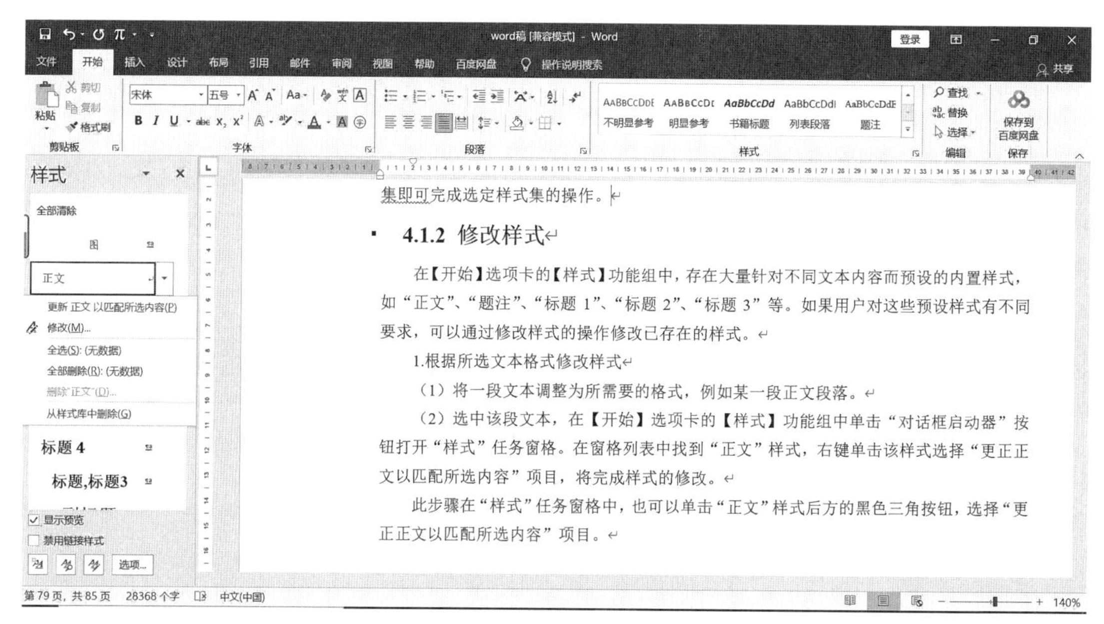

图 4－6　通过所选文本格式修改样式

此步骤在“样式”任务窗格中，也可以单击“正文”样式后方的黑色三角按钮，选择“更新正文以匹配所选内容”项目。

● **注意：** 使用该方法要提前将所选段落设置为所需的格式，如一级标题内容，则需要匹配“标题 1”样式的格式，修改样式的同时也完成了格式的应用，设置完成后可以在目录或者导航栏中看到该文本内容。

2. 直接修改样式

（1）在【开始】选项卡下“样式”功能组中，单击“对话框启动器”按钮，出现“样式”任务窗格。

（2）将光标指向“样式”任务窗格中需要修改的样式名称，右键单击该样式或者单击样式后面的三角按钮，在弹出列表中选择“修改”项目，出现如图 4－7 所示的“修改样式”对话框。

（3）在“修改样式”对话框中进行格式设置，可以修改样式名称、字体、对齐方式等。

对话框中间位置有预览区域，可以查看修改后样式的效果。如果对话框中没有所需的格式设置选项，如边框、制表位、段落等，可以单击对话框左下角的“格式”按钮进行设置，如图4－7所示。

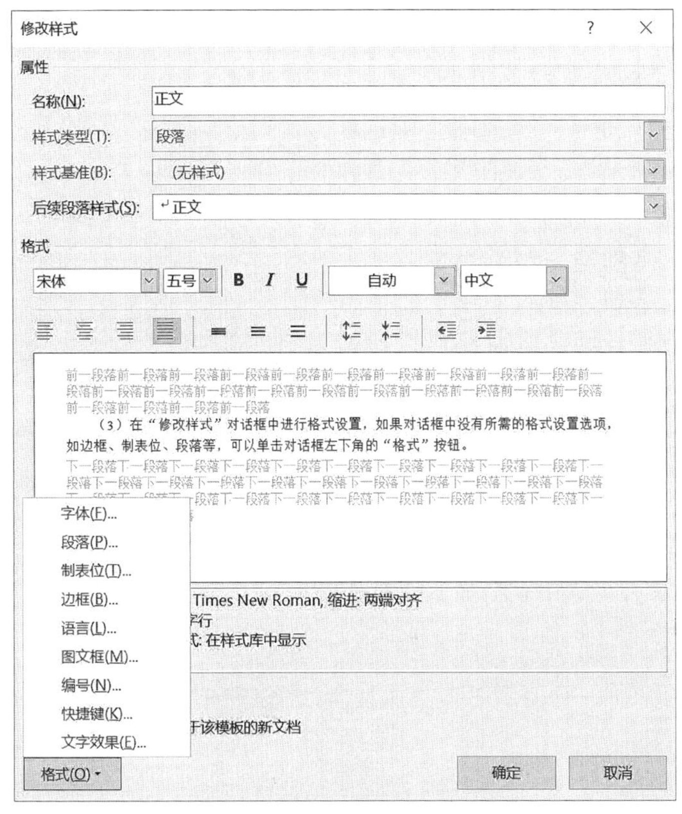

图4－7　“修改样式”对话框

【实例2】在文档“修改样式.docx”中，修改“标题1”样式，字体为“宋体”，字号为“小四”。

◆ 操作步骤：

①打开“修改样式.docx”文档。

②在【开始】选项卡下“样式”功能组的样式库中，右键单击“标题1”样式。在弹出的列表中选择“修改”命令，进入“修改样式”对话框。在“字体”组合框中选择“宋体”，在“字号”组合框中选择“小四号”。

③单击“确定”按钮，完成样式的修改操作。

4.1.3　在文档间复制样式

在编辑文档的过程中，如果需要使用其他模板或文档的样式，可以将其复制到当前的目标文档或模板中，而不必重复创建相同的样式。复制样式的操作步骤如下：

（1）打开需要接受样式的目标文档，单击【开始】选项卡“样式”功能组中的“对话框启动器”按钮。

（2）在出现的“样式”导航栏中单击“管理样式”按钮，进入“管理样式”对话框，如图 4－8 所示。

（3）在“管理样式”对话框【编辑】选项卡下，单击左下角的“导入/导出”按钮，进入如图 4－9 所示的“管理器”对话框。

（4）在“管理器”对话框中，选择【样式】选项卡，单击右侧“在 Normal 中”区域中的“关闭文件”按钮。此时，“管理器”对话框右侧列表和组合框全部清空，“关闭文件”按钮变成“打开文件”按钮，如图 4－10 所示。

（5）在当前“管理器”对话框内，单击右侧“打开文件”按钮，进入如图 4－11 所示的“打开”对话框，选择所需样式所在的 Word 模板文件或文档。

在该对话框中，如果所查找的文件是 Word 模板文件，则在文件类型组合框中选择“所有 Word 模板”项目；如果所查找的文件是文档文件，则在文件类型组合框中选择“Word 文档”项目。此时在文件列表中就会显示所有该

图 4－8 “管理样式”对话框

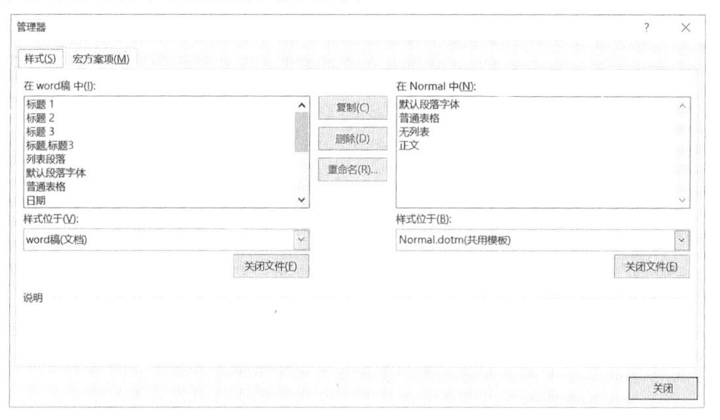

图 4－9 “管理器”对话框【样式】选项卡

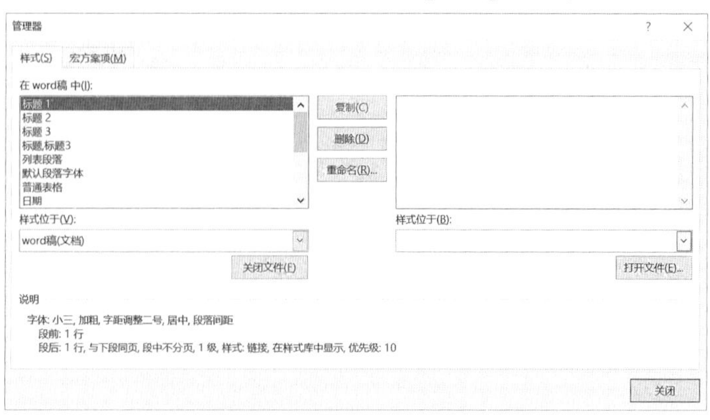

图 4－10 “管理器”对话框关闭文件

文件类型的文件名称。选中所要查找文件的名称，单击“打开”按钮打开源文档，工作界面回到“管理器”对话框。

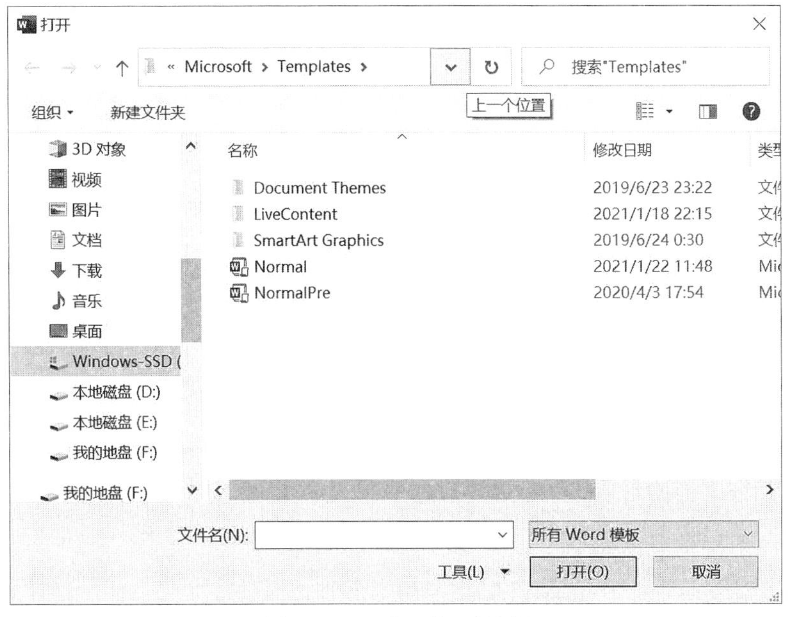

图 4－11　“打开”对话框

（6）在“管理器”对话框右侧选择需要复制的样式名称，单击中间的“复制”按钮，即可将源文档中的某个样式复制到当前文档的同名样式中，如图 4－12 所示。

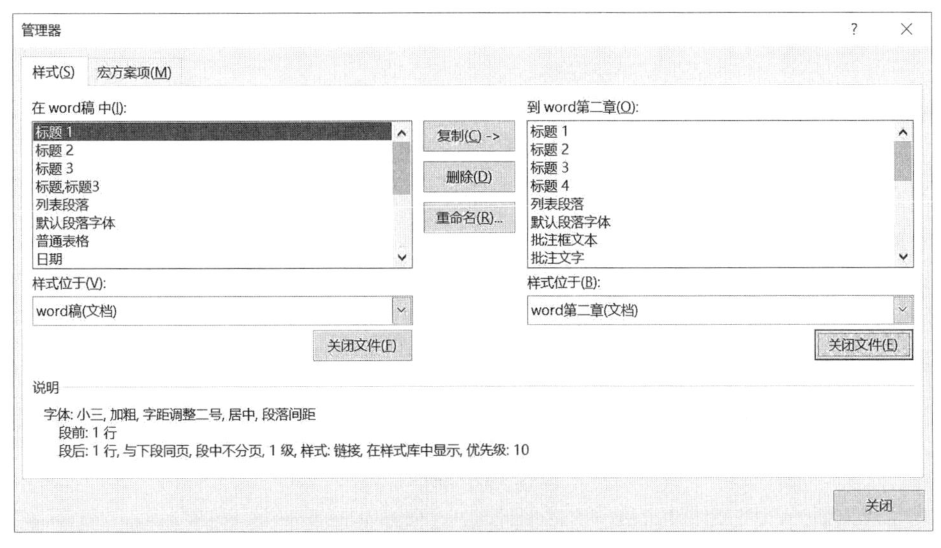

图 4－12　复制样式

如果既想保留现有的样式，又想将其他模板文件的同名文件复制出来，则应该在复制前对样式进行重命名，否则就会被覆盖。单击中间的“重命名”按钮，即可对源文档或目标文档的某个样式进行重命名。

（7）单击“关闭”按钮，完成操作。此时就可以在当前文档中的“样式”任务窗格中看到已更新过的样式了。

● **注意：** 在“管理器”对话框的【样式】选项卡中，左边区域显示的是当前文档中的样式列表，右边区域默认显示“Normal. dotm（公用模板）”，用户可以根据需要在右边区域打开需要复制样式的文档。其实，左边区域和右边区域两个文档的复制与被复制关系是相对的。当选择左边区域的当前文档时，中间的“复制”按钮方向会发生变化，指向右侧，表明正在将当前文档的样式复制到右侧文档中。因此，操作时左右区域文档位置无须刻意调整。

【实例3】将“附件4 新旧政策对比 . docx”文档中的“标题1”“标题2”“标题3”及“正文1”样式复制到“修改样式实例 . docx”的同名样式中。

◆ 操作步骤：

①双击打开文档 Word29. docx，单击【开始】选项卡下“样式”功能组右下角的“对话框启动器”按钮，弹出“样式”任务窗格，单击窗格底部的“管理样式”按钮，弹出“管理样式”对话框。

②单击对话框底部的“导入/导出”按钮，弹出“管理器”对话框，在右侧列表框的底部单击“关闭文件”按钮，再单击“打开文件”按钮，弹出“打开”对话框，选择文件夹下的“附件4 新旧政策对比 . docx”文件（注意：在此对话框右侧的列表框中按住 Ctrl 键选中“标题1”“标题2”“标题3”“正文1”，单击中间的“复制”按钮，在弹出的对话框中需要将“文件类型”选择为“Word 文档”），单击“打开”按钮。在“管理器”对话框中单击“全是”按钮。

③单击“关闭”按钮，完成操作。

4.1.4 创建新样式

创建新样式的操作方法：

（1）将某一段落调整为需要的格式，将光标定位在该段落任意位置。

（2）在【开始】选项卡的“样式”功能组中，单击“对话框启动器”按钮，进入“样式”任务窗格。

（3）在“样式”任务窗格中单击“新建样式”按钮，进入如图4－13所示的“根据格式化创建新样式”对话框。修改“名称”“样式类型”等，在预览区域可以看到样式效果。如果需要进一步修改当前样式，可以单击“格式”按钮进行设置。

（4）单击“确定”按钮，完成新建样式操作。

【实例4】在文档“新建样式实例 . docx”中，新建“图片”样式，设置居中对齐、与下段同页。

◆ 操作步骤：

①打开“新建样式实例 . docx”文档。

②在【开始】选项卡下“样式”功能组中，单击“对话框启动器”按钮，弹出“样式”窗格。在窗格中单击“新建样式”按钮，弹出“根据格式化创建新样式”对话框，将名称“样式1”改为“图片”。

③单击下方“格式”按钮，在列表中选择“段落”命令，弹出“段落”对话框。在

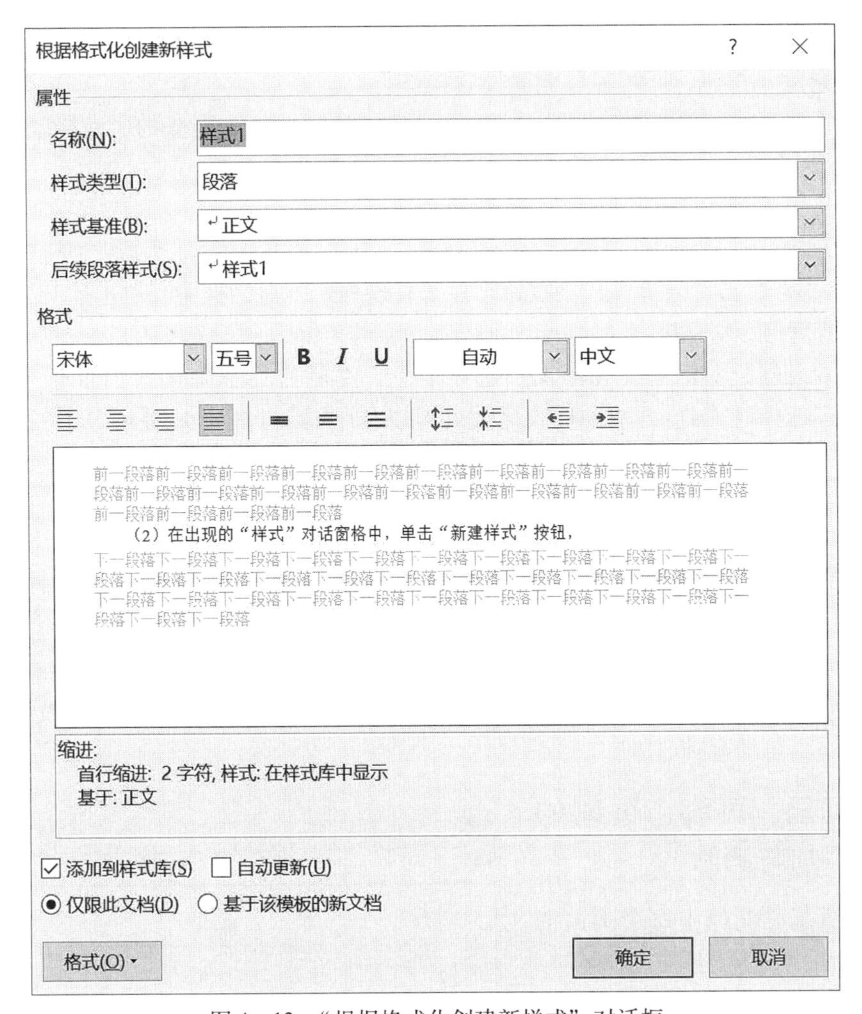

图 4－13　“根据格式化创建新样式”对话框

【缩进和间距】选项卡中设置对齐方式为“居中”；切换到【换行和分页】选项卡，勾选“与下段同页”复选框。

④单击“确定”按钮，完成新样式的创建操作。

4.1.5　删除样式

“样式库”列表应当尽量简洁，如果样式不符合文档编辑需要，可以删除该样式。

1. 快速删除样式

（1）在“样式库”列表中，右键单击需要删除的样式，弹出快捷菜单。

（2）选择快捷菜单中的“从样式库中删除”项目，单击“确定”按钮，完成删除样式操作。

2. 批量删除样式

（1）在【开始】选项卡的“样式”功能组中，单击“对话框启动器”按钮，进入“样式”任务窗格。

（2）单击“管理样式”按钮，进入“管理样式”对话框的【编辑】选项卡。

（3）单击“导入/导出”按钮，在“管理器”对话框的左边区域选择单个或者多个样式，单击“删除”按钮，即可完成删除样式操作。

【实例5】在文档“删除样式.docx”中，删除以字母“a”开头的所有样式。

◆ 操作步骤：

①打开文档“删除样式.docx”。

②在【开始】选项卡下“样式”功能组中，单击“对话框启动器”按钮，在打开的“样式”窗格里，单击“管理样式”按钮。在“管理样式”对话框中，单击“导入/导出”按钮，进入“管理器”对话框。

③在“管理器”对话框的【样式】选项卡下，左侧为“删除样式.docx”文档中所有的样式名称。选择以“a”开头的样式（此处可以利用键盘上的Ctrl键和Shift键完成批量选择），单击中间的“删除”按钮。

④单击“关闭”按钮，关闭“样式”窗格，完成删除样式操作。

4.2 长文档的编辑与设计

在编辑篇幅较长的文档时，更强调文档整体结构、页与页之间的顺序关系等的设置。Word 2016为用户提供了插入目录、页眉/页脚、封面、超链接等功能，使得文档的版面更加多样化，布局更加合理有效。

4.2.1 页眉、页脚、页码的添加与删除

页眉和页脚是文档中每个页面的顶部、底部和两侧页边距中的区域。在页眉和页脚中可以插入文本、图形、图片以及文档部件，例如页码、时间和日期、公司徽标、文档标题、文件名、文档路径或作者姓名等信息。

1. 插入内置页眉或页脚

为文档插入页眉或页脚的方法比较相似，以页眉为例，其操作步骤如下：

（1）在【插入】选项卡下“页眉和页脚”功能组中，单击“页眉”按钮。

（2）在打开的“页眉库”列表“内置”区域单击所需要的页眉样式，每种预设页眉样式都具有不同的内容域和结构，如图4-14所示。

图4-14 插入内置页眉

（3）光标所在页面页眉位置成为

当前活动区域，在相应位置输入相关内容即可完成插入，如图 4－15 所示。

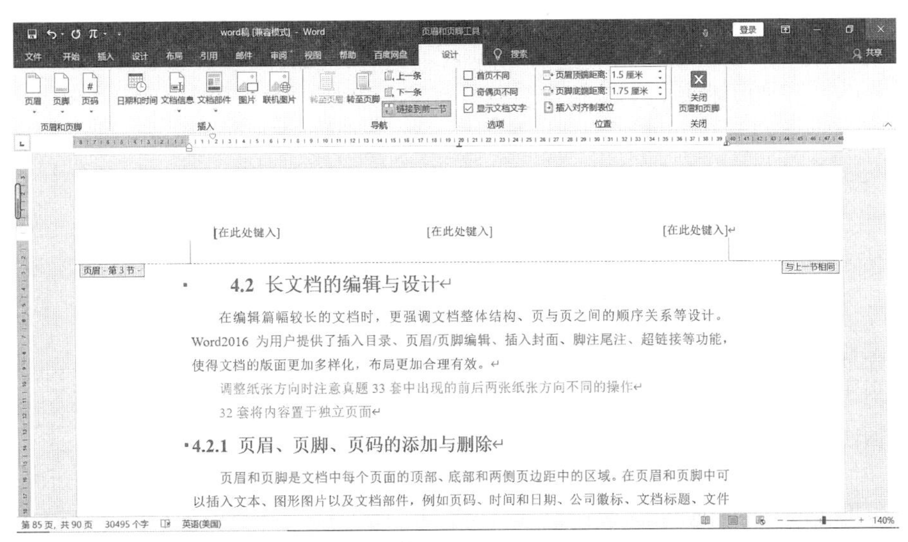

图 4－15 插入页眉

（4）使用【页眉和页脚工具|设计】选项卡内功能进一步设计页眉的格式。

（5）单击“关闭页眉和页脚”按钮，完成页眉编辑。

● **注意：** 添加页眉或页脚，可以双击任意页面的页眉或页脚区域，直接进入页眉或页脚的编辑区域，【页眉和页脚工具|设计】选项卡也会出现。此时编辑的页眉或页脚未采用任何内置格式，用户可以根据需要自定义格式。

虽然编辑页眉或页脚是在任意页面上完成的，但是采用本方法操作完成后，在整个文档的所有页面上都有相同的页眉或页脚内容和结构。

2. 创建奇偶页不同的页眉或页脚

有时文档的奇偶页需要使用不同的页眉或页脚。例如，在制作学生毕业设计时可以选择奇数页页眉显示院校名称，偶数页页眉显示章节标题。创建奇偶页不同的页眉或页脚操作步骤如下：

（1）双击文档中的页眉或页脚区域，功能区中自动出现【页眉和页脚工具|设计】选项卡。

（2）在“选项”功能组中选中“奇偶页不同”复选框。

（3）分别在任一奇数页和偶数页的页眉或页脚区域输入不同内容，就可以为奇数页和偶数页创建不同的页眉或页脚。

在【页眉和页脚工具|设计】选项卡的“导航”功能组中，单击“转至页眉”按钮或“转至页脚”按钮可以在页眉区和页脚区之间切换。如果文档已分节或者选中了“奇偶页不同”复选框，则单击“上一节”按钮或“下一节”按钮可以在不同节之间、奇数页和偶数页之间切换。

3. 创建首页不同的页眉或页脚

通常，长文档的第一页是封面页或目录页，该页的页眉和页脚与其他页会有所不同。具体设置步骤如下：

（1）双击文档中该节的页眉或页脚区域，功能区自动出现【页眉和页脚工具|设计】选项卡。

（2）在“选项”功能组中选中“首页不同”项目，此时文档首页中原先定义的页眉和页脚就被删除了，可以根据需要重新设置首页页眉或页脚。

（3）单击“关闭页眉和页脚”按钮，完成页眉或页脚的设计操作。

4. 创建各节不同的页眉或页脚

当文档已经事先分成若干节时，可以为文档的各节创建不同的页眉或页脚，例如为一个长文档的封面和目录两部分应用不同的页脚样式。为文档不同节创建不同的页眉或页脚的操作如下：

（1）文档分节后，将光标定位在某一节的任意页位置。

（2）双击该页的页眉或页脚区域，进入页眉或页脚编辑状态。

（3）输入页眉或页脚的内容并调整格式。

（4）在【页眉和页脚工具|设计】选项卡的“导航”功能组中单击“上一节”或“下一节”按钮进入其他节的页眉或页脚区域。

（5）通常，下一节自动接受上一节的页眉或页脚内容。在“导航”功能组中，单击“链接到前一条页眉”按钮，使该按钮呈现未被选中状态，此时可以断开当前节与前一节中的页眉或页脚之间的链接，页眉或页脚区域就不再显示“与上节相同”的提示信息，此时修改本节页眉或页脚信息不会影响前一节的相应内容。

若单击“链接到前一条页眉”按钮，该按钮呈现被选中的状态，此时可实现当前节与前一节中的页眉或页脚之间的链接，出现如图 4－16 的提示信息，单击“是”按钮，此时修改本节页眉和页脚信息会影响前一节的相应内容。

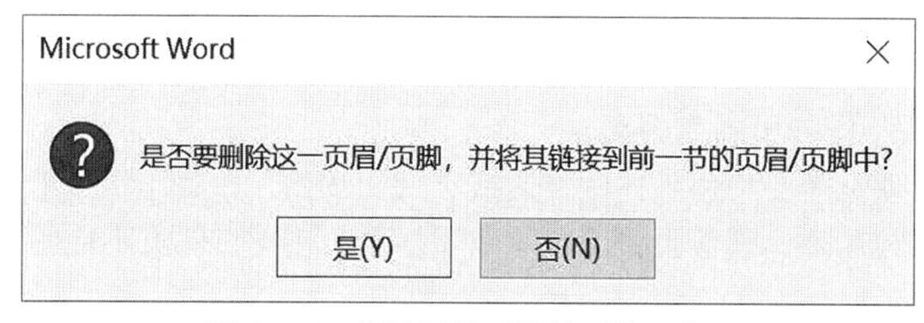

图 4－16　设置页眉“链接到前一节”

（6）单击“关闭页眉和页脚”按钮，完成页眉或页脚的链接操作。

5. 删除页眉或页脚

删除文档中页眉或页脚的操作相同，其操作步骤如下：

（1）将光标定位在文档任意位置。

（2）单击【插入】选项卡“页眉和页脚”功能组中的“页眉”按钮。

（3）在弹出的下拉列表中选择“删除页眉”项目，即可删除当前节的页眉。

（4）在【插入】选项卡“页眉和页脚”功能组中单击“页脚”按钮，在弹出的下拉列表中选择“删除页脚”项目，即可删除当前节的页脚。

6. 添加页码

页码是长文档必备的页面要素，通常体现在页眉或页脚的某一位置，以阿拉伯数字、罗马数字等形式表现页与页之间的顺序关系。页码是可以随着文档内容变化而自动更新的。插入页码也是为文档插入目录的前提。

插入的页码可以是文档的预设页码格式，也可以是用户自定义页码格式。

（1）插入预设页码的方法如下：

①将光标定位在文本任意位置。

②单击【插入】选项卡“页眉和页脚”功能组的“页码”按钮，弹出下拉列表。

③在如图4－17所示的列表中选择页码位置，如“页面顶端”，会出现预置页码格式列表。

④从列表中选择所需要的页码位置，单击相应项目转到光标所在页的页码编辑区域，如图4－18所示，通过【页眉和页脚工具|设计】选项卡下功能项目完成页码设置。

⑤单击“关闭页眉和页脚”按钮，完成插入页码操作。

图4－17 “页码”下拉列表项

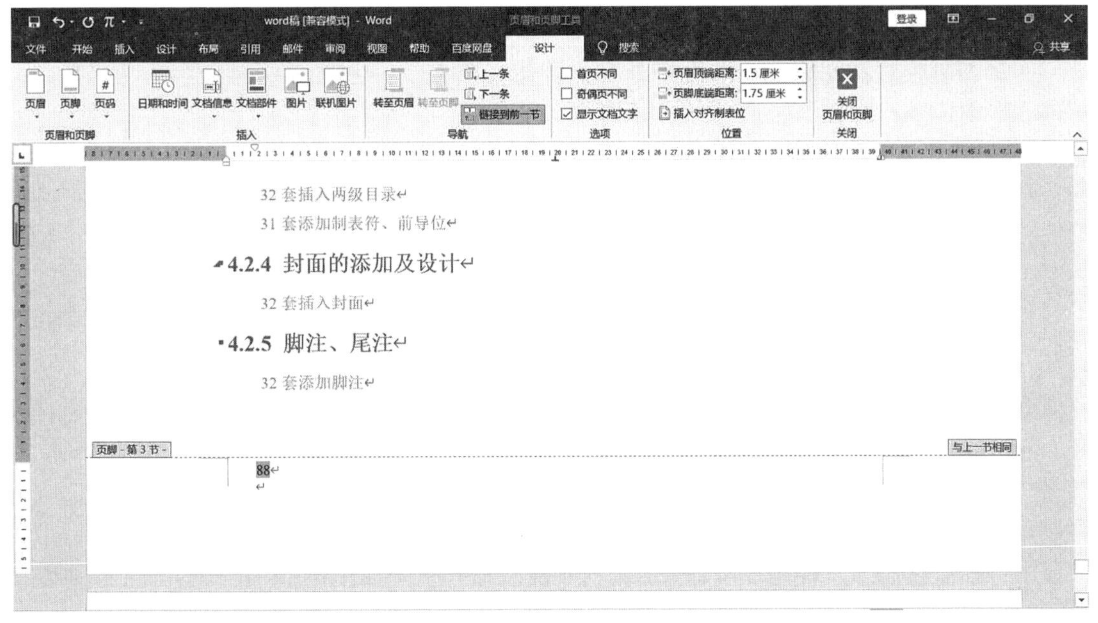

图4－18 编辑页码

（2）用户自定义页码适用于文档已经存在页码，但是需要修改页码的情况。其具体方法是：

①将光标定位在需要修改页码格式的节中。

②单击【插入】选项卡“页眉和页脚”功能组的“页码”按钮，打开下拉列表。

③单击其中的“设置页码格式”命令，打开如图4－19所示的“页码格式”对话框。

④在“页码格式”对话框中，选择所需的页码格式，设置是否包含章节号，起始页码是否从特定数字开始。

⑤单击“确定”按钮，完成页码格式修改。

删除页码非常简单，在“页码”下拉列表中，选择“删除页码”命令，即可实现删除页码操作。

● **注意：**在插入页码时，可以先选择“页码”下拉列表中的“设置页码格式”命令，提前设置需要的页码格式，单击“确定”按钮。此时，页码并没有插入完成，再在“页码”下拉列表中选择插入页码的位置，光标转到页码编辑区域，即可显示所需要格式的页码。

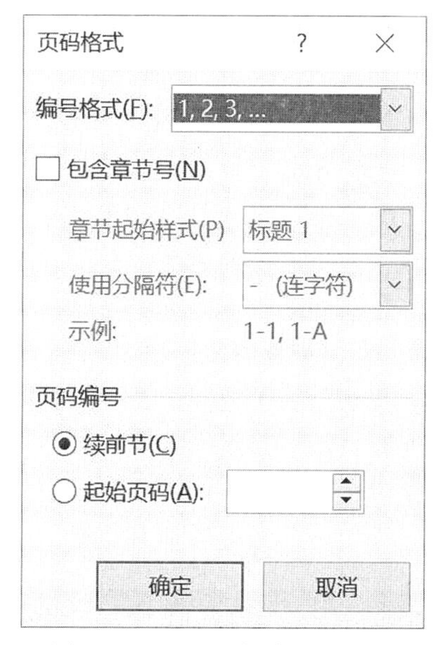

图 4－19　“页码格式”对话框

【实例 6】打开文档“页码实例 . docx”，为目录页添加首页页眉“教学质量监控”，居中对齐。在文档的底部靠右位置插入页码。页码形式为“第几页共几页”（注意：页码和总页数应当能够自动更新），目录页不显示页码且不计入总页数，正文页码从第 1 页开始。最后更新目录页码。

◆ 操作步骤：

①打开文档“页码实例 . docx”，在【插入】选项卡下“页眉和页脚”功能组中，单击“页眉”按钮，在下拉列表框中选择“空白”，进入页眉编辑界面。

②勾选【页眉和页脚工具|设计】选项卡下“选项”功能组中的“首页不同”复选框，在首页页眉位置输入“教学质量管理”，并设置为“居中”显示。

③将光标定位在正文第一页的页脚位置，输入文字“第　页共　页”，并设置为“右对齐”。

④单击“页眉和页脚”功能组中的“页码”按钮，从下拉列表中选择“设置页码格式”，弹出“页码格式”对话框，将起始页码设置为“0”，单击“确定”按钮。

⑤将光标放置在“第”和“页”之间的位置，按键盘上的“Ctrl + F9”组合键插入域，在一对“{}”之间输入“Page”（注意：不包括双引号）；同理，将光标置于“共”和“页”之间的位置，按键盘上的“Ctrl + F9”组合键插入域，在一对“{}”之间输入“=”，再按键盘上的“Ctrl + F9”组合键插入域，在出现的一对“{}”之间输入“numpages”，在“{}”后输入“－1”，如图 4－20 所示。设置完成后，按键盘上的“Alt + F9”组合键查看显示结果。

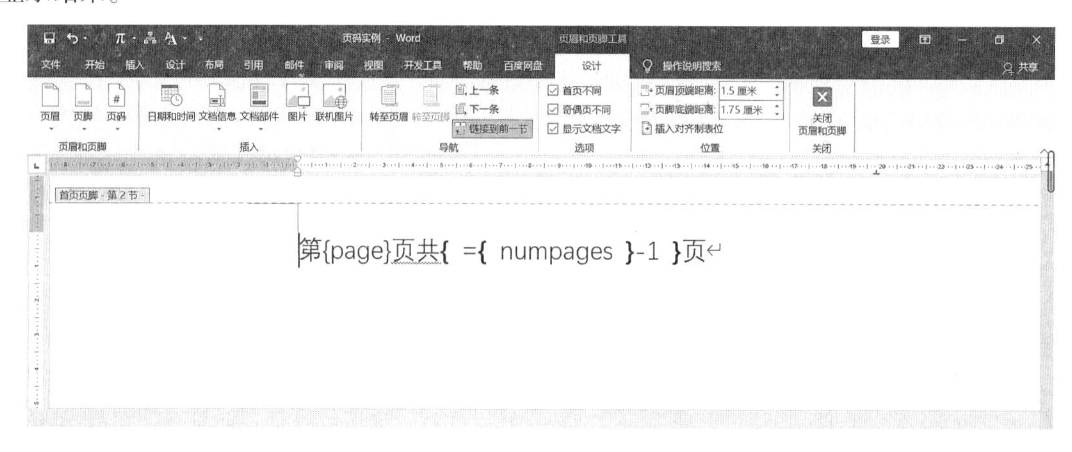

图 4－20　插入页码域

⑥设置完成后单击【页眉和页脚工具|设计】选项卡下“关闭”功能组中的“关闭页眉和页脚”按钮。

⑦单击【引用】选项卡下“目录”功能组中的“更新目录”按钮，弹出“更新目录”对话框，选择“更新整个目录”单选按钮，最后单击“确定”按钮。

⑧保存并关闭文档。

• **注意：** 本实例中的“{}”符号中间没有空格，为英文输入法键入。

4.2.2 文档分页、分节与分栏

分页、分节和分栏操作，可以使文档版面布局更合理，更加美观，对不同排版要求能够灵活适应。

1. 分页

一般情况下，Word 编辑文本时当一页输入完成，会自动转入下一页继续编辑。但是如果为了排版布局的要求，在没有输入满一页的时候想提前分页，则需要手动插入分页符进行分页。具体操作步骤如下：

①将光标定位在需要分页的位置。

②在【布局】选项卡的“页面设置”功能组中，单击“分隔符”按钮出现如图4-21所示的分隔符列表。

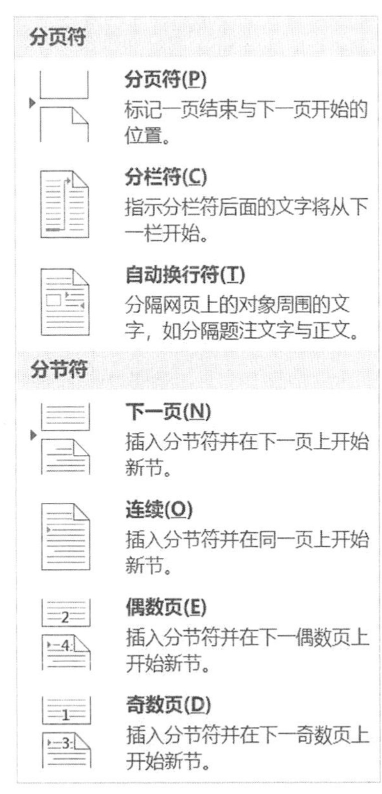

图4-21 分隔符列表

③在分隔符列表中，有“分页符”和“分节符”两个区域。单击“分页符”区域的“分页符”项目，即可完成分页功能。光标所在位置之前的内容处于前一页，光标所在位置之后的内容自动转到下一页的开始位置。

• **注意：** 有的用户在需要分页的时候，不是选择插入分页符的方式，而是不断单击“Enter”按钮，用段落标记占位，直至将内容“推到”下一页。这种方法在长文档编辑中是不可取的，如果后期调整格式，下一页的文字非常有可能重新回到前一页或者继续向后窜位置，格式非常凌乱。

插入分页符后，会在上一页文档的尾部显示段落标记。用户能看到哪些特殊标记取决于设置，有两种方法可以实现该设置：

第一，单击【开始】选项卡“段落”功能组中“显示/隐藏编辑标记”按钮，即可显示段落标记和其他隐藏的格式符号，如图4-22所示。

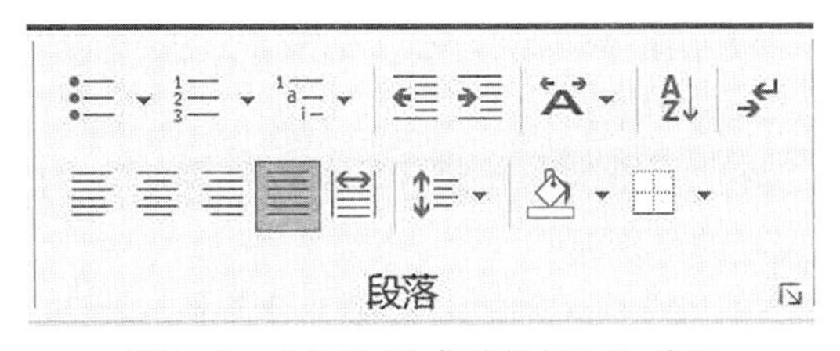

图4-22 “显示/隐藏编辑标记”按钮

第二，在【文件】选项卡的后台视图中，单击“Word 选项”按钮进入“Word 选项”的【显示】选项卡，如图 4－23 所示，在“始终在屏幕上显示这些格式标记”区域设置需要始终显示的标记，单击“确定”按钮完成设置。

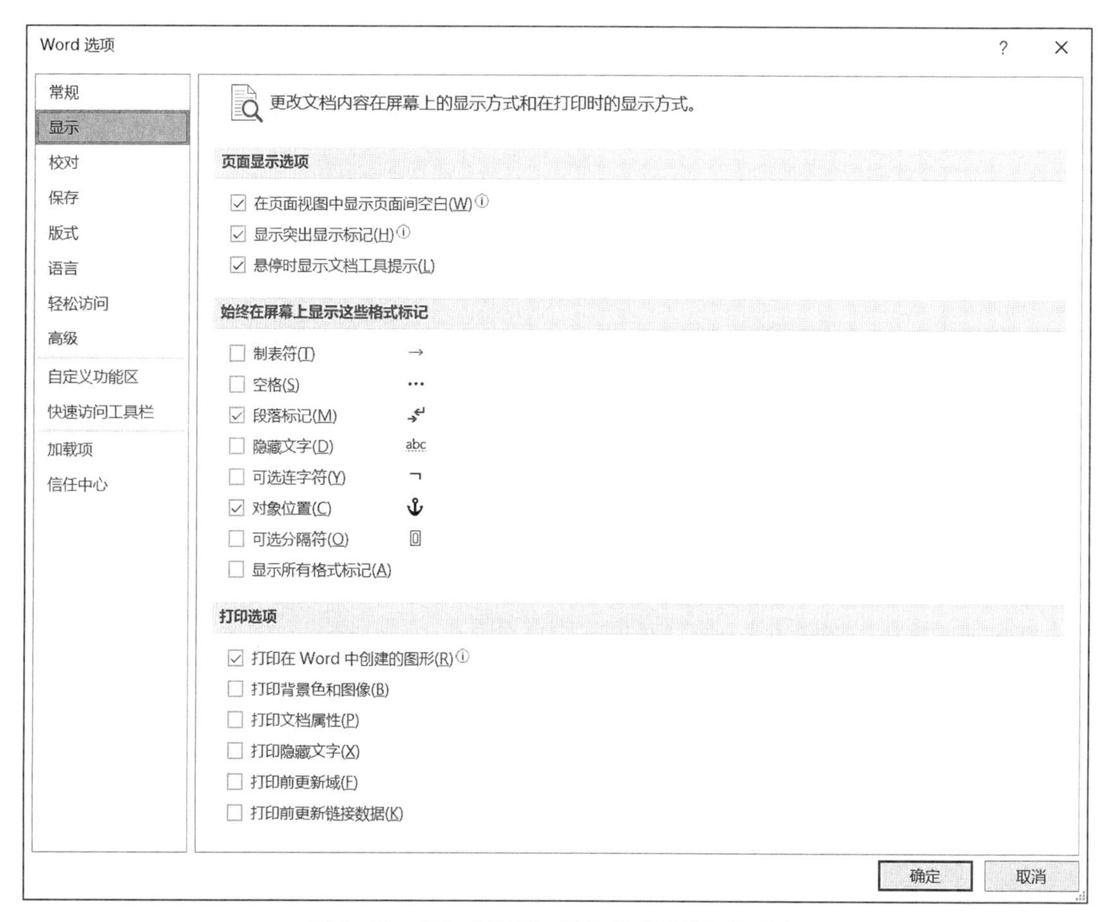

图 4－23 “Word 选项”对话框“显示”选项卡

2. 分节

在文档中插入分节符，不仅可以将当前编辑的文本分成不同页面，还可以针对不同的节进行页面设置。插入分节符的操作步骤如下：

（1）将光标定位在需要分节的位置。

（2）在【布局】选项卡的“页面设置”功能组中，单击“分隔符”按钮，在“分隔符”列表中单击“分节符”区域的“下一页”按钮，完成操作。

在“分节符”区域中，有“下一页”“连续”“偶数页”和“奇数页”四个选项，这四个选项的区别是：

①“下一页”选项：插入分节符并在下一页开始新节。插入点之前的内容处于上一节，插入点以后的内容处于新节，并且开始新的一页。

②“连续”选项：插入分节符并在同一页开始新节。插入点之前的内容和插入点后的内容依然处于同一页中，只是两部分内容不同节，可以分别对前后两节进行不同设置。

③“偶数页”选项：插入分节符并在下一偶数页上开始新节。插入点之前的内容处于上一节，插入点之后的内容处于下一节，并且从下一个偶数页开始新页。如果插入点所在页是奇数页，则下一页就是偶数页，插入点后的内容直接显示在下一页；如果插入点所在页是偶数页，则下一页是奇数页，该页被空出，插入点后的内容将处于后面一页中。

④“奇数页”选项：插入分节符并在下一奇数页上开始新节。插入点之前的内容处于上一节，插入点之后的内容处于下一节，并且从下一个奇数页开始新页。如果插入点所在页是偶数页，则下一页就是奇数页，插入点后的内容直接显示在下一页；如果插入点所在页是奇数页，则下一页是偶数页，该页被空出，插入点后的内容将处于后面的一页中。

• **注意：**“分页符|分页符”和“分节符|下一页”两个选项的功能都能实现分页的效果，但是二者还是有区别的。

①“分页符|分页符”按钮只起到将文本分开显示在不同页的作用，如在编辑页眉页脚时，前后两页会同时被编辑和改变。

②“分节符|下一页”按钮不仅能起到将文本分开显示在不同页的作用，前后两页同时也分处于两节。如在编辑页眉页脚时，只要选择“页眉和页脚工具|设计”选项卡下“导航”功能组的“链接到前一节”功能，可同时编辑前后两节的页眉页脚。取消“链接到前一节”的选择，则编辑某一节的页眉页脚，另一节不随之编辑。

3. 分栏

正常编辑的文档内容会在页边距范围内均匀排布，在编辑如期刊等资料时，正常版式不能满足排版的需要，可以进行分栏操作，通过设置分栏数量实现左右页边距范围内几组文件的排版和显示。为文档创建多栏显示的步骤如下：

（1）选中需要分栏的文本内容。如果需要对整篇文档进行分栏，就可以不选中任何文本内容，光标置于文档任意位置。如果该文档内有图片、图表等对象内容，则不宜对整篇文档分栏，最好跨越图片、图表等内容对文字进行分栏。

（2）在【布局】选项卡的“页面设置”功能组中，单击“栏”按钮，即可出现“栏”功能列表，如图4－24所示。

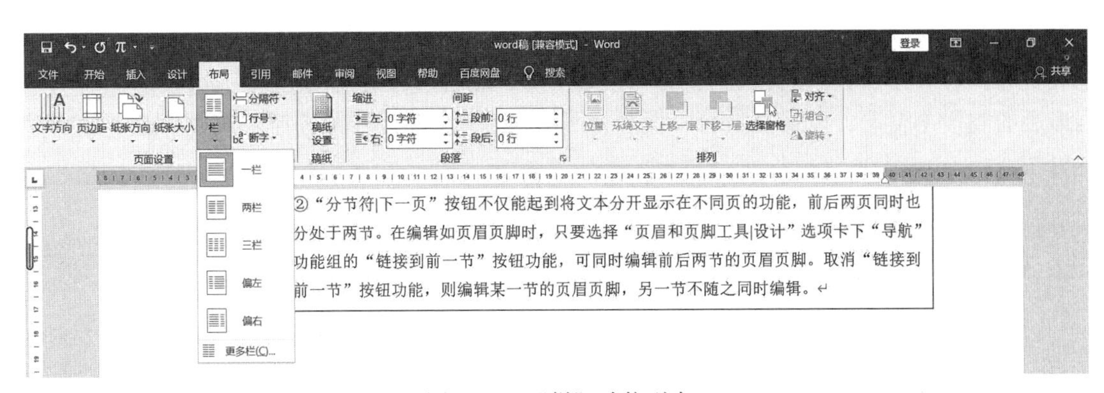

图4－24　“栏”功能列表

（3）在“栏”功能列表中，可以选择分栏数量和各栏宽窄布局。选择“更多栏”项目可以在“栏”对话框中进一步设置分栏效果，如图4-25所示。

（4）在“栏”对话框中，可以使用“预设”区域内的栏数设置，“栏数”微调框可以选择分栏数量。设置“栏数”后，根据栏数在“宽度和间距”区域设置每栏的宽度和栏间距。选中“栏宽相等”复选框，可以平均分配每栏宽度。

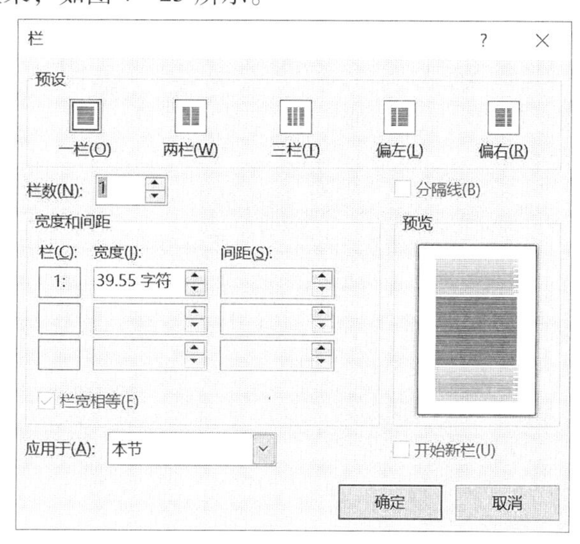

图4-25 “栏”对话框

在“应用于”组合框内选择分栏的目标文本，通常会根据用户提前选中的需要分栏的文本自动判断该组合框的项目。

（5）单击“确定”按钮，完成分栏操作。

【实例7】在文档“分栏实例.docx”中，自“关键词”所在段落之后将文档分为等宽两栏，其中图、表及其题注不分栏。最后一页内容无论多少均应平均分为两栏排列。

◆ 操作步骤：

①打开文档“分栏实例.docx”。

②选中正文中自“长期以来……”至“二是2头工具同时上紧方案，见图5。”段落内容，单击【页面布局】选项卡下“页面设置”功能组中的“分栏”按钮，在下拉列表中选择“更多分栏”命令，在弹出的对话框中选择“两栏”，并勾选“栏宽相等”复选框，如图4-26所示，单击“确定”按钮。选中图下方至表上方内容，按照相同的方法为这些内容分栏。最后选中表下方至文档结束的内容（文档最后的空段不要选，以保证最后一页内容平均分为两栏排列），按照相同的方法为这些内容分栏。

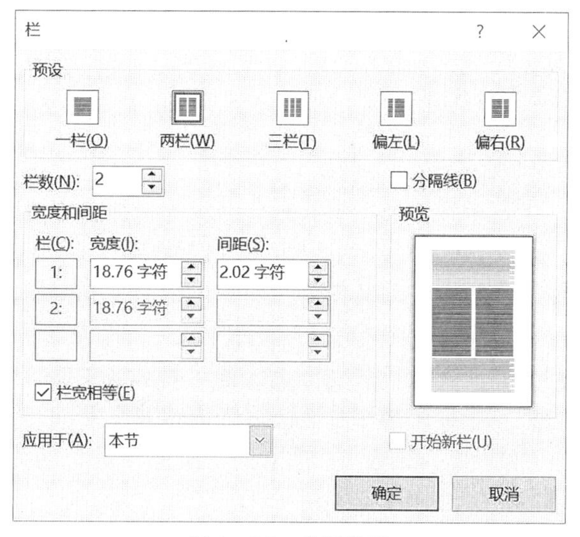

图4-26 分栏设置

③保存并关闭文档。

4.2.3 目录

对于长文档来说，目录是必须具备的组成部分，它列出了文档的各部分组织结构及对应的页码，简单明了地反映了文档的整体结构，方便读者快速检索、查询所需内容。为文档添加目录需要提前做好各项准备工作，如应用文档样式、添加页码等。Word 2016支持创建文档目录、图表目录及引文目录。

1. 利用目录库样式创建文档目录

Word 2016 为用户提供了内置“目录库”，其包括的多样式目录省去用户烦琐的设计流程，方便快捷地实现创建目录的工作。

在文档中使用“目录库”创建目录的操作步骤如下：

（1）将光标定位在需要插入目录的位置，通常是在封面页之后、正文页之前，单独占一页。

（2）在【引用】选项卡的“目录”功能组中，单击“目录”按钮，出现“目录”功能列表。

（3）“目录”功能列表如图 4－27 所示，“内置”功能区域有“手动目录”“自动目录 1”和“自动目录 2”的预览效果。按需要选择目录格式并单击该项目，即可实现插入内置目录的操作。

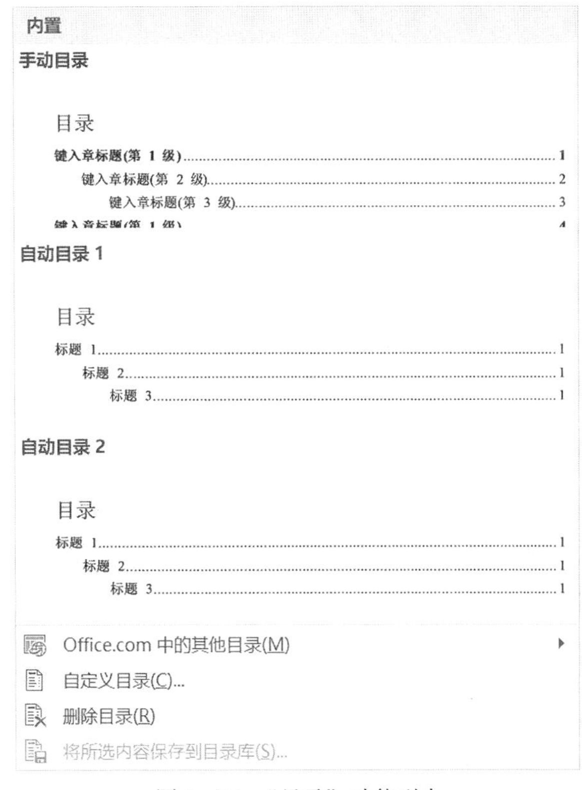

图 4－27 “目录”功能列表

2. 自定义文档目录

> • **注意：** 如果事先为文档的各级标题应用了内置的标题样式，则可在列表中选择某一种“自动目录”样式，Word 2016 就会自动根据所标记的标题在指定位置创建目录。如果事先没有对文档的标题设置内置标题样式，则应该通过选择“手动目录”项目自行填写目录内容，当然这种方法比较烦琐。

除了直接调用目录库中的预置目录样式外，用户还可以根据需要自定义目录格式，特别是当文档标题的格式也是自定义样式时，自定义目录就是最好的选择。自定义目录格式的操作步骤如下：

（1）将光标定位在需要插入目录的位置，通常是在文档的封面页之后、正文之前的位置。

（2）在【引用】选项卡的“目录”功能组中，单击“目录”按钮展开“目录”功能列表，选择“自定义目录”项目。

（3）在“目录”对话框中选择【目录】选项卡，如图 4－28 所示。在该对话框中，可以设置页码格式、显示标题级别等。目录标题级别可以在 1～9 级中选择。

（4）在图 4－28 所示的对话框中，单击“选项”按钮出现“目录选项”对话框，如图 4－29 所示。该对话框适用于文档内标题应用了内置样式的情况。

单击“修改”按钮出现“样式”对话框，如图 4－30 所示。该对话框中的选项用来调整目录项样式。

（5）返回“目录”对话框的【目录】选项卡下，单击“确定”按钮，完成自定义目录的操作。

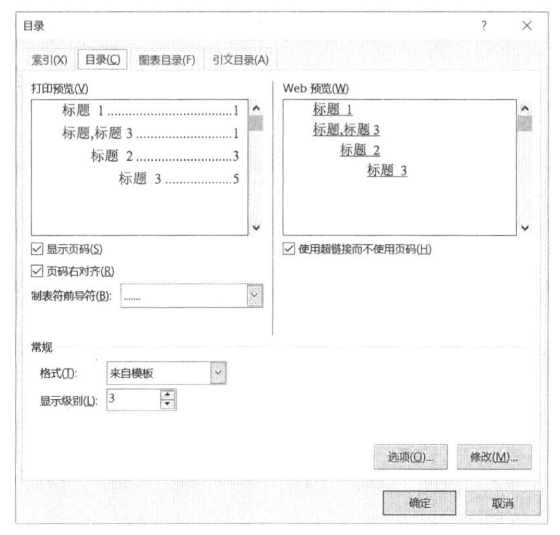

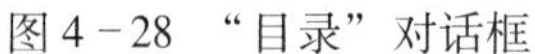
图 4－28 “目录”对话框

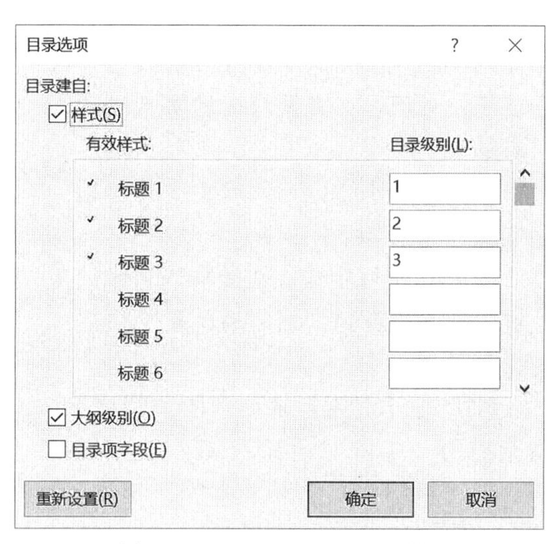

图 4－29 “目录选项”对话框

3. 更新文档目录

目录是以域的方式被设置在文档中的。如果文档创建了目录后又对内容进行了调整，使原有的页码、标题内容等目录项改变了，则应更新文档目录，使其准确反映文档的内容结构。更新目录的操作步骤如下：

（1）在【引用】选项卡的“目录”功能组中，单击“更新目录”按钮，弹出如图 4－31 所示的“更新目录”对话框。

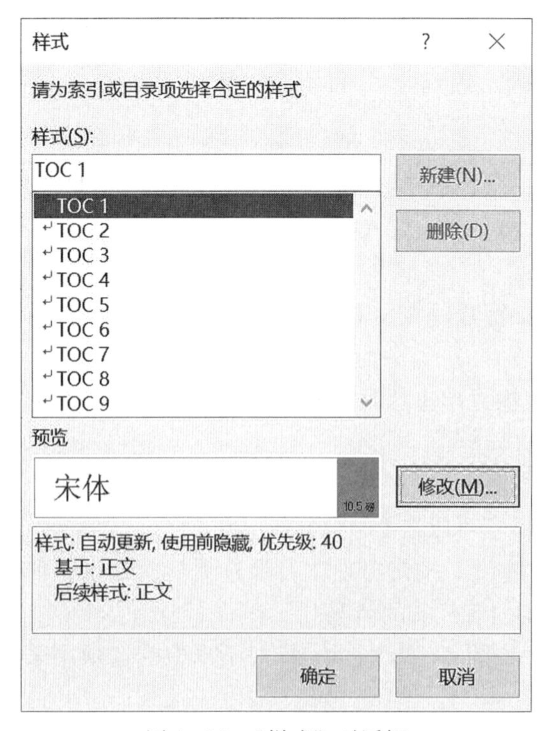

图 4－30 “样式”对话框

（2）该对话框中有“只更新页码”和“更新整个目录”两个单选按钮。当选择“只更新页码”项目时，只更新页码，不更新各级标题内容。当选择“更新整个目录”项目时，更新页码和各级标题内容。

（3）单击“确定”按钮完成更新目录操作。

4. 创建图表目录

除了可以为文档中的正文标题创建目录

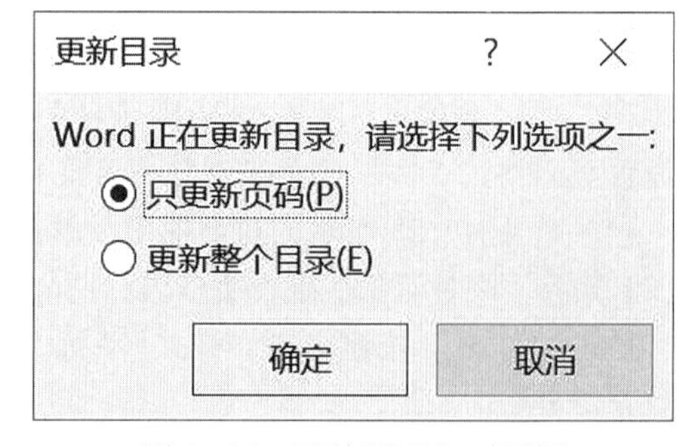

图 4－31 “更新目录”对话框

外，还可以为文档中的图片、表格及公式等对象创建图表目录，便于用户从目录中快速浏览和定位指定的对象。

为图片和表格等对象创建图表目录的前提是，需要先为它们添加题注，图表目录是根据题注创建的。题注是图片、表格的标题，图片题注位于图片下方，表格题注位于表格上方。创建图表目录的操作步骤如下：

（1）在【引用】选项卡的“目录”功能组中，单击“目录”按钮打开“目录”功能列表。

（2）在列表中选择“自定义目录”项目，在打开的“目录”对话框中选择“图表目录”选项卡，在该选项卡下根据需要设置页码格式、目录格式及题注标签。

（3）单击“确定”按钮完成创建图表目录操作。

更新图表目录与更新文档目录方法类似，在【引用】选项卡上的“题注”功能组中单击“更新表格”按钮；或者在图表目录区域中单击鼠标右键，从弹出的快捷菜单中选择“更新域”命令即可完成更新。

5. 引文目录

引文目录主要用于在法律类文档中创建参考内容列表，例如事例、法规和规章等。引文目录和索引非常相似，但它可以对标记内容进行分类，而索引只能利用拼音或笔画进行排列。创建引文目录的操作步骤如下：

（1）选择要标记的引文。

（2）在【引用】选项卡下“引文目录”功能组中，单击“标记引文”按钮，打开“标记引文”对话框，如图 4 - 32 所示。使用键盘上的“Alt + Shift + I”组合键可以直接打开“标记引文”对话框。

（3）在“标记引文”对话框中，当被选文字内容较少时，所选文字出现在“短引文”列表框中；当被选文字内容较多时，所选文字出现在“长引文”对话框中。单击“标记”按钮，完成对该条引文的标记，此时“标记引文”对话框是打开的状态。

在“类别”下拉列表框中选择合适的类别。如果想修改一个存在的类别，单击“类别”按钮，在“编辑类别”对话框中进行替换，如图 4 - 33 所示。

单击“标记全部”按钮，将对存在于文档中的每一段首次出现的与所选文字匹配的文字进行标记。

（4）保持“标记引文”对话框为打开状态，继续标记其他引文。待将需要标记的引文全都标记完成后，关闭“标记引文”对话框，将光标定位在需要插入引文目录的位置。

（5）在【引用】选项卡“引文目录”功能组中，单击“插入引文目录”按钮，打开“引文目录”对话框，如图 4 - 34 所示。

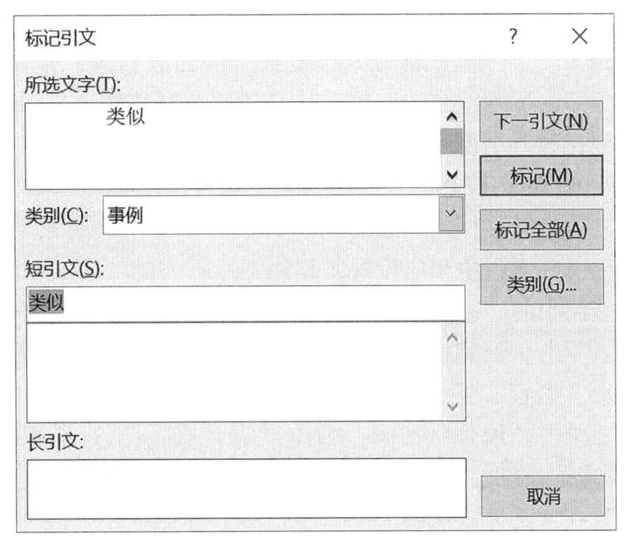

图 4 - 32 “标记引文”对话框

图 4－33 “编辑类别”对话框

图 4－34 “引文目录”对话框

（6）在“类别”列表框中选择需要创建目录的类别，此步骤与前面标记步骤要匹配。做标记的文本要选择类别，此步骤选择的类别直接关系到生成的引文目录中是否包含某一个标记文本。

如果引文的页码超过 5 处，可选中“使用‘各处’”复选框，以“各处”字样代替页码，避免页码过多造成操作烦琐。

选中“保留原格式”复选框，引文目录中将保留引文的字符格式。

（7）单击“确定”按钮，完成创建引文目录。

● **注意：** 创建引文目录也可以在【引用】选项卡的“目录”功能组中，单击“目录”按钮→“自定义目录”按钮，进入“目录”对话框的【引文目录】选项卡下设置。前提条件是必须实现对相关引文进行标记。

【实例 8】在文档“目录实例 . docx”中，按如下要求对文档进行修改完善：

使用题注功能，修改图片下方的标题编号，以便其编号可以自动排序和更新，在“图表目录”节中插入格式为“正式”的图表目录；使用交叉引用功能，修改图表上方正文中对于图表标题编号的引用（已经用黄色底纹标记），以便这些引用能够在图表标题的编号发生变化时自动更新。

◆ 操作步骤：

①打开文档“目录实例 . docx”。

②在素材中相应位置，删除图片下方的“图 1”字样，单击【引用】选项卡下“题注”功能组中的“插入题注”命令，打开“题注”对话框。

单击“新建标签”按钮，弹出“新建标签”对话框，在“标签”文本框中输入“图”，单击“确定”按钮。注意，此步骤中如果题注标签中有“图”，则不需要新建该标签。

单击“编号”按钮，弹出“题注编号”对话框，勾选“包含章节号”复选框，单击“确定”按钮，最后单击“题注”对话框中的“确定”按钮结束对题注的设置。修改题注的对齐方式为“居中”。

③在素材中相应位置删除图片下方的“图 2”文字，单击【引用】选项卡下“题注”

功能组中的“插入题注”命令，单击“确定”按钮。后续图片题注的设置方法与此相同。

④将光标置于“图表目录”标题下，单击【引用】选项卡下“题注”功能组中的“插入表目录”按钮，弹出“图表目录”对话框，在“常规”选项框“格式”列表框中选择“正式”样式，单击“确定”按钮，即可插入图表目录。最后删除黄底文字“请在此插入图表目录!”。

⑤在素材中相应位置删除图表上方正文中对于图表标题编号的引用文字“图 1”，单击【引用】选项卡“题注”功能组中的“交叉引用”按钮，弹出“交叉引用”对话框，在“引用类型”列表框中选择“图”，在“引用内容”列表框中选择“仅标签和编号”，在“引用哪一个题注”列表框中选择题注“图 2 - 1 库存的分类”，如图 4 - 35 所示。

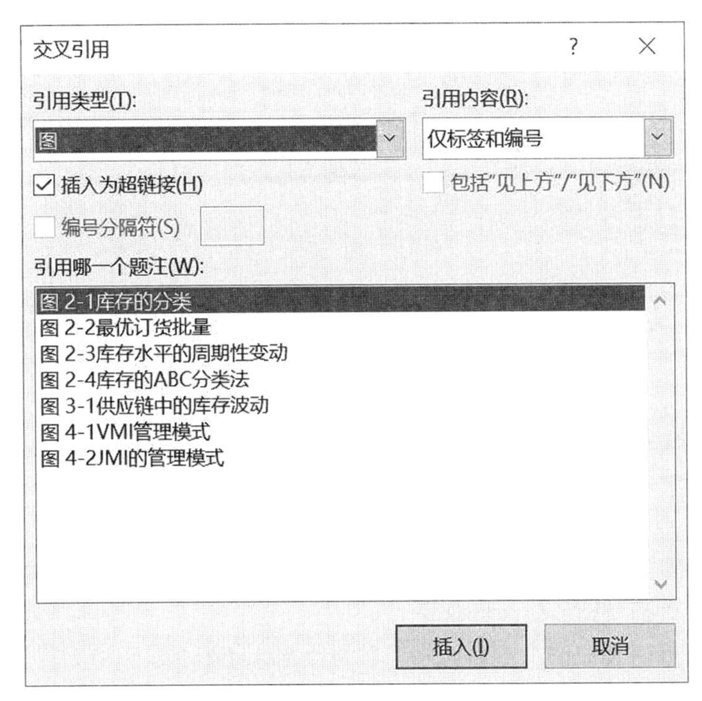

图 4 - 35　插入题注

⑥拖动垂直滚动条找到“图 2”位置，按照上述方法首先删除正文中的黄底文字，然后在“交叉引用”对话框的“引用哪一个题注”列表框中选择“图 2 - 2 最优订货批量”，单击“插入”按钮。后续对题注的引用操作方法相同。

⑦保存并关闭文档。

4.2.4　脚注、尾注

脚注和尾注一般用于在文档中显示引用资料的来源，或者用于插入补充性或说明性的文字。在文献资料、科研文章、教科书等文档中，脚注和尾注是必备要素。

1. 脚注

脚注通常位于当前页面的底部或指定文字的下方，是对当前页面文档内某句话或者某个词的进一步解释。在正文中表现为以上标序号标注的词汇或段落。在当前页面的底部，按照序号顺序输入说明文字，说明文字的字号通常比正文小，字体也可能有所不同。添加脚注的操作步骤如下：

方法一：

（1）在正文中选择需要添加脚注的文本，或将光标置于文本的右侧。

（2）在【引用】选项卡的“脚注”功能组中，单击“插入脚注”按钮，光标直接跳转到当前页面的下方区域，并生成其在当前页面的脚注序号数字，如图 4－36 所示。

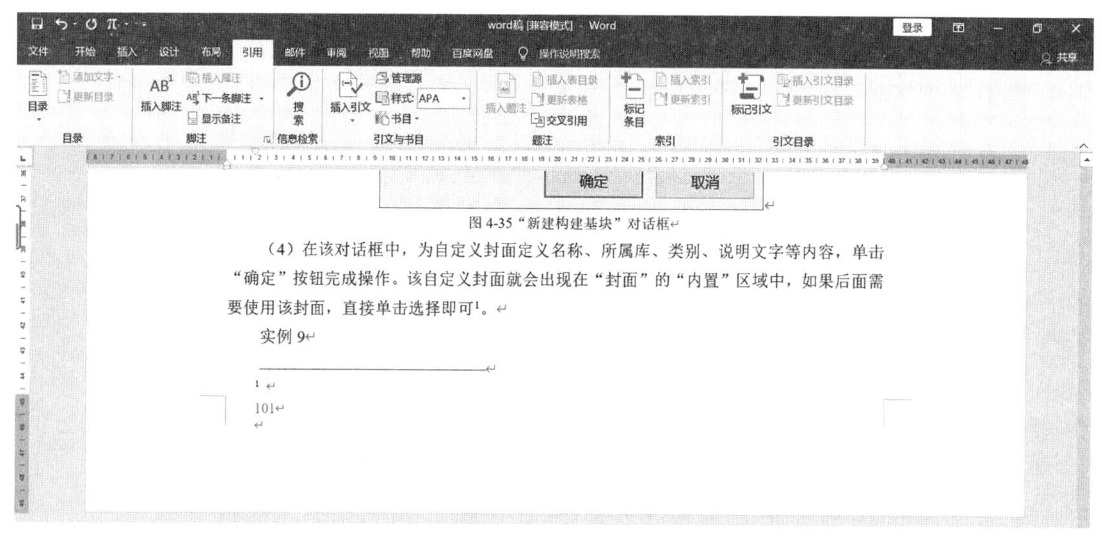

图 4－36 插入脚注

（3）在光标所在位置输入脚注文字，即可完成插入脚注操作。此时在正文所选内容处将出现右上标的数字序号。

方法二：

实现插入脚注的操作也可以通过单击【引用】选项卡下“脚注”功能组的“对话框启动器”按钮进行设置。具体操作步骤如下：

（1）选中需要插入脚注的文本，或将光标置于该文本右侧。

（2）在【引用】选项卡下“脚注”功能组中，单击“对话框启动器”按钮，进入如图 4－37 的“脚注和尾注”对话框。通过该对话框可以设置脚注所在位置，脚注可以在“页面底端”或“文字下方”，还可以设置脚注布局、编号格式等项目。

（3）单击“插入”按钮，完成脚注插入。

（4）光标跳转至输入脚注内容位置，输入脚注内容，完成操作。

2. 尾注

尾注通常位于整篇文档的末尾或指定节的结尾处，其功能与脚注相同，只是将整篇文档需要注释的内容集中体现在一个位置。添加尾注的操作步骤如下：

方法一：

（1）选中需要添加尾注的文本，或者将光标置于文本的右侧。

（2）在【引用】选项卡的“尾注”功能组中，单击“插入尾注”按钮，光标直接跳转到文档尾部，此时可以输入注释文本了。

方法二：

（1）选中需要添加尾注的文本，或者将光标置于文本的右侧。

（2）在【引用】选项卡下“脚注”功能组中，单击“对话框启动器”按钮，进入如图4－37所示的“脚注和尾注”对话框。通过该对话框可以设置尾注所在位置，尾注可以在“文档结尾”或“节的结尾”，还可以设置尾注布局、编号格式和起始编号等项目。

（3）单击“插入”按钮，完成尾注插入。

（4）光标跳转至输入尾注内容位置，输入尾注内容，完成操作。

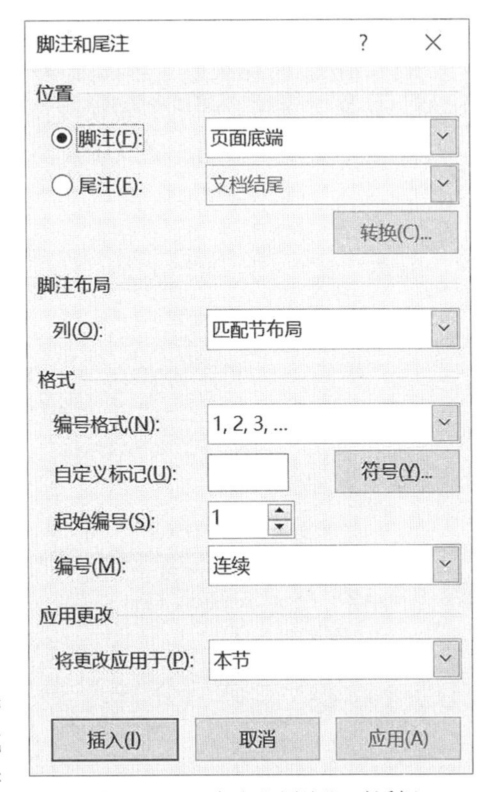

图4－37 “脚注和尾注”对话框

3. 脚注和尾注相互转换

脚注与尾注的功能是相同的，就是位置不同，二者是可以相互转换的。具体操作步骤如下：

方法一：批量实现脚注和尾注的转换

（1）在【引用】选项卡的“脚注”功能组中，单击“对话框启动器”按钮，进入“脚注和尾注”对话框，如图4－37所示。

（2）在“位置”区域选择“脚注”或者“尾注”单选按钮，若选择“脚注”单选按钮，则代表需要把脚注转换为尾注；若选择“尾注”单选按钮，则代表需要把尾注转换为脚注。

（3）单击“转换”按钮，弹出如图4－38所示的“转换注释”对话框，从“脚注全部转换成尾注”“尾注全部转换成脚注”“脚注和尾注相互转换”三个单选按钮中选择其一。通常，默认的选项是根据用户操作自动推荐的。

（4）单击“转换注释”对话框的“确定”按钮，返回“脚注和尾注”对话框。

在“将更改应用于”组合框中，从“本节”“整篇文档”中选择应用范围。如果选择“本节”选项，则将本节中的脚注或尾注相互转换；如果选择“整篇文档”选项，则将整篇文档中的脚注或尾注相互转换。

（5）单击“应用”按钮，完成脚注和尾注之间的转换操作。

方法二：单个尾注和脚注的相互转换

（1）选中需要转换的脚注或者尾注的注释区域，右键单击弹出如图4－39所示快捷菜单。

（2）在弹出的快捷菜单中，选择“转换至尾注”或“转换至脚注”选项，即可实现转换。

该种方法适用于单个脚注或尾注相互转换的情况。

【实例9】在文档“脚注尾注实例.docx”中，按如下要求对文档进行修改完善：将文档中的所有脚注转换为尾注，并使其位于每节的末尾。

◆ 操作步骤：

①打开文档“脚注尾注实例.docx”。

②单击【引用】选项卡下“脚注”功能组中的“对话框启动器”按钮，打开“脚注和

尾注”对话框，在“位置”选项框中选择“尾注”单选按钮，在下拉列表中选择“节的结尾”。在弹出的“应用更改”选项框中选择“将更改应用于”“本节”，单击“位置”选项框中的“转换”按钮，弹出“转换注释”对话框，单击“确定”按钮。

③单击“应用”按钮，完成转换操作。

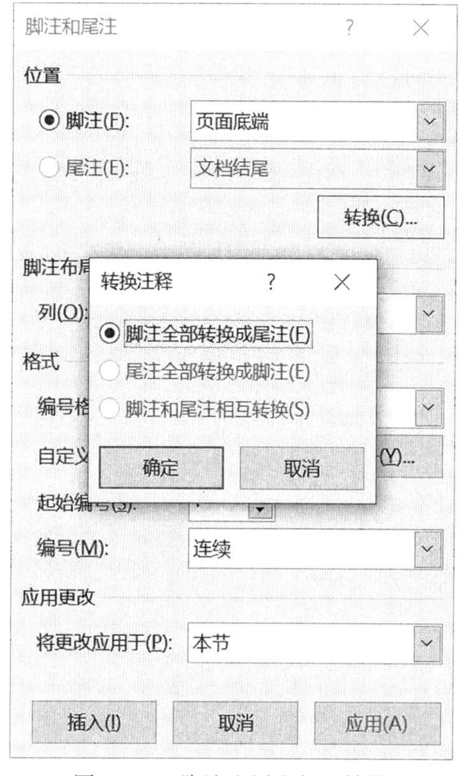

图 4－38　脚注和尾注相互转换

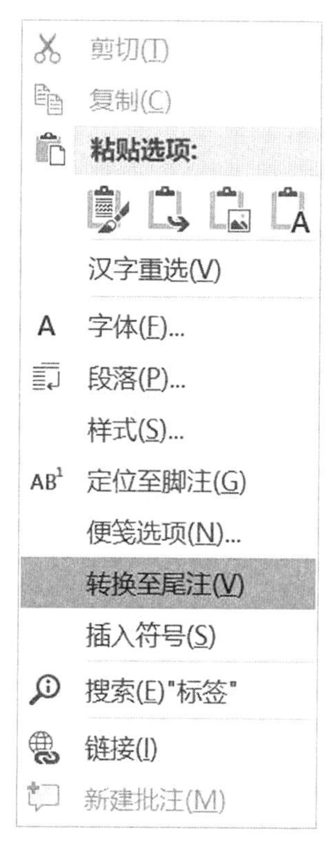

图 4－39　脚注快捷菜单

4.2.5　题注、交叉引用

题注是包含图片、表格、图表的文档必须具备的对象说明和编号的组合，通常以“图”“表”等标签作为标识加编号的形式呈现，在文档中因为内容的需要是可以交叉引用题注的。

1. 插入题注

在文档中定义并插入题注的操作步骤如下：

（1）将光标定位在需要添加题注的位置，例如一张表格的上方、一张图片的下方等。

（2）在【引用】选项卡的“题注”功能组中，单击“插入题注”按钮，进入如图 4－40 所示的“题注”对话框。

（3）在“题注”对话框中，在“选项”区域的“标签”组合框中选择题注标签。题注标签的内容就是将来题注中编号前的文字，如图 4－40 所示标签为“图表”，则题注内容会表现为“图表 4－40”的形式。

当选择“从题注中排除标签”复选框，题注中只显示题注编号，不显示“图表”“表”等文本字样。

单击“编号”按钮进入如图4－41的“题注编号”对话框，可以设置题注的编号格式。在“格式”组合框中选择数字格式，“包含章节号”复选框被选中后，“章节起始样式”和“使用分隔符”项目变成可操作状态。

（4）单击“确定”按钮，完成插入题注。

如果在“选项”区域的“标签”组合框列表中没有需要的标签内容，就需要用户新建所需标签。新建标签操作步骤如下：

①在“题注”对话框中单击“新建标签”按钮，进入如图4－42所示的“新建标签”对话框。

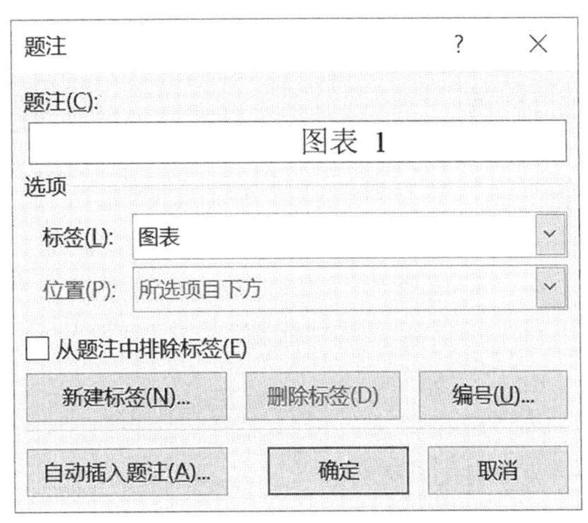

图4－40 “题注”对话框

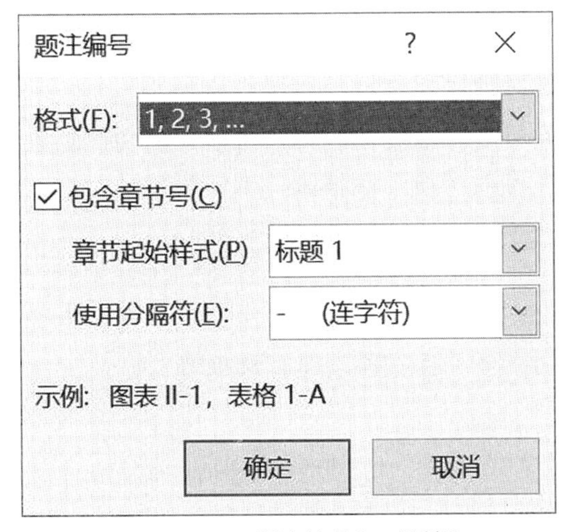

图4－41 “题注编号”对话框

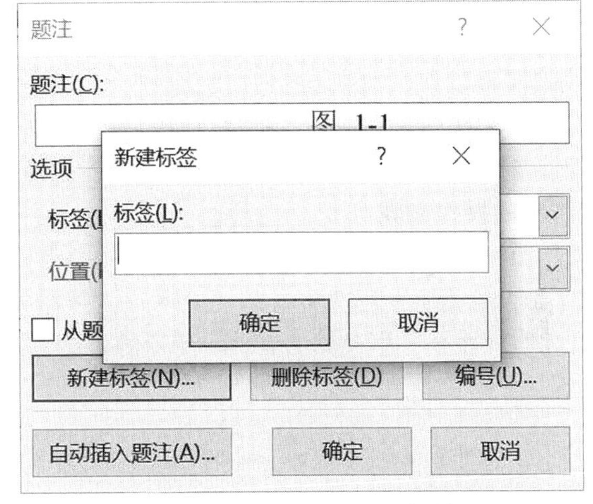

图4－42 “新建标签”对话框

②在“标签”文本框中输入创建的标签名称。

③单击“确定”按钮返回“题注”对话框，完成新建标签操作，新建的标签就可以在“题注”对话框的“标签”组合框下拉列表中看到。

不需要的标签，可以单击“题注”对话框的“删除标签”按钮进行删除，留下常用标签方便操作。

2. 交叉引用题注

在编辑文档的时候通常会出现“如图4－40所示”“见表5.3”等字样，这些字样如果是交叉引用题注，则当该图的题注发生变化时，文档中的引用部分也会自动更新。如果是手动输入题注文本，则不会随着题注改变而自动更新。

交叉引用题注的前提是使用以上方法先插入题注，手动输入题注格式的文本，不能实现交叉引用题注功能。

交叉引用题注的操作步骤如下：

（1）首先为文档中的图表、图片对象插入题注，然后将光标定位在需要引用题注的位置。

（2）在【引用】选项卡的“题注”功能组中，单击“交叉引用”按钮进入如图4-43所示的“交叉引用”对话框。

在“引用类型”组合框列表中选择引用题注的标签，如“标题”，选择对应的“引用类型”项目。

在“引用内容”文本框中可以指定需要交叉引用的内容。

（3）单击“插入”按钮，完成交叉引用题注操作。

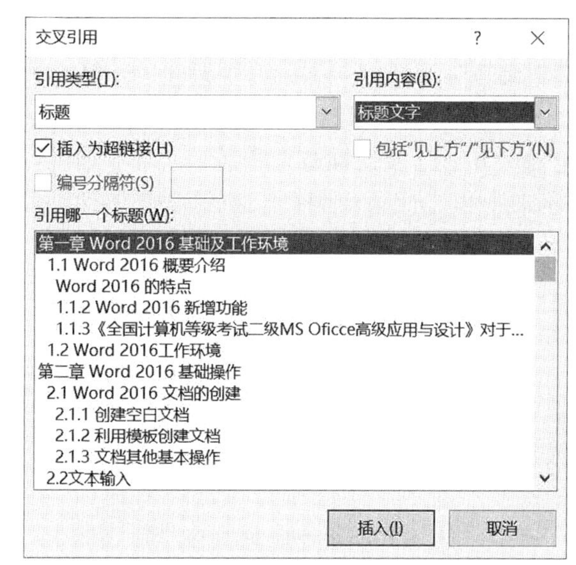

图4-43 “交叉引用”对话框

交叉引用是作为域插入文档中的，当文档中的某个题注发生变化后，只需进行打印预览或者选中整个文档，按快捷键“F9”，文档中的其他题注序号及引用内容就会随之自动更新。

【实例10】在文档“题注实例.docx”中，修改文件中表格右下角所插入的文件对象下方的题注文字为“指标说明”，然后在文字“员工绩效考核”后插入一个竖线符号。

◆ 操作步骤：

①打开文档“题注实例.docx”，选中表格中右下角的单元格。

②在【插入】选项卡下“文本”功能组中，单击“文件”按钮，在出现的列表中选择“对象”命令，出现如图4-44所示的对话框。切换至【由文件创建】选项卡。

图4-44 “对象”对话框【由文件创建】选项卡

③单击“浏览”按钮选择需要插入的文件，勾选“显示为图片”复选框。单击“更改图标”按钮，弹出如图 4－45 所示的“更改图标”对话框，将下方“题注”文本框中的题注修改为“指标说明”。

④单击“确定”按钮，关闭所有打开的对话框。

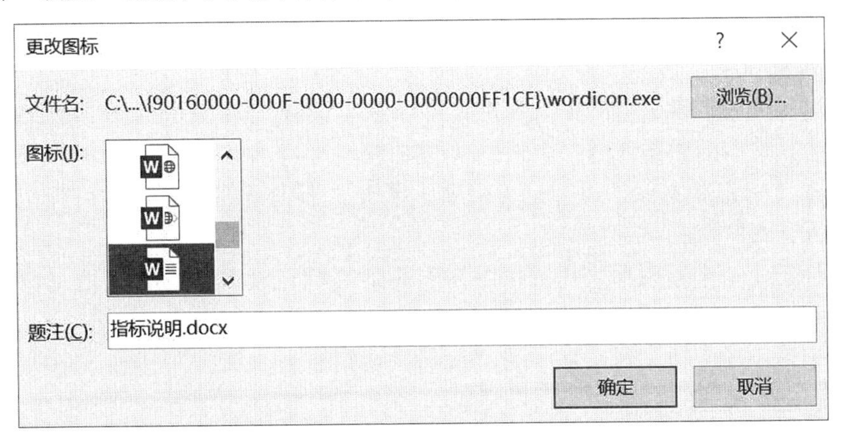

图 4－45 “更改图表”对话框

4.2.6 标记并创建索引

索引用于列示一篇文档中讨论的术语和主题以及它们出现的页码。要创建索引，可以通过提供文档汇总索引项的名称和交叉引用来标记索引项，然后生成索引。

可以为某个单词、短语或符号创建索引项，也可以为包含延续数页的主题创建索引项。除此之外，还可以创建引用其他索引项的索引。

1. 标记索引项

在文档中加入索引之前，应当先标记文档索引的例如单词、短语和符号之类的全部索引项。索引项是用于标记索引中的特定文字的域代码。当选择文本并将其标记为索引项时，Word 会添加一个特殊的索引项域，该域包括已经标记的主索引项以及所选择的任何交叉引用信息。

标记索引项的操作步骤如下：

（1）在文档中选中要作为索引项的文本。

（2）在【引用】选项卡的“索引”功能组中，单击“标记索引项”按钮，进入“标记索引项”对话框。在“索引”选项区域中的“主索引项”文本框中会显示已经选定的文本，如图 4－46 所示。

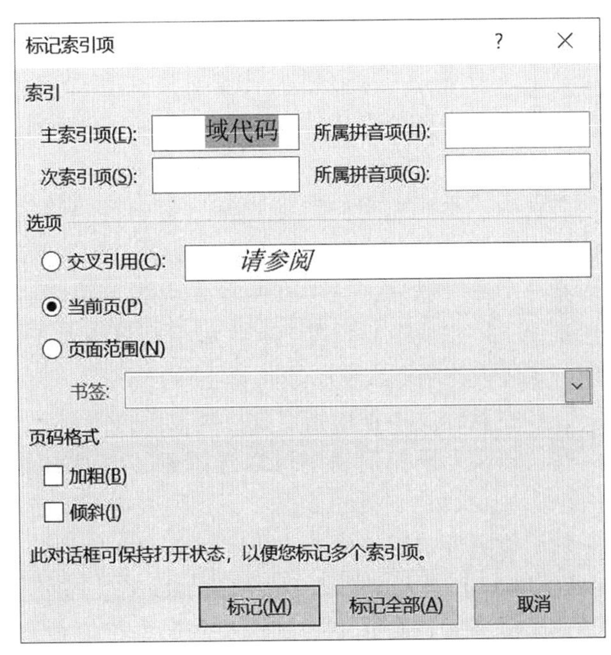

图 4－46 “标记索引项”对话框

根据需要，还可以通过创建次索引项、第三级索引项或另一个索引项的交叉引用来自定义索引项：

①创建次索引项，可在“索引”区域中的“次索引项”文本框中输入文本。次索引项是对索引对象的进一步限制。

②要包括第三级索引项，可在此索引项文本后输入冒号“:”，然后在文本框中输入第三级索引项文本。

③要创建对另一个索引项的交叉引用，可以在“选项”区域中选择“交叉引用”单选按钮，然后在其文本框中输入另一个索引项的文本。

（3）单击“标记”按钮即可标记索引项，单击“标记全部”按钮即可标记文档中与此文本相同的所有文本。

（4）在标记了一个索引项之后，可以在不关闭“标记索引项”对话框的情况下，继续标记其他多个索引项。

（5）标记索引项之后，对话框中的“取消”按钮变为“关闭”按钮。单击“关闭”按钮即可完成标记索引项的工作。

插入文档中的索引项实际上也是域代码，通常情况下该索引标记域代码只用于显示，不会被打印。

2. 生成索引

标记索引项之后，就可以选择一种索引设计并生成最终的索引了。Word 会收集索引项，并将它们按字母顺序排序，同时引用其页码，找到并删除同一页上的重复索引项，然后在文档中显示该索引。

为文档中的索引项创建索引的操作步骤如下：

（1）首先将光标定位在需要创建索引的位置，通常是文档的末尾。

（2）在【引用】选项卡上的“索引”功能组中，单击“插入索引”按钮，进入如图 4－47 所示的“索引”对话框。

（3）在“索引”对话框的【索引】选项卡中进行索引格式设置，具体如下：

从“格式”组合框中选择索引的风格，选择的结果可以在“打印预览”列表框中进行查看。

若选中“页码右对齐”复选框，索引页码将靠右排列，而不是紧跟在索引项的后面，然后可在“制表符前导符”组合框中选择一种页码前导符号。

在“类型”选项区域中有两种索引类型可供选择，分别是“缩进式”和“接排式”。如果选中“缩进式”单选按钮，次索引项将相对于主索引缩进；如果选中“接排式”单选按钮，则主索引项和次索引项将排在一行中。

在“栏数”文本框中指定分栏数以编排索引，如果索引比较短，一般选择两栏。

在“语言”下拉列表中可以选择索引使用的语言，语言决定排序的规则。如果选中“中文”，则可以在“排序依据”下拉列表中指定排序方式。

（4）设置完成后，单击“确定”按钮，创建的索引就会出现在文档中。

【实例 11】打开文档“索引实例 . docx”，按如下要求对文档进行修改完善：

在标题“人名索引”下方插入格式为“流行”的索引，栏数为 2，排序依据为拼音，索引项来自文档“人名 . docx”，效果如图 4－48 所示。

图 4-47 “索引”对话框

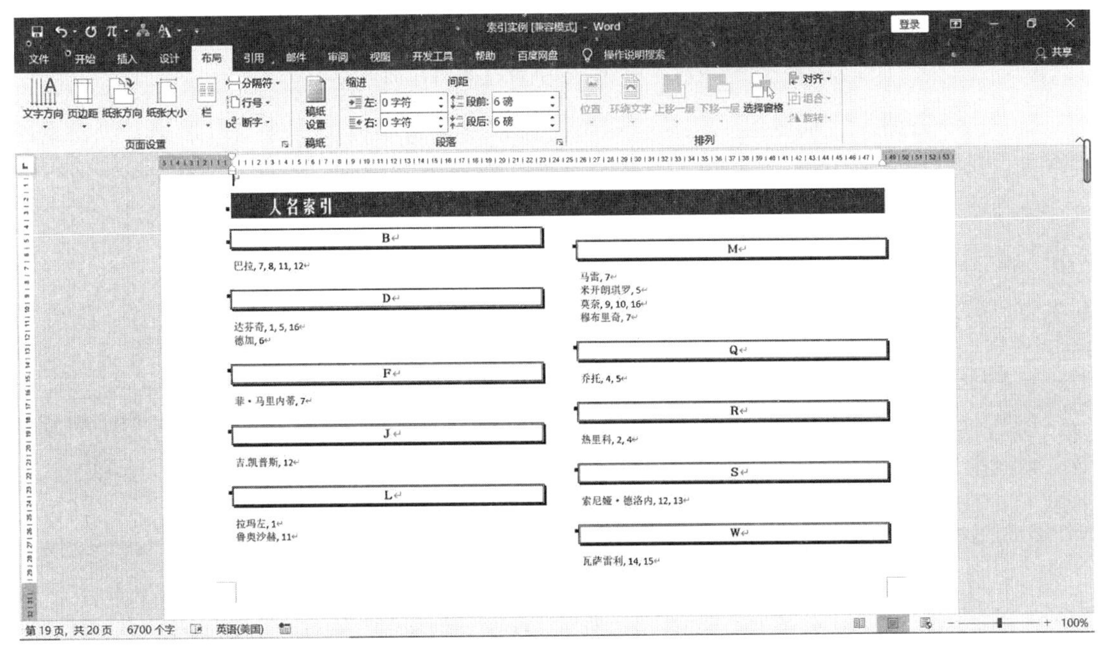

图 4-48 “人名索引”效果图

◆ 操作步骤:

①打开文档“索引实例.docx”，将光标置于“人名索引”下方，单击【引用】选项卡

下“索引”功能组中的“插入索引”按钮，弹出“索引”对话框，将“格式”设置为“流行”，“栏数”设置为“2”，“排序依据”设置为“拼音”，如图 4－49 所示。

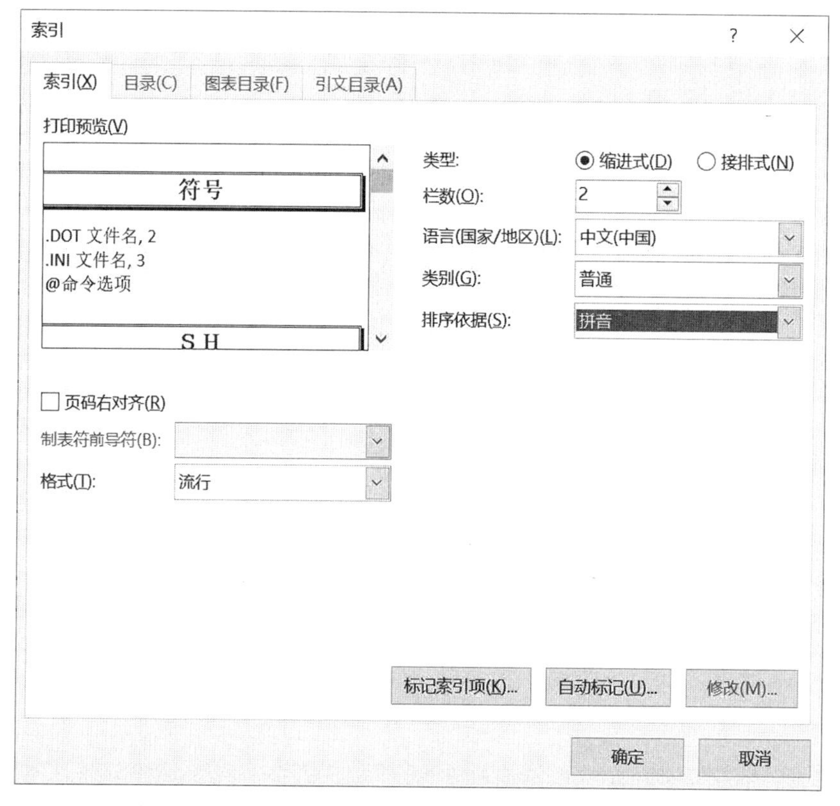

图 4－49 “索引”对话框【索引】选项卡

②单击下方的“自动标记”按钮，弹出“打开索引自动标记文件”对话框，浏览素材文件夹，选中“人名 . docx”文件，单击“打开”按钮，再单击“确定”按钮。

③再次单击【引用】选项卡下“索引”功能组中的“插入索引”按钮，弹出“索引”对话框，单击“确定”按钮，索引内容将显示出来。

4.2.7 引文与书目

1. 引文

在 Word 2016 中，可以在编写文档的时候在需要引用源的位置轻松地添加引文，如教科书、研究论文等，包括 APA、GOST、IEEE、Chicago、MLA 等。在引文的基础上还可以创建书目，更清晰地呈现参考或引用源的列表。

在文档中添加引文的操作步骤如下：

（1）在【引用】选项卡的“引文与书目”功能组中，展开“样式”组合框的下拉列表。在列表中选择即将用于引文和源的样式，如图 4－50 所示。例如，社会科学类文档的引文和源较为常用“MLA”或“APA”样式。

（2）用鼠标单击要引用的句子或短语的末尾处。

（3）在【引用】选项卡的“引文与书目”功能组中，单击“插入引文”按钮打开“插入引文”列表，如图4－51所示。

图4－50 “样式”下拉列表

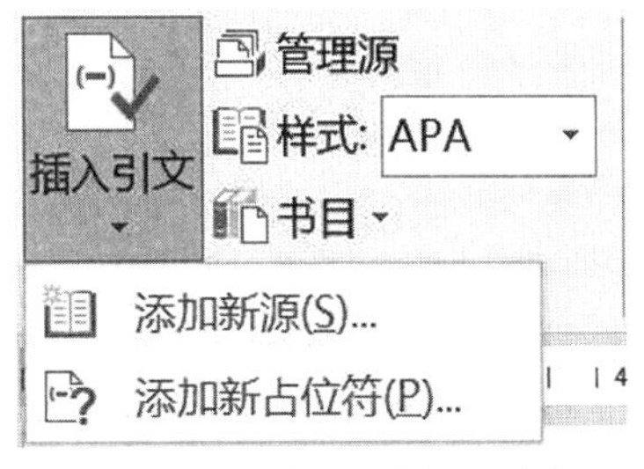

图4－51 “插入引文”列表

①创建新源：单击“添加新源”按钮进入如图4－52所示的“创建源”对话框，在此可以添加源信息。在该对话框“源类型”组合框下拉列表中可以选择源类型，如“书籍”“杂志文章”“会议记录”等。

在对话框相应位置输入源的其他信息。若要添加有关源的更多信息，可以选择“显示所有书目域”复选框，“APA的书目域”区域将会显示更多设置项目，如图4－53所示。

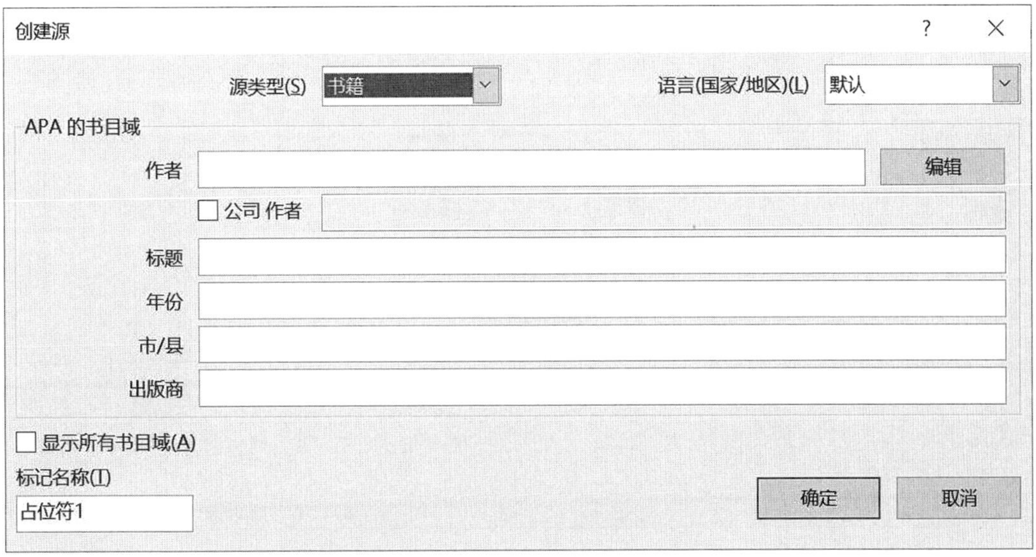

创建源
源类型(S) 书籍
语言(国家/地区)(L) 默认
APA 的书目域
作者 编辑
公司作者
标题
年份
市/县
出版商
显示所有书目域(A)
标记名称(I)
占位符1
确定 取消

图4－52 “创建源”对话框

②查找源：当创建的源较多使得源列表较长时，可以搜索用户在另一个文档中使用的源。具体操作步骤如下：

- 在【引用】选项卡的“引文与书目”功能组中，单击“管理源”按钮进入“源管理器”对话框，如图4－54所示。

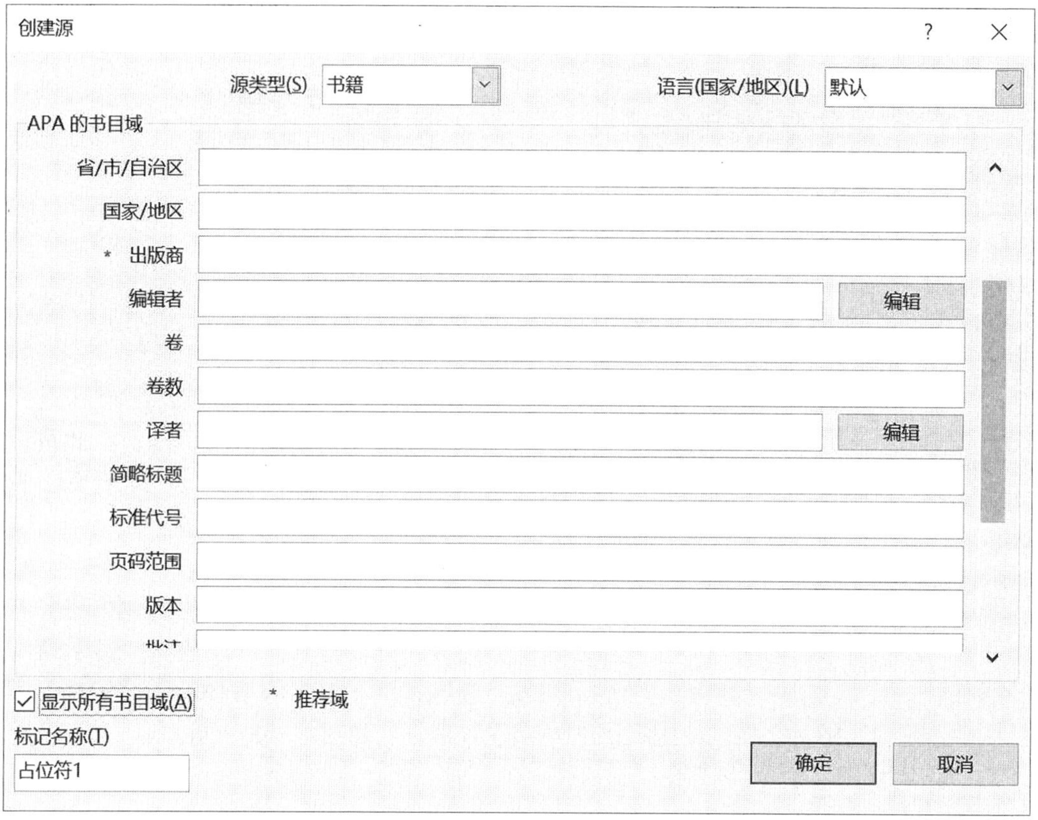

图4－53 “显示所有书目域”列表项目

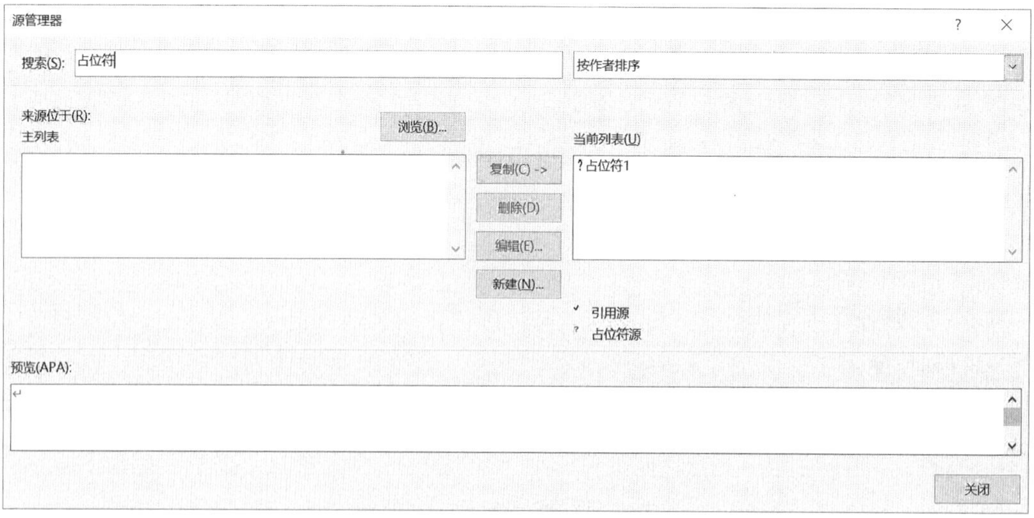

图4－54 “源管理器”对话框

- 在之前文档中使用过的源信息都将显示在“主列表”列表框中。如果打开的列表包含引文，则这些引文的源会显示在“当前列表”列表框中。

若需要查找特定源，则在“排序”组合框中，按“作者”“标题”“引文标记名称”“年份”进行排序，然后在有序列表中选择所需的源。在“搜索”文本框中，直接输入源的标题或作者，列表范围将动态缩小以匹配查找条件。

③创建新占位符：将光标定位于需要插入占位符的位置。单击“添加新占位符”按钮则进入“占位符名称”对话框。在该对话框中可以输入占位符名称，单击“确定”按钮即可在插入点位置显示占位符名称，如图4－55所示。

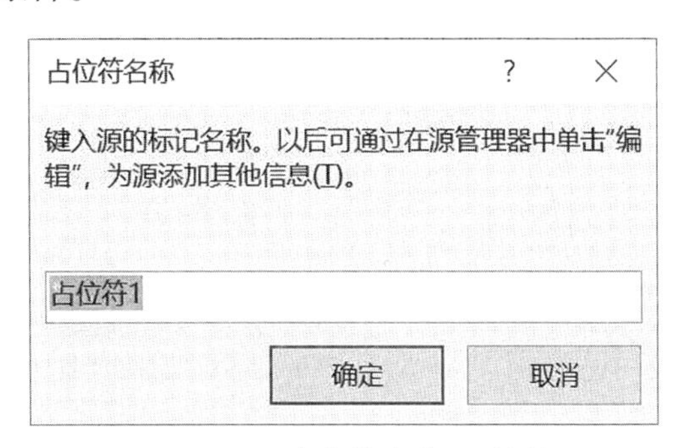

图4－55 “占位符名称”对话框

单击新建占位符后面的向下三角“引文选项”按钮，展开如图4－56所示的功能列表，选择相应的选项对该占位符进行设置。

单击“编辑引文”按钮，进入“编辑引文”对话框。在“页数”文本框中填写该引文的页码；在“抑制”区域选择“作者”“年份”或“标题”，则在引文列表中不显示相应内容。如图4－57所示。

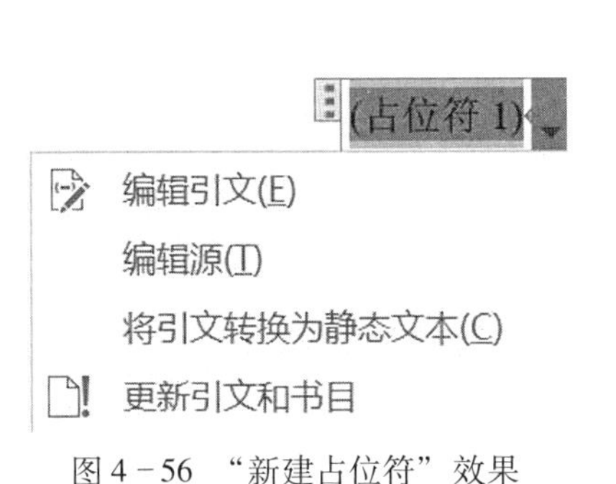

图4－56 “新建占位符”效果

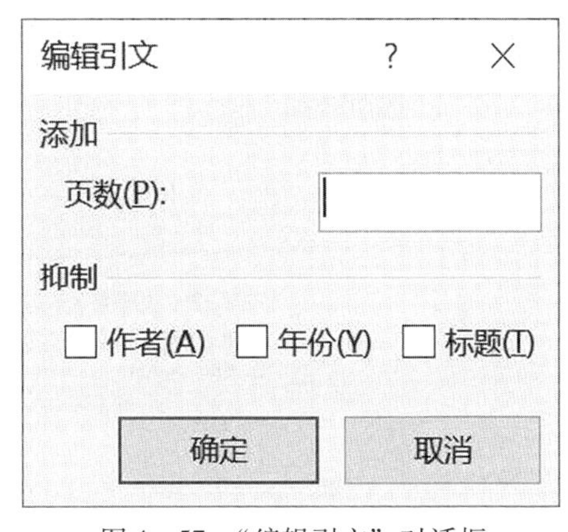

图4－57 “编辑引文”对话框

若添加引文成功后，单击【引用】选项卡“引文与书目”功能组的“插入引文”按钮，在列表中会自动显示已经创建的引文，单击可直接插入该引文。

新创建的占位符其本质是域代码，单击“将引文转换为静态文本”按钮，则新创建的占位符由域代码变为普通字符文本。

2. 书目

在编辑长文档时，结尾通常需要列出参考文献等信息，通过创建书目功能即可实现这一效果。书目是在创建文档时参考或引用的源文件的列表，通常位于文档的尾部。在Word 2016中，需要先组织源信息，然后可以根据为该文档提供的源信息自动生成书目。

向文档中插入一个或多个源后，便可随时创建书目了。创建书目的操作步骤如下：

（1）将光标定位在需要插入书目的位置，通常位于文档的尾部。

（2）在【引用】选项卡的“引文与书目”功能组中，单击“书目”按钮，打开如图4－58所示的书目列表。

其中“内置”区域分为“书目”“引用”“引用作品”样式，单击一个内置的书目格式，或者直接选择“插入书目”命令，即可将书目插入文档。

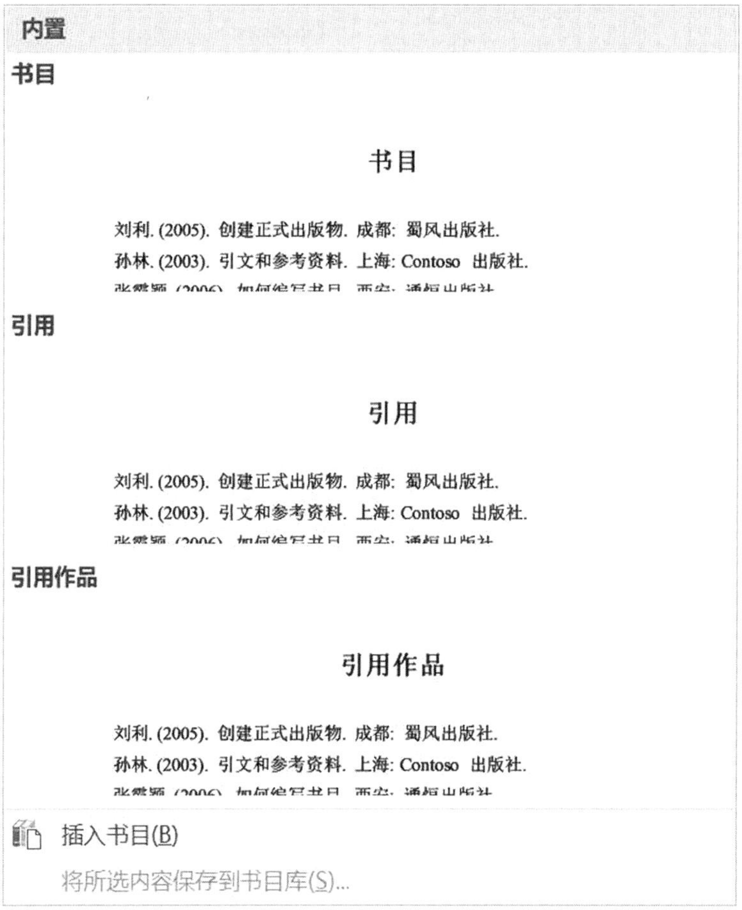

内置

书目

书目

刘利. (2005). 创建正式出版物. 成都: 蜀风出版社.
孙林. (2003). 引文和参考资料. 上海: Contoso 出版社.

引用

引用

刘利. (2005). 创建正式出版物. 成都: 蜀风出版社.
孙林. (2003). 引文和参考资料. 上海: Contoso 出版社.

引用作品

引用作品

刘利. (2005). 创建正式出版物. 成都: 蜀风出版社.
孙林. (2003). 引文和参考资料. 上海: Contoso 出版社.

插入书目(B)

将所选内容保存到书目库(S)...

图 4－58　书目列表

【实例 12】在文档“书目实例 . docx”的标题“参考文献”下方，为文档插入书目，样式为“APA 第五版”，书目中文献的来源为文档“参考文献 xml”。

◆ **操作步骤：**

①打开文档“书目实例 . docx”，将光标置于“参考文献”下方。

②单击【引用】选项卡下“引文与书目”功能组中的“管理源”按钮，弹出“源管理器”对话框，单击“浏览”按钮，弹出“打开源列表”对话框。浏览素材文件夹下的“参考文献 . xml”文件，单击“确定”按钮。

将左侧列表框中的所有对象选中，单击中间位置的“复制”按钮，如图 4－59 所示，将左侧的参考文献全部复制到右侧的“当前列表”列表框中，单击“关闭”按钮。

③在“引文与书目”功能组中将“样式”选择为“APA 第五版”，单击下方的“书目”按钮，在下拉列表中选择“插入书目”。

④保存并关闭文档。

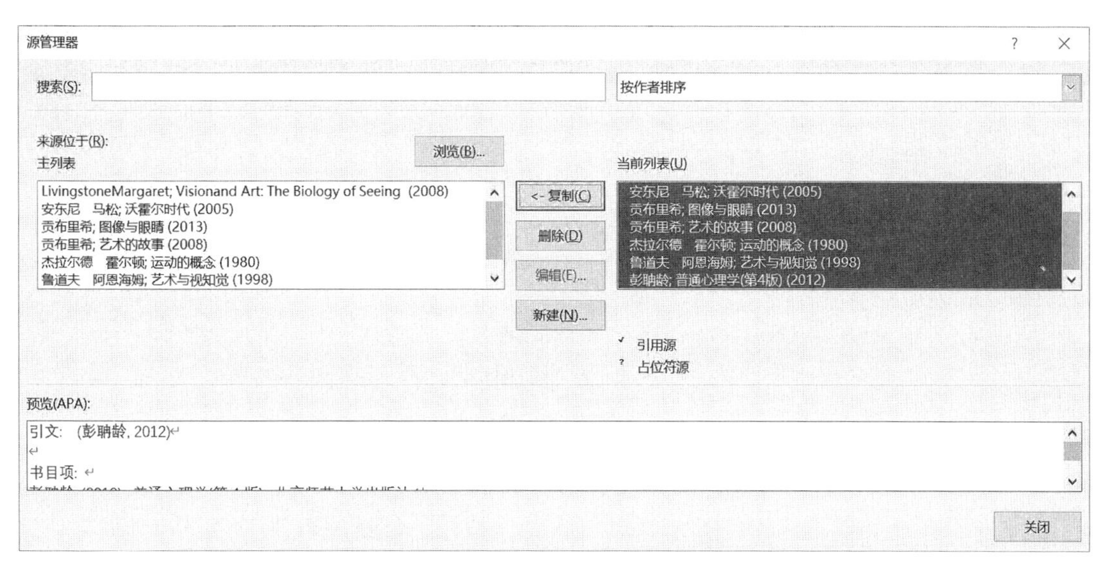

图 4－59 “源管理器”对话框

4.3 文档的批注与修订

与他人共同处理文档的过程中，审阅、跟踪文档的修订状况将成为最重要的环节之一，作者需要及时了解其他修订者更改了文档的哪些内容，以及为何要进行这些更改等。这些都可以通过 Word 2016 的审阅与修订功能实现。编辑完成的文档，还可以方便地以不同的方式共享给他人阅读使用。

4.3.1 批注

在多人审阅同一文档时，可能需要彼此之间对文档内容的变更情况进行解释，或者向文档作者询问一些问题，这时就可以在文档中插入“批注”信息。“批注”与“修订”的不同之处在于，“批注”并不在原文的基础上直接修改，而是在文档的空白处通过插入带有颜色的批注框来添加批注信息。而“修订”是对所选文字的直接修改。

1. 添加批注

为所选文字及段落添加批注，操作步骤如下：

（1）选中需要添加批注的文字或段落，在【审阅】选项卡下“批注”功能组中，单击“新建批注”按钮，如图 4－60 所示。

（2）所选文本及段落出现粉红色背景填充，在文本右侧空白区域出现批注编辑框。在编辑框中输入需要注明的内容。创建批注的时候，在批注编辑框上方会显示用户名称和创建该批注的时间。

批注编辑框的下方有“答复”和“解决”两个按钮。

①“答复”按钮：当其他编辑者看到该批注后，可单击“答复”按钮按要求修改，并在弹出的“答复”输入位置填写该批注的处理意见。一次批注可多人多次答复。“答复对话框”的上边会显示答复人的名称和答复时间。右键单击“批注对话框”，在弹出式菜单中选

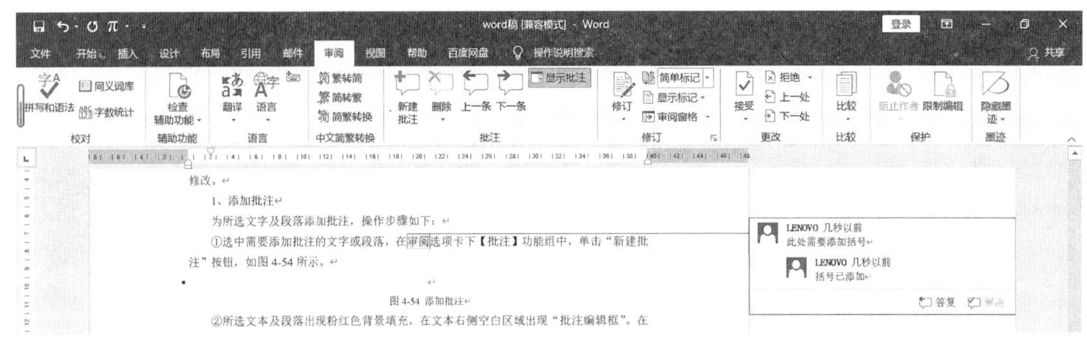

图 4－60　添加批注

择“答复批注”也可以对批注进行答复。

②“解决”按钮：对于沟通已经结束，但沟通记录不想删除的批注，可以选择关闭批注。将光标移动到相应批注的位置，单击“解决”按钮，该批注以浅灰色显示。如果该问题需要重新启动讨论，单击批注重新打开即可。

● **注意：**添加批注也可以用以下方法实现。

①选中要添加批注的文本或段落，单击鼠标右键，在弹出的菜单中选择“插入批注”项目，即可实现添加批注的操作。

②选中要添加批注的文本或段落，在【插入】选项卡的“批注”功能组中，单击“批注”按钮，即可实现添加批注的操作。

添加及回复批注时，会显示用户名称，用户名称的设置与该用户所使用的计算机系统设置有关。在多人共同编辑文稿相互审阅时，用户可以通过设置计算机系统用户名来区分编辑人。具体操作步骤如下：

（1）在【文件】选项卡下，选择“更多”项目进入“选项”对话框。

（2）在【常规】选项卡的“对 Microsoft Office 进行个性化设置”区域内，对“用户名”文本框和“缩写”文本框进行设置，如图 4－61 所示。

● **注意：**创建批注时还可以通过“修订选项”对话框设置用户名。

①在【审阅】选项卡的“修订”功能组中，单击“对话框启动器”按钮进入“修订选项”对话框。

②单击该对话框的“更改用户名”按钮，进入“Word 选项”对话框的【常规】选项卡进行设置。

2. 更改“批注对话框”

在文档中插入批注之后，如对默认的“批注对话框”不满意，可以通过下面方法对“批注”及“批注对话框”重新设计。

（1）在【审阅】选项卡的“修订”功能组中，单击“对话框启动器”按钮进入如图 4－62 所示的“修订选项”对话框。

（2）单击该对话框内的“高级选项”按钮，进入如图 4－63 所示的“高级修订选项”对话框。

图 4－61　更改用户名

修订选项
显示
批注(C)
突出显示更新(H)
墨迹(I)
其他作者(O)
插入和删除(D)
按批注显示图片(T)
格式(F)
"所有标记"视图中的批注框显示(B): 批注和格式
审阅窗格(P): 关闭
高级选项(A)...
更改用户名(N)...
确定
取消

图 4－62　“修订选项”对话框

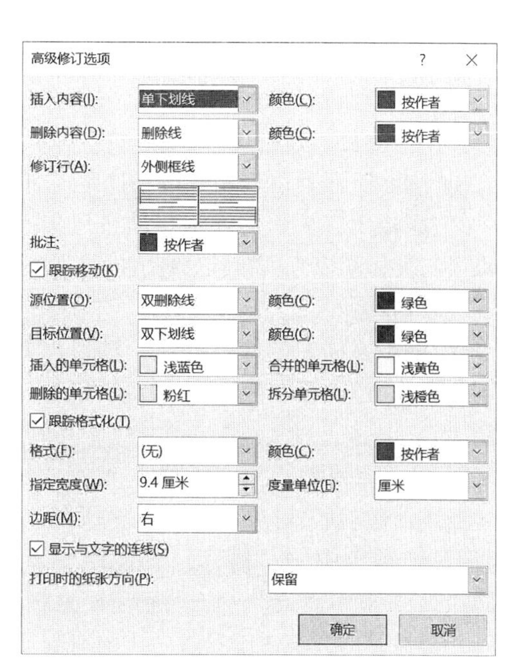

图 4－63　“高级修订选项”对话框

①在“插入内容”组合框中可以设置批注标注线型及颜色，根据作者不同可以设置不同的线型和颜色。

②“指定宽度”微调框和“度量单位”组合框可以设置“批注对话框”的大小。

③“边距”组合框可以调整批注对话框在页面中的位置，通常默认是“右”侧显示，也可以调整为“左”侧显示。

（3）单击“确定”按钮返回“修订选项”对话框，再单击“确定”按钮完成对“批注对话框”的更改。

3. 显示批注

若要显示已经创建过并隐藏的批注，可以按如下方法实现：

（1）在【审阅】选项卡的“批注”功能组中，单击“显示批注”按钮，即可显示文档中所有已经创建过的批注。

（2）通过“上一条”按钮和“下一条”按钮实现批注的切换及编辑操作。

4. 隐藏批注

批注是对多人编辑文本的一种互相审阅功能，当文本编辑完成后，批注不会展示给最终读者阅读。如果不想删除批注，是可以将批注隐藏的。隐藏批注可以按如下方法实现：

（1）在【审阅】选项卡的“修订”功能组中，在“显示以供审阅”组合框中，选择“无标记”项目，即可实现隐藏批注的操作。

（2）当选择“简单标记”项目时，批注引导线消失，但是批注内容及对话框依然存在。

（3）当选择“原始版本”项目时，批注隐藏。

5. 删除批注

有些批注的注释问题解决后就可以删掉，可以按如下方法实现：

（1）选择所需删除的批注，单击右键在弹出式菜单中选择“删除批注”项目，即可完成。

（2）选择所需删除的批注，在【审阅】选项卡的“批注”功能组中，单击“删除”按钮。在打开的列表中选择操作项目，如图4－64所示。

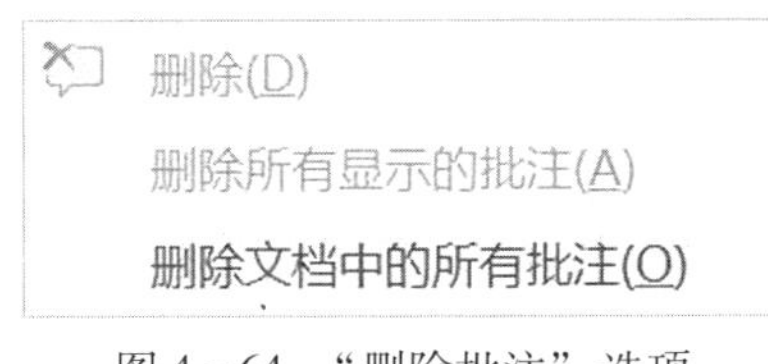

图4－64 “删除批注”选项

①“删除”项目可以删除当前选定的批注。

②“删除所有显示的批注”项目可以删除当前被显示出来的批注，被隐藏的批注不会被删除。

③“删除文档中的所有批注”项目可以删除当前被显示出来的和被隐藏的所有批注。

6. 显示审阅者

当文档被多人修订或审批后，可以在【审阅】选项卡中的“修订”功能组中，依次执行“显示标记”→“特定人员”命令，在打开的列表中设置显示出所有对该文档进行修订或批注操作的人员名单，如图4－65所示。

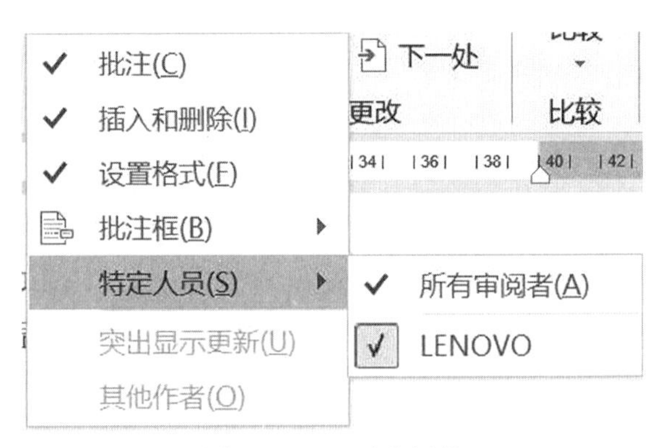

图4－65 显示审阅者

【实例13】在文档“批注实例 . docx”中，按如下要求对文档进行修改、完善：

（1）设置文档的标题属性为“语义网格的研究现状与展望”。

（2）根据文档批注中指出的引注缺失或引注错误修订文档，并确保文档中所有引注的方括号均为半角的“[ ]”，修订结束后将文档中的批注全部删除。

◆ 操作步骤：

（1）设置文档的标题属性为“语义网格的研究现状与展望”。

①打开文档“批注实例 . docx”，单击【文件】选项卡，再单击右侧的“属性”按钮，在下拉列表中选择“高级属性”，弹出“Word 属性”对话框。.

②切换到【摘要】选项卡，在“标题”行中输入“语义网格的研究现状与展望”，单击“确定”按钮。

（2）根据文档批注中指出的引注缺失或引注错误修订文档，并确保文档中所有引注的方括号均为半角的“[ ]”，修订结束后将文档中的批注全部删除。

① 单击【审阅】选项卡下“批注”功能组中的“下一条”按钮，定位到下一处批注处，将中括号中的“12”修改为“2”；单击“批注”功能组中的“下一条”按钮，定位到下一批注处，在批注处文本的右侧输入引注编号“[16]”；继续单击“批注”功能组中的“下一条”按钮，定位到第三处批注处，在批注处“语义网描述”文本的右侧输入引注编号“[25]”；继续单击“批注”功能组中的“下一条”按钮，定位到第四处批注处，在批注处“项目”文本的右侧输入引注编号“[37]”。

②单击【开始】选项卡下“编辑”功能组中的“替换”按钮，弹出“查找和替换”对话框。将光标置于“查找内容”文本框中，在英文全角状态下输入“[”，在“替换为”文本框中输入半角状态下的“[”，单击“全部替换”按钮；然后在“查找内容”文本框中输入英文全角状态下的“]”，“替换为”文本框中输入半角状态下的“]”，单击“全部替换”按钮。

③选中一个批注，单击【审阅】选项卡下“批注”功能组中的“删除”按钮，在下拉列表中选择“删除文档中的所有批注”命令。

④保存并关闭文档。

4.3.2 修订

启动 Word 2016 的修订功能，进入修订状态后，用户可以对文档进行修订操作，修订的内容会通过修订标记显示出来，并且不会对源文档进行实质性的删减，也能方便原作者查看修订的具体内容。

1. 启动修订状态

在默认工作状态下，修订处于关闭状态。开启修订并标记修订过程的具体操作如下：

（1）打开所要修订的文档，将光标定位于需要添加修订的位置。

（2）在【审阅】选项卡的“修订”功能组中，将“显示以供审阅”组合框的“简单标记”选项改为“所有标记”。

（3）在【审阅】选项卡的“修订”功能组中，单击“修订”按钮，展开下拉列表。如图4－66所示。

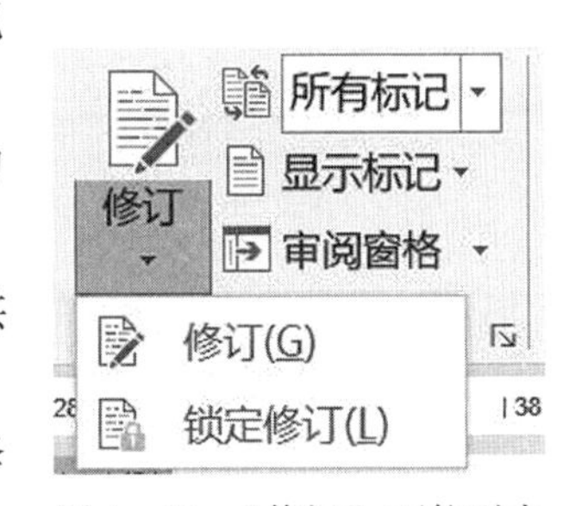

图4－66 “修订”下拉列表

（4）在列表中选择“修订”项目，则“修订”按钮处于如图4－67所示的选中状态。

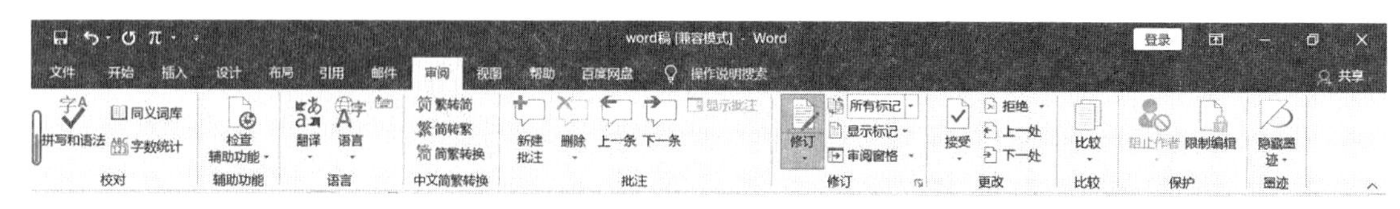

图4－67　修订状态下“修订”按钮的状态

（5）在修订状态下对文档进行编辑修改，此时直接插入的文档内容会通过颜色和下划线标记下来，删除的内容可以在右侧的页边空白处显示出来，所有修订动作就会在右侧的修订区域中进行记录。

2. 更改修订选项

当多人同时参与对同一文档的修订时，将通过不同的颜色来区分不同修订者的修订内容，从而清晰分别修订者及其修订内容，避免造成编辑混乱。通过对修订样式进行个性化设置，可实现以上目的。具体操作步骤如下：

（1）在【审阅】选项卡的“修订”功能组中，单击“对话框启动器”按钮，进入“修订选项”对话框，如图4－62所示。

（2）在该对话框中，单击“高级选项”按钮，进入如图4－63所示的“高级修订选项”对话框。

在“插入内容”组合框中选择所需要的线型，将文档中的修订更改为选定线型。

在“修订行”组合框中选择修订框线的位置，如“左框线”“右框线”“外框线”。

（3）单击“确定”按钮，完成设置。

3. 锁定修订

若用户不希望其他人对其文档进行修订，可对文档进行锁定修订。具体操作如下：

（1）打开要设置锁定修订的文档。

（2）在【审阅】选项卡的“修订”功能组中，单击“修订”按钮下半部分的倒三角形按钮，在展开的列表中，选择“锁定修订”项目，进入如图4－68所示的“锁定修订”对话框。

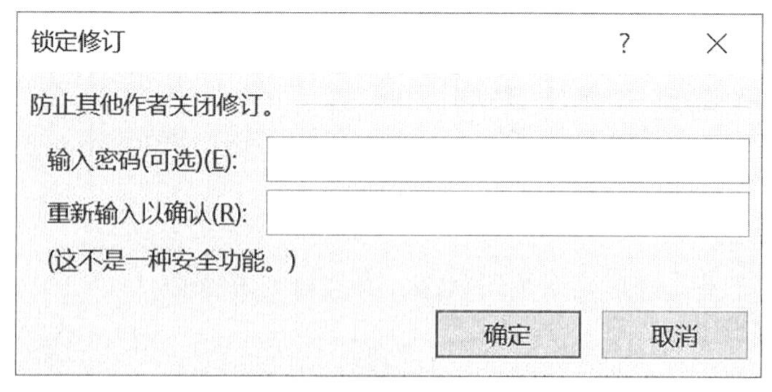

图4－68　“锁定修订”对话框

（3）在该对话框的“输入密码”文本框中输入个人密码，在“重新输入以确认”文本框中再输入密码加以确认。

（4）单击“确定”按钮，完成锁定修订操作。关闭并再次打开此文档，可以看到“修订”按钮变成灰色，无法单击。

● **注意：** 任何作者都可以对文档实施锁定修订操作，只有输入设置密码，才可以对该文档进行修订。

4. 查看修订和批注

如果想查看某文档中共有多少批注或修订，可以进行如下操作：

（1）在【审阅】选项卡的“修订”功能组中，单击“审阅窗格”按钮右侧的三角箭头，打开“审阅窗格”列表。

（2）在列表中选择“垂直审阅窗格”或“水平审阅窗格”，即可在文档左侧或下面出现审阅窗格，如图4－69、图4－70所示。

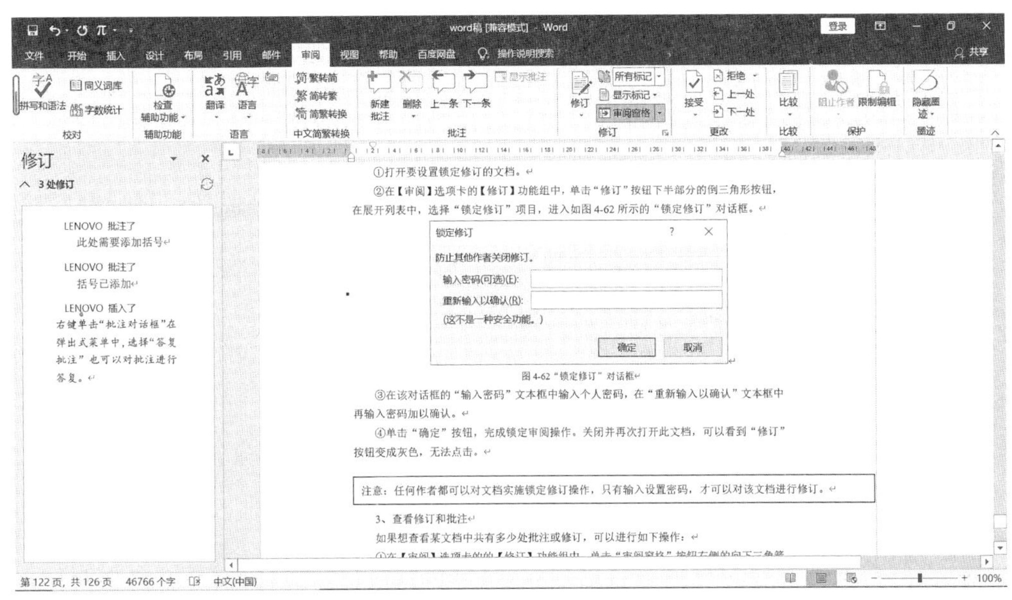

图4－69 垂直审阅窗格

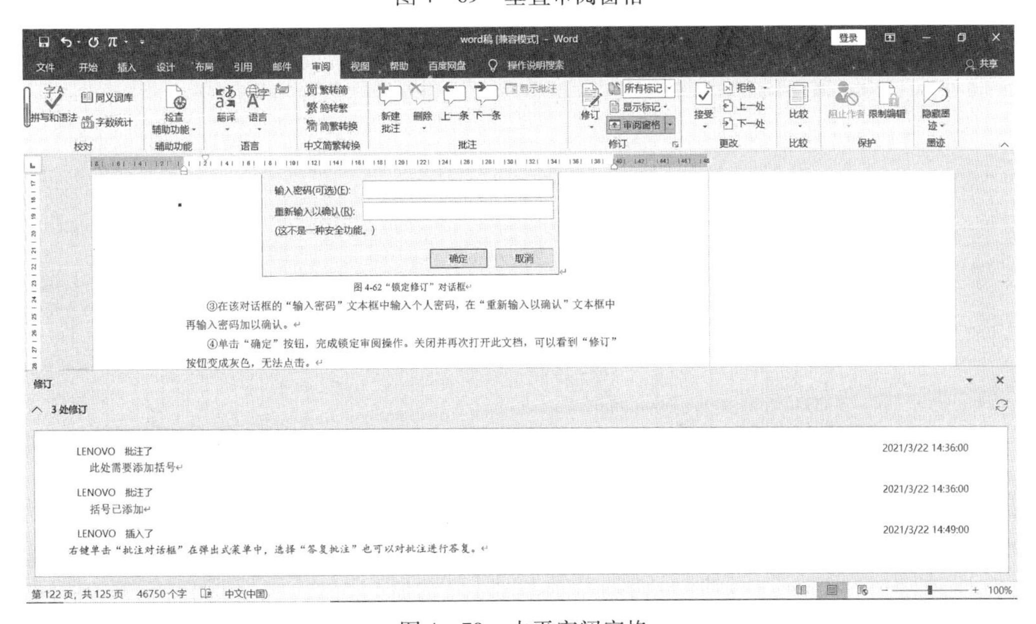

图4－70 水平审阅窗格

5. 退出修订

当文档处于修订状态时，在【审阅】选项卡的“修订”功能组中，单击“修订”按钮，该按钮呈现未选中的非高亮状态，即可退出修订状态。

【实例 14】在文档“修订实例 . docx”中，设置接受审阅者文晓雨对文档的所有修订，拒绝审阅者李东阳对文档的所有修订。

◆ 操作步骤：

①双击打开文档“修订实例 . docx”，单击【审阅】选项卡下“修订”功能组中的“显示标记”按钮，在下拉列表中将鼠标移向“审阅者”，在右侧出现的级联菜单中，取消选择“李东阳”，仅“文晓雨”被选中。

②单击右侧“更改”功能组中的“接受”按钮，在下拉列表中选择“接受所有显示的修订”。

③单击左侧“修订”功能组中的“显示标记”按钮，在下拉列表中将鼠标移向“审阅者”，在右侧出现的级联菜单中，选择“李东阳”。

④单击右侧“更改”功能组中的“拒绝”按钮，在下拉列表中选择“拒绝对文档的所有修订”。

4.4 管理和共享文档

4.4.1 更改权限的设置

如果文档只允许被其他人看，不允许被其他人编辑，可以为文档设置修改权限。具体操作步骤如下：

（1）打开需要设置权限的文档，在【审阅】选项卡下“保护”功能组中，单击“限制编辑”按钮。此时该按钮呈现高亮被选中状态，文档右侧出现“限制编辑”窗格。如图 4－71 所示。

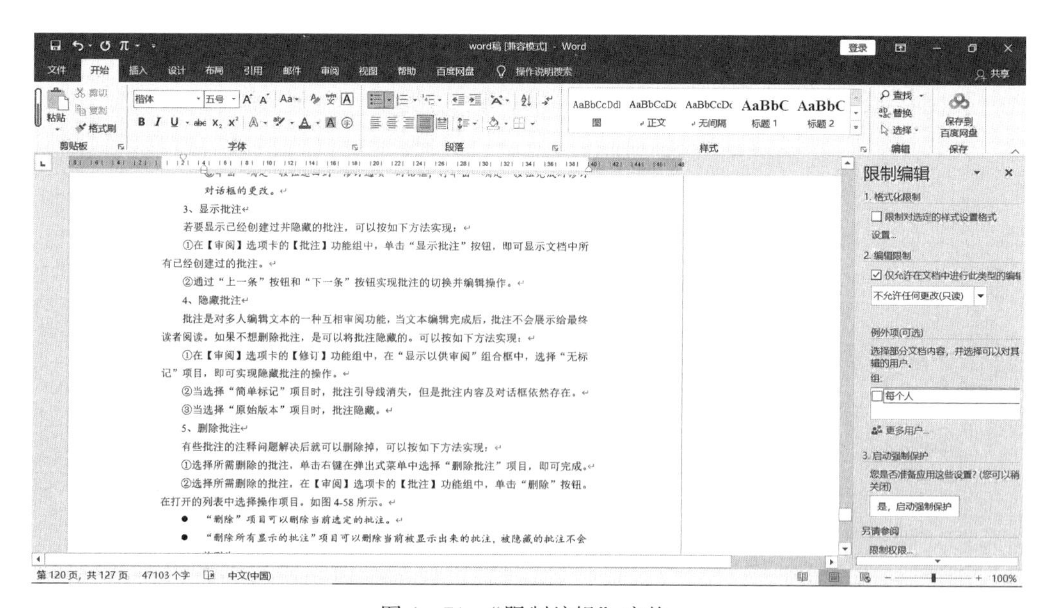

图 4－71 “限制编辑”窗格

（2）“限制编辑”窗格分为“格式化限制”“编辑限制”“启动强制保护”三种权限限制。

①格式化限制：限制对选定的样式设置格式。

②编辑限制：当勾选了“仅允许在文档中进行此类型的编辑”复选框后，则可以在“修订”“批注”“填写窗体”“不允许任何更改（只读）”四个选项中选择允许的操作。

③启动强制保护：当“格式化限制”或“编辑限制”复选框被选中时，单击“是，启动强制保护”按钮，即可完成设置。若以上两项没有任何一项被选中，则该按钮不可用。

（3）单击【审阅】选项卡下“保护”功能组的“限制编辑”按钮，完成权限设定。也可以单击“限制编辑”窗格右上角的“关闭”按钮，完成权限设定。

【实例15】在文档“权限实例.docx”中，为表格所在的页面添加编辑限制保护，不允许随意对该页内容进行编辑修改并设置保护密码为空。

◆ 操作步骤：

①打开文档“权限实例.docx”，选中文档中除表格外的所有内容。

②在【审阅】选项卡下“保护”功能组中，单击“限制编辑”按钮，在右侧出现的“限制编辑”任务窗格中勾选“限制对选定的样式设置格式”复选框和“仅允许在文档中进行此类型的编辑”复选框。在下拉列表框中选择“不允许任何更改（只读）”，勾选“每个人”复选框，单击“是，启动强制保护”按钮，如图4－72所示，弹出“启动强制保护”对话框，按照默认设置，不设置密码，直接单击“确定”按钮。

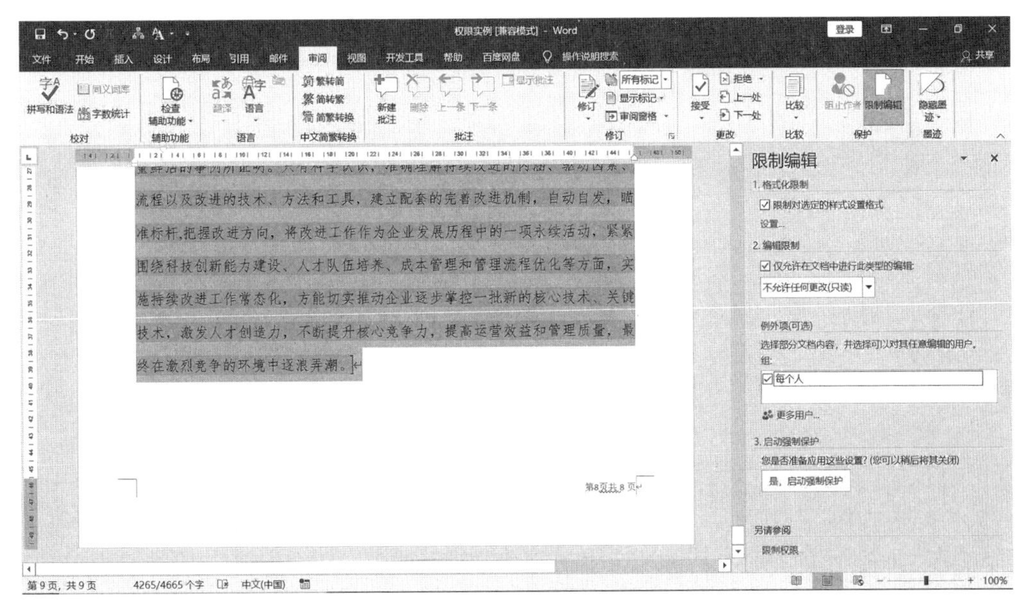

图4－72 “限制编辑”窗格

③保存并关闭文档。

4.4.2 比较与合并文档

如果有多人参与编辑文档，就可能同时有多个版本的存在。如果希望能够通过比较的手段查看修订前后两个文档版本的差异，可通过 Word 2016 提供的精确比较功能显示两个文档的差异。

1. 精确比较文档

使用比较功能对文档的不同版本进行比较的具体操作步骤如下：

（1）在【审阅】选项卡的“比较”功能组中，单击“比较”按钮，打开如图 4－73 所示的下拉列表。

（2）在列表中选择“比较”命令，打开“比较文档”对话框，如图 4－74 所示。

（3）在“比较文档”对话框中，左侧显示“原文档”信息，右侧显示“修订的文档”信息。

①左侧“原文档”组合框的下拉列表中列示了近期编辑过的文档，通过单击可以选择。选择“浏览”命令，则可以选择列表中没有的本地文档。此时在右侧的“将更改标记为”文本框中输入更改用户名。

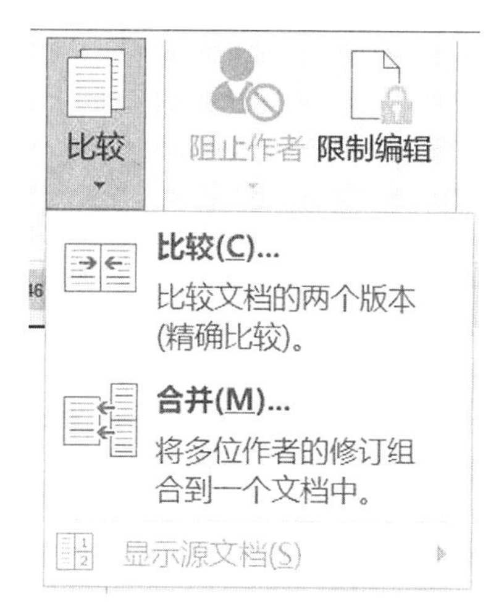

图 4－73 “比较”下拉列表

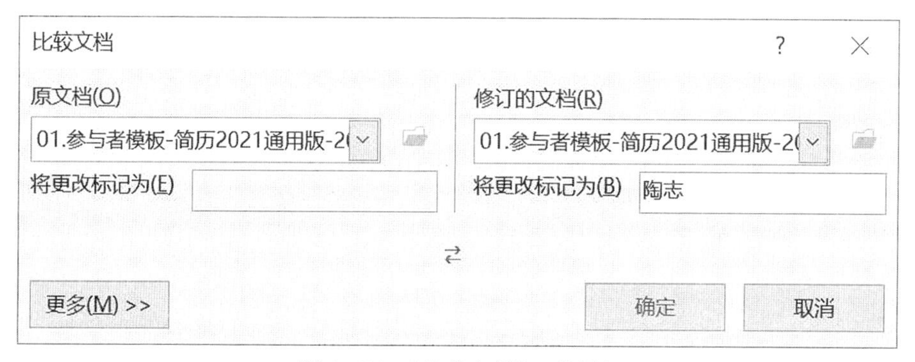

图 4－74 “比较文档”对话框

②右侧“修订的文档”组合框的下拉列表中列示了近期编辑过的文档，通过单击可以选择。选择“浏览”命令，则可以选择列表中没有的本地文档。

（4）单击“更多”按钮，展开“比较设置”和“显示修订”工作区域，如图 4－75 所示。

①“比较设置”区域，可以选择比较的内容范围。

②“显示修订”区域，可以设置“修订的显示级别”和“修订的显示位置”。

（5）单击“确定”按钮，将会新建一个显示比较结果的第三个文档，其中高亮突出显示两个文档之间的不同之处，以供查阅。在【审阅】选项卡的“修订”功能组中单击“审阅窗格”按钮将审阅窗格显示出来，其中自动统计了原文档与修订文档之间的具体差异情况。

（6）保存第三个比较结果文档，结束操作。

2. 合并文档

合并文档可以将多位作者的修订内容组合到一个文档中，具体操作方法如下：

（1）在【审阅】选项卡的“比较”功能组中，单击“比较”按钮，从打开的下拉列表中选择“合并”项目，进入如图 4－76 所示的“合并文档”对话框。

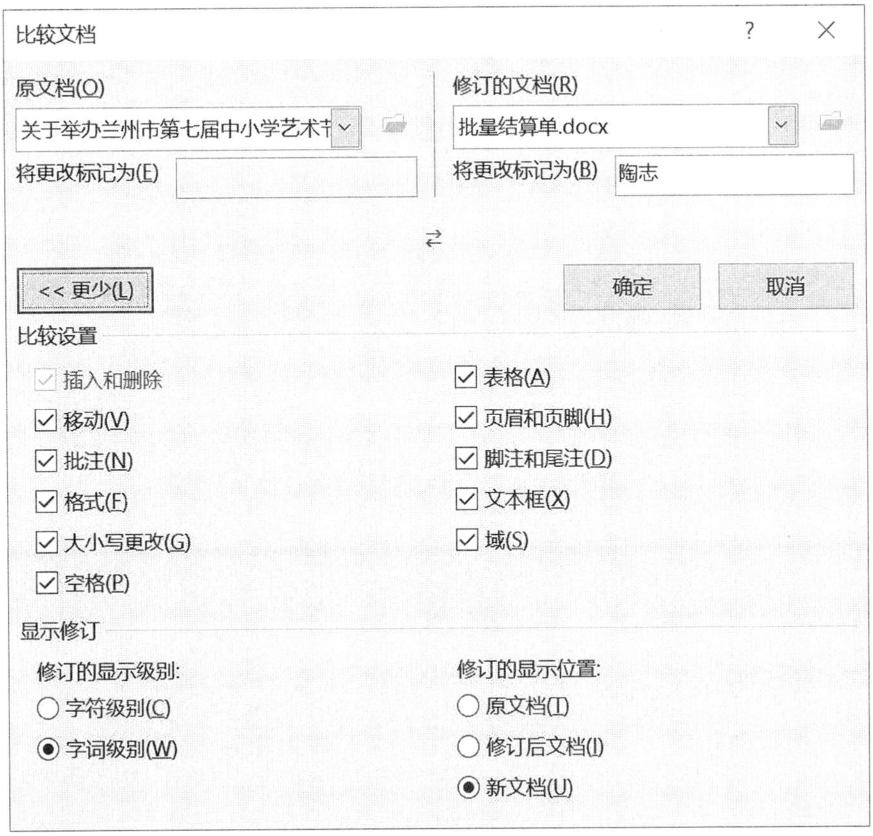

比较文档 ? ×

原文档(O)

关于举办兰州市第七届中小学艺术节

将更改标记为(E)

修订的文档(R)

批量结算单.docx

将更改标记为(B) 陶志

<< 更少(L)　确定　取消

比较设置

☑ 插入和删除　☑ 表格(A)

☑ 移动(V)　☑ 页眉和页脚(H)

☑ 批注(N)　☑ 脚注和尾注(D)

☑ 格式(F)　☑ 文本框(X)

☑ 大小写更改(G)　☑ 域(S)

☑ 空格(P)

显示修订

修订的显示级别:　修订的显示位置:

○ 字符级别(C)　○ 原文档(T)

◉ 字词级别(W)　○ 修订后文档(I)

◉ 新文档(U)

图 4-75 “比较文档”对话框

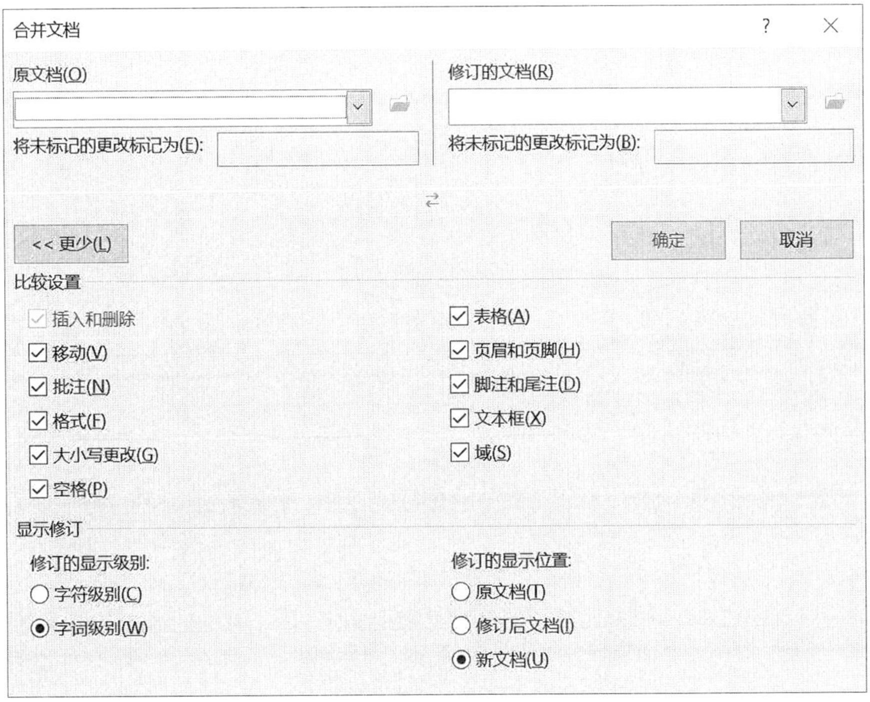

合并文档 ? ×

原文档(O)

将未标记的更改标记为(E):

修订的文档(R)

将未标记的更改标记为(B):

<< 更少(L)　确定　取消

比较设置

☑ 插入和删除　☑ 表格(A)

☑ 移动(V)　☑ 页眉和页脚(H)

☑ 批注(N)　☑ 脚注和尾注(D)

☑ 格式(F)　☑ 文本框(X)

☑ 大小写更改(G)　☑ 域(S)

☑ 空格(P)

显示修订

修订的显示级别:　修订的显示位置:

○ 字符级别(C)　○ 原文档(T)

◉ 字词级别(W)　○ 修订后文档(I)

◉ 新文档(U)

图 4-76 “合并文档”对话框

（2）在“原文档”区域中选择原始文档，在“修订的文档”区域中选择修订后的文档。

（3）在“更多”按钮展开的区域中，设置合并内容及修订的显示方式。

（4）单击“确定”按钮，将会产生一个合并结果的文档。

（5）在合并结果文档中，审阅修订，决定接受还是拒绝相关修订内容。

（6）对合并结果文档进行保存。

• **注意：**其他类似的解决方案是利用各种在线编辑文档软件的多人在线编辑或在线协作功能。查看历史版本时，可以找到其他人改动的地方，一般都会高亮显示出来，常用的有腾讯文档、有道云笔记云协作等。

第 5 章　邮件合并

在制作如请帖、邀请函、通知书、工资条和信封等内容基本相同的办公文档时，可使用 Word 2016 提供的邮件合并功能，快速轻松地完成文档的制作。Word 2016 的邮件合并功能具有极佳的实用性和便捷性。

具体来说，利用 Word 2016 邮件合并功能可以创建信函、电子邮件、信封、标签、目录等文档。

5.1　邮件合并要素

Word 2016 的邮件合并可以将一个主文档（Word 文件）与一个数据源（通常支持多种文件类型）结合起来，最终生产一系列格式相同但内容略有不同的输出文档。要完成邮件合并任务，需要设计主文档、编辑邮件列表、生成合并文档。

5.1.1　主文档

主文档是经过特殊编辑的 Word 文档，它是创建合并最终文档的“模板”。如果说邮件合并是创建格式相同、个性信息不同的批量文件，那么主文档就是提前设计好的、不包含个性信息的固定部分内容。它包含了基本的文本内容，在后面批量生成类似文档时，起到重要作用。因此，设计好的主文档是邮件合并的前提。

设计主文档时应当遵循以下要求：

（1）文档内容简明、扼要，体现信函的规范性、信封的标准性、标签的简明性、目录的全面性等具有针对不同类型目标文档的特点。

（2）预留出的匹配域位置合理，规则明确、清晰，与数据源的信息相匹配。如收件人的称呼要与性别相匹配，要突出显示合并域的设计。

（3）主文档落款日期时间注意设置自动更新。主文档通常具有时效性，在里面涉及时间的项目中，注意哪些时间是固定的、哪些时间需要自动更新。

（4）适当插入图片、表格、图表等信息，增强文档可读性。

（5）主文档就是普通的 Word 文档，对于普通 Word 文档所能设置的多级列表、页眉页脚、字体、段落等操作，都适用于邮件合并主文档。

● **注意：** 主文档的样式和设计要求是区分不同种类邮件合并的主要特征，在执行邮件合并时，操作步骤都是类似的。

5.1.2 邮件列表

邮件列表通常也被称为“数据源”，顾名思义，就是邮件合并的联系人数据。其本质是一个数据列表，包含了用户希望并入主文档的个性化数据。通常它保存了收件人的姓名、通信地址、电子邮件地址、传真号码等数据字段。

Word 2016 的邮件合并功能通常支持很多类型的数据源文件，具体类型如下：

1. Microsoft Excel 工作表（*.xlsx）

Excel 全称是 Microsoft Excel，是美国微软公司旗下所开发的一款电子表格制作软件，该软件可以进行批量文字数据处理，界面美观大方，在日常工作中需要经常使用，是现今办公人士必备的业务处理软件。

该种文件类型是 Word 邮件合并时，最经常使用的作为数据列表的文件。它编辑简单实用，邮件合并时导入方法也简单直接。通常，我们会使用 Microsoft Excel 工作表中的某些字段作为合并域的插入项目。在后面的讲解中，通常以该种数据源作为例子。

2. Microsoft Access 工作表（*.accdb）

Microsoft Access 是把数据库引擎的图形用户界面和软件开发工具结合在一起的一个数据库管理系统，它是微软 Office 的一个成员。

● **注意：** Excel 主要是用来进行数据统计分析的，它的门槛较低，能够很灵便地转化成报表，定位于小规模数据处理。Access 主要用来存储数据，它的门槛较高，能够建立数据库管理系统，能够便于数据的快速查询和启用，适用于大规模数据处理。

3. Microsoft Outlook 联系人列表（Outlook. com）

Microsoft Outlook 是微软办公套装的组件之一，它对 Windows 自带的 OutlookExpress 的功能进行了扩充。Outlook 的功能很多，可以用它来收发电子邮件、管理联系人信息、记日记、安排日程、分配任务。目前最新版为 Outlook 2020。

Word 2016 邮件合并功能可以使用 Microsoft Outlook 联系人列表。

4. Microsoft Word 地址列表（*.docx）

邮件合并可以使用某个 Word 文档作为数据源。该文档应该只包含一个表格，该表格的第 1 行必须用于存放标题行，其他行必须包含邮件合并所需要的数据记录。使用该种文件作为数据源的情况比较少。

5. HTML 文件（*.html）

超文本标记语言或超文本链接标记语言 HTML 是一种制作万维网页面的标准语言，是万维网浏览器使用的一种语言。HTML 允许嵌入图像与对象，并且可以创建交互式表单，它被用来结构化信息。

要想使用 HTML 文件作为 Word 邮件合并的数据源，则该文件只能包含 1 个表格，表格的第 1 行必须用于存放标题行，其他行则必须包含邮件合并所需要的数据记录。

5.1.3 文件合并的最终文档

邮件合并的最终文档是一份可以独立存储或输出的 Word 文档，其中包含了所有的输出结果。最终文档中有些文本内容在每份单独产生的文档中都是相同的，也就是主文档中的内容；而有些信息会随着收件人的不同而发生变化，这些内容通常来源于邮件列表。

邮件合并功能的最终效果就是批量产生存在较多共同格式的个性化文档，其文件类型依然是“*.docx”。

后面的内容分别就 Word 2016 邮件合并可以产生的各种目标文件逐一进行介绍，力求使用户可以熟练掌握各种邮件合并的方法。

5.2 信函

信函是一种应用文体，是人们普遍使用的一种交际工具，它具有明确而特定的用途和接收对象，并有固定的或惯用的格式，人们日常生活和工作中用得比较广泛。

5.2.1 设计信函主文档

邮件合并功能会产生大量目标文档，所以通常创建专用信函的情况较多。专用信函是在特定范围内因公务需要而写的具有专门用途的书信，是党政机关、企事业单位中使用较为广泛的应用文。

专用信函内容单一，格式固定，有标明性质的标题，署名处要加盖公章，语言朴实、简洁。具体包括介绍信、证明信、推荐信、感谢信、申请书、请柬等具有专门用途的书信。

一、直接利用邮件合并方法创建主文档

（1）新建 Word 文档，该文档就是设计主文档的文件。

（2）在【邮件】选项卡的“开始邮件合并”功能组中，单击“开始邮件合并”按钮展开下拉列表。在列表中选择“信函”按钮，此时，编辑区域没有任何变化，也不会出现窗格等，如图 5-1 所示。

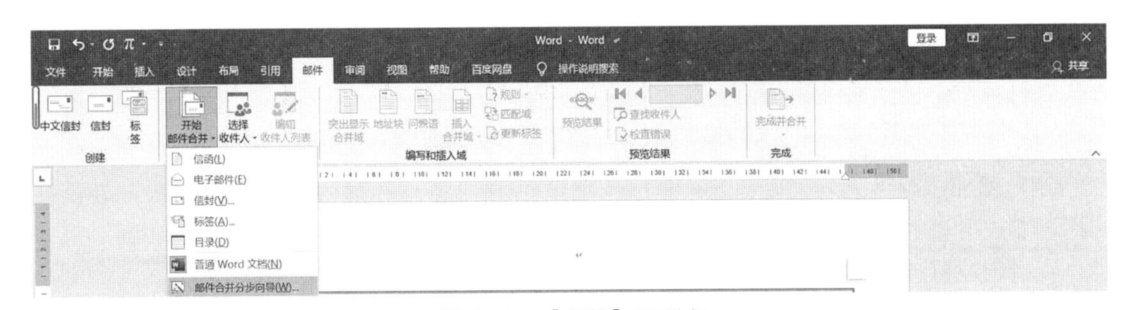

图 5-1 【邮件】选项卡

（3）在该文档编辑区域按照需要输入共性文字，作为今后邮件合并的“模板”，如图 5-2 所示。

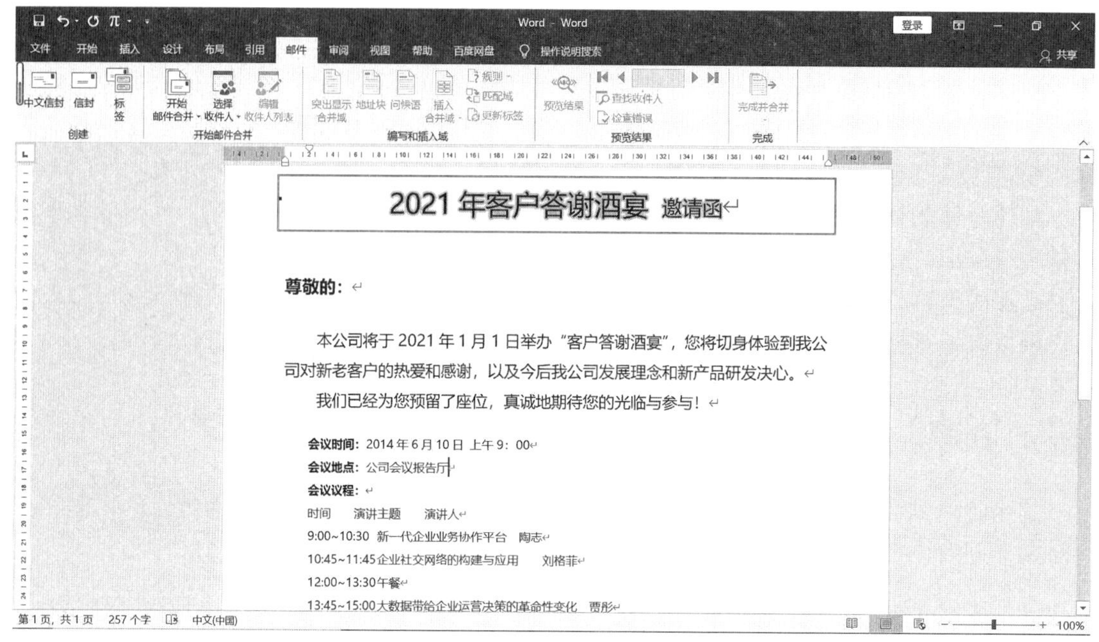

图 5－2　输入主文档信息

● **注意：**创建主文档时，不需要键入收件人信息等，在将来这些信息出现的位置留有一定的空白即可。

（4）键入共性文字后，在【邮件】选项卡的“开始邮件合并”功能组中，单击“选择收件人”按钮，出现如图 5－3 所示的下拉列表。在下拉列表中根据需要选择从“键入新列表”“使用现有列表”“从 Outlook 联系人中选择”中选择一项。对于收件人列表的设置会在下一节中具体展开讲解。

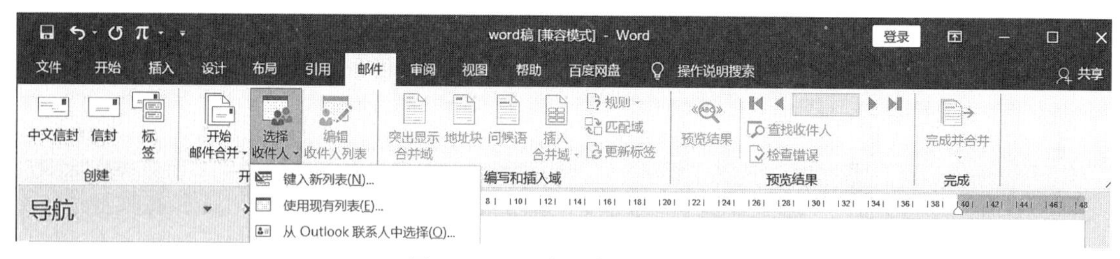

图 5－3　“选择收件人”列表

（5）添加了收件人列表后，【邮件】选项卡下的“编写和插入域”功能组中的功能按钮即可变成可选的状态，可以按照需要插入合并域。

在指定位置插入合并域的具体操作步骤如下：

①将鼠标移动到需要插入合并域的位置。在“编写和插入域”功能组中单击“插入合并域”按钮，打开下拉列表，如图 5－4 所示。

该下拉列表的项目来自收件人列表中导入的字段，单击选定。此时在插入位上会出现用书名号“《》”括起来的该字段名称，表示该合并域添加成功。

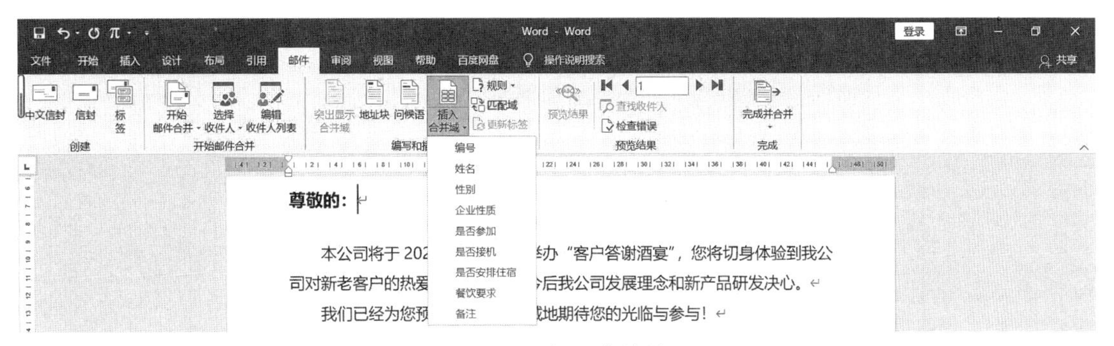

图5-4 插入合并域

②将光标移动到下一处需要插入合并域的位置进行操作。

③若需要在合并域后加入如“女士”或“先生”的随机称呼时，需要添加规则设置。在【邮件】选项卡的“编写和插入语”功能组中，单击“规则”按钮出现如图5-5所示的下拉列表。

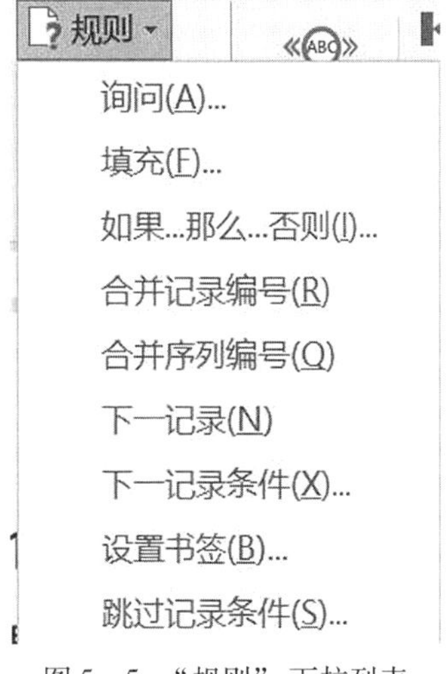

图5-5 “规则”下拉列表

(6)在“预览结果”功能组中单击“预览结果”按钮，该按钮变成高亮选中状态。此时，当前主文档插入过合并域的位置将会显示收件人列表中第一个人的信息，以方便用户查看完成的文档外观。单击右侧微调按钮切换收件人列表中其他人的信息。再次单击“预览结果”按钮结束预览，返回主文档编辑界面。

(7)单击“完成并合并”按钮，在列表中选择“编辑单个文档”项目，如图5-6所示。随即生成新的Word文件默认名为“信函”。该文件中包含收件人列表中所有人的信函文件。

如果需要继续对单个文档进行编辑，具体方法见5.2.3内容。

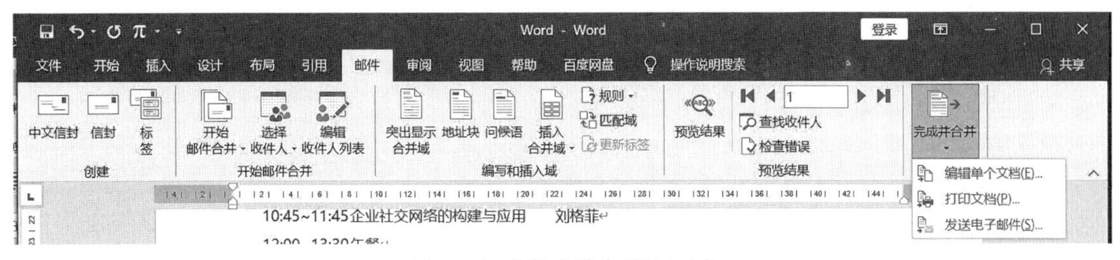

图5-6 “完成并合并”列表

创建主文档本质上跟设计一个普通文档没有区别，可以运用艺术字、分栏、段落、字体、样式、页眉页脚、SmartArt图形等工具进行设计，也可以为其添加封面，甚至是目录。

此外，在设计主文档时常常需要插入日期和时间，则需要在【插入】选项卡的“文本”功能组中，单击“日期和时间”按钮，在弹出的如图5-7所示的“日期和时间”对话框中通过选择“语言”和“可用格式”来设置显示日期和时间的格式。选择对话框右下角的“自动更新”复选框设置自动更新。

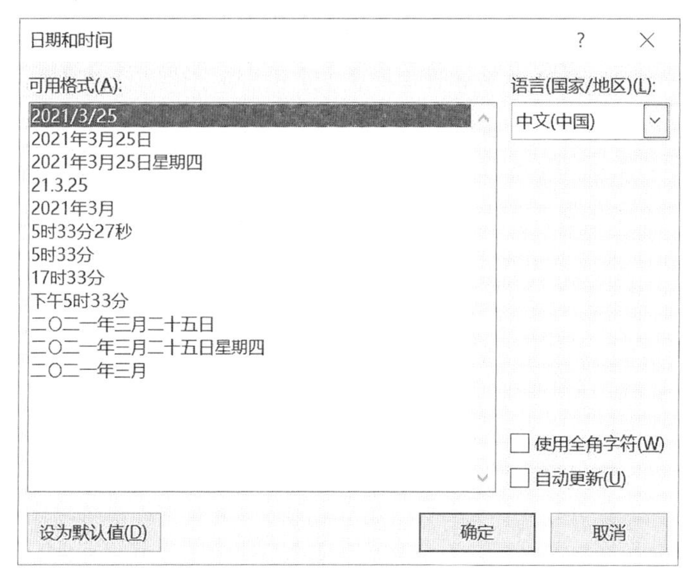

图5－7　“日期和时间”对话框

二、使用邮件合并向导创建主文档

对邮件合并步骤不熟悉的用户，可以使用邮件合并向导方式操作。邮件合并向导就是将整个邮件合并的流程，通过连续前后衔接的步骤引导用户完成邮件合并。

具体操作步骤如下：

（1）新建 Word 文档用作主文档载体。

（2）在【邮件】选项卡的“开始邮件合并”功能区中，单击“开始邮件合并”按钮，在下拉列表中选择“邮件合并分步向导”项目。

（3）在第1步骤中选择创建文档的类型，在此处选择“信函”项目。窗格下半部分显示所选项目的基本介绍，如图5－8所示。单击“下一步：开始文档”按钮，进入第2步操作。

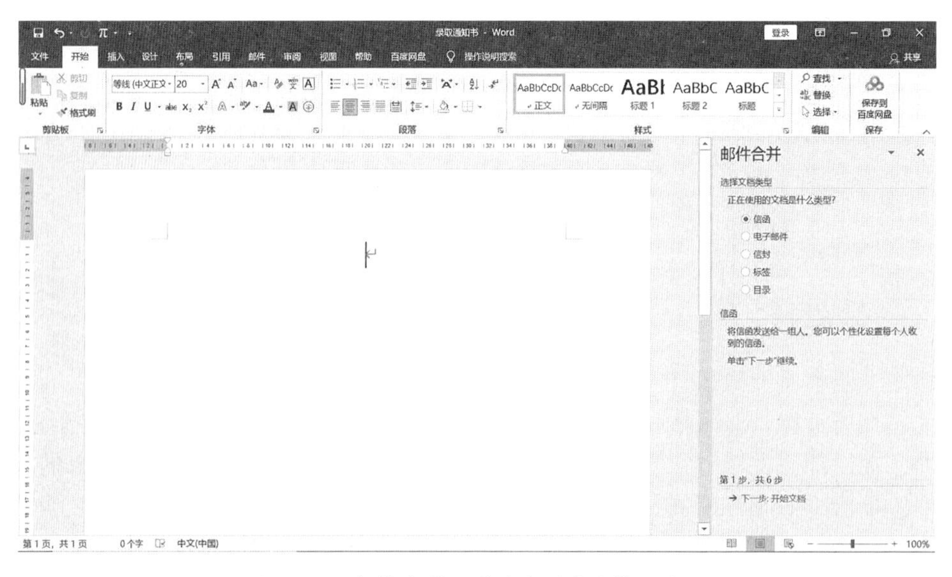

图5－8　“邮件合并”分步向导窗格第1步骤

（4）第2步骤中在“想要如何设置信函?”区域从“使用当前文档”“从模板开始”“从现有文档开始”三项中选择其一，如图5-9所示。

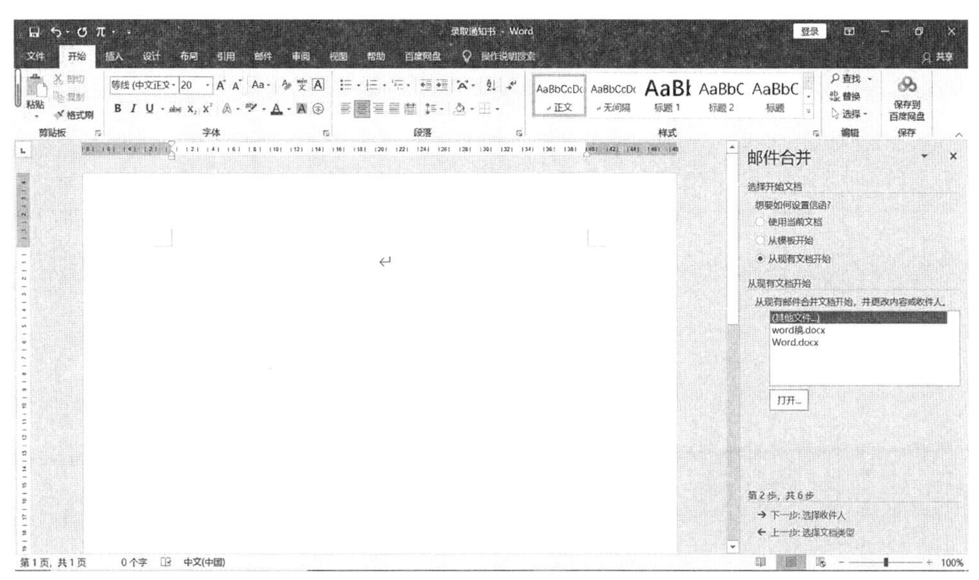

图5-9 “邮件合并”分步向导窗格第2步骤

①“使用当前文档”：在当前的文档中编辑主文档内容。

②“从模板开始”：可以新建一个普通Word文档、XML文档、空白文档、NormalPre文档或模板文件，如图5-10所示。

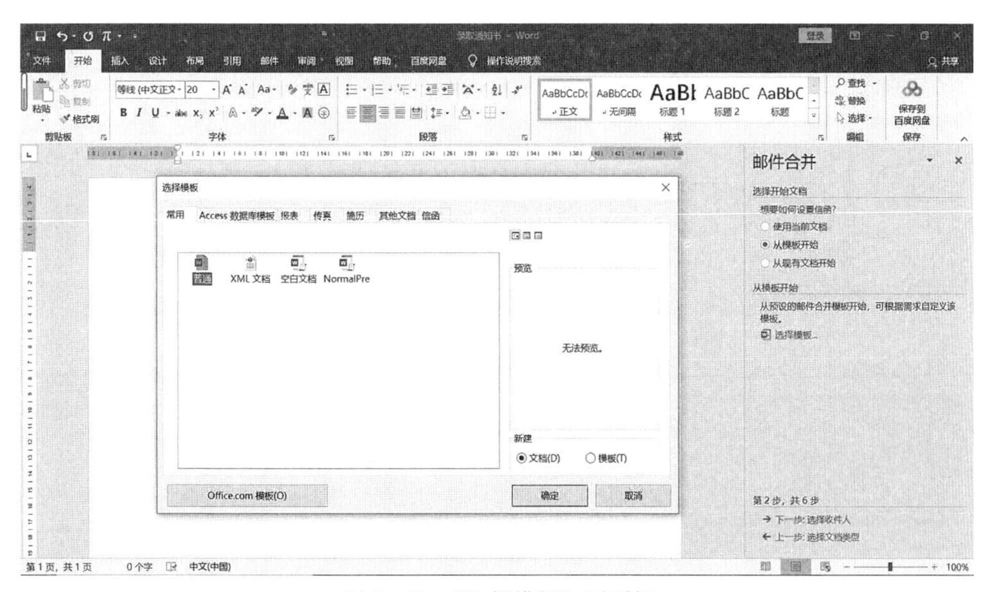

图5-10 “选择模板”对话框

③“从现有文档开始”：选择一个已经创建并编辑好内容的主文档进行邮件合并。

（5）单击“下一步：选择收件人”按钮，进入第3步骤，如图5-11所示。

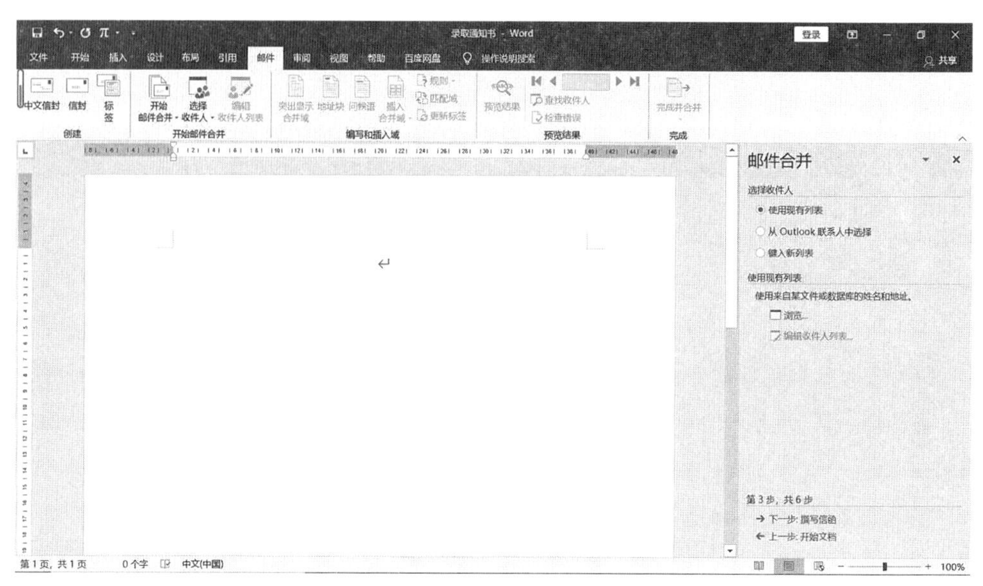

图 5－11 “邮件合并”分步向导窗格第 3 步骤

①“使用现有列表”：单击“浏览”按钮，可以选择已经存在的列表文件。

②“从 Outlook 联系人中选择”：单击“选择联系人文件夹”按钮，选择使用现有 Outlook 通信录。用户需要创建 Microsoft Outlook 配置文件。在 Microsoft Windows 中，转到“控制面板”，并打开“邮件”，单击“显示配置文件”按钮，然后单击“添加”按钮。

③“键入新列表”：单击“创建”按钮，随即打开“新建地址列表”，在该列表中键入收件人信息。单击“新建条目”按钮可以增加新的字段；单击“删除条目”按钮可以删除现有字段。如图 5－12 所示。

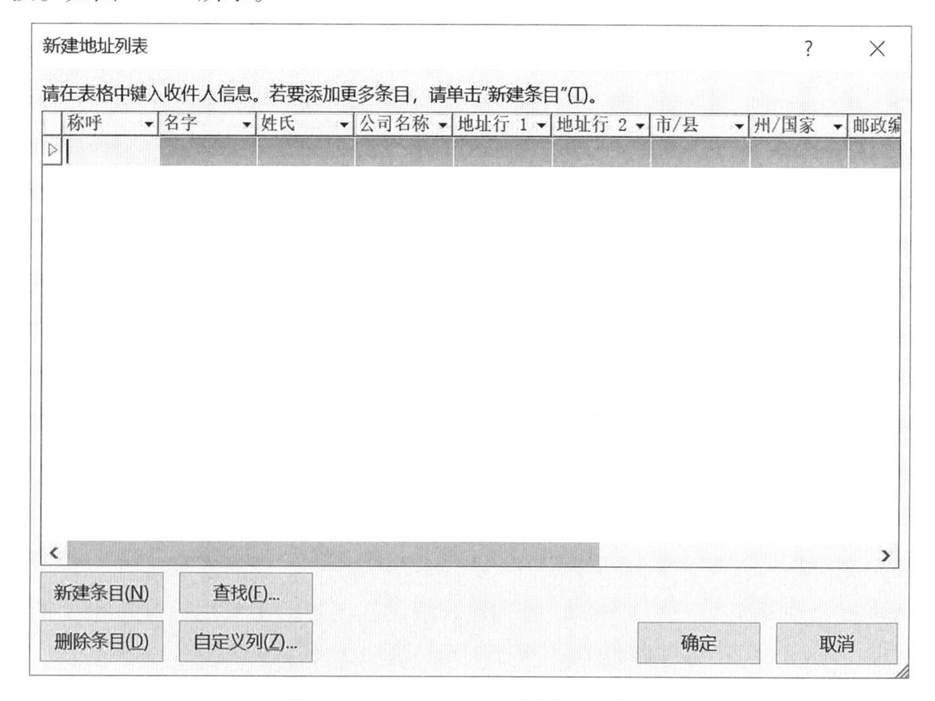

图 5－12 “新建地址列表”对话框

（6）单击“下一步：撰写信函”按钮，进入第4步骤，如图5－13所示。

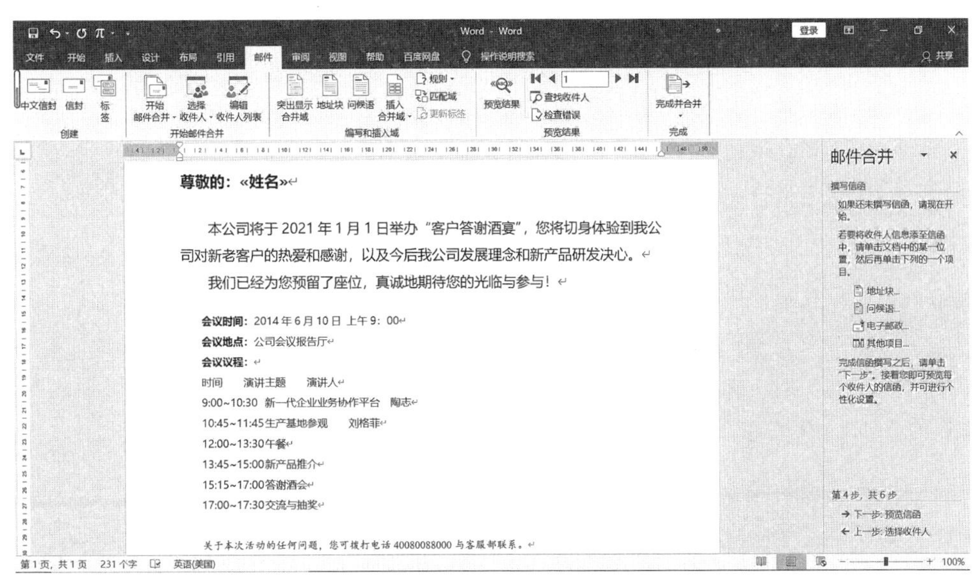

图5－13　“邮件合并”分步向导窗格第4步骤

单击“地址块”按钮进入如图5－14所示的“插入地址块”对话框。在对话框左侧的“指定地址元素”列表中，选择联系人名称显示格式。对话框右侧是预览区域，通过切换联系人列表中联系人的具体名称，可以看到预览效果。通信地址也可以根据选择国家地区名称以调整各种地址的表示方式。单击“确定”按钮，实现设置收件人名称及通信地址的表示方式。

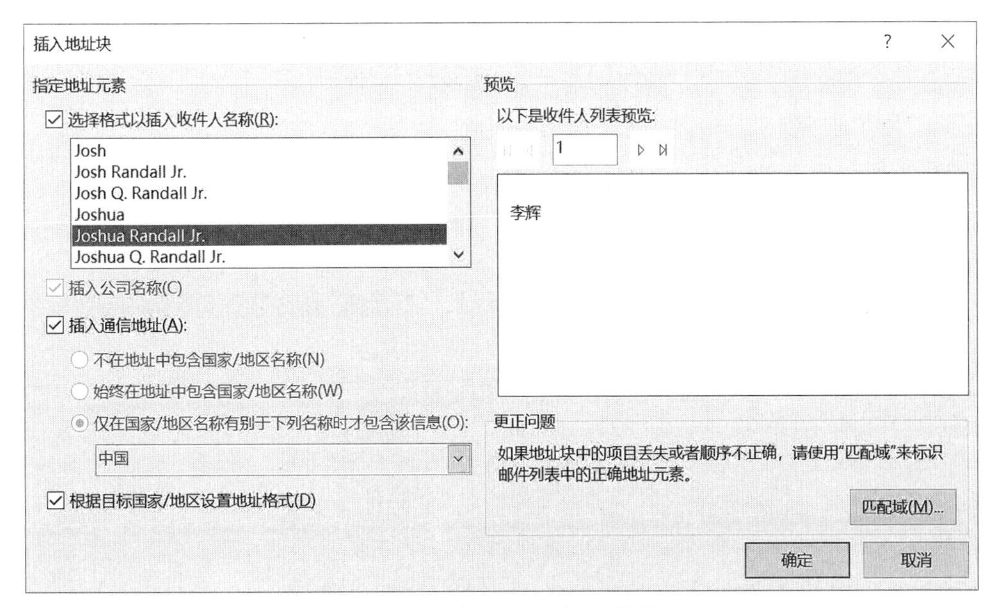

图5－14　“插入地址块”对话框

将光标移动到需要插入问候语的位置，单击“问候语”按钮进入如图5－15所示的“插入问候语”对话框。“问候语格式”组合框中可以选择问候语“尊敬的”“致”或“无问候语”设置；“预览”区域可以预览加入收件人名称后的效果。

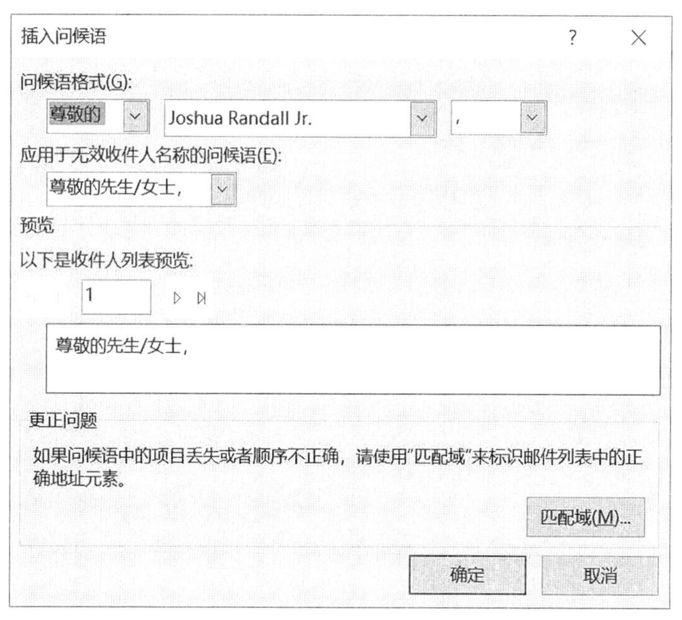

图 5-15 “插入问候语”对话框

单击“电子邮政”按钮，会弹出如图 5-16 所示的信息框。再单击“是”按钮进入“Office 的电子邮政”微软官网支持网页通过购买产品实现操作。

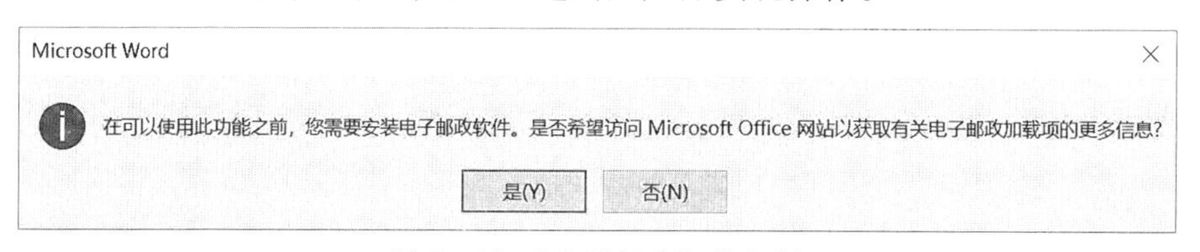

图 5-16 “电子邮政”信息框

将光标移动到需要插入合并域的位置，单击“其他项目”按钮进入如图 5-17 所示的“插入合并域”对话框。在对话框中选择域名，单击“插入”按钮完成插入合并域。

①“地址域”：当选择此项后，可在该位置插入数据源中没有的域名。

②“数据库域”：当选择此项后，可在该位置插入数据源中已有的域名。

（7）单击“下一步：预览信函”按钮，进入第 5 步骤，如图 5-18 所示。

预览信函时，可以通过微调按钮切换联系人列表中的联系人进行顺序预览，也可以单击“查找收件人”按钮预览指定联系人的信函。

单击“排除此收件人”按钮，可以排除收件人列表中的部分联系人，使得不会生成该联系人的信函。

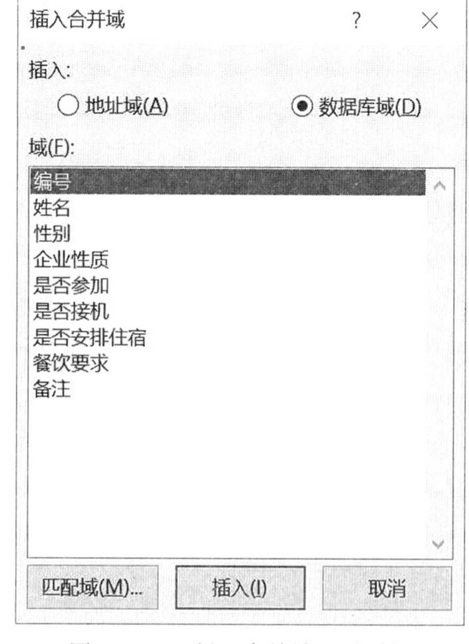

图 5-17 “插入合并域”对话框

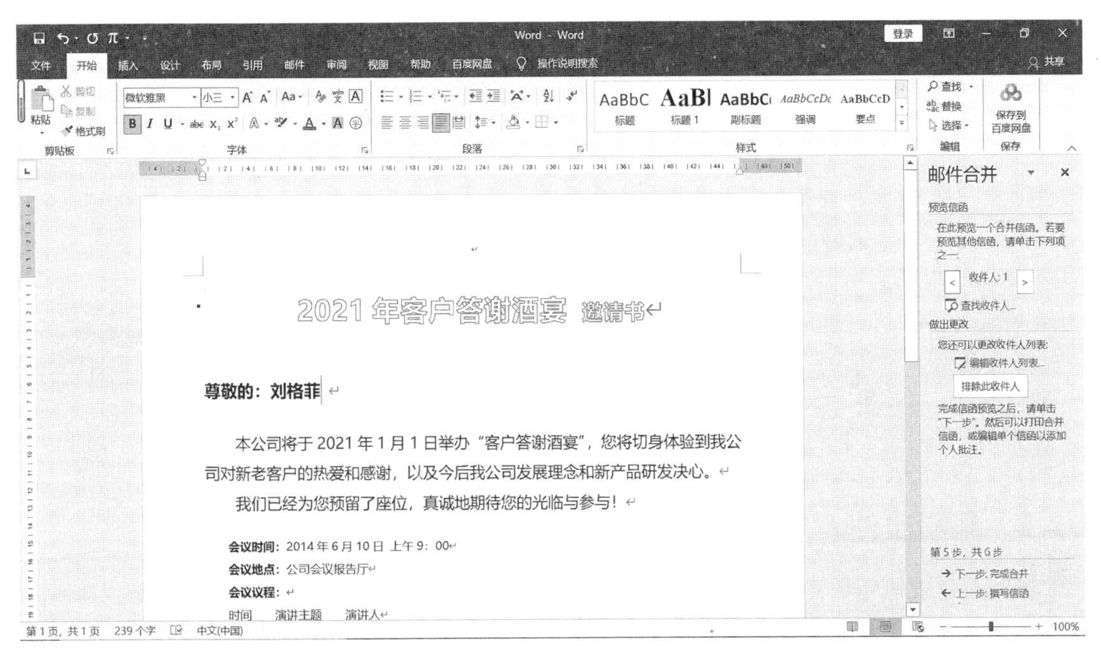

图5－18　“邮件合并”分步向导窗格第5步骤

（8）单击“下一步：完成合并”按钮，进入第6步骤，如图5－19所示。

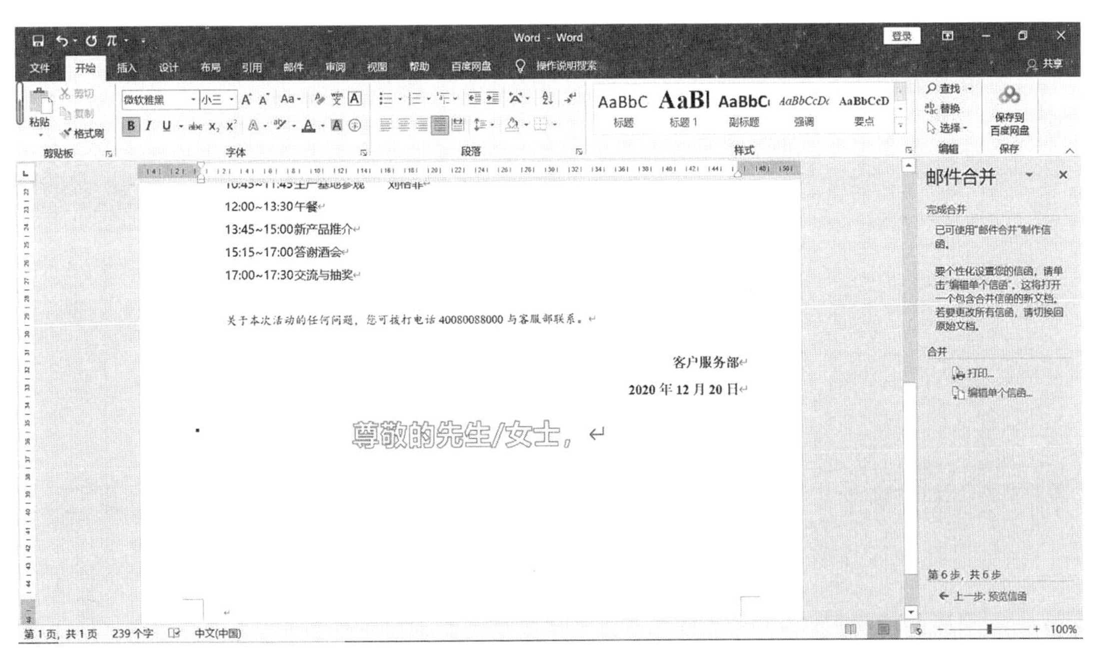

图5－19　“邮件合并”分步向导窗格第6步骤

单击“打印”按钮，出现如图5－20所示的“合并到打印机”对话框，设置打印起止页数，单击“确定”按钮，打印所设置范围内联系人的信函文档。

单击“编辑单个信函”按钮，出现类似图5－20所示的“合并到打印机”对话框，指明合并的联系人范围，单击“确定”按钮。此时，会生成一个默认名为“信函1”的Word

文档，联系人列表中的每个联系人对应的信函都包含在该文档中。可以对这些单独的信函进行个别设计，以实现标准模板上的个性化设计。

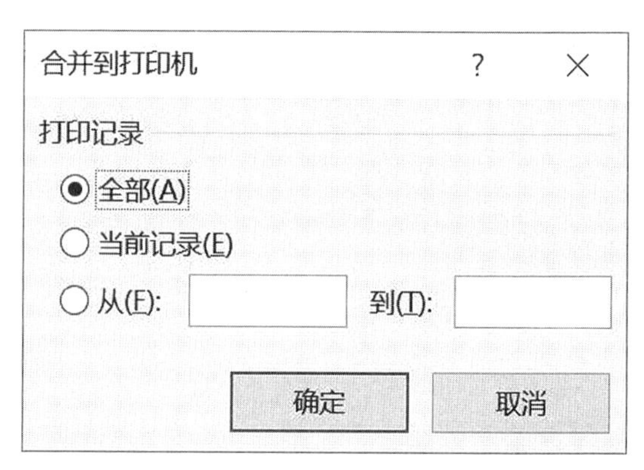

图 5-20 “合并到打印机”对话框

• **注意**：“信函 1”文件与主文档文件并不是同一个 Word 文件，合并完成后这是两个同时存在的文件。其中，主文档依然是没有具体个人信息但是具有域设置的“模板”文件，“信函 1”文件是包含所有联系人具体信息的一系列最终信函的文件。

5.2.2 编辑收件人列表

收件人列表也叫数据源文件，是邮件合并的三要素之一。其主要功能是将收件人的各个信息字段与主文档匹配，使得最终可以生成含有个性化信息的独立信函文件。

收件人列表信息的输入有三种方法，分别是：

1. 使用现有列表

以 Excel 文件为例，编辑收件人列表的具体步骤如下：

（1）新建 Excel 文件，按要求将工作表 Sheet1 的名称改为所需要的名称。

（2）在工作表中输入收件人列表信息，如图 5-21 所示。输入数据时注意数据类型的设定。

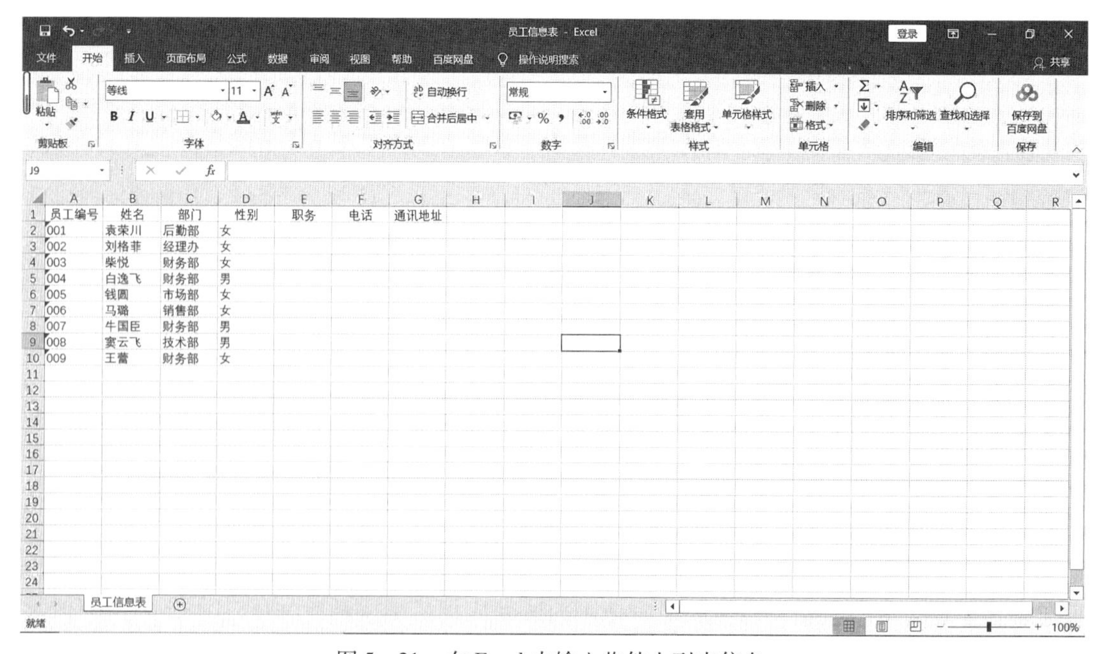

员工编号	姓名	部门	性别	职务	电话	通讯地址
001	袁荣川	后勤部	女			
002	刘格菲	经理办	女			
003	柴悦	财务部	女			
004	白逸飞	财务部	男			
005	钱圆	市场部	女			
006	马璐	销售部	女			
007	牛国臣	财务部	男			
008	窦云飞	技术部	男			
009	王蕾	财务部	女			

图 5-21 在 Excel 中输入收件人列表信息

（3）保存 Excel 工作表中的数据，并将该工作簿保存到指定路径下。

（4）打开需要进行邮件合并的主文档，在【邮件】选项卡的“开始邮件合并”功能组中，单击“选择收件人”按钮，出现“选择联系人”列表。在列表中选择“使用现有列表”项目，出现如图 5－22 所示的“选择数据源”对话框。

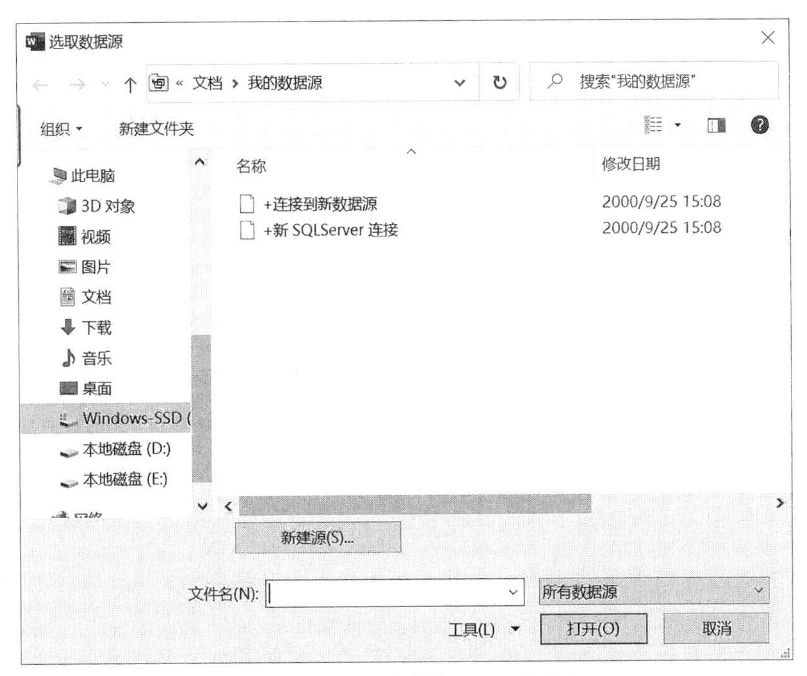

图 5－22　“选择数据源”对话框

（5）在“选择数据源”对话框中，找到刚刚保存的 Excel 文件，单击“打开”按钮，会打开一个如图 5－23 所示的“选择表格”对话框。对话框中显示当前工作簿中包含的全部工作表。从中选择目标工作表，单击“确定”按钮。

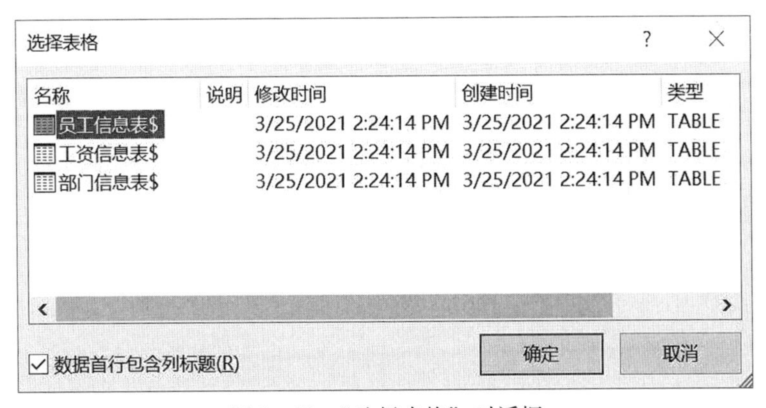

图 5－23　“选择表格”对话框

（6）在【邮件】选项卡的“开始邮件合并”功能组中，单击“编辑收件人列表”按钮，进入如图 5－24 所示的“邮件合并收件人”对话框，此步骤对于按条件筛选收件人来说，特别重要。

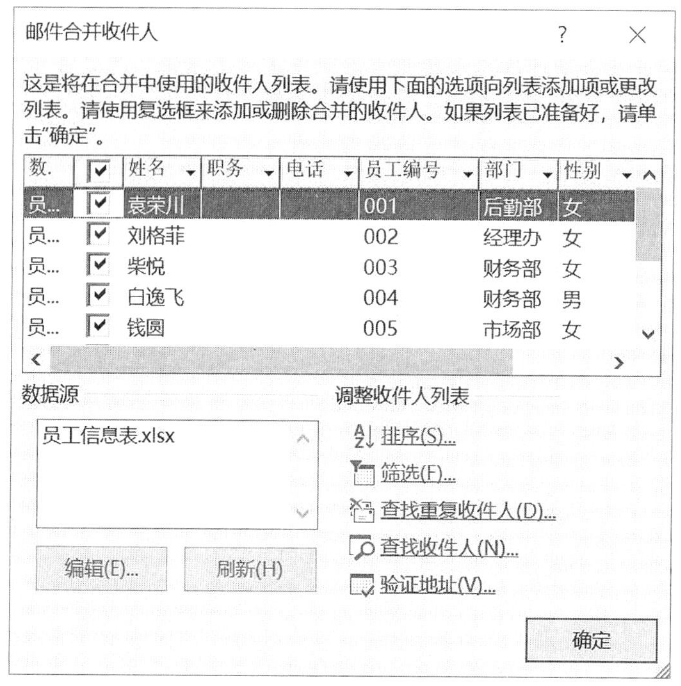

图 5－24 “邮件合并收件人”对话框

该对话框上半部分列示着刚刚导入的 Excel 工作表中全部联系人信息，“数据源”列表框显示该数据源的名称和文件类型。在列表中选中数据源文件后，单击“编辑”按钮弹出如图 5－25 所示的“编辑数据源”对话框，在此对话框中可以添加新的收件人信息、删除收件人信息、查找收件人信息以及自定义添加新的信息列。单击“确定”返回“邮件合并收件人”对话框。

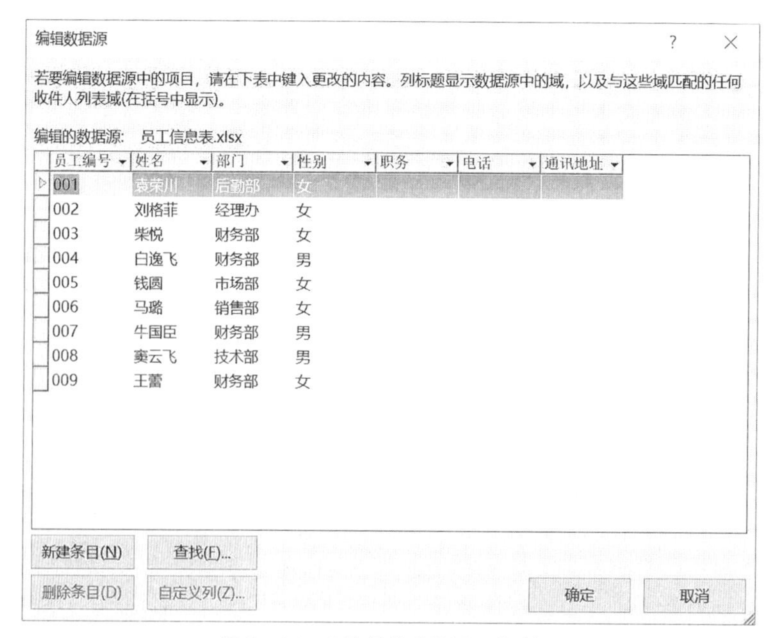

图 5－25 “编辑数据源”对话框

• **注意：**在此步骤添加新的条目和列，会改变原数据源 Excel 文件的内容。

在“邮件合并收件人”对话框右侧的“调整收件人列表”区域中，有以下5个项目可供选择：

①“排序”：对收件人列表中的全部收件人进行升序或者降序排列，使得完成邮件合并产生的最终文档内，也按排序的顺序输出，如图5-26所示。

②“筛选”：对收件人列表中的全部收件人进行筛选，通过设置筛选条件使得符合条件的收件人保留下来继续参与邮件合并，最终文档内仅有符合筛选条件的收件人文档，如图5-27所示。

③“查找重复收件人”：若导入的收件人列表中有重复信息存在，则可以对比查找出重复信息，避免重复生成合并文档，如图5-28所示。

④“查找收件人”：在选定字段中查找指定内容，如图5-29所示。

⑤“验证地址”：通过安装相应软件来核对收件人地址。

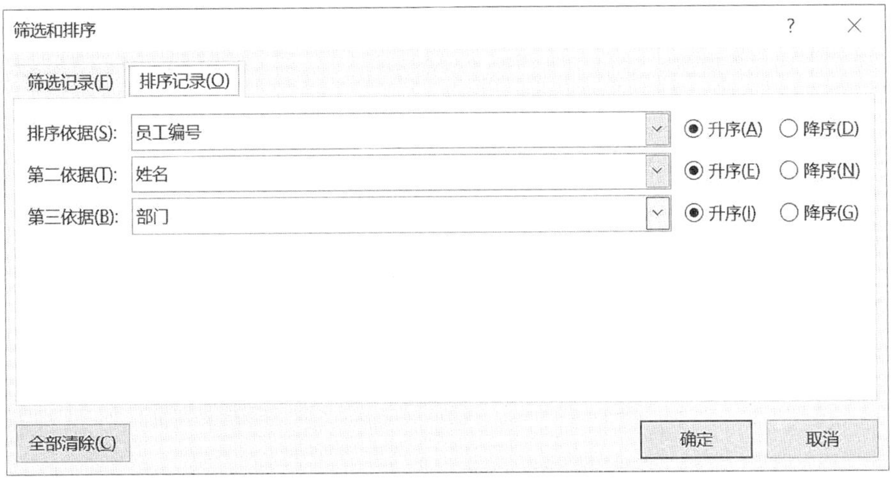

筛选和排序 ? ×
筛选记录(F) 排序记录(O)
排序依据(S): 员工编号 ◉升序(A) ○降序(D)
第二依据(T): 姓名 ◉升序(E) ○降序(N)
第三依据(B): 部门 ◉升序(I) ○降序(G)
全部清除(C) 确定 取消

图5-26　“筛选和排序”对话框“排序记录”选项卡

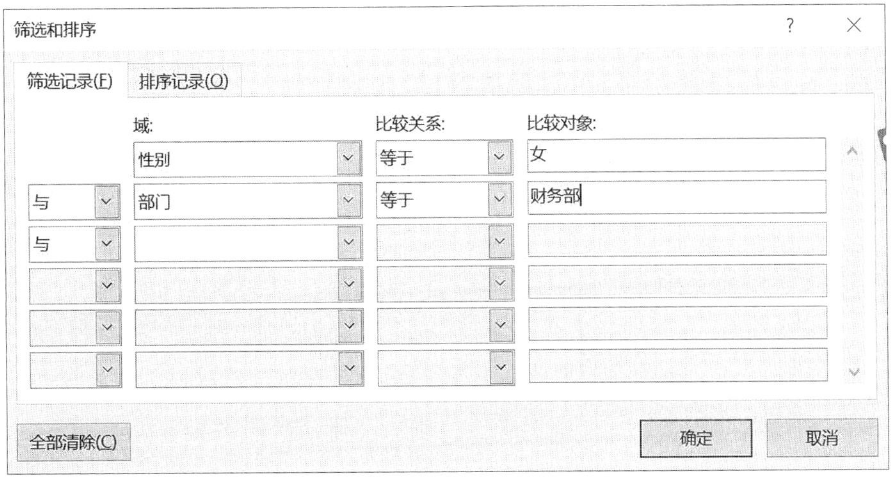

筛选和排序 ? ×
筛选记录(F) 排序记录(O)
域: 比较关系: 比较对象:
性别 等于 女
与 部门 等于 财务部
与
全部清除(C) 确定 取消

图5-27　“筛选和排序”对话框“筛选记录”选项卡

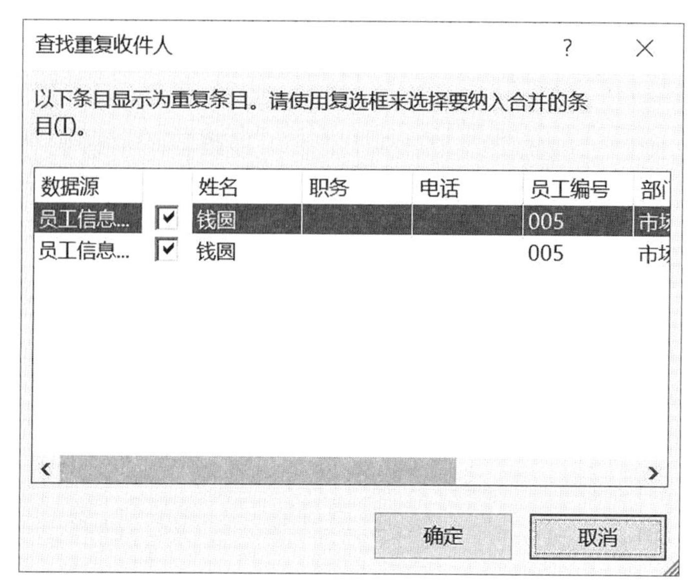

图5-28 “查找重复收件人”对话框

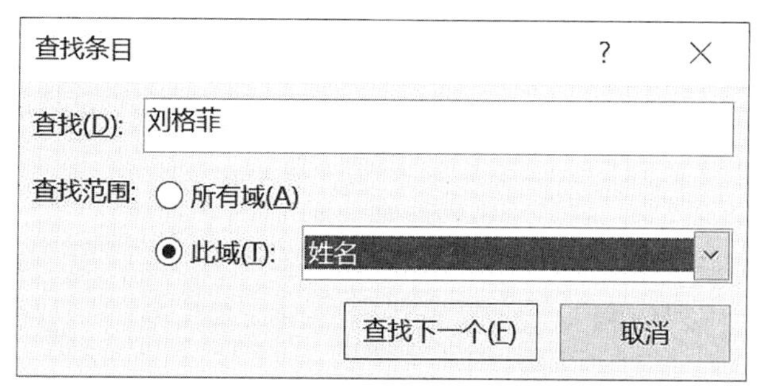

图5-29 “查找条目”对话框

2. 键入新列表

如果事先没有准备好收件人列表文件，可以在进行邮件合并时执行键入新列表功能，完成收件人信息的录入。具体操作步骤为：

（1）在【邮件】选项卡的“开始邮件合并”功能组中，单击“编辑收件人列表”按钮，在下拉列表中选择“键入新列表”项目。

（2）在出现的“新建地址列表”对话框中编辑收件人列表信息，如图5-30所示。

①单击“自定义列”按钮，出现如图5-31所示的“自定义地址列表”对话框。在对话框中选择字段名进行重命名、删除、重新排序操作，尽量删除不需要的字段。单击“确定”按钮返回“新建地址列表”对话框。

②单击“新建条目”按钮，即可键入具体收件人的信息。

③单击“删除条目”按钮，即可删除选定的收件人信息。

（3）在“新建地址列表”对话框中单击“确定”按钮完成键入列表操作。

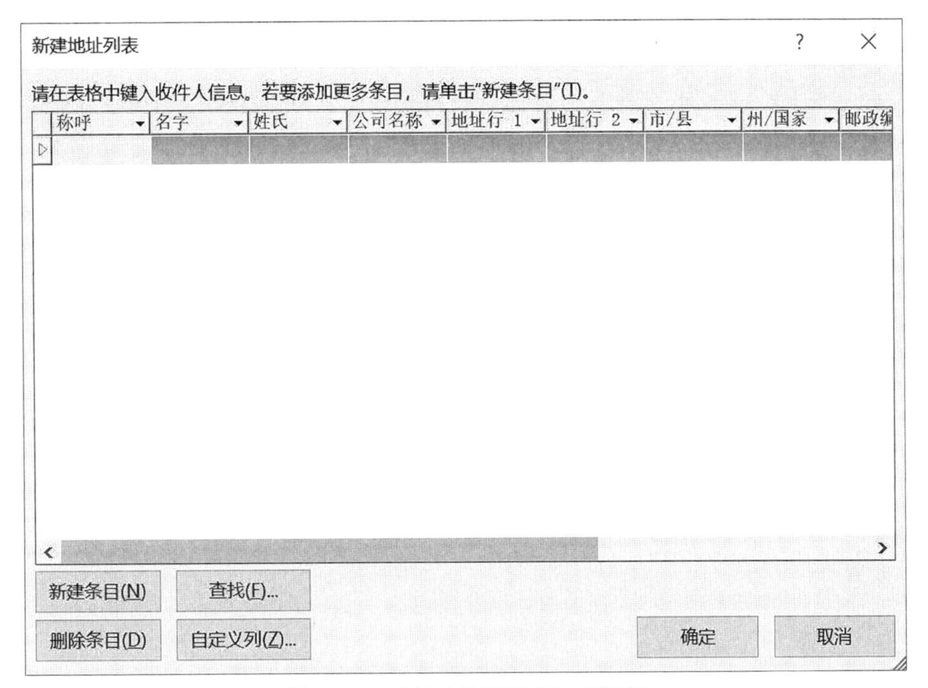

图 5-30　“新建地址列表”对话框

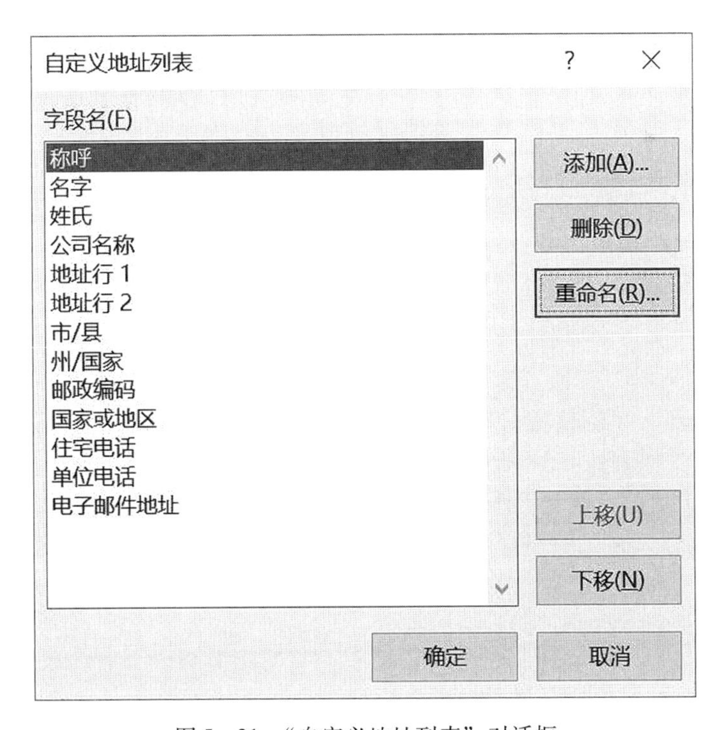

图 5-31　“自定义地址列表”对话框

3. 从 Outlook 联系人中选择

从 Outlook 联系人中选择收件人列表的具体操作步骤如下：

（1）用户需要提前配置 Outlook 文件。

（2）在“控制面板”内打开【邮件】选项卡。单击“显示配置文件”按钮，在出现的配置文件列表中，选择需要的文件单击“添加”按钮，完成联系人选择。

（3）在【邮件】选项卡的“开始邮件合并”功能组中，单击“选择收件人”按钮，在列表中选择“从 Outlook 联系人中选择”项目，按步骤选择上一步添加过的文件。

（4）在【邮件】选项卡的“开始邮件合并”功能组中，单击“编辑收件人列表”按钮，进行收件人筛选、排序、添加等操作。

为了使用特殊功能，“邮件合并”需要了解收件人列表中的哪些域与必须的域匹配。需要在【邮件】选项卡的“编写和插入域”功能组中，单击“匹配域”按钮，在弹出的如图 5－32 所示的“匹配域”对话框中进行设置。

图 5－32 “匹配域”对话框

5.2.3 编辑单个文档

完成信函的邮件合并后，会自动产生默认名为“信函 1”的 Word 文档，里面包含所有符合要求的收件人的信息。对于不需要反映在主文档中普遍使用的编辑要求，可以在生产单个文档后加以设计。

（1）完成邮件合并流程后，在【邮件】选项卡的“完成”功能组中，单击“完成并合并”按钮，打开的下拉列表中包括“编辑单个文档”“打印文档”“发送电子邮件”三个项目。

（2）单击“编辑单个文档”按钮，选择“编辑单个文档”项目，在“合并到新文档”对话框中选择“全部”单选按钮，单击“确定”按钮。

（3）用户当前文档就是一个默认名为“信函 1”的最终文档文件，可以按照要求分别在不同页上对不同收件人的信函文档进行编辑，如将某一页文档字体由繁体字改为简体字等。

（4）单击“保存”按钮进行最终文档文件的保存。

5.3 标签

标签是具有相同结构的小卡片，大小可以根据用户需要来设置，在页面上均匀排列文本内容。

5.3.1 创建标签主文档

标签主文档内容简洁，跟信函的沟通作用不同，标签具有标识分类对象的功能。创建标签主文档的操作步骤如下：

（1）创建空白 Word 文档。

（2）在【邮件】选项卡的“开始邮件合并”功能组中，单击“开始邮件合并”按钮，选择“标签”项目。

（3）在弹出的如图 5－33 所示的“标签选项”对话框中，单击“新建标签”按钮，出现“标签详情”对话框，如图 5－34 所示。

图 5－33　“标签选项”对话框

（4）在“标签详情”对话框中，进行标签的各项属性设置。

（5）单击“确定”按钮，完成标签设置，返回“标签选项”对话框，单击“完成”按钮，返回编辑窗口。此时，编辑区域会生成标签占位符，但没有其他内容。标签主文档创建完毕。

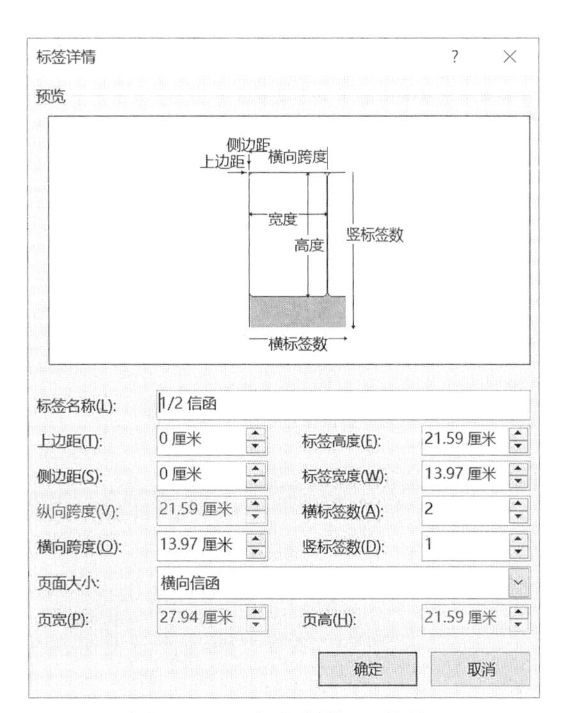

图 5－34　“标签详情”对话框

5.3.2　标签中域的设置

标签主文档创建完毕后，就可以向其添加收件人列表了，具体操作步骤如下：

（1）在【邮件】选项卡的“开始邮件合并”功能组中，单击“选择收件人”按钮，选择“使用现有列表”项目、“键入新列表”“从 Outlook 联系人中选择”其中之一。

（2）自动返回编辑区域，在标签位置

上显示“下一记录”的域代码，如图 5－35 所示。

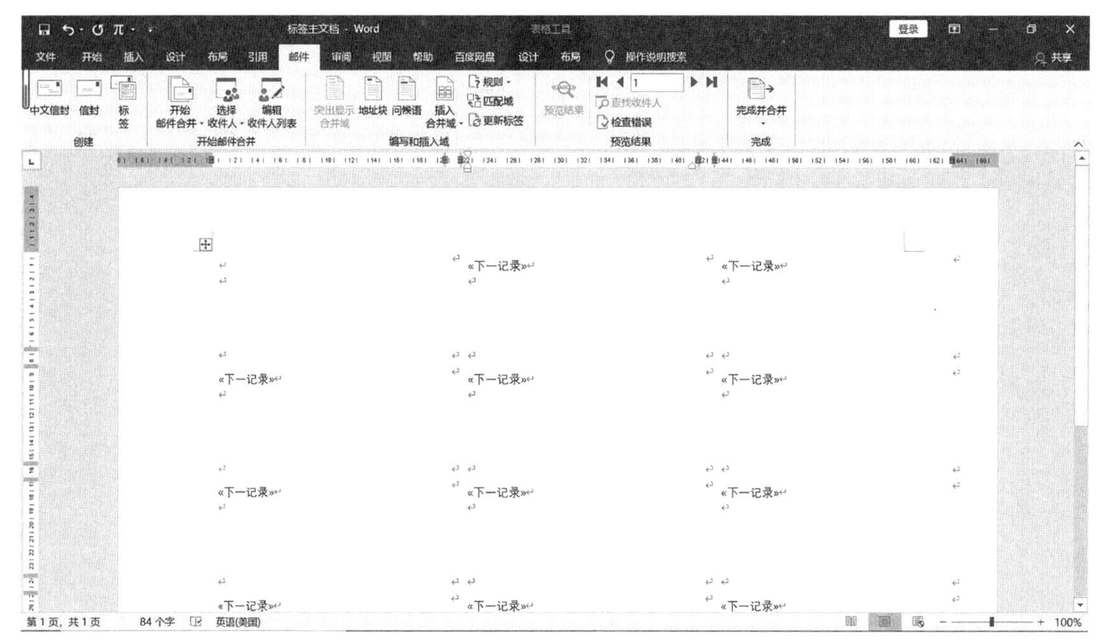

图 5－35　标签位置

（3）在第一个没有显示“下一记录”的标签位置上，将光标置于第一个段落标记处，单击“编写和插入域”功能组内的“插入合并域”按钮，在列表中选择合适的合并域，如姓名。依次采用相同的方法在下面行中设置如地址、邮编、电话等，如图 5－36 所示。

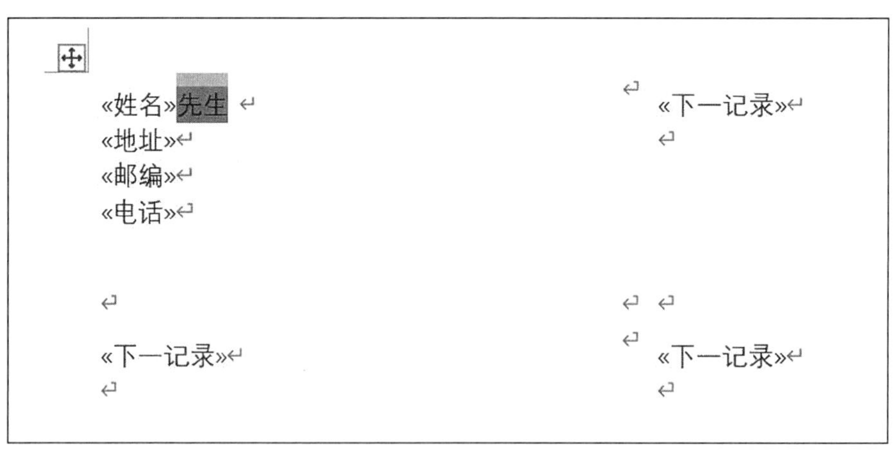

图 5－36　标签插入合并域效果

（4）有时需要在合并域内容后面插入类似“先生”“女士”的字样，可以在【邮件】选项卡的“编写和插入域”功能组中，单击“规则”按钮，选择相应规则设置。例如“如果…则…否则”项目，使用方法如图 5－37 所示。

（5）在【邮件】选项卡的“编写和插入域”功能组中，单击“更新标签”按钮，编辑区域所有标签位置内容均与刚设计的第一个标签相同。

（6）在【邮件】选项卡的“完成”功能组中，单击“完成并合并”按钮，选择“编辑

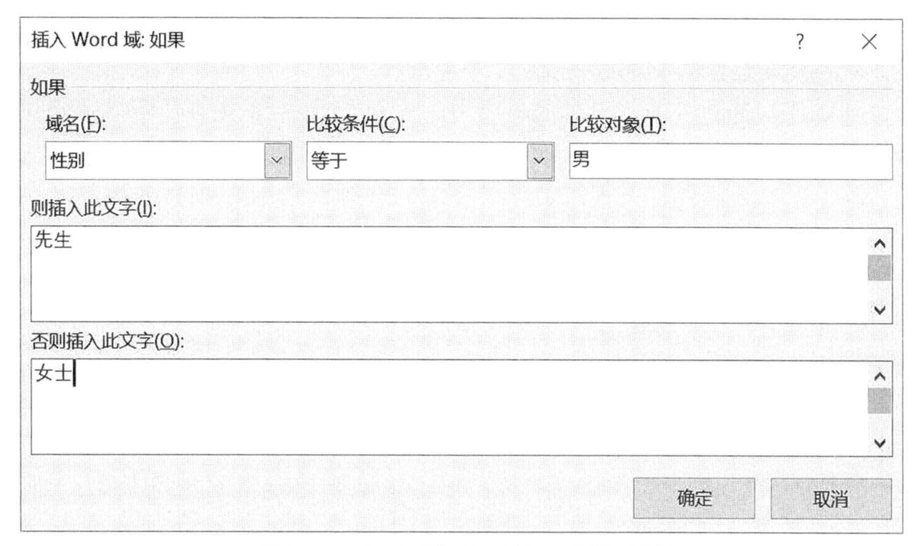

图 5-37 创建“如果…则…否则”规则

单个文档”项目，自动生成默认文件名为“标签 1”的文档文件。文件中每个标签位置都记录着邮件列表中每一条项目的信息，如图 5-38 所示。

图 5-38 标签效果图

（7）保存该文档，完成标签制作。

5.4 中文信封

5.4.1 设计信封主文档

邮件合并向导提供了非常方便的中文信封制作功能，只要通过几个简单步骤，就可以制作出既漂亮又标准的信封。使用向导创建中文信封的具体操作步骤如下：

1. 使用邮件向导创建中文信封主文档

（1）在【邮件】选项卡的“开始邮件合并”功能组中，单击“开始邮件合并”按钮，选择“邮件合并分步向导”项目，编辑区域右侧出现“邮件合并”窗格。

（2）在第 1 步中选择创建文档的类型，在此处选择“信封”项目。再单击“下一步：开始文档”按钮。

（3）在第 2 步如图 5－39 所示的向导窗格中，选择信封版式。

①“更改文档版式”：采用系统默认的信封样式。

②“从现有文档开始”：使用目前存在的信封文档，在此基础上进行修改。

单击“信封选项”按钮，弹出“信封选项”对话框。在“信封尺寸”组合框中选择常见信封尺寸；“收信人地址”部分设置收信人地址的位置及字体；“寄信人地址”部分设置寄信人地址的位置及字体。伴随设置进行，预览区域会出现实时预览效果。如图 5－40 所示。

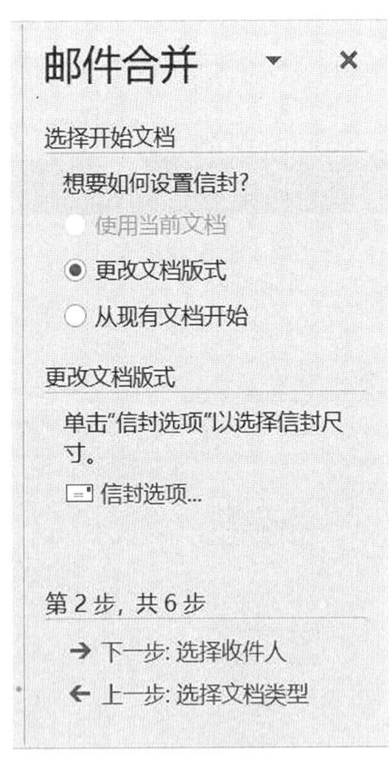

图 5－39 “邮件合并向导”创建信封第 2 步

图 5－40 “信封选项”对话框

单击“确定”按钮，编辑区域出现信封格式。

（4）单击“下一步：选择收件人”按钮进入向导第 3 步操作中。跟信函和标签类似，此步骤选择“使用现有列表”项目或“键入新列表”项目。单击“下一步：选取信封”按钮。

（5）在向导第 4 步选择“选取信封”，插入格式化地址域、常用问候语、合并域等。单击“下一步：预览信封”按钮进入第5步。

（6）第5步预览信封，在编辑区域产生信封格式。单击“下一步：完成合并”按钮进入第6步。

（7）第6步选择“打印”或“编辑单个信封”项目，结束制作中文信封的步骤。

2. 直接创建中文信封主文档

（1）在【邮件】选项卡的“开始邮件合并”功能组中，单击“开始邮件合并”按钮，选择“信封”项目，弹出“信封选项”对话框。

（2）在“信封选项”对话框中设置信封格式，此步骤与使用向导创建信封第2步是相同的。

（3）在【邮件】选项卡的“开始邮件合并”功能组中，单击“选择收件人”按钮，在列表中选择“使用现有列表”“键入新列表”或“从Outlook联系人中选择”。

（4）将光标移动到需要插入“收件人名称”“收件人地址”“寄件人名称”“寄件人地址”“邮编”的位置，在【邮件】选项卡的“编写和插入域”功能组中，单击“插入合并域”按钮，在列表中选择相应域插入。

（5）在【邮件】选项卡的“预览结果”功能组中，单击“预览结果”按钮查看效果。

（6）在【邮件】选项卡的“完成”功能组中，单击“完成”按钮，在功能列表中选择“打印”或“编辑单个文档”。操作完成。

5.4.2 信封中域的设置

为信封设置域比较简单，在上一节中已经简要介绍了，下面以实例展示在信封中添加域的基本方法。

【实例1】设计一个如图5－41所示的中文信封，并将素材“邮件合并通信录.xlsx”作为数据地址簿，保存文件名为“中文信封.docx”。

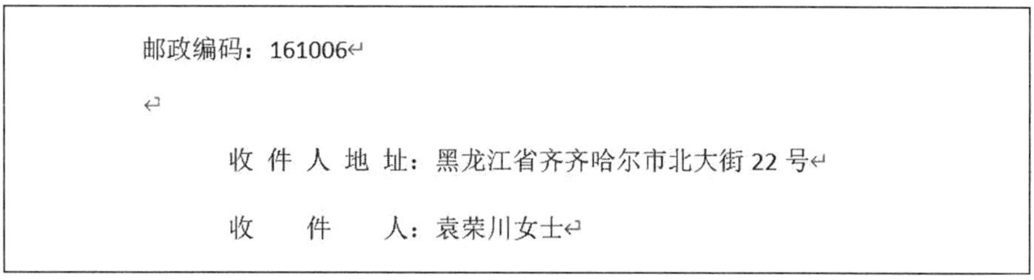

邮政编码：161006

收 件 人 地 址：黑龙江省齐齐哈尔市北大街22号

收　　件　　人：袁荣川女士

图5－41　信封效果图

◆ **操作步骤：**

①新建一个空白Word文档。

②在【邮件】选项卡的“开始邮件合并”功能组中，单击“开始邮件合并”按钮，在功能列表中选择“信封”项目，在编辑区域出现信封设计区域。

③在第一行输入“邮政编码：”字样，第三行输入“收件人地址：”字样，第四行输入“收件人：”字样。选中“收件人”三个字符，单击【开始】选项卡“段落”功能组中的“中文版式”按钮，在列表中选择“调整宽度”项目。在弹出的对话框中调整宽度为“5字符”，使得“收件人”三个汉字所占宽度与“收件人地址”宽度相同。

④在【邮件】选项卡的“开始邮件合并”功能组中，单击“选择收件人”按钮，在列表中选择“使用现有列表”项目。在“选取数据源”对话框中选择“邮件合并通信录.xlsx”，单击“打开”按钮，完成导入数据源操作。

⑤将光标移动到“邮政编码:”的后面，在【邮件】选项卡的“编写和插入域”功能组中，单击“插入合并域”按钮，在列表中选择“邮编”。使用同样方法完成“地址”和“姓名”合并域的插入。如图5-42所示。

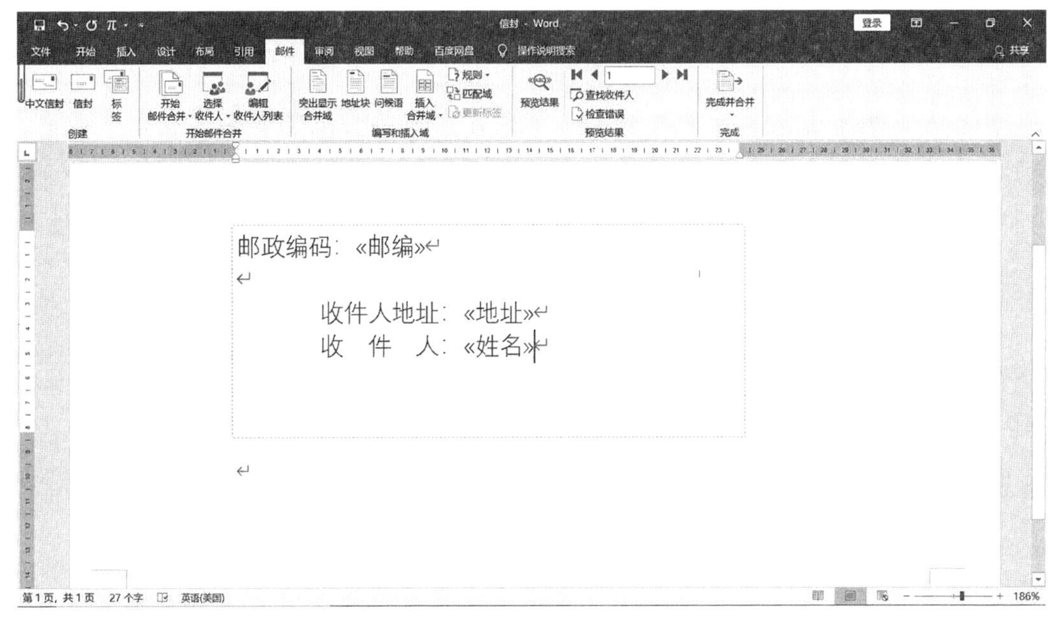

图5-42 插入合并域的信封效果

⑥在【邮件】选项卡的“完成”功能组中，单击“完成”按钮，在列表中选择“编辑单个文档”，完成信封的制作。

第 6 章　视　　图

Word 2016 提供了多种的视图模式，其中包括阅读视图、页面视图、Web 版式视图、大纲视图和草稿视图。

6.1　文档视图

6.1.1　阅读视图

阅读视图的最大特点是便于用户阅读文档，它模拟书本阅读的方式，让人感觉在翻阅书籍。以图书的分栏样式显示 Word 2016 文档，“文件”按钮、功能区等窗口元素被隐藏起来。

文档编辑时默认是页面视图，在【视图】选项卡的“视图”功能组中，单击“阅读视图”按钮，即可切换为阅读视图。

在阅读视图中，用户还可以单击“视图”按钮选择各种操作。如图 6－1 所示。

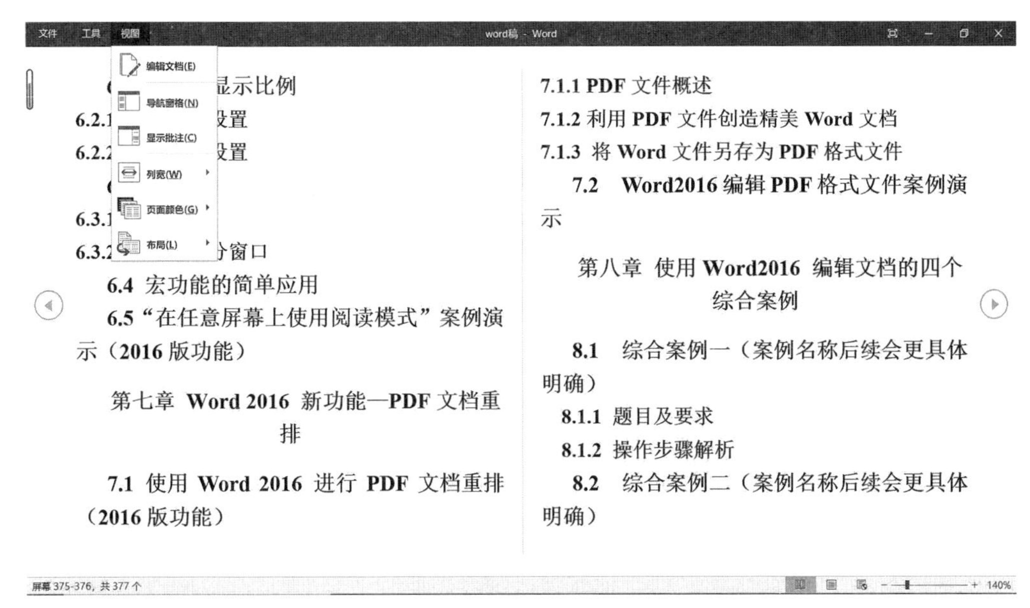

图 6－1　阅读视图效果

6.1.2 页面视图

页面视图，显示的文档与打印出来的效果几乎是完全一样的，也就是“所见即所得”。文档中的页眉、页脚、分栏等显示在实际打印的位置。

Word 文档默认的编辑模式就是页面视图。其他视图切换为页面视图的方法是，在【视图】选项卡的“视图”功能组中，单击“页面视图”按钮，即可完成切换。

如果想节省页面视图的屏幕空间，可以隐藏页面之间的页边距区域，将鼠标指针移动到页面的分页标记上并双击，前后页之间的显示就连贯了。如果需要显示页面之间的页边距，就把鼠标指针移动到页面的分页标记上，再次双击被隐藏页边距处，如图 6－2 所示。

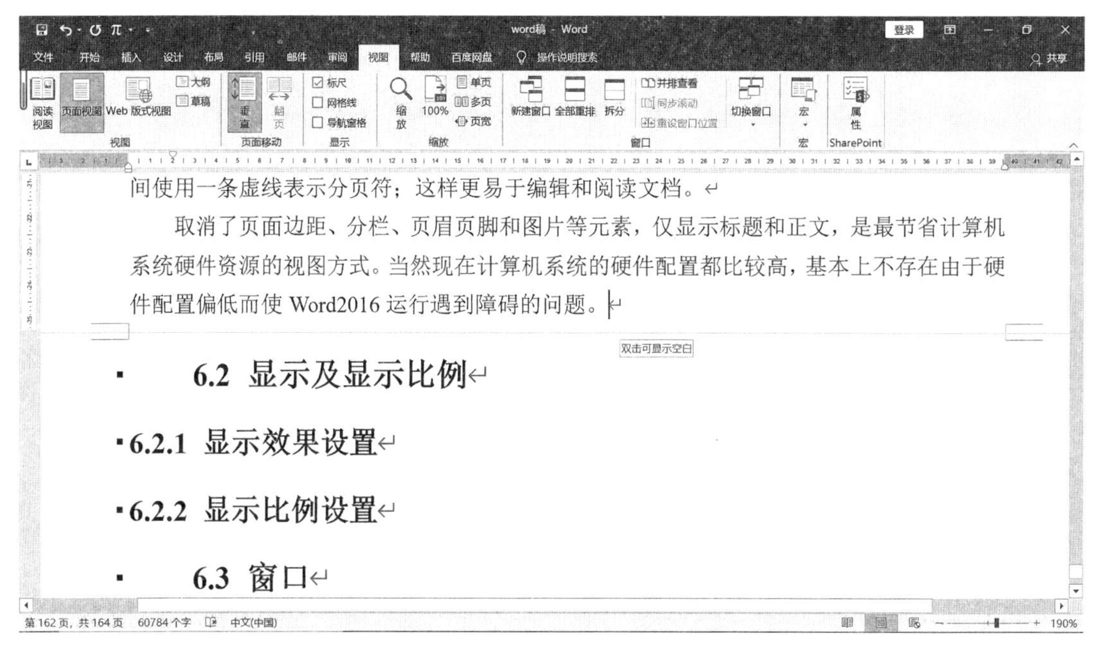

图 6－2 页面视图隐藏页边距效果

6.1.3 Web 版式视图

Web 版式视图一般用于创建 Web 页，它能够模拟 Web 浏览器来显示文档。在 Web 版式视图下，文本将以适应窗口的大小自动换行。以网页的形式显示 Word 2016 文档。Web 版式视图适用于发送电子邮件和创建网页。

切换 Web 版式视图的方法是，在【视图】选项卡的“视图”功能组中，单击“Web 版式视图”按钮，完成切换，如图 6－3 所示。

6.1.4 大纲视图

大纲视图主要用于查看文档的结构。切换到大纲视图后，屏幕上会显示“大纲”选项卡，通过选项卡命令可以选择仅查看文档的标题、升降各标题的级别。

大纲视图用于 Word 2016 文档的设置和显示标题的层级结构，并可以方便地折叠和展开各种层级的文档。大纲视图广泛用于 Word 2016 长文档的快速浏览和设置中，如图 6－4 所示。

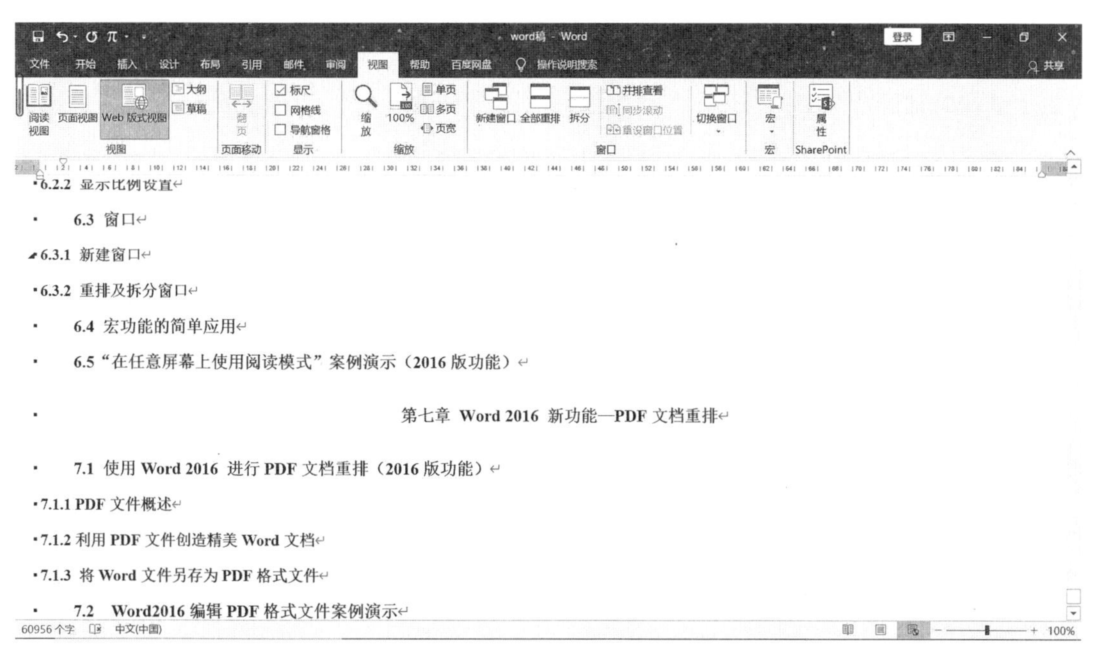

图 6－3 Web 版式视图效果

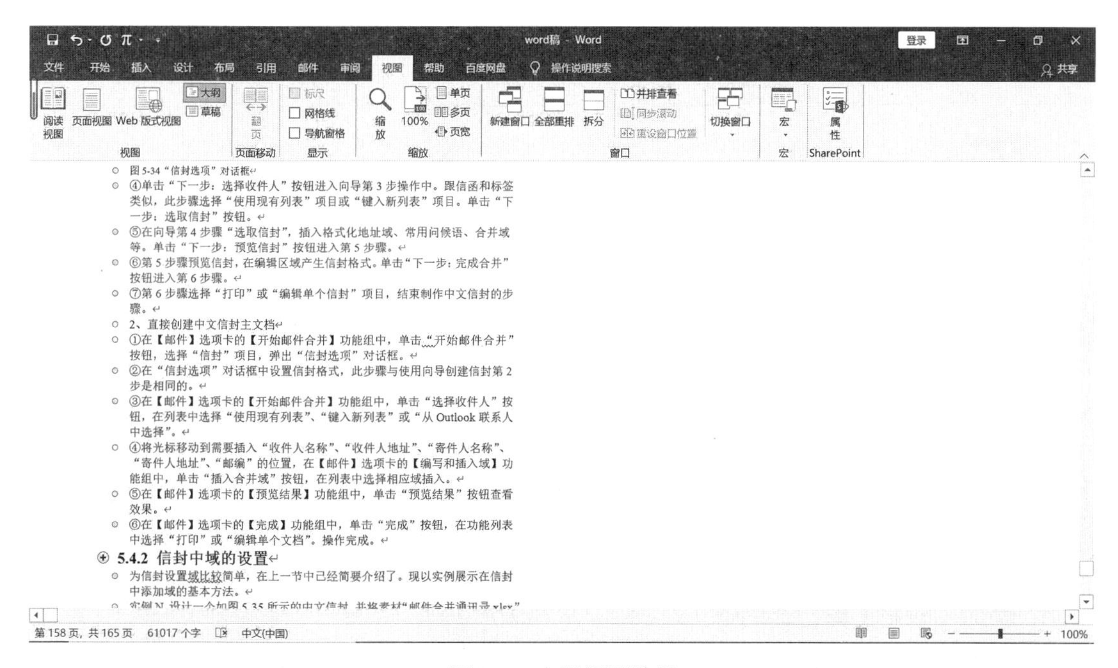

图6－4 大纲视图效果

6.1.5 草稿视图

草稿视图可以完成大多数的录入和编辑工作，也可以设置字符和段落格式，但是只能将多栏显示为单栏格式，页眉、页脚、页号、页边距等显示不出来。在草稿视图下，页与页之间使用一条虚线表示分页符，这样更易于编辑和阅读文档，如图 6－5 所示。

该种视图取消了页面边距、分栏、页眉页脚和图片等元素，仅显示标题和正文，是最节省计算机系统硬件资源的视图方式。当然现在计算机系统的硬件配置都比较高，基本上不存在由于硬件配置偏低而使 Word 2016 运行遇到障碍的问题。

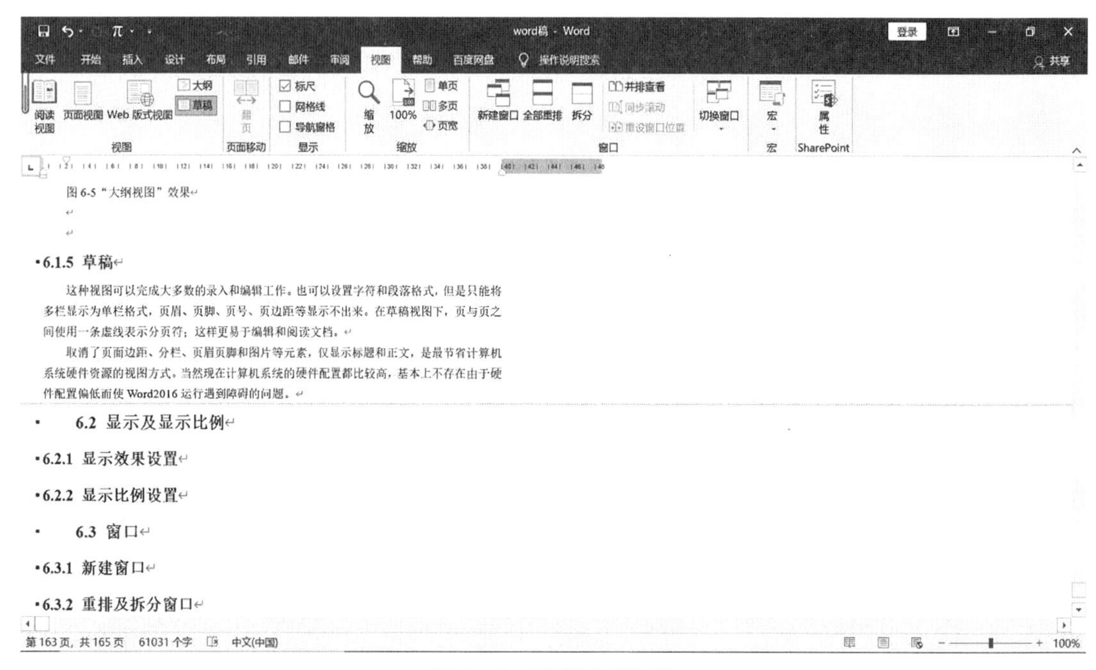

图 6-5 草稿视图效果

6.2 宏功能的简单应用

所谓宏，就是一系列菜单选项和指令操作的集成，可以实现特定的操作指令，且该操作是计算机自动完成宏，可以运行任意次数的一个操作或一组操作，可用来自动执行重复任务。如果总是需要在 Word 中重复执行某个任务，则可以录制一个宏来自动执行这些任务，如设置字体、段落、样式等。在创建一个宏后，可以编辑宏，对其工作方式进行简单调整。

6.2.1 录制宏前的准备工作

1. 添加【开发工具】选项卡

录制宏需要用到【开发工具】选项卡，但是默认情况下，【开发工具】选项卡不会显示，因此需要进行如下设置：

（1）在【文件】选项卡下，单击“选项”按钮进入“Word 选项”对话框。

（2）在左侧“类别”列表中选择“自定义功能区”，在右方的“自定义功能区”下拉列表中选择“主选项卡”，如图 6 - 6 所示。

（3）在“主选项卡”列表中，单击选中“开发工具”复选框。单击“确定”按钮，则【开发工具】选项卡出现在 Word 功能区中，如图 6 - 7 所示。

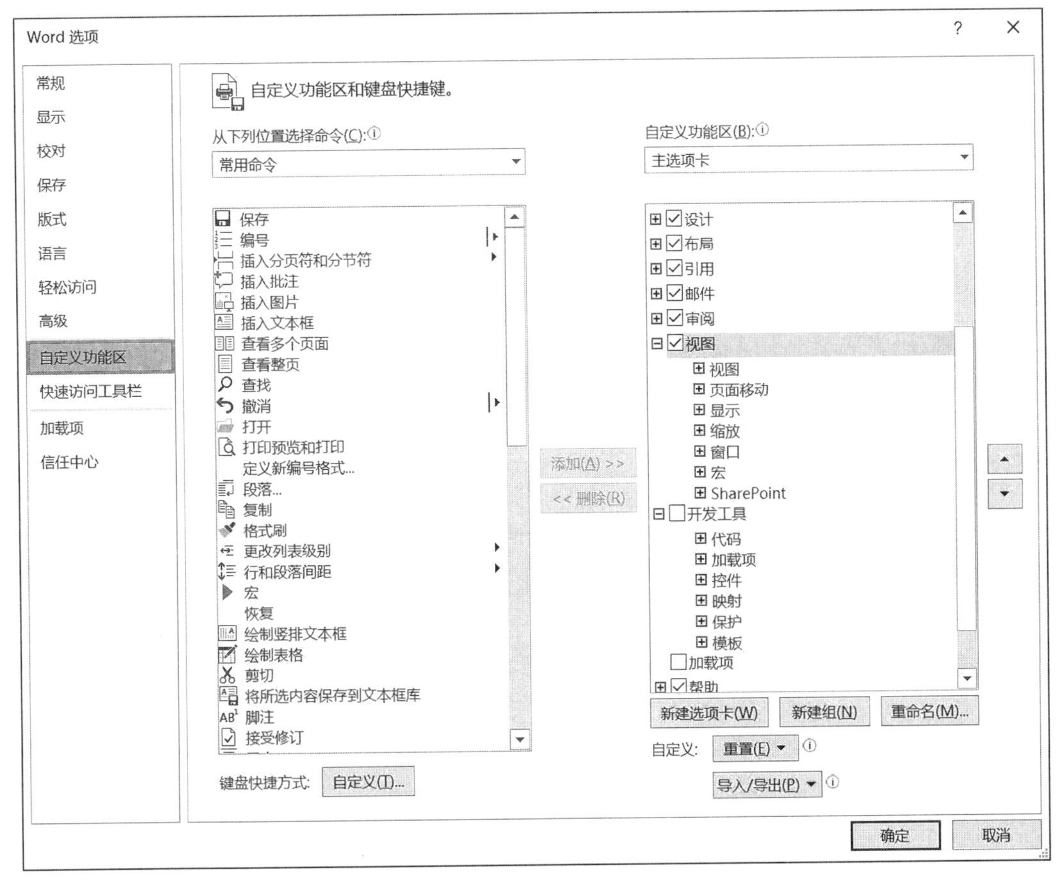

图6-6 添加“开发工具”选项卡

图6-7 “开发工具”选项卡

【开发工具】选项卡由“代码”“加载项”“控件”“映射”“保护”“模板”六个功能组组成。

2. 临时启用所有宏

由于运行某些宏可能会引发潜在的安全风险，具有恶意企图的人员可以在文件中引入破坏性的宏，从而导致在计算机或网络中传播病毒。因此，默认情况下，Word 禁用宏。为了能够录制并运行宏，可以临时启用宏。具体操作步骤如下：

(1) 在【开发工具】选项卡的“代码”功能组中，单击“宏安全性”按钮，打开如图6-8所示的“信任中心”对话框的【宏设置】选项卡。

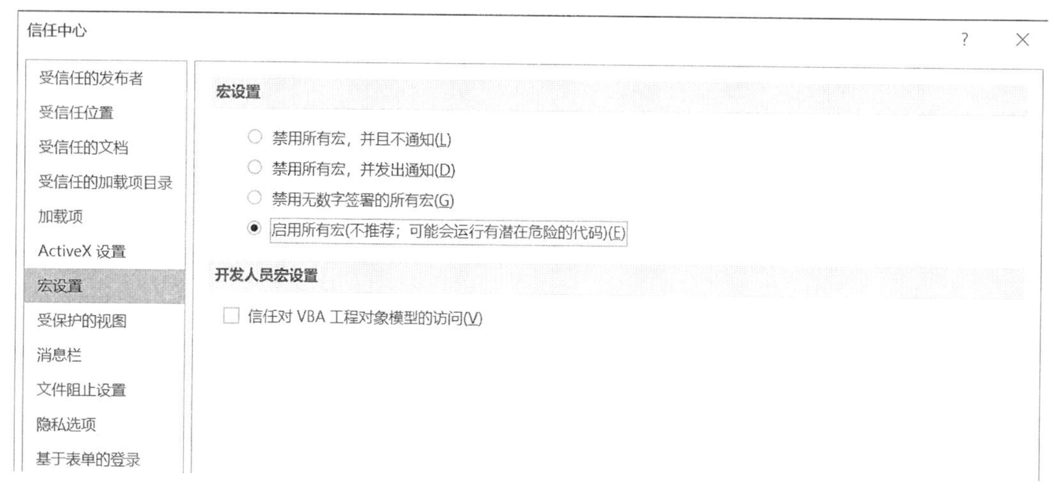

图 6－8 “信任中心”对话框【宏设置】选项卡

（2）选择“启用所有宏”单选按钮，单击“确定”完成设置。

● **注意：**为了防止运行有潜在危险的代码，建议使用完宏之后在图 6－8 所示的“信任中心”对话框【宏设置】选项卡中，将“宏设置”恢复为“禁用所有宏，并发出通知”。

6.2.2 录制宏

录制宏的过程就是记录鼠标单击操作和键盘敲击操作的过程。录制宏时，宏录制器会记录下宏执行操作时所需的一切步骤，但是记录的步骤中不包括在功能区上导航的步骤。

（1）打开需要记录宏的工作簿文档，在【开发工具】选项卡上的“代码”功能组中，单击“录制宏”按钮，打开如图 6－9 所示的“录制宏”对话框。

图 6－9 “录制宏”对话框

（2）在“宏名”文本框内输入宏名称。宏的命名规则如下：

①名称应以汉字、字母或下划线开头。

②不得包含空格或其他无效字符。

③名称不得与 Word 内部名称或其他对象名称冲突。

若宏名称输入方法不符合命名规则，则会出现如图 6-10 所示的提示信息。

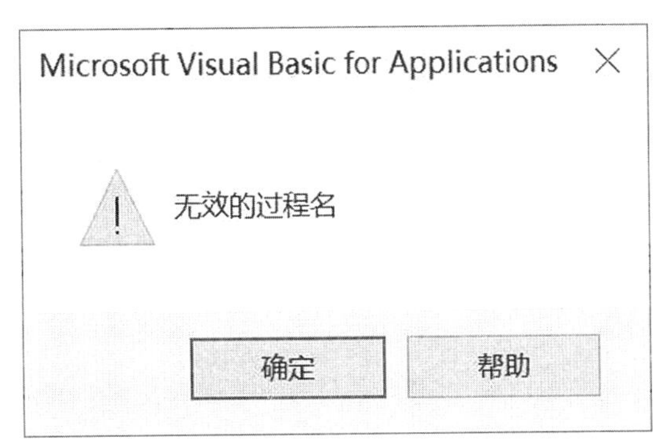

图 6-10 错误消息提示窗口

（3）在“录制宏”对话框的“将宏指定到”区域中，从“按钮”和“键盘”中选择一项作为记录宏的操作过程。

①“按钮”：在当前文档工具栏内添加宏按钮。在【视图】选项卡的“宏”功能组中，单击“宏”按钮，在列表中选择“查看宏”项目，出现如图 6-11 所示的“宏”对话框。“指定到按钮”的宏就会出现在对话框列表中，单击选择使用宏。

②“键盘”：为宏创建快捷键，在使用该宏的时候，在键盘上按下快捷键就可以了，如图 6-12 所示。

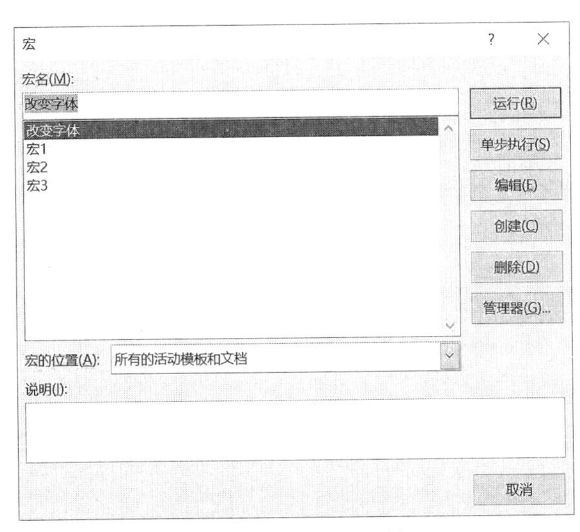

图 6-11 “宏”对话框

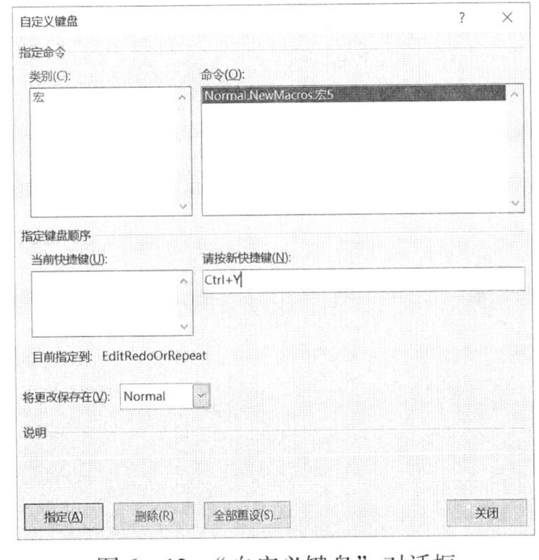

图 6-12 “自定义键盘”对话框

（4）在“录制宏”对话框中，在“将宏保存在”组合框下拉列表中选择保存宏的位置，从“所有文档”和“当前文档”选择其一。

①“所有文档”：宏录制完成后可以在任意 Word 文档中使用。

②“当前文档”：宏录制完成后只可以在当前 Word 文档中使用。

（5）在“将宏指定到”区域，无论选择“按钮”还是“键盘”项目，都会开始录制宏，如图 6-13 所示。

在【开发工具】选项卡的“代码”功能组中，“停止录制”按钮和“暂停录制”按钮的存在都表示正在录制宏。鼠标光标旁边也会有个录像带样的小图标，代表正在录制宏。

（6）根据需要在【开发工具】选项卡的“代码”功能组中，通过单击“停止录制”按钮结束录制宏；单击“暂停录制”按钮暂停录制宏，并再次单击该按钮恢复录制。

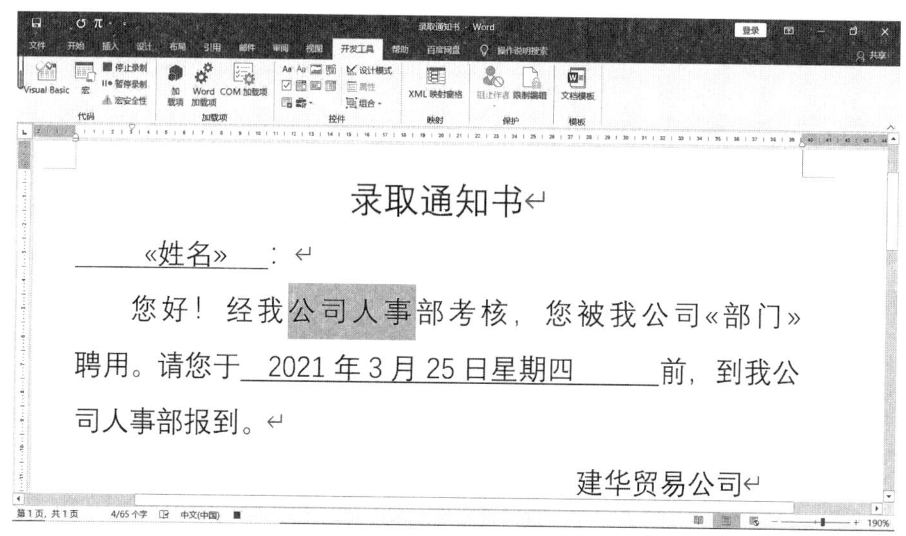

图 6－13　录制宏

6.2.3　运行宏

（1）打开包含宏的 Word 文档。

（2）在【开发工具】选项卡的“代码”功能组中，单击“宏”按钮，弹出如图 6－11 所示的“宏”对话框。

（3）在列表中选择需要的宏，单击“运行”按钮，即可运行宏。

第 7 章　Word 2016 新功能——PDF 文档重排

7.1　PDF 文件概述

PDF（Portable Document Format 的简称，意为“可携带文档格式”），是由 Adobe Systems 用于与应用程序、操作系统、硬件无关的方式进行文件交换所发展出的文件格式。PDF 文件以 PostScript 语言图像模型为基础，无论在哪种打印机上都可保证精确的颜色和准确的打印效果，即 PDF 会忠实地再现原稿的每一个字符、颜色以及图像。如图 7－1 所示。

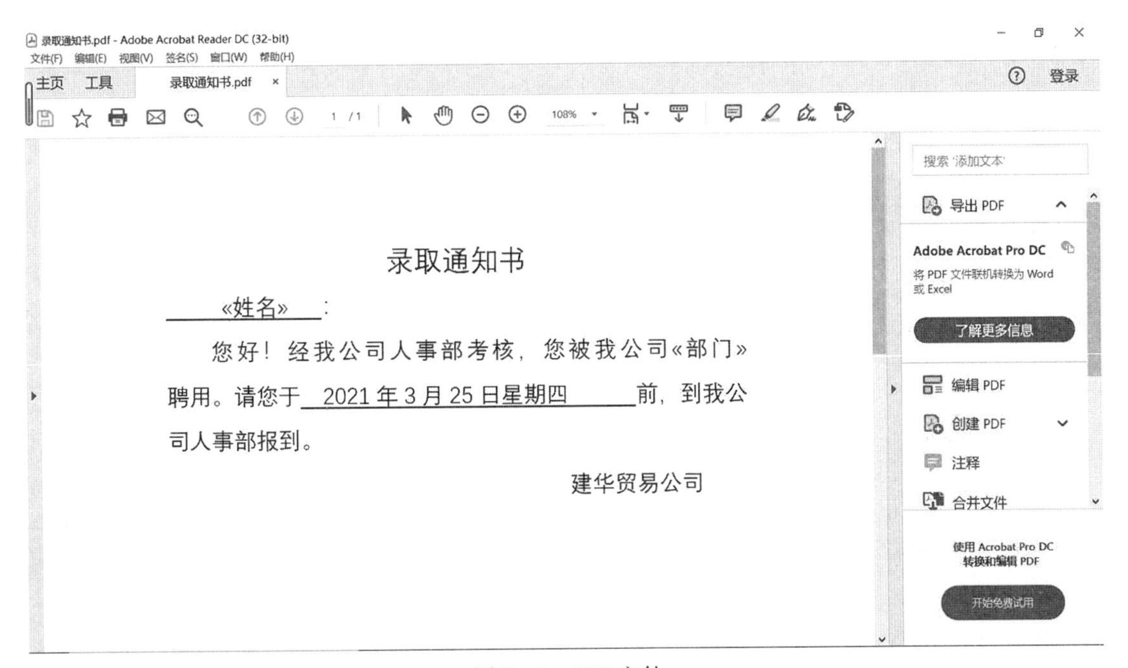

图 7－1　PDF 文件

PDF 具有许多其他电子文档格式无法相比的优点。PDF 文件格式可以将文字、字形、格式、颜色及独立于设备和分辨率的图形、图像等封装在一个文件中。该格式文件还可以包含超文本链接、声音和动态影像等电子信息，支持特长文件，集成度和安全可靠性都较高。

例如，用 PDF 制作的电子书具有纸版书的质感和阅读效果，可以逼真地展现原书的原貌，且显示大小可任意调节，可以给读者提供个性化的阅读方式。

越来越多的电子图书、产品说明、公司文稿、网络资料、电子邮件开始使用 PDF 格式文件。读取 PDF 格式的文件是需要专门软件的，目前，Word 2016 能够实现对于 PDF 文件的查看和编辑。

7.2 使用 Word 2016 进行 PDF 文档编辑

7.2.1 利用 PDF 文件制作精美的 Word 文档

（1）准备需要编辑的 PDF 文件，单击鼠标右键，在快捷菜单中选择“打开方式”项目，在弹出的下拉列表中选择“Word 2016”。

（2）此时 Word 会自动启动，同时自动弹出一个信息对话框，询问用户转换后的文档同原来文档的格式可能会有些许不同，是否要继续。此时，单击“确定”按钮，在 Word 2016 系统中打开该文件。如果选择的 PDF 文档过大，那么转换的过程会相对长一些，如图 7-2 所示。

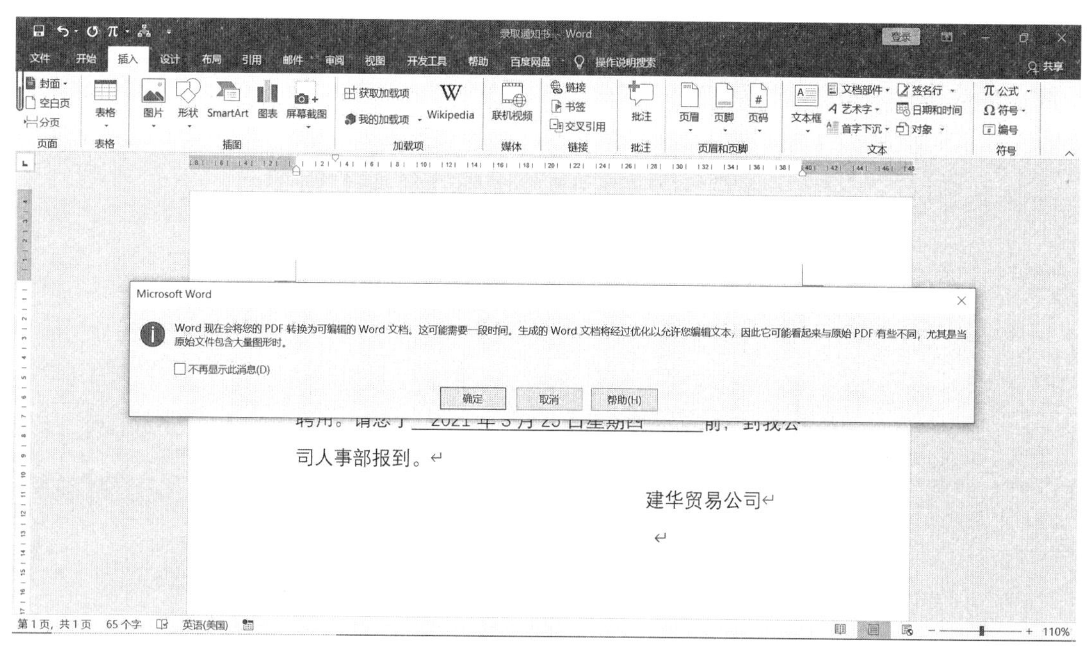

图 7-2 Word 2016 打开 PDF 格式文档提示信息

（3）当 PDF 文档完成转换工作后，也许还会出现安全提示，询问用户是否需要进行编辑。单击“启用编辑”按钮，就可以根据实际需要开始编辑所选择的 PDF 文档了。

此时 PDF 格式的文档已经转换为 Word 文档了，可以根据编辑需要设计图片、对象、文字、页眉、页脚等。

（4）完成编辑后，单击“保存”按钮，Word 2016 默认将其保存为“.docx”格式的文件。

7.2.2 将 Word 文件转换为 PDF 文件

Word 2016 不仅可以打开和编辑“.pdf”格式的文件，并将其保存为“.docx”格式的文件，还可以将编辑好的 Word 文档另存为“. pdf”格式的文件。

1. 通过“文件|导出”实现转换

（1）将 Word 文档按要求进行编辑整理。

（2）在【文件】选项卡下，单击“导出”按钮，出现如图 7－3 所示的“导出”对话框。

图 7－3 “导出”对话框

（3）选择“创建 PDF/XPS 文档”项目，单击“创建 PDF/XPS”按钮，出现“发布为 PDF 或 XPS”对话框，如图 7－4 所示。

①“发布后打开文件”：如果需要在保存文件后立即打开该文件，可以勾选此复选框。

②“标准（联机发布和打印）”：如果文件需要高质量打印，则应单击选中此单选按钮。

③“最小文件大小（联机发布）”：如果对文件打印质量要求不高，而且需要文件尽量小，则应单击选中此单选按钮。

（4）单击“选项”按钮，打开如图 7－5 所示的“选项”对话框。在该对话框中可以对打印的页面范围进行设置，同时可以选择是否应打印标记以及选择输出选项。完成设置后，单击“确定”按钮关闭“选项”对话框。

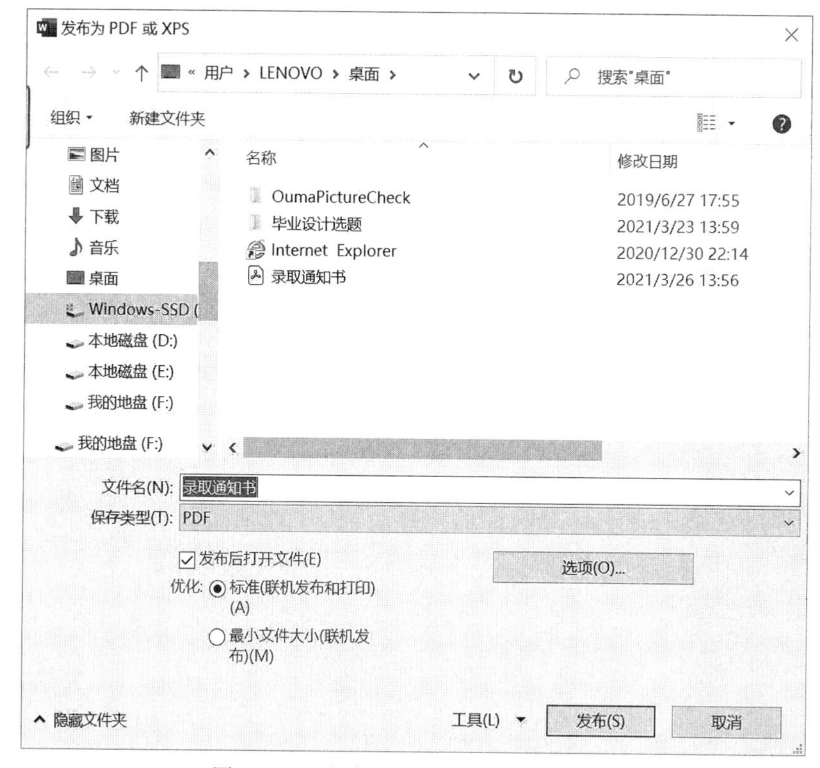

图 7－4 “发布为 PDF 或 XPS”对话框

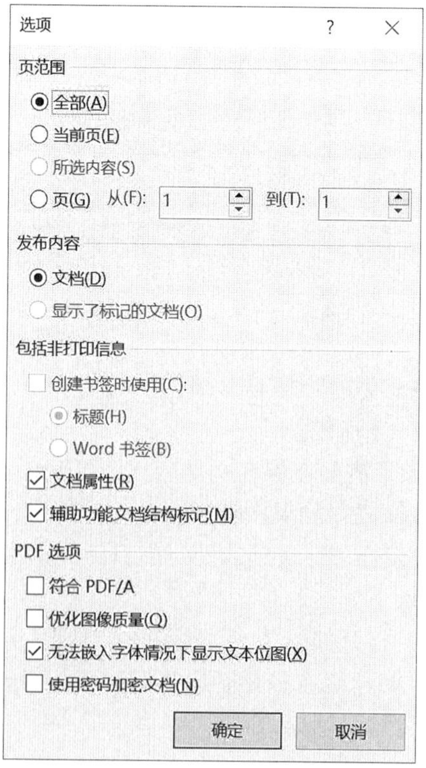

选项

页范围

全部(A)

当前页(E)

所选内容(S)

页(G) 从(F): 1 到(T): 1

发布内容

文档(D)

显示了标记的文档(O)

包括非打印信息

创建书签时使用(C):

标题(H)

Word 书签(B)

文档属性(R)

辅助功能文档结构标记(M)

PDF 选项

符合 PDF/A

优化图像质量(Q)

无法嵌入字体情况下显示文本位图(X)

使用密码加密文档(N)

确定 取消

图 7－5 “选项”对话框

（5）在“文件名”文本框中为文件命名，并为文件选择适当的保存路径，单击“发布”按钮，完成 Word 文件另存为 PDF 文件的操作。

● **注意：** 要将文档转换为 XPS 文档，则在“发布为 PDF/XPS”对话框中将保存类型设置为“XPS 文档”即可。

2. 通过“文件|另存为”实现转换

（1）将 Word 文档按要求进行编辑整理。

（2）在【文件】选项卡下，单击“另存为”按钮，出现如图 7-6 所示的“另存为”对话框。

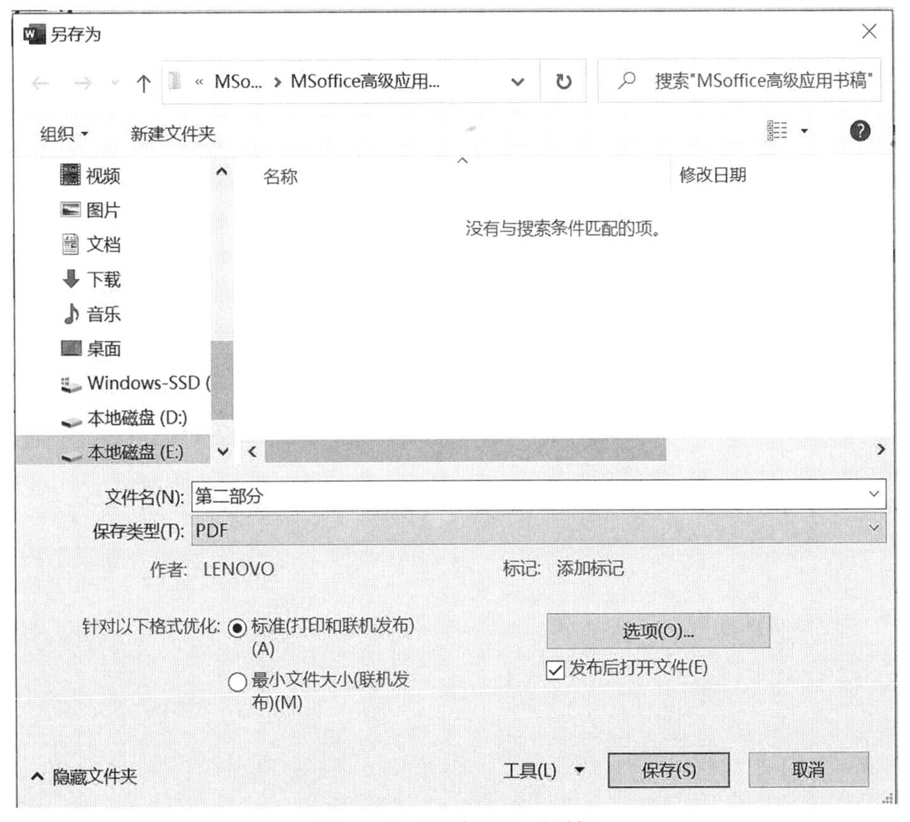

图 7-6　“另存为”对话框

（3）为文件选择合适的保存路径，在“文件名”文本框内输入文件名，在“保存类型”列表中选择“PDF”项目，单击“保存”按钮，完成文件转换。

第三部分

Excel 2016 的功能与应用

在日常办公事务中，人们经常要“写”和“算”。“写”（写通知、写报告等）可通过文字处理软件进行，而“算”（计算、统计数字等）则应使用电子表格来实现。Microsoft Excel 是一套功能完整，操作简易，具有丰富的函数及强大的图表、报表制作工具的办公应用软件。确切地说，它是一个电子表格编辑软件，可以用来制作电子表格，完成许多复杂的数据运算，进行数据的分析和预测且具有强大的制作图表功能。

本部分主要讲述 Excel 2016 的以下几个主要功能及应用：

- 工作表和单元格的管理。
- Excel 公式及函数的高级应用。
- Excel 数据分析处理。
- Excel 图表处理。
- Excel 数据分析工具的应用。
- 宏的配置。

Excel 表格处理软件是美国微软公司研制的办公自动化软件 Office 中的重要成员，经过多次改进和升级，Excel 2016 有以下几个新增功能：

（1）共享文件活动。选择文件右上角的“共享”按钮，可以查看 OneDriveforBusiness 或 SharePoint 中共享的文件，编辑、重命名或恢复的时间。

（2）“获取和转换”改进。

（3）迪拜字体。

（4）安全链接。当用户单击链接时，Office365 高级威胁防护（ATP）会检查此链接是否是恶意链接。如果计算机认为此链接是恶意链接，则将用户定向到警告页面而不是原始目标 URL。

（5）贴心的 TellMe。“告诉我你想要做什么”会直接引导用户找到所需的功能。

（6）快速填充数据。“快速填充”会根据从数据中识别的模式，一次性输入剩余的数据。例如，把姓名的姓和名分列。

（7）快速数据分析。“快速分析”工具，可以用很少的步骤将数据转换为图表或表格。

（8）预览使用条件的数据、迷你图或图表。Excel 2016 添加了 6 种新图表。

（9）推荐合适的图表。通过“推荐的图表”，Excel 2016 推荐能够最好展示给用户的数据模式的图表。

第 8 章　Excel 2016 基础知识

Excel 是 Microsoft Office 软件包的组成部分。现实生活和工作中有类型多样的各种表格，比如履历表、工资表、成绩表等，不同类型的表格有数据量大、计算量大、结构复杂等特点，Excel 能够胜任处理这样的表格数据。要想在 Excel 中快速处理数据，首先需要有一张结构合理的表格，通常称这种表格为“数据清单”。

“数据清单”是工作表中包含相关数据的一系列数据行，如一张“员工工资表”，这种电子报表就包含这样的数据行，它可以像数据库一样接受浏览与编辑等操作。构建数据清单的要求主要有：

（1）将类型相同的数据项置于同一列中。

（2）使数据清单独立于其他数据。

（3）将关键数据置于清单的顶部或底部，这样可以避免将关键数据放到数据清单的左右两侧。因为这些数据在 Excel 筛选数据清单时可能会被隐藏。

（4）注意显示行和列。在修改数据清单之前，应确保隐藏的行或列也被显示。因为，如果清单中的行和列没有被显示，则数据有可能会被删除。

（5）避免空行和空列。避免在数据清单中随便放置空行和空列，这样有利于 Excel 检测和选定数据清单，因为单元格开头和末尾的多余空格会影响排序与搜索，所以不要在单元格内文本前面或后面键入空格，可采用缩进单元格内文本的办法来代替键入空格。

（6）尽量在一张工作表中建立一个数据清单。

8.1　Excel 2016 基础操作

8.1.1　工作表及单元格的操作

1. 自动填充数据

（1）使用填充柄。填充柄是位于选定区域右下角的小黑方块。将鼠标指向填充柄时，鼠标的指针变成为黑十字形状。自动填充数据可以按照以下步骤操作：

①选定需要复制的单元格或单元格区域。

②用鼠标左键拖拽填充柄经过需要填充数据的单元格，然后释放鼠标按键，出现“自动填充选项”按钮。

③单击“自动填充选项”按钮，对填充的内容进行修正。

- 复制单元格：实现数据和格式的复制。
- 填充序列：实现数据按照序列自动填充。
- 仅填充格式：只填充格式而不填充数据。
- 不带格式填充：只填充数据而不填充格式。

“自动填充选项”会随着填充的数据类型不同而变化。例如，在 A2 单元格中输入“2018－3－1”，然后按下鼠标左键拖拽填充柄至 H2 单元格，将自动按照日期进行填充，如果按下“自动填充选项”按钮，将显示出不同的日期填充选项。

（2）自定义序列。添加自定义序列的方法如下：

首先在工作表的 A1:A5 单元格分别输入“总经理”“副总经理”“经理”“主管”“领班”，然后选中 A1:A5 单元格区域，依次单击“文件”→“选项”命令，弹出“Excel 选项”对话框。在【高级】选项卡中单击“常规”区域的“编辑自定义列表”按钮，打开“自定义序列”对话框。在“从单元格中导入序列”编辑框中可以看到被选中的单元格区域已经自动添加，单击“导入”按钮，最后单击“确定”按钮关闭对话框，如图 8－1 所示。

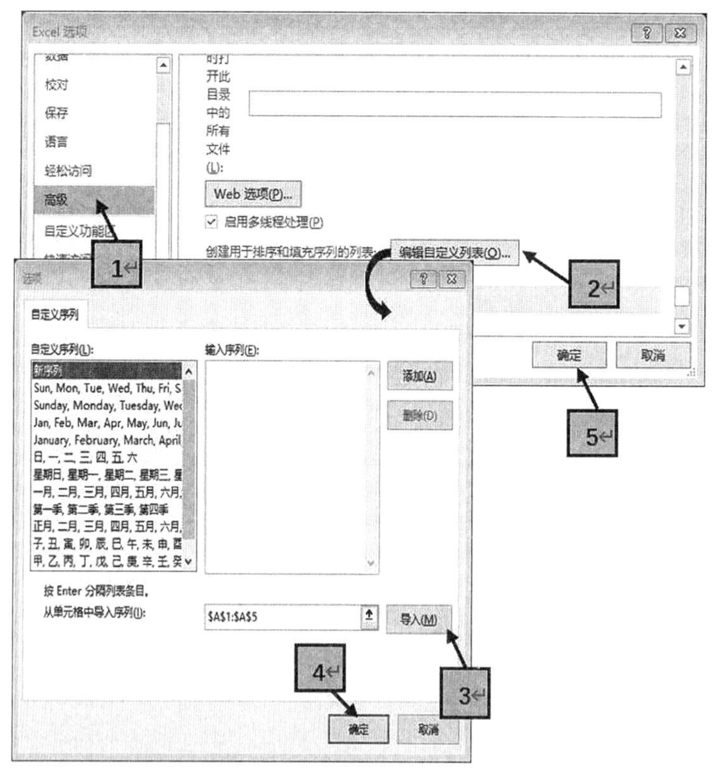

图 8－1 “自定义序列”对话框

（3）产生填充序列。创建等差或等比序列的数据，其操作步骤如下：

①在待填充区域的第一个单元格中输入序列的初值。

②选定包含序列初始区域的单元格区域。

③在【开始】选项卡的“编辑”功能组中，单击填充图标，在出现的列表中选择“系列”。

④在打开的“序列”对话框中，选择序列产生在行或列、序列的类型、步长值和终止值。

2. 选择性粘贴

“选择性粘贴”对话框包含了多种粘贴设置选项，用户可以根据实际需求选择多种不同的粘贴方式，如图 8－2 和表 8－1 所示。

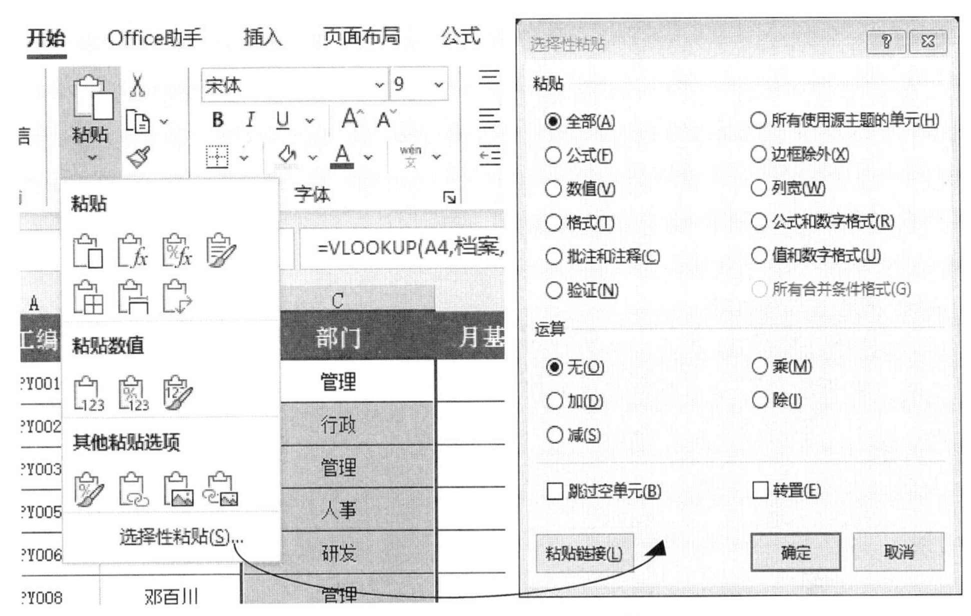

图 8－2 “选择性粘贴”对话框

表 8－1 粘贴设置选项

选项	含义
全部	粘贴源单元格及区域的全部复制内容，即默认的常规粘贴方式
公式	粘贴所有数据（包含公式），不保留格式、批注等内容
数值	粘贴数值、文本及公式运算结果，不保留公式、格式、批注、数据验证等内容
格式	只粘贴单元格和区域的所有格式（包括条件格式）
批注和注释	只粘贴批注，不保留其他任何数据内容和格式
验证	只粘贴单元格和区域的数据有效性设置
所有使用源主题的单元	粘贴所有内容，并且使用源区域的主题。一般在跨工作簿复制数据时，如果两个工作簿使用的主题不同时使用
边框除外	粘贴源单元格和区域除了边框以外的所有内容
列宽	仅将粘贴目标单元格区域的列宽设置为与源单元格列宽相同
公式和数字格式	只粘贴源单元格及区域的公式和数字格式
值和数字格式	粘贴源单元格及区域中所有的数值和数字格式，但不保留公式

3. 分页符的使用

默认状态下，系统会根据纸张的大小、页边距等在工作表中自动插入分页符。用户也可以手动添加、删除或移动分页符。

在【视图】选项卡的“工作簿视图”功能组中，单击“分页预览”按钮，切换到“分页预览”视图。在此视图中，虚线指示 Excel 自动分页符的位置；实线指示手动分页符的位置。

（1）插入水平或垂直分页符。选中一行或一列，单击鼠标右键，在快捷菜单中，选择“插入分页符”。

（2）移动分页符。选中分页符将其拖拽到新的位置。自动分页符被移动后将变成手动分页符。

（3）删除手动分页符。选中分页符将其拖拽到分页预览区域之外即可。

（4）删除所有手动分页符。右键单击任意单元格，在快捷菜单中，选择“重设所有分页符”。

（5）在【视图】选项卡的“工作簿视图”功能组中，单击“普通”按钮，返回普通视图状态。

4. 智能填充合并单元格

合并单元格给正常的数据处理和统计带来诸多困扰，很多情况下，如图 8－3 智能填充合并单元格效果所示，都需要将合并单元格取消合并，再逐一填充，可如果要处理的合并单元格很多，一个个手动操作就太麻烦了，可以采用以下办法处理：

	A	B	C
1	组别	姓名	业绩
2	1组	1组-1	5707
3		1组-2	6100
4		1组-3	5689
5		1组-4	6700
6	2组	2组-1	5689
7		2组-2	6411
8		2组-3	6200
9		2组-4	5642
10	3组	3组-1	5611
11		3组-2	5689
12		3组-3	6812
13		3组-4	6898
14	4组	4组-1	6700
15		4组-2	5689
16	5组	5组-1	6411
17		5组-2	6200
18		5组-3	5642
19		5组-4	5611

→

	A	B	C
1	组别	姓名	业绩
2	1组	1组-1	5707
3	1组	1组-2	6100
4	1组	1组-3	5689
5	1组	1组-4	6700
6	2组	2组-1	5689
7	2组	2组-2	6411
8	2组	2组-3	6200
9	2组	2组-4	5642
10	3组	3组-1	5611
11	3组	3组-2	5689
12	3组	3组-3	6812
13	3组	3组-4	6898
14	4组	4组-1	6700
15	4组	4组-2	5689
16	5组	5组-1	6411
17	5组	5组-2	6200
18	5组	5组-3	5642
19	5组	5组-4	5611

图 8－3 智能填充合并单元格效果

（1）选中合并单元格所在区域，单击“取消合并”按钮，如图 8－4 所示。

（2）选中区域，单击【开始】选项卡“编辑”功能组“查找和选择”下拉列表中的“定位条件”选项，打开“定位条件”对话框，定位条件选“空值”后单击“确定”按钮，如图 8－5 所示。

	A	B	C
1	组别	姓名	业绩
2	1组	1组-1	5707
3		1组-2	6100
4		1组-3	5689
5		1组-4	6700
6	2组	2组-1	5689
7		2组-2	6411
8		2组-3	6200
9		2组-4	5642

图 8－4　“取消合并”效果

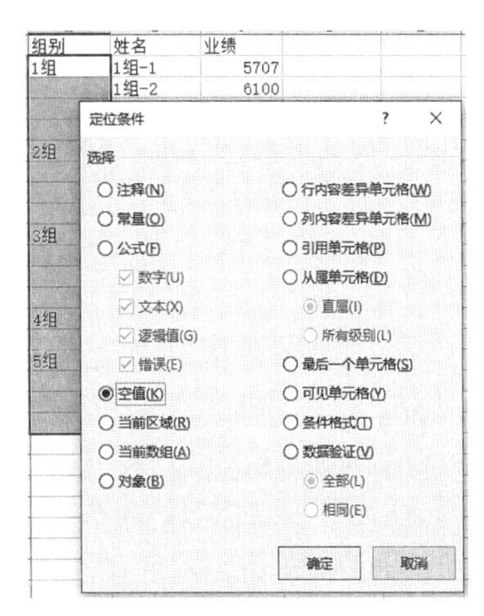

图 8－5　定位“空值”单元格区域

（3）输入公式。等于当前活动单元格的上一个单元格（如本例中活动单元格为 A3，公式为 = A2），如图 8－6 所示。

（4）按“Ctrl + Enter”组合键，批量填充公式，如图 8－7 所示。

SUM　=A2

	A	B	C	D
1	组别	姓名	业绩	
2	1组	1组-1	5707	
3	=A2	1组-2	6100	
4		1组-3	5689	
5		1组-4	6700	
6	2组	2组-1	5689	
7		2组-2	6411	

图 8－6　输入公式

	A	B	C
1	组别	姓名	业绩
2	1组	1组-1	5707
3	1组	1组-2	6100
4	1组	1组-3	5689
5	1组	1组-4	6700
6	2组	2组-1	5689
7	2组	2组-2	6411

图 8－7　完成效果

5. 单元格数据有效性

在表格中录入或导入数据过程中，难免会有错误的或不符合要求的数据出现。Excel 提供了一种可以对输入数据的准确性和规范性进行控制的功能，这就是数据有效性。利用数据有效性功能可以控制一个范围内的数据类型、范围等，还可以快速、准确地输入一些数据。比如录入身份证号码、手机号这些数据长且数量多的数据，操作过程中容易出错，数据有效性可以防止、避免错误的发生。

图 8－8　“数据验证”对话框

数据有效性设置方法：选定要输入数据的区域，在【数据】选项卡“数据工具”功能组中单击“数据验证”下拉列表中的“数据验证”选项，打开“数据验证”对话框，如图 8－8 所示。

在“数据验证”对话框的【设置】选项卡中，内置了 8 种数据有效性允许的条件。用户可以借此对数据录入进行有效的管理和控制。下面具体介绍前 7 种条件：

（1）任何值。此为默认的选项，允许在单元格中输入任何值而不受限制。

（2）整数。该条件限制单元格只能输入整数。当选择使用“整数”作为允许条件后，在“数据”下拉列表中可以选择数据允许的范围，如“介于”“大于”等。如果选择“介于”，则会出现“最小值”和“最大值”数据范围编辑框，供用户指定整数区间的上限和下限值。

（3）小数。该条件限制单元格只能输入小数。该条件的设置方法与“整数”相似。

（4）序列。该条件要求在单元格或区域中必须输入某一特定序列中的一个内容项。序列的内容可以是单元格引用、公式，也可以手动输入。

当选择使用“序列”作为允许条件后，会出现“序列”条件的设置选项。在“来源”编辑框中，如果手动输入序列内容，则需以半角逗号隔开不同的内容项。

如果同时勾选了“提供下拉箭头”复选框，则在设置完成后，当选定单元格时，在单元格的右侧会出现下拉箭头按钮。单击此按钮，序列内容会出现在下拉列表中，选择其中一项即可完成输入。

（5）日期。该条件限制单元格只能输入某一区间的日期，或者是排除某一日期区间以外的日期。

（6）时间。该条件限制单元格只能输入时间，与“日期”条件的设置基本相同。

（7）文本长度。该条件主要用于限制输入数据的字符个数。

6. 圈释无效数据

设置数据有效性只能限制手工输入的内容，对复制粘贴操作无效。用户可以使用圈释无效数据功能，对不符合要求的数据进行检查。

7. 限制输入重复数据

重复输入数据是数据输入过程中常见的错误，使用数据有效性可以很好地规避这一问题，如图 8－9 所示，此设置可以避免“员工编号”列出现重复值。

图 8－9　限制输入重复数据

8.1.2　工作窗口的视图控制

1. 多窗口显示

当在 Excel 工作窗口中打开多个工作簿时，通常每个工作簿只有一个独立的工作簿窗口，通过【视图】选项卡“窗口”功能组的“新建窗口”按钮，可以为当前工作簿创建多个窗口。原有的工作簿窗口和新建的工作簿窗口都会相应地更改标题栏上的名称，在原有工作簿名称后面显示“:1”和“:2”等表示不同的窗口，使用此方法便于同时查看一个工作簿内不同工作表的数据，如图 8－10 所示。

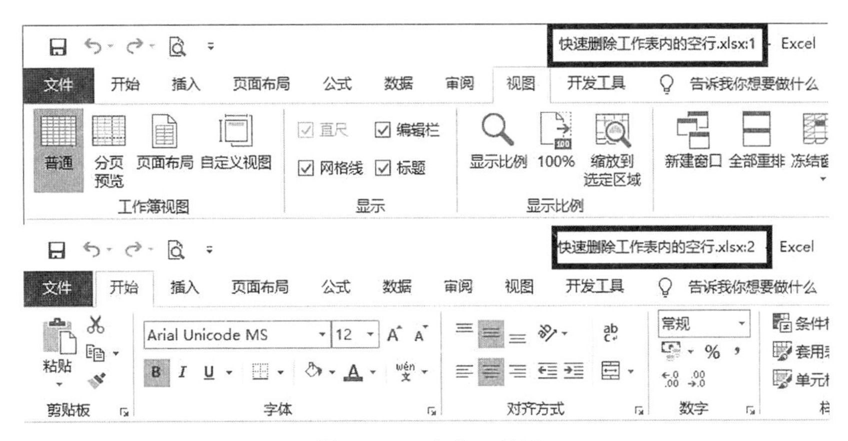

图 8－10　多窗口显示

2. 重排窗口

如果需要同时查看多个不同的工作簿内容，可以在【视图】选项卡“窗口”功能组中单击“全部重排”按钮，在弹出的“重排窗口”对话框中选择一种排列方式，比如“平铺”，单击“确定”按钮，如图 8－11 所示。

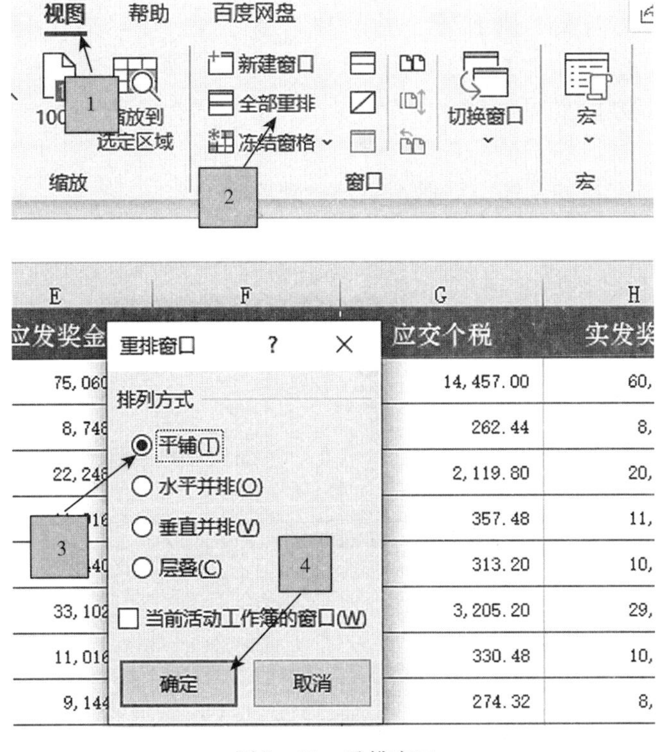

图 8－11　重排窗口

3. 冻结窗格

在【视图】选项卡“窗口”功能组中依次单击“冻结窗格”→“冻结首行”，可以固定标题行使其始终可见。

8.2 单元格格式化操作

8.2.1 设置单元格格式

设置单元格格式的操作步骤如下：

（1）在【开始】选项卡的“字体”“对齐方式”或“数字”功能组中，单击扩展按钮；或者在“开始”选项卡的“单元格”功能组中，单击“格式”按钮，在出现的列表中选择“设置单元格格式”选项，都可以打开“设置单元格格式”对话框。

（2）“设置单元格格式”对话框中有6个选项卡，如图8－12所示。

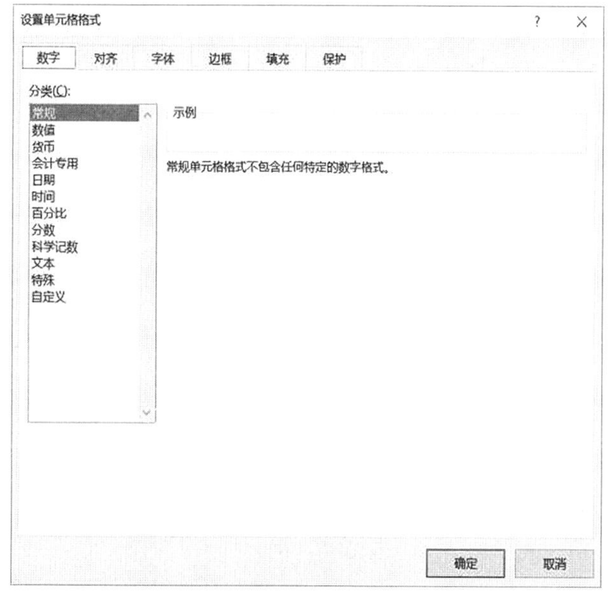

图8－12 “设置单元格格式”对话框

①数字：设置单元格中的数字格式。

②对齐：设置单元格中的文本对齐方式、文本控制（当文本内容较长，不能完全显示时，选中“自动换行”复选框）、文本方向（可以输入角度值）。

③字体：设置单元格的字体、字形、字号、颜色等。

④边框：在单元格或单元格区域的周围添加边框。首先选择“直线”的样式和颜色，然后再选择边框线。

⑤填充：使用单色或图案为单元格或单元格区域添加底纹。

⑥保护：只有保护工作表（在【审阅】选项卡上的“保护”组中，单击“保护工作表”按钮）后，锁定单元格或隐藏公式才有效。

8.2.2 自定义格式

1. 自定义格式的进入

选择需要设置格式的单元格区域，右击鼠标，在右键菜单中选择“设置单元格格式”命令，打开“设置单元格格式”窗口，在“数字”选项卡中选择“自定义”，如图8－13所示。

图8－13 “设置单元格格式”窗口

2. 基本原理

在格式代码中，最多可以指定四节；每节之间用分号进行分隔，这四节顺序定义了格式中的正数、负数、零和文本。

如果只指定两节，则第一部分用于表示正数和零，第二部分用于表示负数。

如果只指定了一节，那么所有数字都会使用该格式。

如果要跳过某一节，则对该节仅使用分号即可。

3. 基础字符

（1）数字占位符。

①“#”：数字占位符。只显示有意义的零而不显示无意义的零。小数点后数字如大于“#”的数量，则按“#”的位数四舍五入。

例如，代码：“###. ##”，12. 1 显示为“12. 10”；12. 1263 显示为：“12. 13”。

②“0”：数字占位符。如果单元格的内容大于占位符的数量，则显示实际数字，如果小于占位符的数量，则用 0 补足。

例如，代码“00000”，1234567 显示为“1234567”，123 显示为“00123”。

代码“00. 000”，100. 14 显示为“100. 140”，1. 1 显示为“01. 100”。

③“?”：数字占位符。在小数点两边为无意义的零添加空格，以便当按固定宽度显示时，小数点可对齐。

例如，输入 12. 1212，分别设置单元格 B2 的格式为“?? . ??”，B3 的格式为“??? . ???”，对齐结果如图 8－14 所示。

	A	B	C
1	输入内容	显示结果	
2	12.1212	12.12	
3	12.1212	12.121	
4			
5			

图 8－14　显示结果

（2）方括号“[ ]”表示条件。条件格式化只限于使用三个条件，其中两个条件是明确的，另一个是“所有的其他”。条件要放到方括号中，必须进行简单的比较。

例如，代码“[>0]"正数"；[=0]"零"；"负数""。显示结果是单元格数值大于 0 显示“正数”，等于 0 显示“零”，小于 0 显示“负数”。

也可以只有两个条件：

例如，代码“[>=60]"及格"；[<60]"不及格""，显示结果是单元格数值大于等于 60，显示“及格”，小于 60 显示“不及格”。

（3）“,”。千位分隔符，如用在代码最后，表示将数字缩小至原来的 0. 001。

例如，代码“#, ###”，单元格数值 12000 将显示为“12，000”。

（4）颜色。用指定的颜色显示字符。有 8 种颜色可选：红色、黑色、黄色、绿色、白色、蓝色、青色和洋红。

例如，代码“[青色]；[红色]；[黄色]；[蓝色]”。显示结果为正数显示青色，负数显示红色，零显示黄色，文本则显示蓝色。

[颜色 N]：调用调色板中的颜色，N 是 0 ~ 56 之间的整数。

例如，代码“[颜色 3]”。单元格显示的颜色为调色板上第 3 种颜色。

4. 常用格式基本用法

常用格式基本用法如表 8－2 所示。

表 8-2 常用格式基本用法

要求	设置自定义格式	输入	效果	备注
显示四个节意义	“正数”;“负数”;“零”;“文本”	-65	负数	
在原有的文本中加上新文本或数字	@“有限公司”	深圳	深圳有限公司	
数值的大写格式 1	[DBNum1]G/通用格式“完整”	1112	一千一百一十二元整	或选择“特殊”|“中文小写数字”
数值的大写格式 2	[DBNum2]G/通用格式	1112	壹仟壹佰壹拾贰	或选择“特殊”|“中文大写数字”
带单位符号的数值	0.00“元”	1112.2	1112.20 元	
电话区号输入[包含 3 或 4 位]	[<=400]000;0000	755	0755	当<=400 时,显示 3 位,否则显示 4 位
仿真密码保护	**;**;**;**	1111	******************	
隐藏单元格中的所有值	;;;	12345		
重复的字符[用星号之后的字符填充]	0*-	12	12 - - - - - - - -	

数字格式基本用法如表 8-3 所示。

表 8-3 数字格式基本用法

要求	设置自定义格式	输入	效果
将 1234.59 显示为 1234.6	####.#	100.2	100.2
将 8.9 显示为 8.900	#.000	0.88	.880
将.631 显示为 0.6	0.#	12	12.
12 显示为 12.0;4.568 显示为 4.57	#.0#	12	12.0
对齐小数点	???.???	1	1.
分数时除号对齐	# ???/???	2.25	2 1/4
科学计数法	#.###E+00	3456	3.456E+03
千位分隔符	#,###	12000	12,000
千位分隔符[将数字缩小 1000 倍]	#,	12000	12
千位分隔符[以百万为单位]	0.0,	12000000	12.0

日期格式基本用法如表 8-4 所示。

表 8-4 日期格式基本用法

要求	设置自定义格式	输入	效果
将月份显示为 1-12	m	=NOW()	4
将月份显示为 01-12	mm	=NOW()	04
将月份显示为 Jan-Dec	mmm	=NOW()	Apr
将月份显示为 January-December	mmmm	=NOW()	April
将月份显示为该月份的第一个字母	mmmmm	=NOW()	A
将日期显示为 1-31	d	=NOW()	3
将日期显示为 01-31	dd	=NOW()	03

（续）

要求	设置自定义格式	输入	效果
将日期显示为 Sun - Sat	ddd	= NOW( )	Wed
将日期显示为 Sunday - Saturday	dddd	= NOW( )	Wednesday
将年份显示为 00 - 99	yy	= NOW( )	21
将年份显示为 1900 - 9999	yyyy	= NOW( )	2021

8.3 设置条件格式

条件格式基于条件更改单元格区域的外观。如果条件为“真”，则按照该条件设置单元格区域的格式；如果条件为“假”，则不设置单元格区域的格式。

使用条件格式可以达到的效果有：突出显示所关注的单元格或单元格区域，强调异常值，使用数据条、颜色刻度和图标集来直观地显示数据。

1. “突出显示单元格规则”和“最前/最后规则”

“突出显示单元格规则”和“最前/最后规则”这两个选项是常用的条件格式。设置的操作步骤如下：

（1）选择一个单元格区域。

（2）在【开始】选项卡的“样式”功能组中，单击“条件格式”按钮。

（3）在“条件格式”的下拉选项中，选择其中一种。

（4）单击规则列出的某个特征选项，会弹出一个对话框，在对话框中设置相应的规则条件和符合条件的单元格格式即可。

2. “数据条”“色阶”“图标集”

这三个条件格式选项通过在单元格背景中显示条形图、颜色和小图标来展示数据值的大小。这三个选项只针对数值型数据。

数据条的长度代表单元格中的值。数据条越大，表示值越大；数据条越短，表示值越小。

图标集可以按照阈值将数据分为3～5个类别，每个图标代表一个值的范围。

3. 新建规则

用户可以通过新建格式规则选择规则类型，设置数据的显示格式，设置的操作步骤如下：

（1）选择一个单元格区域。

（2）在【开始】选项卡的“样式”功能组中，单击“条件格式”按钮。

（3）在“条件格式”的下拉选项中，选择“新建规则”。

（4）在打开的“新建格式规则”对话框中选择需要的规则类型，并设置规则格式，如图8-15所示。

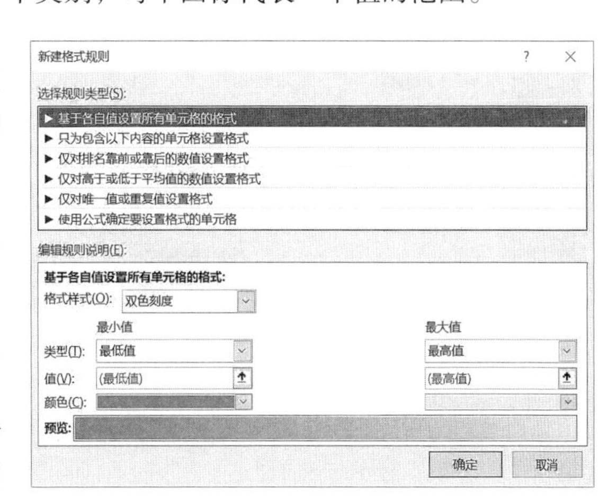

图8-15 “新建格式规则”对话框

4. 清除规则

当不需要突出显示数据时，可以清除规则，清除的操作步骤如下：

（1）选择一个单元格区域。

（2）在【开始】选项卡的“样式”功能组中，单击“条件格式”按钮。

（3）在“条件格式”的下拉选项中，单击“清除规则”级联的“清除所选单元格的规则”按钮即可。

5. 利用“新建规则”设置“条件格式”

用户除了可以使用Excel 2016系统提供的条件格式来分析数据，还可使用公式自定义设置条件格式规则，即通过公式自行编辑条件格式规则，能让条件格式的运用更为灵活。选定单元格或单元格区域，在【开始】选项卡上的“样式”组中，单击“条件格式”下拉列表中的“新建规则”选项，打开“新建格式规则”对话框，在“选择规则类型”对话窗口中，有六大类规则类型可供选择，选择不同的类型出现不同的界面，如图8－15所示。前面五大类，在预设规则中都有所体现，只是这里比较详细，有更多的规则可供选择，比如在“格式样式”里选“数据条”，下面可选择详细的条件类型，设置各种格式，如图8－16所示。

在“仅对排名靠前或靠后的数值设置格式”中，可以指定“前”“后”，输入具体数字，或勾选“所选范围的百分比”确定比例，然后设置想要的格式。确定后，指定名次就会按设定格式显示，如图8－17所示。

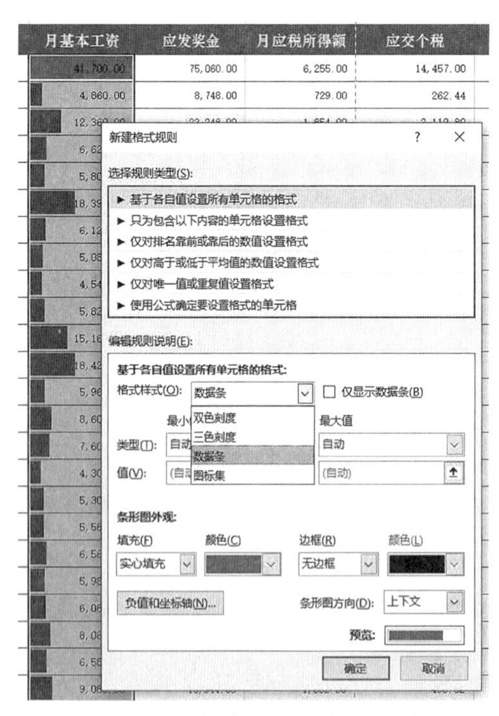

图8－16 “新建格式规则”对话框

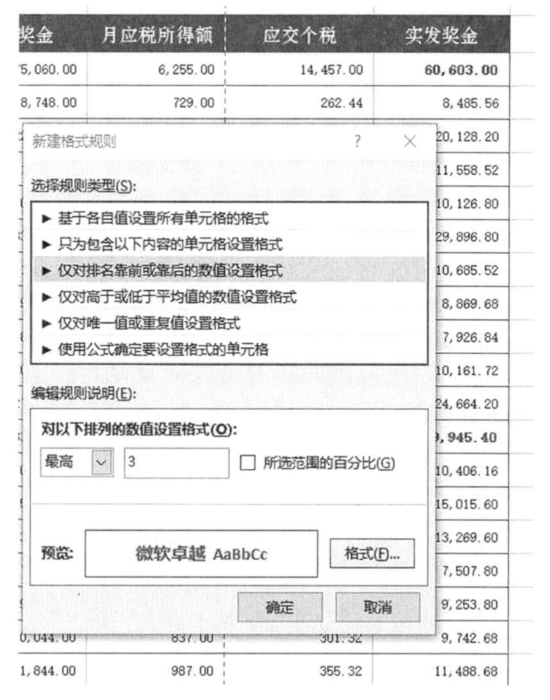

图8－17 格式设定对话框

● **注意：**公式中列的引用采用绝对引用方式，行的引用必须选用相对方式，否则只对第4行有效。

如果需要更复杂的条件格式，可以使用逻辑公式来指定格式设置条件。在“选择规则类型”下，单击“使用公式确定要设置格式的单元格”。在“编辑规则说明”下的“为符合此公式的值设置格式”列表框中，输入一个公式。公式必须以“=”开头，且公式结果必须返回逻辑值 TRUE 或 FALSE（0）。返回结果为 TRUE 表示条件成真，按指定格式显示，返回结果为 FALSE 表示条件为假（条件不成立），格式不变。比如对“实发奖金”大于等于 10 000 且“月基本工资”大于等于 5 000 的按记录整条显示，可以选中表格 A4: H71 区域，在“为符合此公式的值设置格式”列表框中，输入条件公式：“=（$D4 >= 5000）*（$H4 >= 10000）”，设置格式，如用红色填充，如图 8-18 所示。

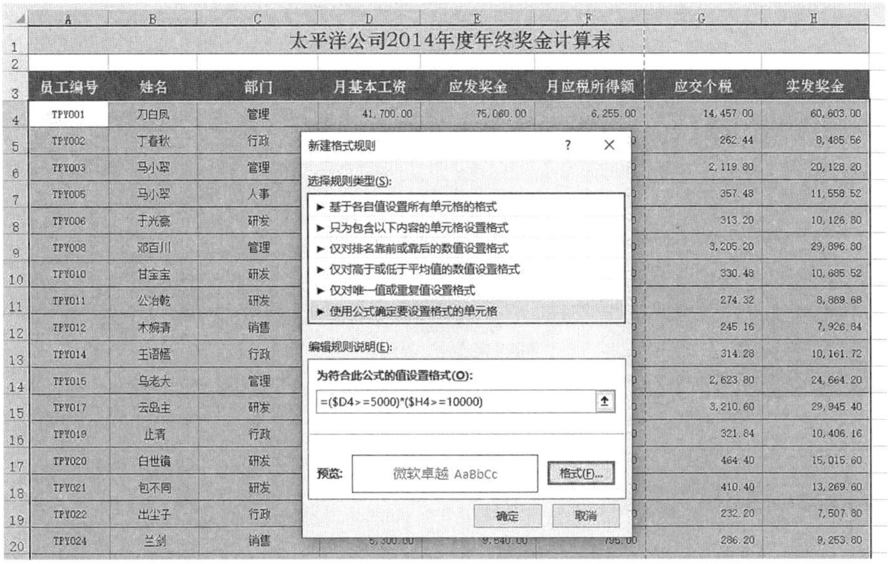

图 8-18　“使用公式确定要设置格式的单元格”窗口

确定后，可以看到符合条件的记录会整行显示出绿色填充，如图 8-19 所示。使用公式设置格式比较复杂，也比较高级，需要多练多掌握，多接触函数，多设计公式，理解公式的含义，才能设置出合理有效的条件格式。

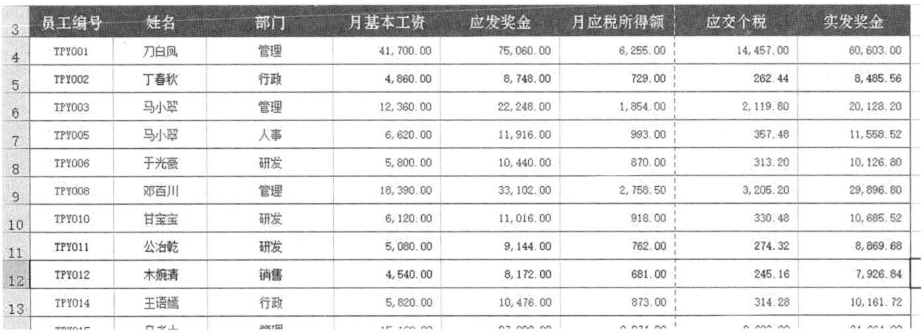

员工编号	姓名	部门	月基本工资	应发奖金	月应税所得额	应交个税	实发奖金
TPY001	刀白凤	管理	41,700.00	75,060.00	6,255.00	14,457.00	60,603.00
TPY002	丁春秋	行政	4,860.00	8,748.00	729.00	262.44	8,485.56
TPY003	马小翠	管理	12,360.00	22,248.00	1,854.00	2,119.80	20,128.20
TPY005	马小翠	人事	6,620.00	11,916.00	993.00	357.48	11,558.52
TPY006	于光豪	研发	5,800.00	10,440.00	870.00	313.20	10,126.80
TPY008	邓百川	管理	18,390.00	33,102.00	2,758.50	3,205.20	29,896.80
TPY010	甘宝宝	研发	6,120.00	11,016.00	918.00	330.48	10,685.52
TPY011	公冶乾	研发	5,080.00	9,144.00	762.00	274.32	8,869.68
TPY012	木婉清	销售	4,540.00	8,172.00	681.00	245.16	7,926.84
TPY014	王语嫣	行政	5,820.00	10,476.00	873.00	314.28	10,161.72

图 8-19　条件格式效果

8.4　工作表的保护

8.4.1　加密与备份

在打开的 Excel 工作簿中，单击“文件”菜单的“另存为”按钮，单击“工具”下拉列表中的“常规选项”，可设置文件的打开权限密码和修改权限密码，以及设置只读和生成备份文件，如图 8－20 所示。或者通过选取“文件”→“信息”→“保护工作簿”里面的“用密码进行加密”也可以对文件进行加密。

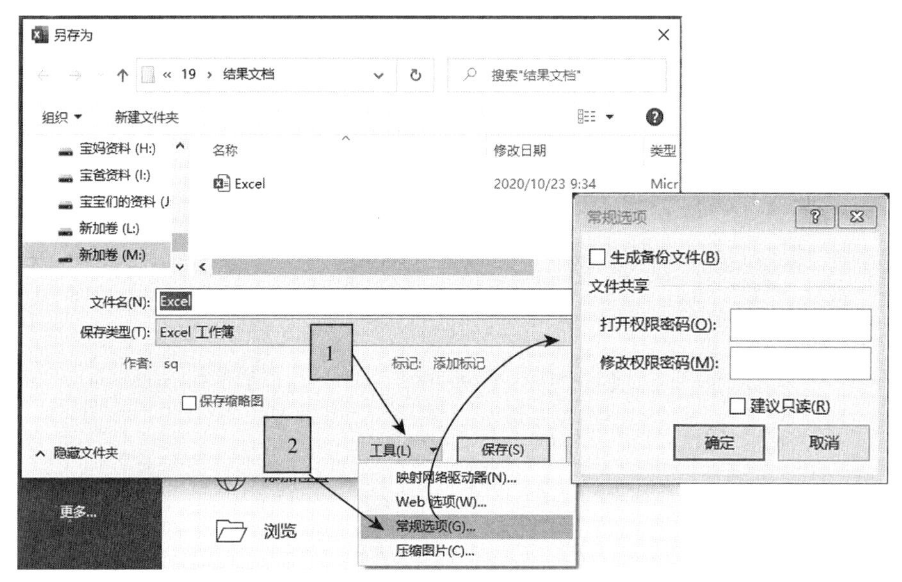

图 8－20　工作簿加密

8.4.2　对单元格进行保护

设置锁定属性，以保护存入单元格的内容不被改写。选定需要锁定的单元格并右击，在右键菜单中选择“设置单元格格式”，打开“设置单元格格式”对话框，在“设置单元格格式”对话框中选择【保护】选项卡并选中“锁定”；再选择【审阅】选项卡“保护”功能组的“保护工作表”选项；打开“保护工作表”对话框，这里可以设置或取消保护密码，即完成对单元格的锁定设置，如图 8－21 所示。

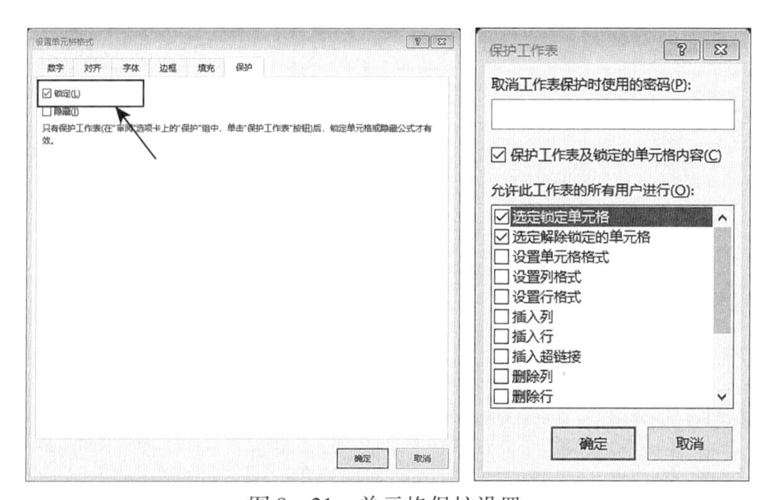

图 8－21　单元格保护设置

• **注意**：只有保护工作表（在【审阅】选项卡上的“保护”功能组中，单击“保护工作表”按钮）后，锁定单元格或隐藏公式才有效。

8.4.3 保护工作簿

选择【审阅】选项卡“保护”功能组的“保护工作簿”选项，或者通过选取“文件”→“信息”→“保护工作簿”，可保护工作簿结构，以免被删除、移动、隐藏、取消隐藏、重命名工作表，并且不可插入新的工作表。选定“窗口”选项则可以保护工作簿窗口不被移动、缩放、隐藏、取消隐藏或关闭，如图8－22所示。

8.4.4 保护共享工作簿

对要共享的工作簿，选择【审阅】选项卡“保护”功能组的“共享工作簿”选项，可设置保护共享工作簿，也可以对工作簿中的修订进行跟踪，如图8－23所示。

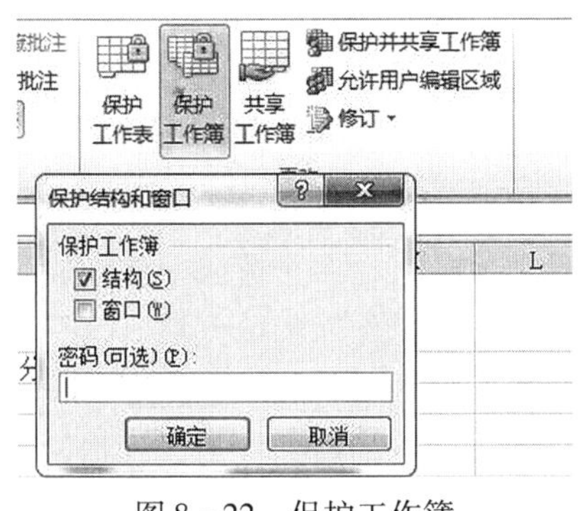

图8－22 保护工作簿

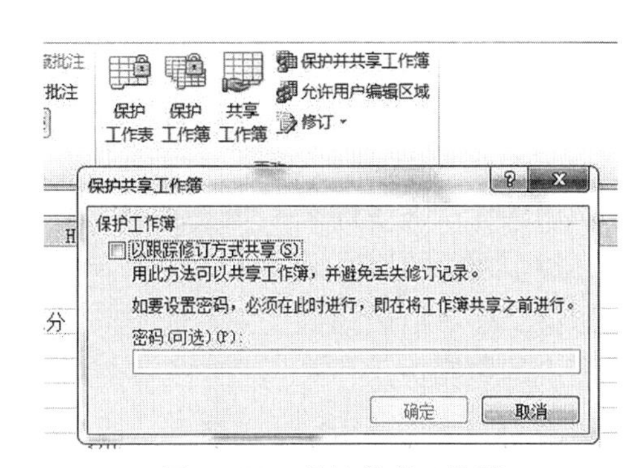

图8－23 保护共享工作簿

第9章　Excel公式及函数的高级应用

公式和函数是Excel最基本、最重要的应用工具，也是Excel的核心，因此，应对公式和函数熟练掌握，才能在实际应用中得心应手。

9.1　单元格和区域引用

引用的作用在于标识工作表上的单元格或单元格区域，并指明公式中所使用的数据的位置。通过引用，可以在公式中使用工作表不同部分的数据，或者在多个公式中使用同一单元格的数值。还可以引用同一工作簿不同工作表的单元格、不同工作簿的单元格，甚至其他应用程序中的数据。

引用不同工作簿中的单元格称为外部引用。引用其他程序中的数据称为远程引用。

9.1.1　A1和R1C1引用样式

在Excel中，存在两种引用类型：

- "A1"引用类型：用字母表示列（从A到IV，共256列），用数字表示行（从1到65536）。
- "R1C1"引用类型：用"R"加行数字和"C"加列数字来表示单元格的位置。

1. A1引用样式

这是Excel默认的引用样式。列以大写英文字母表示，从A开始到IV结束，共计256列。行以阿拉伯数字表示，从1开始到65536结束，共计65536行。由于每个单元格都是行和列的交叉点，所以其位置完全可以由所在的行和列来决定，因此，通过该单元格所在的行号和列标就可以准确地定位一个单元格。描述某单元格时，应当顺序输入列字母和行数据，列标在前行标在后。例如，A1指该单元格位于A列1行，是A列和1行交叉处的单元格。如果要引用单元格区域，应当顺序输入区域左上角单元格的引用、冒号（:）和区域右下角单元格的引用。示例如表9-1所示。

表9-1　A1单元格区域引用方式

引用	表达式
在列A和行10中的单元格	A10
属于列A和行10到行20中的单元格区域	A10:A20

（续）

引用	表达式
属于行15和列B到列E中的单元格区域	B15:E15
行5中的所有单元格	5:5
从行5到行10中的所有单元格	5:10
列H中的所有单元格	H:H
从列H到列J中的所有单元格	H:J

2. R1C1引用样式

在R1C1引用样式中，Excel使用“R”加行数字和“C”加列数字来指示单元格的位置。例如，R1C1指该单元格位于第1行第1列。在宏中计算行和列的位置时，或者需要显示单元格相对引用时，R1C1样式是很有用的。如果要引用单元格区域，应当顺序输入区域左上角单元格的引用、冒号（:）和区域右下角单元格的引用。示例如表9-2所示。

表9-2　R1C1单元格区域引用方式

引用	表达式
位于行5和列2的单元格	R5C2
列5中行15到行30的单元格区域	R15C5:R30C5
行15中列2到列5的单元格区域	R15C2:R15C5
行5中的所有单元格	R5:R5
从行5到行10的所有单元格	R5:R10
列8中的所有单元格	C8:C8
从列8到列11中的所有单元格	C8:C11

9.1.2 绝对引用和相对引用

1. 单元格的绝对引用

不论包含公式的单元格处在什么位置，公式中所引用的单元格位置都是其工作表的确切位置，就像一个特定的住址，如“人民路32号”。单元格的绝对引用通过在行号和列标前加一个美元符号“$”来表示，如$A$1、$B$2，以此类推。

2. 单元格的相对引用

相对引用是像A1这样的单元格引用，该引用指引Excel从公式单元格出发找到引用的单元格，类似于指路，即告知从出发地如何走到目的地，如“往前走三个路口。”

3. 单元格的混合引用

混合引用是指包含一个绝对引用坐标和一个相对引用坐标的单元格引用，或者绝对引用行相对引用列，如B$5；或者绝对引用列相对引用行，如$B5。

4. R1C1引用样式

同A1引用样式一样，R1C1引用样式也可以分为单元格的相对引用和单元格的绝对引用。R1C1格式是绝对引用，如R3C5是指该单元格位于第3行第5列。R[1]C[1]格式是相对引用，其中“[ ]”中的数值标明引用的单元格的相对位置，如果引用的是左面列或上面行中的单元格还应当在数值前添加“-”。如引用下面一行、右面两列的单元格时表示为“R[1]C[2]”，引用上面一行、左面两列的单元格时表示为“R[-1]C[-2]”，而引用上面一行、右面两列的单元格时表示为“R[-1]C[2]”。R1C1 引用样式示例如表 9-3 所示。

表 9-3　R1C1 引用样式示例

引用	含义
R[-2]C	对在同一列、上面两行的单元格的相对引用
R[2]C[2]	对在下面两行、右面两列的单元格的相对引用
R2C2	对在第二行、第二列的单元格的绝对引用
R[-1]	对活动单元格整个上面一行单元格区域的相对引用
R	对当前行的绝对引用

5. 绝对引用与相对引用的区别

（1）复制粘贴公式时。使用单元格的相对引用复制粘贴公式时，粘贴后公式的引用将被更新。例如，单元格 C6 中包含公式“=B6+C5”，是指 C6 单元格中的数值为其左侧单元格和上方单元格数值的和，这是单元格的相对引用。当复制 C6 单元格中的公式并将其粘贴到 D8 时，粘贴后公式中已不再是“=B6+C5”，而成为“=C8+D7”，即单元格的引用被更新，并指向与当前公式位置相对应的单元格，数值仍为其左侧单元格和上方单元格数值的和。

使用单元格的绝对引用复制粘贴公式时，粘贴后公式的引用不发生改变。例如，单元格 C6 中包含公式“=$B$6+$C$5”，这是单元格的绝对引用。当复制 C6 单元格中的公式并将其粘贴到 D8 时，粘贴后的公式仍为“=$B$6+$C$5”。

（2）剪切粘贴公式时。当剪切粘贴（即移动）公式时，公式中的单元格无论是绝对引用还是相对引用，移动后公式的内容均不改变。

（3）自动填充公式时。通过拖拽填充柄的方式，可以将公式自动填充到相邻的单元格中。其自动填充效果同复制粘贴公式时的结果完全相同。因此，如果在相邻单元格中填充公式时，最好采用自动填充的方式，既快捷又方便。

使用单元格的相对引用时，例如单元格 C6 中包含公式“=B6+C5”，那么当向下拖拽该单元格的自动填充钮时，在 C7 单元格中将显示公式“=B7+C6”，在 C8 单元格中将显示公式“=B8+C7”，以此类推。

使用单元格的绝对引用时，例如单元格 C6 中包含公式“=$B$6+$C$5”，那么当向下拖拽该单元格的自动填充钮时，在 C7、C8、C9 等单元格中都将显示公式“=$B$6+$C$5”。

当公式中同时使用绝对引用和相对引用时，例如单元格 C6 中包含公式“=$B$6+C5”，那么当向下拖拽该单元格的自动填充钮时，在 C7 单元格中将显示公式“=$B$6+C6”，在 C8 单元格中将显示公式“=$B$6+C7”，以此类推。

9.1.3　名称引用

如果待操作的数据没有标志，或者如果需要使用存储在同一工作簿不同工作表中的数据，可以创建名称来描述单元格或区域，然后使用时只需引用名称即可。在默认状态下，名称使用单元格绝对引用。

1. 定义名称的规则

（1）名称中只能包含下列字符：汉字、A ~ Z、0 ~ 9、小数点和下划线。

（2）名称的第一个字符必须是字母、文字或小数点。除第一个字符外，其他字符可以使用符号。

（3）名称中不能有空格。小数点和下划线可以用作分字符，例如，First. Quarter 或 Sales_ Tax。

（4）名称可以包含大、小写字符。Microsoft Excel 在名称中不区分大小写。例如，如果已经创建了名称 Sales，接着又在同一工作簿中创建了名称 SALES，则第二个名称将替换第一个。

（5）每个名称最多不能超过 255 个字符。

（6）名称不能与单元格引用相同。如 B1998、 $K $6、R3C8 等。

（7）避免使用 Excel 中的固定词汇。如 DATABASE 或 AUTO-OPEN。

2. 为单元格或单元格区域命名

（1）选定需要命名的单元格、单元格区域或非相邻选定区域。

（2）单击编辑栏左端的名称框。

（3）为单元格键入名称。

（4）按回车键。

• **注意：** 当正在修改单元格中的内容时，不能为单元格命名。

9.1.4 复杂引用

1. 引用同一工作簿中的其他工作表

引用同一工作簿中的其他工作表时格式如下：被引用的工作表！被引用的单元格。例如，欲引用 Sheet8 工作表中的 F18 单元格，表达式为“Sheet8！ F18”。

2. 引用其他工作簿中的工作表

引用其他工作簿中的其他工作表时格式如下:[被引用的工作簿名称] 被引用的工作表！被引用的单元格。例如，欲在 Book1 工作簿 Sheet3 工作表的 E8 单元格中引用 Book2 工作簿 Sheet2 工作表中的 F9 单元格，表达式为“[Book1] Sheet3！ $F $9”。

9.2 公式与函数

9.2.1 使用公式计算数据

公式是指使用运算符和函数，对工作表数据以及普通常量进行运算的方程式。公式由以下几部分组成：

- 等号“ = ”：相当于公式的标记，表示之后的字符为公式。
- 运算符：表示运算关系的符号，如加号“ + ”、引用符号“:”。
- 函数：一些预定义的计算关系，可将参数按特定的顺序或结构进行计算，如求和函数 SUM。

- 单元格引用：参与计算的单元格或单元格区域，如单元格 A1。
- 常量：参与计算的常数，如数字 2。

1. 输入公式

输入公式的步骤如下：

（1）选择需要输入公式的单元格。

（2）输入“=”作为公式的开始。

（3）输入公式中的其他元素，如“=5+6*3”。

（4）单击“输入”按钮 或按 Enter 键，计算结果即可显示在所选单元格中，在编辑栏中将显示公式内容。

2. 复制和填充公式

（1）复制公式的步骤如下：

①选中要复制的公式单元格。

②按下“Ctrl+C”组合键，或在单击“复制”按钮。

③选中要显示计算结果的单元格，再按下“Ctrl+V”组合键，或单击“粘贴”按钮。

④所选单元格区域将显示相应的计算结果。

（2）填充公式的步骤如下：

①选中包含要复制的公式所在的单元格。

②将鼠标指针指向该单元格的右下角，待指针呈“十”字状时按下鼠标左键不放并向下拖动或者直接双击填充柄。

③当拖动到目标单元格后释放鼠标即可。

9.2.2 使用函数计算数据

Excel 中所提的函数其实是一些预定义的公式，它们使用一些称为参数的特定数值按特定的顺序或结构进行计算。用户可以直接用它们对某个区域内的数值进行一系列运算，如分析和处理日期值和时间值、确定贷款的支付额、确定单元格中的数据类型、计算平均值、排序显示和运算文本数据等。例如，SUM 函数对单元格或单元格区域进行加法运算。

1. 参数

参数可以是数字、文本、形如 TRUE 或 FALSE 的逻辑值、数组、形如#N/A 的错误值或单元格引用。给定的参数必须能产生有效的值。参数也可以是常量、公式或其他函数。

参数不仅仅是常量、公式或函数，还可以是数组、单元格引用。

2. 常量

常量是直接键入单元格或公式中的数字或文本值，或由名称所代表的数字或文本值。例如，日期“10/9/96”、数字“21”和文本“Quarterly Earnings”都是常量。公式或由公式得出的数值都不是常量。

3. 函数的结构

如图 9-1 所示，函数的结构以函数名称开始，后面是左圆括号、以逗号分隔的参数和右圆括号。如果函数以公式的形式出现，请在函数名称前面键入等号（=）。

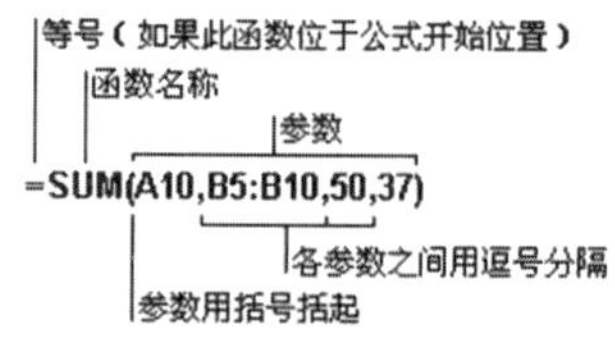

图 9-1　函数的结构

• 注意： 有些函数没有参数，但是函数名后的圆括号不能省略。函数中的符号必须使用英文标点符号。

4. 嵌套函数

所谓嵌套函数，就是指在某些情况下，可能需要将某函数作为另一函数的参数使用，也就是说一个函数可以是另一个函数的参数。

如图9－2中所示的公式使用了嵌套的AVERAGE函数，并将结果与50相比较。这个公式的含义是：如果单元格F2到F5的平均值大于50，则求G2到G5的和，否则显示数值0。

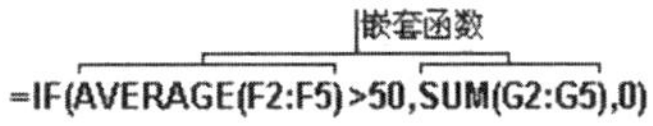

嵌套函数
=IF(AVERAGE(F2:F5)>50,SUM(G2:G5),0)

图9－2　嵌套函数

5. 函数输入

（1）手动输入函数。Excel中有公式记忆式键入的功能，用户输入公式时会出现备选函数列表，操作步骤如下：

①输入等号“＝”。

②输入函数名称开始的几个字母，此时显示一个动态列表，其中包含了与用户输入字母匹配的有效函数名。

③双击需要的函数，在“（”后，输入以逗号分隔的各个参数；或者选择单元格或单元格区域作为参数。

④输入“）”，然后按回车键或单击编辑栏中的“确认”按钮，完成函数输入。如果单击编辑栏中的“取消”按钮，则放弃函数输入。

（2）插入函数。系统提供了函数向导，引导用户正确输入函数，操作步骤如下：

①单击编辑栏上的“插入函数”按钮，此时自动插入等号（＝），同时打开“插入函数”对话框。

②根据计算要求，选择函数类别，然后选择具体的函数。

常用函数：最近插入的函数按字母顺序显示在“选择函数”列表中。

某个函数类别：此类函数按字母顺序显示在“选择函数”列表中。

全部：所有函数按字母顺序显示在“选择函数”列表中。

③在“函数参数”对话框中输入参数。若参数是单元格区域，可以先单击“拾取器”按钮。

④单击“确认”按钮，完成函数插入。

9.2.3　数学和三角函数

1. ABS函数

语法格式：ABS(number)

函数功能：返回给定数值的绝对值。

本函数用法如图9－3所示。

	A	B	C	D
1	数据	函数	结果	说　明
2	5	=ABS(A2)	5	5的绝对值
3	-5	=ABS(A3)	5	-5的绝对值

图9－3　ABS函数

2. INT函数

语法格式：INT(number)

函数功能：返回给定数值向下取整为最接近的整数。

本函数用法如图 9－4 所示。

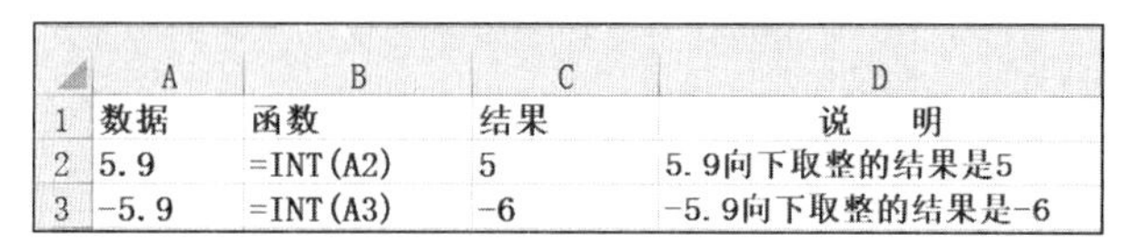

	A	B	C	D
1	数据	函数	结果	说 明
2	5.9	=INT(A2)	5	5.9向下取整的结果是5
3	-5.9	=INT(A3)	-6	-5.9向下取整的结果是-6

图 9－4 INT 函数

3. MOD 函数

语法格式：MOD(number，divisor)

函数功能：返回两数相除的余数。

参数说明：

- 参数 number 是被除数，divisor 为除数。结果的正负号与除数相同。
- 如果参数 divisor 为 0，将会导致错误返回值#DIV/0!。

本函数用法如图 9－5 所示。

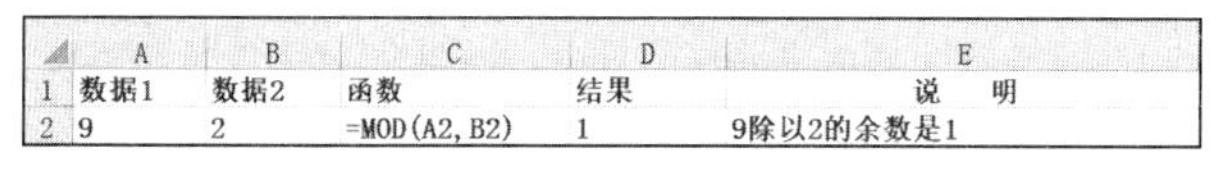

	A	B	C	D	E
1	数据1	数据2	函数	结果	说 明
2	9	2	=MOD(A2, B2)	1	9除以2的余数是1

图 9－5 MOD 函数

4. POWER 函数

语法格式：POWER(number，power)

函数功能：返回数值的乘幂。

参数说明：

- 参数 number 为底数。
- power 为指数。

本函数用法如图 9－6 所示。

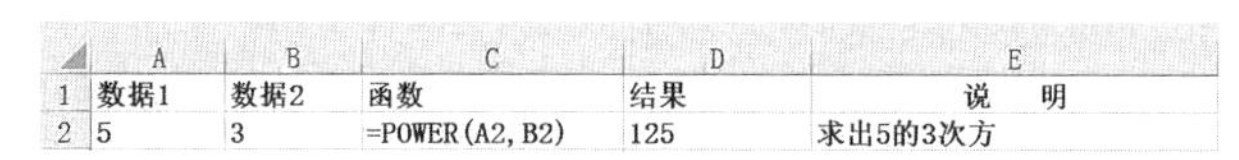

	A	B	C	D	E
1	数据1	数据2	函数	结果	说 明
2	5	3	=POWER(A2, B2)	125	求出5的3次方

图 9－6 POWER 函数

5. ROUND 函数

语法格式：ROUND(number，num_digits)

函数功能：返回数值四舍五入的结果。

参数说明：

- number 为要四舍五入的数值。
- num_digits 为指定保留的小数位数。如果 num_digits 为 0，则取整到最接近的整数。

本函数用法如图 9－7 所示。

	A	B	C	D
1	数据	函数	结果	说 明
2	521.509	=ROUND(A2, 1)	521.5	对521.509保留1位小数位数
3	521.509	=ROUND(A3, 2)	521.51	对521.509保留2位小数位数
4	521.509	=ROUND(A4, 0)	522	对521.509保留0位小数位数，则取得最接近的整数

图 9－7 ROUND 函数

6. ROUNDUP函数

语法格式：ROUNDUP(number, num_digits)

函数功能：返回数值向上舍入的结果。

参数说明：

- number为要四舍五入的数值。
- num_digits为舍入后的数字的小数位数。

本函数用法如图9-8所示。

	A	B
1	公式	说明（结果）
2	=ROUNDUP(3.2,0)	将3.2向上舍入，小数位为0 (4)
3	=ROUNDUP(76.9,0)	将76.9向上舍入，小数位为0 (77)
4	=ROUNDUP(3.14159, 3)	将3.14159向上舍入，保留三位小数 (3.142)
5	=ROUNDUP(-3.14159, 1)	将-3.14159向上舍入，保留一位小数 (-3.2)
6	=ROUNDUP(31415.92654, -2)	将31415.92654向上舍入到小数点左侧两位 (31500)

图9-8 ROUNDUP函数

● **注意：** 函数ROUNDUP和函数ROUND功能相似，不同之处在于函数ROUNDUP总是向上舍入数字（就是要舍去的首数小于4也进数加1）。如果num_digits大于0，则向上舍入到指定的小数位。如果num_digits等于0，则向上舍入到最接近的整数。如果num_digits小于0，则在小数点左侧向上进行舍入。

7. SUM函数

语法格式：SUM(number1, number2)

函数功能：返回参数中所有数字之和。

参数说明：

- 如果参数是一个数组或引用，则只计算其中的数字，空白单元格、逻辑值或文本将被忽略。

本函数用法如图9-9所示。

	A	B	C	D
1	数据	函数	结果	说　明
2	5	=SUM(3, 5)	8	将3与5相加
3	-1	=SUM(A2, A5)	3	将单元格A2和A5中的数字相加
4	3	=SUM(A2:A4)	7	将A2至A4单元格区域中的数字相加
5	-2	=SUM(A2:A5, 4)	9	将A2至A5单元格区域中的数字相加，再加上4

图9-9 SUM函数

8. SUMPRODUCT函数

语法格式1：SUMPRODUCT(array1, array2)

函数功能：将数组间对应的元素相乘，并返回乘积之和。

参数说明：

- 数组参数必须具有相同的长度。

- 将非数值型的数组元素作为 0 处理。

本函数用法如图 9－10 所示。

	A	B	C	D	E
1	数组A	数组B	函数	结果	说 明
2	2	3			
3	4	2			
4	3	5	=SUMPRODUCT(A2:A4,B2:B4)	29	数组A与数组B的所有元素对应相乘，然后把乘积相加，即：A2×B2+A3×B3+A4×B4

图 9－10　SUMPRODUCT 函数

语法格式 2：SUMPRODUCT((条件 1)＊(条件 2)＊…＊(条件 n)＊(求和区域))

函数功能：计算同时满足条件 1、条件 2、…、条件 n 的行对应在求和区域中的数的和，等价于 SUMIFS 函数。

本函数用法如图 9－11 所示。

H2　=SUMPRODUCT((B2:B13=F2)*(C2:C13=G2)*D2:D13)

	A	B	C	D	E	F	G	H
1	姓名	学院	职称	捐款额		学院	职称	捐款总计
2	王勇	农学院	教授	194		农学院	教授	194
3	刘甜甜	工学院	副教授	133				
4	李冰	林学院	讲师	77				
5	任卫杰	理学院	副教授	136				
6	吴小莉	工学院	讲师	57				
7	刘欣	林学院	教授	151				
8	王刚	理学院	教授	182				
9	马中华	农学院	副教授	125				
10	张小娟	林学院	副教授	142				
11	朱强	农学院	讲师	79				
12	徐哲杰	工学院	教授	175				
13	赵思涵	理学院	讲师	67				

图 9－11　SUMPRODUCT 函数

语法格式 3：SUMPRODUCT((条件 1)＊(条件 2)＊…＊(条件 n))

函数功能：统计同时满足条件 1、条件 2、…、条件 n 的记录个数，等价于 COUNTIFS 函数。

本函数用法如图 9－12 所示。

H2　=SUMPRODUCT((B2:B13=F2)*(C2:C13=G2))

	A	B	C	D	E	F	G	H
1	姓名	学院	职称	捐款额		学院	职称	人数
2	王勇	农学院	教授	194		农学院	教授	1
3	刘甜甜	工学院	副教授	133				
4	李冰	林学院	讲师	77				
5	任卫杰	理学院	副教授	136				
6	吴小莉	工学院	讲师	57				
7	刘欣	林学院	教授	151				
8	王刚	理学院	教授	182				
9	马中华	农学院	副教授	125				
10	张小娟	林学院	副教授	142				
11	朱强	农学院	讲师	79				
12	徐哲杰	工学院	教授	175				
13	赵思涵	理学院	讲师	67				

图 9－12　SUMPRODUCT 函数

● **注意：**①条件、求和区域，都是一维数组，必须是单行/列，而不能是多行/列，比如B2:B13，而不能是 A2:B13。

②条件、求和区域，必须同时是行或同时是列，不能一个是行，一个是列，比如 A2:A8 是行，A2:H2 是列，则错误。

③条件、求和区域的范围大小必须一样，比如条件一是 B2:B13，条件二不能是 C2:C12，求和区域也一样，必须同时是从第 2 行到第 12 行范围。

④如果求和区域中包含非数值型字符，则结果会返回#value。

⑤任意数量的条件都可以，只需保证最后一个是求和区域就可以。

⑥条件的书写位置不限制，既可以是 B2:B13 = F2，也可以是 F2 = B2:B13。

⑦条件不只是等于，还可以是大于、小于，等等。

⑧条件间的分隔符 * （星号）可以理解为“并且”，即在 N 个条件都符合的情况下，对求和区域进行累加。

⑨按此推理，也可以求“或者”的情况。

9. SUMIF 函数

语法格式：SUMIF(range,criteria,[sum_range])

函数功能：返回满足条件的单元格区域中数字之和。

参数说明：

- range 是用于条件判断的单元格区域。
- criteria 是计算的条件，其形式可以为数字、表达式或文本。
- sum_range 是需要求和的实际单元格；只有当 range 中的单元格满足 criteria 设定的条件时，才对 sum_range 中对应的单元格求和。如果省略 sum_range 参数，则对 range 中的单元格求和。

本函数用法如图 9 - 13 所示。

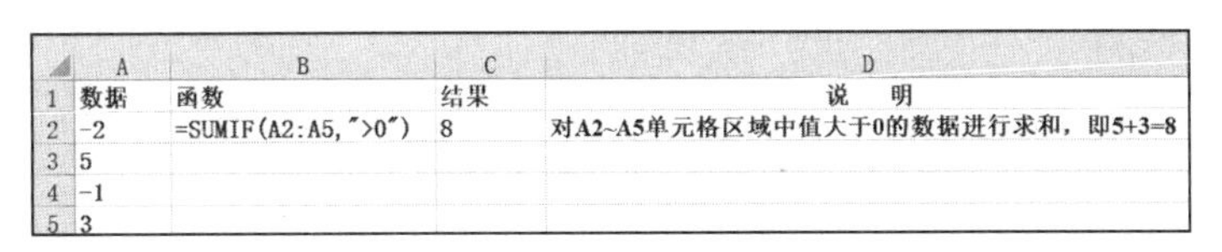

	A	B	C	D
1	数据	函数	结果	说　明
2	-2	=SUMIF(A2:A5,">0")	8	对A2~A5单元格区域中值大于0的数据进行求和，即5+3=8
3	5			
4	-1			
5	3			

图 9 - 13　SUMIF 函数

10. SUMIFS 函数

语法：SUMIFS(sum_range,criteria_range1,criteria1,criteria_range2,criteria2)

函数功能：根据指定的多条件对若干单元格、区域或引用求和。

参数说明：

- sum_range 是需要求和的实际单元格区域。
- criteria_range1 为用于条件 1 判断的单元格区域，criteria1 为条件 1。
- criteria_range2 为用于条件 2 判断的单元格区域，criteria2 为条件 2。

本函数用法如图 9 - 14 所示。

H2 =SUMIFS(D2:D13,B2:B13,F2,C2:C13,G2)

	A	B	C	D	E	F	G	H
1	姓名	学院	职称	捐款额		学院	职称	捐款总计
2	王勇	农学院	教授	194		农学院	教授	194
3	刘甜甜	工学院	副教授	133				
4	李冰	林学院	讲师	77				
5	任卫杰	理学院	副教授	136				
6	吴小莉	工学院	讲师	57				
7	刘欣	林学院	教授	151				
8	王刚	理学院	教授	182				
9	马中华	农学院	副教授	125				
10	张小娟	林学院	副教授	142				
11	朱强	农学院	讲师	79				
12	徐哲杰	工学院	教授	175				
13	赵思涵	理学院	讲师	67				

图 9－14 SUMIFS 函数

11. TRUNC 函数

语法：TRUNC(number,number_digits)

函数功能：将指定的数字截尾取整。

参数说明：

- number：指的是需要截尾取整的数字。
- number_digits：指定取整精度的数字。默认情况下，number_digits 的值为 0，也就是取整数了。

本函数用法如图 9－15 所示。

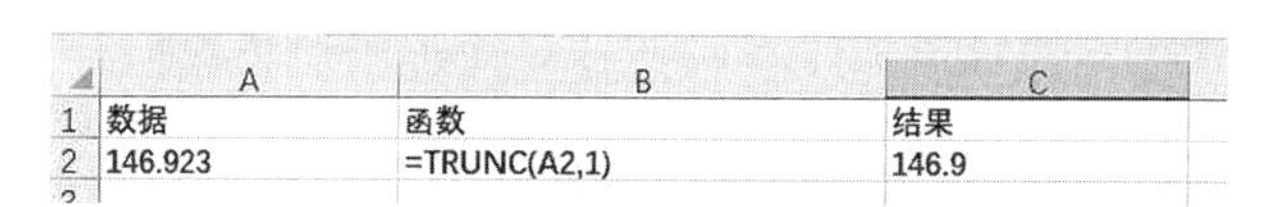

	A	B	C
1	数据	函数	结果
2	146.923	=TRUNC(A2,1)	146.9

图 9－15 TRUNC 函数

12. CHOOSE 函数

语法：CHOOSE(Index_num,value1,[value2],…)

函数功能：在列举的共有参数（给定的索引值）中选择一个并返回这个参数的值。

语法格式 1：选择 A1，A3，B1，B3 这四个单元格作为 value 值，第一个参数 index_num 如果是 1，指的是 A1 单元格的值，如果是 2，指的是 A3 单元格的值，以此类推。

本函数用法如图 9－16 所示。

	A	B	C	D
1	12	598	函数	结果
2			=CHOOSE(3,A1,A3,B1,B3)	598
3	45	387		

图 9－16 CHOOSE 函数

语法格式 2：value 值也可以是单元格区域引用，如果 index_num 为一个数组，则在计算函数 CHOOSE 时，将计算每一个值。如图 9－17 所示，CHOOSE 函数先被计算，返回 A4:B5，然后计算 SUM(A4:B5)，所以结果是 10。

本函数用法如图 9－17 所示。

	A	B	C	D
1	13	26	函数	结果
2	3	8	=SUM(CHOOSE(2,A1:B2,A4:B5,A7:B8))	10
3				
4	1	2		
5	3	4		
6				
7	34	6		
8	56	8		

图 9－17　CHOOSE 函数

语法格式 3：与 IF 函数配合使用。根据当前单元格的值，选择相应的等级。如果当前单元格的值为 2，则 CHOOSE 公式为“ = CHOOSE （C2," 一等奖" ," 二等奖" ," 三等奖")”，所以返回“二等奖”。同理返回“一等奖”“三等奖”。

本函数用法如图 9－18 所示。

D2　=IF(C2<=3,CHOOSE(C2,"一等奖","二等奖","三等奖"),"")

	A	B	C	D	E	F	G	H
1	产品	销量	排名	备注				
2	产品1	89	2	二等奖				
3	产品2	45	5					
4	产品3	78	3	三等奖				
5	产品4	36	6					
6	产品5	15	7					
7	产品6	75	4					
8	产品7	95	1	一等奖				

图 9－18　CHOOSE 函数

13. SUBTOTAL 函数

语法格式：SUBTOTAL(function_num,ref1,ref2,…)

函数功能：主要用途是对有筛选的数据区域进行求和、求个数、求最大值、求最小值、求平均值等。

参数说明：

- function_num 为 1 到 11（包含隐藏值）或 101 到 111（忽略隐藏值）的数字，指定使用何种函数在列表中进行分类汇总计算。常用系数如图 9－19 所示。

	A	B	C
1–2	unction_num（包含隐藏值）	Function_num（忽略隐藏值）	函数
3	1	101	求平均值
4	3	103	求个数
5	4	104	求最大值
6	5	105	求最小值
7	9	109	求和

图 9－19　常用系数

- ref1,…，refn 参数为要对其进行分类汇总计算的第 1 ~ 29 个命名区域引用。必须是对单元格区域的引用。

本函数用法如图 9－20 所示。

D14　=SUM(D2:D13)

	A	B	C	D	E
1	姓名	学院	职称	捐款额	
2	王勇	农学院	教授	194	
3	刘甜甜	工学院	副教授	133	
4	李冰	林学院	讲师	77	
5	任卫杰	理学院	副教授	136	
6	吴小莉	工学院	讲师	57	
7	刘欣	林学院	教授	151	
8	王刚	理学院	教授	182	
9	马中华	农学院	副教授	125	
10	张小娟	林学院	副教授	142	
11	朱强	农学院	讲师	79	
12	徐哲杰	工学院	教授	175	
13	赵思涵	理学院	讲师	67	
14	合计			1518	

	A	B	C	D
1	姓名	学院	职	捐款额
5	任卫杰	理学院	副	136
8	王刚	理学院	教	182
13	赵思涵	理学院	讲	67
15	=SUBTOTAL(9,D1:D13)			385
16	=SUM(D1:D13)			1518

筛选后，求和函数的差别

图 9－20　SUBTOTAL 函数

● **注意：** SUM 函数在求和时，永远只能求整个区域的值，遇到有筛选时，缺陷就出现了，此时，需要用 SUBTOTAL 函数替代，才可避免求和错误。其他求个数、最大值、最小值等，是同样的道理。

14. CEILING 函数

语法格式：CEILING(number，significance)

函数功能：将参数 number 向上舍入，沿绝对值增大的方向，为最接近的 significance 的倍数。

参数说明：

- number 为必需参数，表示要舍入的值。
- significance 为必需参数，表示要舍入的倍数。

本函数用法如图 9－21 所示。

	A	B	C
1	公式	结果	说明（结果）
2	=CEILING(2.5, 1)	3	将 2.5 向上舍入到最接近的 1 的倍数 (3)
3	=CEILING(-2.5, -2)	-4	将 -2.5 向上舍入到最接近的 -2 的倍数 (-4)
4	=CEILING(-2.5, 2)	-2	将 -2.5 向上舍入为最接近的 2 的倍数 (-2)
5	=CEILING(1.5, 0.1)	1.5	将 1.5 向上舍入到最接近的 0.1 的倍数 (1.5)
6	=CEILING(0.234, 0.01)	0.24	将 0.234 向上舍入到最接近的 0.01 的倍数 (0.24)

图 9－21　CEILING 函数

如果要计算每位员工在本公司工作的工龄，要求不足半年按半年计、超过半年按一年计，一年按 365 天计，计算办法如图 9－22 所示。

F2 =CEILING((TODAY()-E2)/365,0.5)

	A	B	C	D	E	F
1	员工编号	姓名	身份证号	部门	入职时间	本公司工龄
2	DF077	米横野	23010219!	研发	1989年11月20日	31.5
3	DF080	吴冲虚	37011119(	研发	1993年4月15日	28.0
4	DF119	凌退思	11022319(	研发	1994年6月13日	27.0
5	DF094	孙三观	21072219(	技术	1994年8月11日	27.0
6	DF096	史小翠	11010219(	市场	1994年9月10日	26.5
7	DF120	梅侍画	11022319(	研发	1994年10月9日	26.5
8	DF092	朱安国	11010219(	研发	1994年11月8日	26.5
9	DF076	杨景亭	11010819(	技术	1995年12月7日	25.5

图 9－22　CEILING 函数

9.2.4　日期和时间函数

1. DATE 函数

语法格式：DATE(year，month，day)

函数功能：生成指定的日期。

参数说明：

- year 代表年，是介于 1900 至 9999 的 4 位整数。

- month 代表月，是介于1至12的整数。
- day 代表日，是介于1至31的整数。

2. TODAY 函数

语法格式：TODAY( )

函数功能：返回当前的日期。

3. NOW 函数

语法格式：NOW( )

函数功能：返回当前的日期和时间。

4. YEAR 函数

语法格式：YEAR(serial_ number)

函数功能：serial_ number 为一个日期值，返回其中包含的年份。

5. MONTH 函数

语法格式：MONTH(serial_ number)

函数功能：serial_ number 为一个日期值，返回其中包含的月份，其值是介于1到12的整数。

6. DAY 函数

语法格式：DAY(serial_ number)

函数功能：serial_ number 为一个日期值，返回其中包含的第几天的数值，其值是介于1到31的整数。

上述日期函数用法如图9-23所示。

	A	B	C	D
1	日期	函数	结果	说明
2		=TODAY()	2021/3/4	显示当前日期
3		=NOW()	2021/3/4 21:30	显示当前日期和时间
4		=YEAR(TODAY())	2021	显示当前年
5		=MONTH(TODAY())	3	显示当前月
6		=DAY(TODAY())	4	显示当前日
7	1949/10/:	=YEAR(A7)	1949	显示A7单元格的年
8		=YEAR(TODAY())-YEAR(A7)	72	计算A7单元格到现在的总年数

图9-23 日期函数

7. WEEKDAY 函数

语法格式：WEEKDAY(serial_ number，return_ type)

函数功能：计算指定日期是星期几，或者说是当周的第几天。

参数说明：

- serial_ number：是要返回日期数的日期，它有多种输入方式，例如，带引号的文本串（如"2001/02/26"）、序列号（如35825表示1998年1月30日）或其他公式或函数的结果（如DATEVALUE（"2000/1/30"））。
- return_ type：为确定返回值类型的数字。

数字1或省略：1至7代表星期天到星期六。

数字2：1至7代表星期一到星期日。

数字3：0至6代表星期一到星期日。

本函数用法如图9-24所示。

图 9－24　WEEKDAY 函数

8. DATEDIF 函数

语法格式：DATEDIF(start_date，end_date，unit)

函数功能：返回两个日期之间的年\月\日间隔数。

参数说明：

- start_date 代表时间段内的第一个日期或起始日期。
- end_date 代表时间段内的最后一个日期或结束日期。
- unit 为所需信息的返回类型，“Y”返回两个日期相差的年数，“M”返回两个日期相差的月数，“D”返回两个日期相差的天数。

本函数用法如图 9－25 所示。

	A	B	C	D	E
1	出生日期	周岁年龄	结果	虚岁年龄	结果
2	1989/11/20	=DATEDIF(A2,TODAY(),"Y")	31	=ROUNDUP(DATEDIF(A2,TODAY(),"d")/365,0)	32
3	1993/4/15	=DATEDIF(A3,TODAY(),"Y")	27	=ROUNDUP(DATEDIF(A3,TODAY(),"d")/365,0)	28
4	1994/6/13	=DATEDIF(A4,TODAY(),"Y")	26	=ROUNDUP(DATEDIF(A4,TODAY(),"d")/365,0)	27

图 9－25　DATEDIF 函数

9.2.5　统计函数

1. AVERAGE 函数

语法格式：AVERAGE(number1，number2)

函数功能：返回参数的算术平均值。

参数说明：

- 如果参数是一个数组或引用，则只计算其中的数字，空白单元格、逻辑值或文本将被忽略。

本函数用法如图 9－26 所示。

	A	B	C	D	E
1	数据A列	数据B列	函数	结果	说　明
2	3	5	=AVERAGE(A2:B3)	5.25	A2至B3单元格区域数字的平均值
3	7	6	=AVERAGE(A2:A3)	5	A2至A3单元格区域数字的平均值
4			=AVERAGE(4,5)	4.5	4与5的平均值

图 9－26　AVERAGE 函数

2. AVERAGEIF函数

语法格式：AVERAGEIF(range，criteria，[average_range])

函数功能：返回满足条件的单元格算术平均值。

参数说明：

- 参数range是用于条件判断的单元格区域；criteria是计算的条件，其形式可以为数字、表达式或文本；average_range是需要求平均值的实际单元格。
- 只有当range中的单元格满足criteria设定的条件时，才对average_range中对应的单元格求和。
- 如果省略average_range，则对range单元格区域求平均值。

本函数用法如图9－27所示。

	A	B	C	D
1	数据	函数	结果	说　明
2	3	=AVERAGEIF(A2:A5,">5")	7.5	计算A2至A5单元格区域中大于5的平均值
3	7			

图9－27　AVERAGEIF函数

3. COUNT函数

语法格式：COUNT(value1，value2)

函数功能：计算包含数字的单元格以及参数列表中数字的个数。

参数说明：

- 如果参数为数字、日期则被计算在内；文本、逻辑值则不被计算在内。

相关函数：

(1)COUNTA：统计非空单元格的个数。

(2)COUNTBLANK：统计空单元格的个数。

• **注意：** 空单元格不等于含空格或零值的单元格，它是指单元格内字符长度为零的一个空值，函数中常用两个双引号""表示，如，另外可用LEN函数检测其与空格单元格的差别。

本函数用法如图9－28所示。

	A	B	C	D	E	F	G
1	编号	姓名	学历	性别	年龄	部门	工资
2	1	马艾华	本科	女	28	策划部	3200
3	4	张小军	硕士	男	43	销售部	2900
4							
5	5	包晓燕	本科	女	39	销售部	2100
6	6	顾志刚	硕士	男	28	销售部	2300
7							
8	7	李冰	博士	女	34	市场部	3000
9	10	李志	博士	男	31	制作部	3200
10							
11		员工人数：	=COUNT(E2:E9)	6	统计数字不能引用非数字单元格区域		
12			=COUNTA(B2:B9)	6			
13			=COUNTBLANK(B2:	2			

图9－28　COUNT函数

4. COUNTIF函数

语法格式：COUNTIF(range，criteria)

函数功能：统计符合给定条件的单元格个数。

参数说明：

● 参数 range 是要统计的单元格区域；criteria 是统计条件，其形式可以为数字、表达式或文本。

本函数用法如图 9－29 所示。

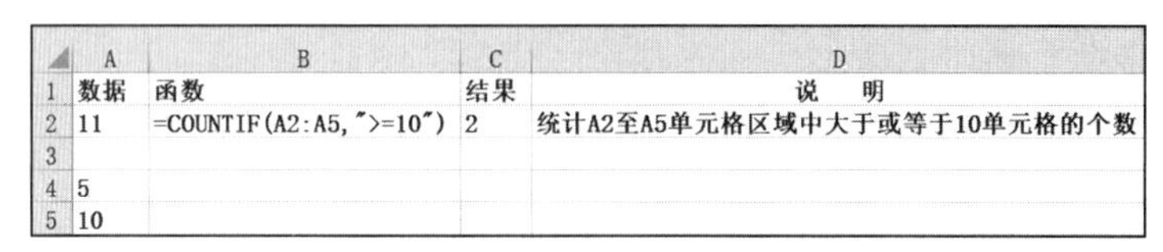

	A	B	C	D
1	数据	函数	结果	说 明
2	11	=COUNTIF(A2:A5,">=10")	2	统计A2至A5单元格区域中大于或等于10单元格的个数
3				
4	5			
5	10			

图 9－29 COUNTIF 函数

5. COUNTIFS 函数

语法格式：COUNTLFS(range1，criteria1，range2，criteria2，…)

函数功能：统计符合给定多个条件的单元格个数。

参数说明：

● 参数 range1 为需要计算其中满足条件 1 的单元格数目的单元格区域。criteria1 为确定哪些单元格将被计算在内的第一个条件，以此类推，每一对 range 和 criteria 之间用逗号隔开。

本函数用法如图 9－30 所示。

H2 =COUNTIFS(B2:B13,F2,C2:C13,G2)

	A	B	C	D	E	F	G	H
1	姓名	学院	职称	款额		学院	职称	人数
2	王勇	农学院	教授	194		农学院	教授	1
3	刘甜甜	工学院	副教授	133				
4	李冰	林学院	讲师	77				
5	任卫杰	理学院	副教授	136				
6	吴小莉	工学院	讲师	57				
7	刘欣	林学院	教授	151				
8	王刚	理学院	教授	182				
9	马中华	农学院	副教授	125				
10	张小娟	林学院	副教授	142				
11	朱强	农学院	讲师	79				
12	徐哲杰	工学院	教授	175				
13	赵思涵	理学院	讲师	67				

图 9－30 COUNTIFS 函数

6. MAX 函数

语法格式：MAX(number1，number2)

函数功能：返回参数列表中的最大值。

本函数用法如图 9－31 所示。

	A	B	C	D
1	数据	函数	结果	说 明
2	5			
3	2	=MAX(A2:A5)	9	求出A2至A5单元格区域中的最大值
4	9			
5	6			

图 9－31 MAX 函数

7. MIN 函数

语法格式：MIN(number1，number2)

函数功能：返回参数列表中的最小值。

8. RANK. EQ（同 RANK）函数

语法格式：RANK. EQ(number，ref，[order])

函数功能：返回一个数字在数字列表中的排位顺序。

参数说明：

- number：需要排位的数字或单元格。
- ref：数字列表数组或对数字列表的引用，是一个数组或单元格区域，用来说明排位的范围。其中的非数值型参数将被忽略。
- order：指明排位的方式。为0或者省略时，对数字的排位是基于降序排列的列表；不为0时，对数字的排位是基于升序排列的列表。

本函数用法如图9－32所示。

	A	B	C	D
1	数据	公式	结果	说　明
2	5	=RANK(A2, A2:A7)	3	A2在A2:A7区域中排位是3
3	2	=RANK(A3, A2:A7)	4	A3在A2:A7区域中排位是4
4	9	=RANK(A4, A2:A7)	1	A4在A2:A7区域中排位是1
5	1	=RANK(A5, A2:A7)	6	因为有2个排位是4的数字，所以A5的排位是6
6	2	=RANK(A6, A2:A7)	4	A6与A3值相同，排位都是4
7	8	=RANK(A7, A2:A7)	2	A7在A2:A7区域中排位是2

图9－32　RANK. EQ(RANK）函数

9. LARGE 函数

语法格式：LARGE(array，k)

函数功能：用于返回数据集中的第k个最大值。

参数说明：

- array 为需要确定第k个最大值的数组或数据区域。
- k为返回值在数组或数据单元格区域中的位置（从大到小排序）。

本函数用法如图9－33所示。

D14　=LARGE(D2:D13,2)

	A	B	C	D	E
1	姓名	学院	职称	捐款ā	
2	王勇	农学院	教授	194	
3	刘甜甜	工学院	副教授	133	
4	李冰	林学院	讲师	77	
5	任卫杰	理学院	副教授	136	
6	吴小莉	工学院	讲师	57	
7	刘欣	林学院	教授	151	
8	王刚	理学院	教授	182	
9	马中华	农学院	副教授	125	
10	张小娟	林学院	副教授	142	
11	朱强	农学院	讲师	79	
12	徐哲杰	工学院	教授	175	
13	赵思涵	理学院	讲师	67	
14	捐款额第二高：			182	

图9－33　LARGE 函数

10. SMALL 函数

用于返回数据集中的第k个最小值。原理与 LARGE 相同。

9.2.6　查找和引用函数

1. INDEX 函数

语法格式1：

INDEX(array,row_num,column_num)

语法格式2：

INDEX(reference,row_num,column_num,area_num)

函数功能：返回指定的行与列交叉处的单元格引用。

参数说明：

- array：单元格区域或数组常量；reference 是对一个或多个单元格区域的引用。
- row_num：选择数组中的某行，函数从该行返回数值。如果省略 row_num，则必须有 column_num。

- column_num：选择数组中的某列，函数从该列返回数值。如果省略 column_num，则必须有 row_num。

本函数用法如图 9－34 所示。

	A	B	C	D	E
1	数据1	数据2	函数	结果	说　明
2	宋洪博	良好	=INDEX(A2:B3, 1, 2)	良好	返回A2:B3区域中第1行第2列交叉处的值
3	刘丽	及格			

图 9－34　INDEX 函数

2. LOOKUP 函数

语法格式：LOOKUP(lookup_value，lookup_vector，result_vector)

函数功能：在第一个向量（lookup_vector）中查找值，然后返回第二个单行或单列（result_vector）区域中相同位置的值。

参数说明：

- lookup_value：在第一个向量中搜索的值。
- lookup_vector：条件范围，只包含一行或一列的区域，必须以升序排列。
- result_vector：待返回的结果，只包含一行或一列的区域。result_vector 参数必须与 lookup_vector 大小相同。

本函数用法如图 9－35 所示。

F2 =LOOKUP(E2,{0,60,70,80,90},{"不及格","及格","中等","良好","优秀"})

	A	B	C	D	E	F	G	H	I	J
1	班级	姓名	高等数学	英语	物理	物理成绩评定				
2	财务01	宋洪博	73	68	87	良好				
3	财务01	刘丽	61	68	87	良好				
4	财务01	陈涛	88	93	78	中等				
5	财务01	侯明斌	84	78	88	良好				

图 9－35　LOOKUP 函数

- **注意：**①“条件范围”必须是从小到大。

②“条件范围”与“待返回的结果”必须个数相等。

③“条件范围”最左端为范围下限，上限不限制。

④“条件范围”从左至右，其逻辑关系如图 9－35 所示，即只包含左端数值，如 60≤x<70，即 60～70 只包含 60，而不包含 70。

⑤“待返回的结果”是文本型，必须用双引号括起来。

⑥“条件范围”与“待返回的结果”也可以是变量，即用单元格代替，如 Lookup(A2，B1:B6，C1:C6)，范围要相等，单行或单列。

3. VLOOKUP 函数

语法格式：VLOOKUP(lookup_value，table_array，col_index_num，range_lookup)

函数功能：VLOOKUP 函数是个频繁使用的函数，可以进行灵活的查询操作，功能是在指定的单元格区域中查找值，返回该值同一行的指定列中所对应的值。

参数说明：

- lookup_value：需要在查找范围第一列中查找的数值，这个值可以是常数也可以是单元格引用。如果这个值不在第一列中，则函数返回错误。

- table_array：函数的查找范围应该是大于两列的单元格区域。第一列中的值对应lookup_value要搜索的值，这些值可以是文本、数字或逻辑值。
- col_index_num：table_array中待返回匹配值的列序号，是一个数字，该数字表示函数最终返回的内容在查找范围区域的第几列。
- range_lookup：指定是精确匹配值还是近似匹配值。如果为TRUE或省略，则返回近似匹配值；如果为FALSE或0，则返回精确匹配值。

本函数用法如图9-36所示，在I2单元格中使用公式查找“刘丽”的性别。

I2 =VLOOKUP(H2,B2:C5,2,0)

	A	B	C	D	E	F	G	H	I	J
1	班级	姓名	性别	高等数学	英语	物理		姓名	性别	
2	财务01	宋洪博	男	73	68	87		刘丽	女	
3	财务01	刘丽	女	61	68	87				
4	财务01	陈涛	男	88	93	78				
5	财务01	侯明斌	男	84	78	88				

图9-36 VLOOKUP函数

• 注意： VLOOKUP函数的第3个参数中的列号是需要返回的数据在查找区域中的第几列，而不是实际的列号。如果有多个满足条件的记录，VLOOKUP函数默认只能返回第一个查找到的记录。

4. MATCH函数

语法格式：MATCH(lookup_value，lookup_array，match_type)

函数功能：在指定范围的单元格区域中搜索特定的值，然后返回该值在此区域中的相对位置。

参数说明：

- lookup_value：要搜索的值。
- lookup_array：要搜索的单元格区域。
- match_type：取值为-1、0或1。

如果为1则lookup_array必须按照升序排列。

如果为-1则按照降序排列。

如果为0则可以按照任何顺序排列。默认值为1。

本函数用法如图9-37所示。

	A	B	C	D
1	数据	函数	结果	说 明
2	宋洪博	=MATCH("陈涛",A2:A5,0)	3	在A2~A5区域中查找“陈涛”的相对位置
3	刘丽			
4	陈涛			
5	侯明斌			

图9-37 MATCH函数

• 注意： 在lookup_array中，查找与lookup_value相符的值，并返回它所在的行/列数。

①如果lookup_array存在两个或以上的lookup_value值，函数只会返回首个lookup_value的所在行/列数。

②VLOOKUP函数的第3个参数中的列号是需要返回的数据在查找区域中的第几列，

而不是实际的列号。这里所指的行/列数，与 Excel 本身的行/列不同，而是看 lookup_array 中的行/列，比如 A2:A10，虽然 A5 是处于 Excel 的第 5 行，但函数会返回 4，因为它是从 A2 开始算起的。

5. ROW 函数

语法格式：ROW(reference)

函数功能：用来确定光标的当前行位置的函数，如果省略 reference，则假定是对函数 ROW 单元格的引用，不能引用多个区域。

参数说明：

- reference 为需要得到其行号的单元格或单元格区域。

本函数用法如图 9－38 所示。

	A	B	C
1	公式	结果	解释
2	=ROW()	2	公式所在行的行号
3	=ROW(D5)	5	引用单元格D5的行号5
4	=ROW(D2:D6)	2	引用区域单元格第一行的行号2

图 9－38 ROW 函数

6. COLUMN 函数

语法格式：COLUMN(reference)

函数功能：为需要得到其列标的单元格或单元格区域，如果省略 reference，则假定是对函数 COLUMN 所在单元格的引用。

参数说明：

- 如果 reference 为一个单元格区域，并且函数 COLUMN 作为水平数组输入，则函数 COLUMN 将 reference 中的列标以水平数组的形式返回。

本函数用法如图 9－39 所示。

	A	B
1	公式	说明（结果）
2	=COLUMN()	公式所在的列(1)
3	=COLUMN(A10)	引用的列(1)
4	=COLUMN(C3:D10)	引用中的第一列的列号 (3)

图 9－39 COLUMN 函数

9.2.7 文本函数

1. FIND 函数

语法格式：FIND(find_text, within_text, [start_num])

函数功能：返回指定字符从指定位置开始在一个文本字符串中第一次出现的位置。

参数说明：

- find_text 是要查找的文本。
- within_text 包含要查找文本的文本。
- start_num 是可选项。指定开始进行查找的位置。如果省略 start_num，其值为 1。

本函数用法如图 9－40 所示。

	A	B	C	D
1	数据	函数	结果	说 明
2	Office Excel	=FIND("e",A2)	6	查找A2中第一个"e"的位置
3		=FIND("e",A2,7)	11	查找A2中从第7个位置开始的第一个"e"的位置
4		=FIND("E",A2)	8	查找A2中第一个"E"的位置

图 9－40 FIND 函数

2. LEN 函数

语法格式：LEN(text)

函数功能：返回指定字符串的字符个数。字符串中的空格作为字符进行计数。

本函数用法如图 9－41 所示。

	A	B	C	D
1	数据	函数	结果	说明
2	北京beijing	=LEN(A2)	9	统计A2中的字符个数
3				

图 9－41　LEN 函数

3. LENB 函数

语法格式：LENB(text)

函数功能：返回指定字符串的字节数。

本函数用法如图 9－42 所示。

	A	B	C	D
1	数据	函数	结果	说明
2	北京beijing	=LENB(A2)	11	统计A2中的字节个数
3				

图 9－42　LENB 函数

● **注意：一个汉字算一个字符，但是占用两个字节。**

4. LEFT 函数

语法格式：LEFT(text，[num_chars])

函数功能：返回文本字符串中第一个字符或前几个字符。

参数说明：

- text：要提取文本的字符串。
- num_chars：指定从左提取字符的数量。如果省略 num_chars，则其值为 1。

本函数用法如图 9－43 所示。

	A	B	C	D
1	数据	函数	结果	说　明
2	财务01	=LEFT(A2, 2)	财务	返回A2中前2个字符
3	刘丽	=LEFT(A3)	刘	返回A3中前1个字符，默认的字符个数为1

图 9－43　LEFT 函数

5. MID 函数

语法格式：MID(text，start_num，num_chars)

函数功能：返回文本字符串中从指定位置开始的指定数目的字符。

参数说明：

- text：要提取的文本字符串。
- start_num：文本中要提取的第一个字符的位置。
- num_chars：指定从文本中提取字符的个数。

本函数用法如图 9－44 所示。

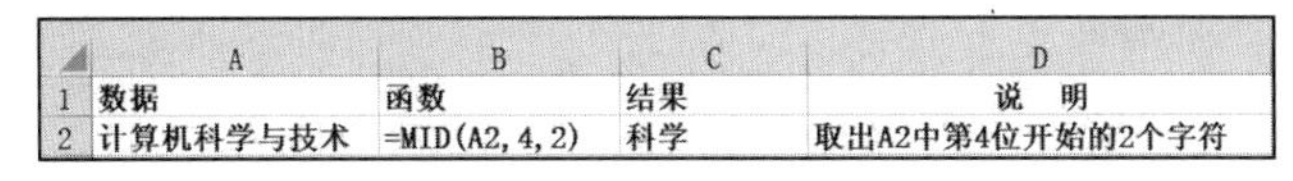

	A	B	C	D
1	数据	函数	结果	说　明
2	计算机科学与技术	=MID(A2, 4, 2)	科学	取出A2中第4位开始的2个字符

图 9－44　MID 函数

6. REPLACE 函数

语法格式：REPLACE(old_text，start_num，num_chars，new_text)

函数功能：使用新文本字符串替换旧文本字符串中指定起始位置和个数的文本。

参数说明：

- old_text：旧字符文本。
- start_num：开始替换的位置。
- num_chars：指定替换字符的个数。
- new_text：新字符文本。

本函数用法如图 9-45 所示。

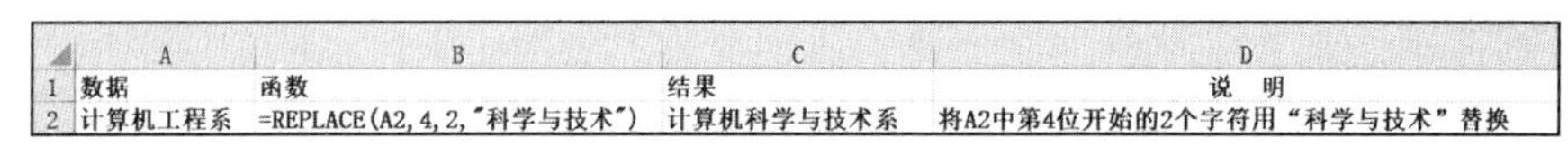

	A	B	C	D
1	数据	函数	结果	说 明
2	计算机工程系	=REPLACE(A2,4,2,"科学与技术")	计算机科学与技术系	将A2中第4位开始的2个字符用"科学与技术"替换

图 9-45 REPLACE 函数

7. RIGHT 函数

语法格式：RIGHT(text，[num_chars])

函数功能：返回文本字符串中最后一个或多个字符。

参数说明：

- text：要提取的文本字符串。
- num_chars：指定从右提取字符的数量，如果省略，其值为 1。

本函数用法如图 9-46 所示。

	A	B	C	D
1	数据	函数	结果	说 明
2	财务01班	=RIGHT(A2,3)	01班	返回A2中最后3个字符
3	刘丽	=RIGHT(A3)	丽	返回A3中最后1个字符，默认的字符个数为1

图 9-46 RIGHT 函数

8. TEXT 函数

语法格式：TEXT(value，format_text)

函数功能：将一数值转换为按指定数字格式来表示的文本。

参数说明：

- value：数值、计算结果为数值的公式，或对数值单元格的引用。
- format_text：所要选用的文本型数字格式。即"单元格格式"对话框【数字】选项卡的"分类"列表框中显示的格式。format_text 不能包含星号（*），也不能是"常规"型。

TEXT 的 format_text（单元格格式）参数代码（常用）如表 9-4 所示。

本函数用法如图 9-47 所示。

表 9-4 format_text（单元格格式）参数代码

单元格格式 format_text	数字 value	TEXT(A，B) 值	说 明
G/通用格式	10	10	常规格式
000.0	10.25	10.3	小数点前面不够 3 位以 0 补齐，保留 1 位小数，不足 1 位以 0 补齐
####	10	10	没用的 0 一律不显示

（续）

单元格格式 format_ text	数字 value	TEXT(A, B) 值	说　明
00. ##	1. 253	1. 25	小数点前不足两位以 0 补齐，保留两位，不足两位不补位
正数；负数；零	1	正数	大于 0，显示为“正数”
	0	零	等于 0，显示为“零”
	-1	负数	小于 0，显示为“负数”
0000-00-00	19820506	1982/5/6	按所示形式表示日期
0000 年 00 月 00 日		1982 年 5 月 6 日	
aaaa	2014/3/1	星期六	显示为中文星期几全称
aaa	2014/3/1	六	显示为中文星期几简称
dddd	2007/12/31	Monday	显示为英文星期几全称
[>=90]优秀；[>=60]及格；不及格	90	优秀	大于等于 90，显示为“优秀”
	60	及格	大于等于 60，小于 90，显示为“及格”
	59	不及格	小于 60，显示为“不及格”

	A	B	C	D
1	数据	函数	结果	说明
2	3.1	=TEXT(A2, "00.##")	03.1	小数点前面不够两位以0补齐，保留2位小数，不足两位不补0
3	3.1	=TEXT(A3, "##.00")	3.10	小数点前没0不显示，小数点后保留两位，不足两位以0补齐
4	123.45	=TEXT(A4, "￥0.00")	￥123.45	按设定格式显示为货币值
5	-34	=TEXT(A5, "正数;负数;零")	负数	小于0，显示为“负数”
6	20210305	=TEXT(A6, "00年00月00日")	2021年03月05日	按所示形式表示日期
7	=TODAY()	=TEXT(A7, "aaaa")	星期五	显示为中文星期几全称
8	=TODAY()	=TEXT(A8, "dddd")	Friday	显示为英文星期几全称

图 9-47　TEXT 函数

● **注意**：通过“格式”菜单调用“单元格格式”对话框，然后在【数字】选项卡上设置单元格的格式，这样只会改变单元格的格式而不会影响其中的数值。使用函数 TEXT 可以将数值转换为带格式的文本，而其结果将不再作为数字参加运算。

9. CONCATENATE 函数

语法格式：CONCATENATE(text1, text2,)

函数功能：将若干文字串合并到一个文字串中，其功能与“&”运算符相同。

参数说明：

- text1, text2, 为将要合并成单个文本的文本项，这些文本项可以是文字串、数字或对单个单元格的引用。

本函数用法如图 9-48 所示。

	A	B	C	D
1	Text1	Text2	公式	合并值
2	农业	大学	=CONCATENATE(A2, B2)	农业大学
3	农业	大学	=A3&B3	农业大学

图 9-48　CONCATENATE 函数

10. VALUE 函数

语法格式：VALUE(text)

函数功能：将代表数字的文本字符串转换成数字。

参数说明：

- text 为带引号的文本，或对包含要转换文本的单元格的引用。

本函数用法如图 9 - 49 所示。

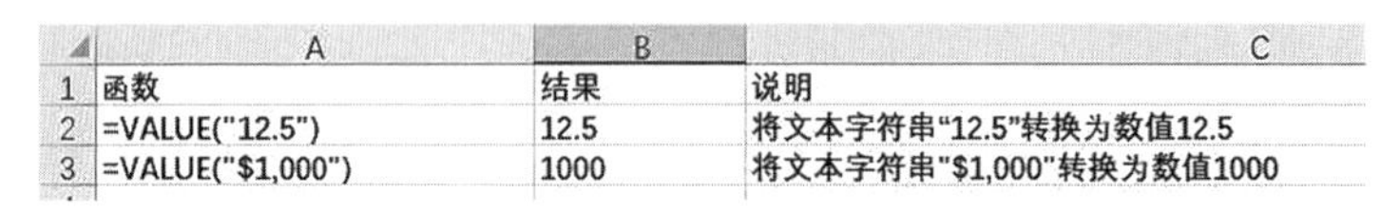

	A	B	C
1	函数	结果	说明
2	=VALUE("12.5")	12.5	将文本字符串"12.5"转换为数值12.5
3	=VALUE("$1,000")	1000	将文本字符串"$1,000"转换为数值1000

图 9 - 49　VALUE 函数

11. SUBSTITUTE 函数

语法格式：SUBSTITUTE(text, old_text, new_text, [instance_num])

函数功能：在文本字符串 text 中用 new_text 替代 old_text。如果需要在某一文本字符串中替换指定的文本，请使用函数 SUBSTITUTE；如果需要在某一文本字符串中替换指定位置处的任意文本，请使用 REPLACE 函数。

参数说明：

- text 不省略参数，为需要替换其中字符的文本，或对含有文本的单元格的引用。
- old_text 不省略参数，为需要替换的旧文本。
- new_text 不省略参数，但有默认值空。用于替换 old_text 的文本。
- instance_num 为一数值，用来指定以 new_text 替换第几次出现的 old_text。如果指定了 instance_num，则只有满足要求的 old_text 被替换；如果缺省则将用 new_text 替换 text 中出现的所有 old_text。

本函数用法如图 9 - 50 所示。

	A	B	C	D
1	数据	函数	结果	说明
2	中国，你好！	=SUBSTITUTE(A2,"中国","China")	China，你好！	"China"代替"中国"
3	2021第一季度	=SUBSTITUTE(A3,"一","二",1)	2021第二季度	用"二"代替示例中第一次出现的"一"

图 9 - 50　SUBSTITUTE 函数

9.2.8　逻辑函数

1. AND 函数

语法格式：AND(logical1, logical2, …)

函数功能：返回参数列表逻辑"与"的结果。当所有参数均为 TRUE 时，返回 TRUE（真）；只要有一个参数为 FALSE，返回 FALSE（假）。

参数说明：

- 参数必须是逻辑值 TRUE 或 FALSE。如果指定的单元格区域包含非逻辑值，则 AND 函数将返回错误值#VALUE!。

本函数用法如图 9 - 51 所示。

	A	B	C	D
1	数据	函数	结果	说　明
2	80	=AND(A2>0,A2<=100)	TRUE	如果A2大于0并且小于等于100，A2值为80，满足条件，返回TRUE
3	150	=AND(A3>0,A3<=100)	FALSE	如果A3大于0并且小于等于100，A3值为150，不满足条件，返回FALSE

图 9 - 51　AND 函数

2. OR函数

语法格式：OR(logical1，logical2，…)

函数功能：返回参数列表逻辑“或”的结果。只要有一个参数为TRUE，返回TRUE；所有参数均为FALSE时，返回FALSE。

参数说明：

- 参数必须是逻辑值TRUE或FALSE。如果指定的单元格区域包含非逻辑值，则OR函数将返回错误值#VALUE!

本函数用法如图9－52所示。

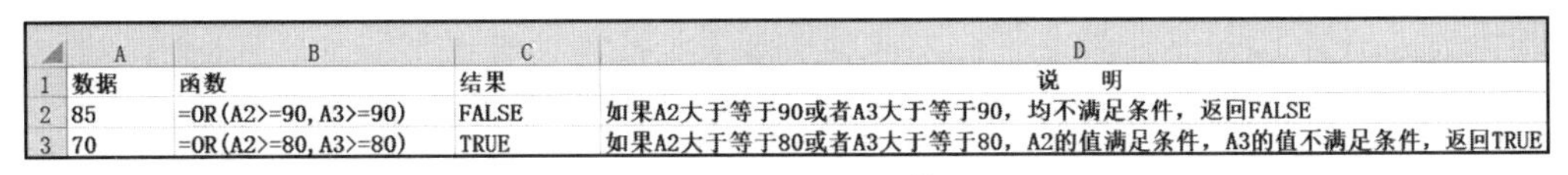

	A	B	C	D
1	数据	函数	结果	说　明
2	85	=OR(A2>=90,A3>=90)	FALSE	如果A2大于等于90或者A3大于等于90，均不满足条件，返回FALSE
3	70	=OR(A2>=80,A3>=80)	TRUE	如果A2大于等于80或者A3大于等于80，A2的值满足条件，A3的值不满足条件，返回TRUE

图9－52　OR函数

3. NOT函数

语法格式：NOT(logical)

函数功能：返回参数列表逻辑“非”的结果。当参数为TRUE时，返回FALSE；当参数为FALSE时，返回TRUE。

本函数用法如图9－53所示。

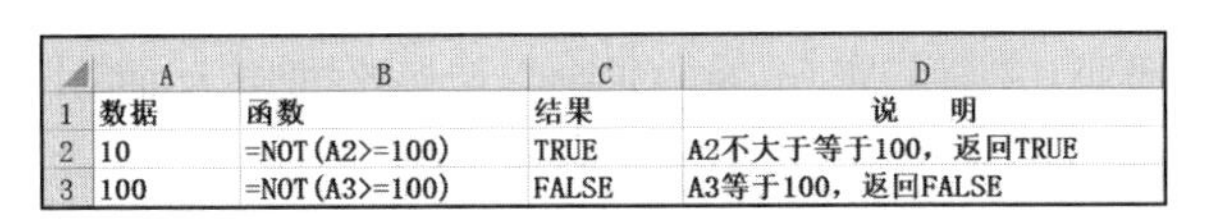

	A	B	C	D
1	数据	函数	结果	说　明
2	10	=NOT(A2>=100)	TRUE	A2不大于等于100，返回TRUE
3	100	=NOT(A3>=100)	FALSE	A3等于100，返回FALSE

图9－53　NOT函数

4. IF逻辑函数

语法格式：IF(logical_test，value_if_true，value_if_false)

参数说明：

- logical_test：逻辑表达式。逻辑表达式的结果可能是TRUE（真）或FALSE（假）。
- value_if_true：当logical_test逻辑表达式为TRUE（真）时函数的返回值。
- value_if_false：当logical_test逻辑表达式为FALSE（假）时函数的返回值。

本函数用法如图9－54所示。

	A	B	C	D
1	数据	函数	结果	说　明
2	5	=IF(A2>=0,1,-1)	1	如果单元格A2的值大于或等于0，则返回1；否则返回-1
3	0	=IF(A3>=0,1,-1)	1	如果单元格A3的值大于或等于0，则返回1；否则返回-1
4	-6	=IF(A4>=0,1,-1)	-1	如果单元格A4的值大于或等于0，则返回1；否则返回-1

图9－54　IF函数

- **注意：**使用此函数时，逻辑关系务必100%严密，否则将不能返回正确的结果；一共可以嵌套七层，也就是说只可以区分七个等级，超过则会出错，同时，如果函数判断层级达到4~5个或以上，函数式会变得很长，极不利于检查核对，故此时需要考虑改用LOOKUP函数来替代。

第 10 章　Excel 数据分析处理

10.1　获取外部数据

Excel 不仅可以使用工作簿中的数据，还可以访问外部数据库文件。用户通过执行导入和查询，可以在 Excel 中使用熟悉的工具对外部数据进行处理和分析。能够导入 Excel 的数据文件可以是文本文件、Microsoft Access 数据库、Microsoft SQL Server 数据库、Microsoft OLAP 多维数据集以及 dBASE 数据库等。

常用的导入外部数据的方法共有以下几种：从文本文件导入数据、从 Access 数据库导入数据、从网站导入数据、使用 Microsoft Query 导入数据以及使用“现有连接”的方法导入。

10.1.1　从文本/CSV 导入数据

单击【数据】选项卡，在“获取外部数据”功能组中单击“自文本”命令，可以导入文本文件。使用该方法时，Excel 会在当前工作表的指定位置上显示导入的数据，同时，Excel 会将文本文件作为外部数据源，一旦文本文件中的数据发生变化，可以在 Excel 工作表中进行刷新操作。

【实例 1】将以制表符分隔的文本文件“学生档案 . txt”自 A1 单元格开始导入到工作表“初三学生档案”中，注意不得改变原始数据的排列顺序。

通过导入文本数据方法完成题目要求，操作步骤如下：

①在 Excel 2016 中打开需要导入文本的工作簿，在需要导入数据的工作表中单击用于存放数据的起始单元格。

②单击【数据】选项卡，在“获取外部数据”功能组中单击“自文本”按钮，如图 10 - 1 所示，弹出“导入文本文件”对话框，在打开的对话框中选择素材文件夹下的“学生档案 . txt”选项，然后单击“导入”按钮，如图 10 - 2 所示。

③在打开的“文本导入向导-第 1 步，共 3 步”对话框中，在“请选择最合适的文本类型”下，确定所导入文件的列分割方式。如果文本文件中各项以制表符、冒号、分号、空格或其他字符分割，应单击选择“分隔符号”单选按钮，如果每个列中所有项的长度都相同，则可以选择“固定宽度”单选按钮。本例在弹出的对话框中选择“分隔符号”单选按钮，将“文件原始格式”设置为“54936：简体中文（GB 18030）”，如图 10 - 3 所示。

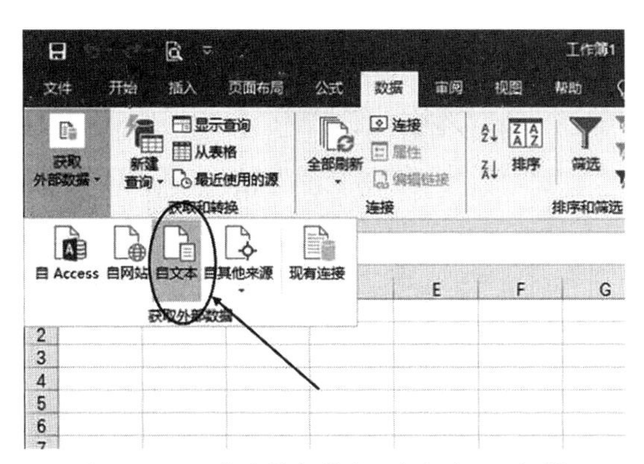

图 10－1　“获取外部数据-自文本”对话框

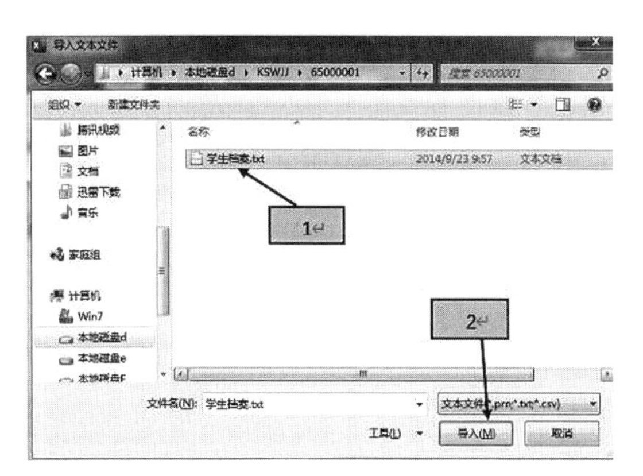

图 10－2　“导入文本文件”对话框

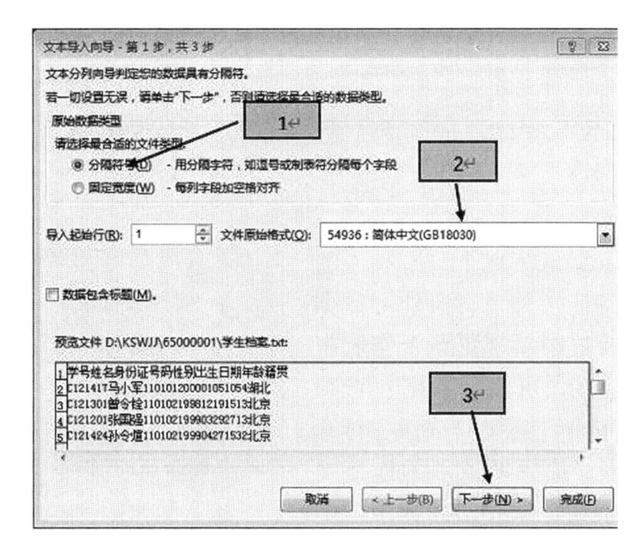

图 10－3　“文本导入向导-第 1 步，共 3 步”对话框

• 注意： ①“请选择最合适的文件类型”选项必须按照被导入原始文件中列的分割方式进行选择。

②此处必须选择文件的原始格式，即某一种中文简体格式，否则数据会显示为乱码。

④单击“下一步”按钮，在打开的“文本导入向导-第 2 步，共 3 步”对话框中进一步确认文本文件中实际采用的分隔符类型，如果列表中没有列出的所用字符，则应选中“其他”复选框，然后在其右侧文本框中输入该字符，如果数据类型为“固定宽度”，则这些选项不可用，在“数据预览”框中可以看到导入后的效果。本例只勾选“分隔符”列表中的“Tab 键”复选项。

⑤单击“下一步”按钮，进到如图所示“文本导入向导-第 3 步，共 3 步”对话框，在该对话框中为每列数据指定数据格式，默认情况下均为“常规”。在“数据预览”框中单击某一列，然后在上方的“列数据格式”下，单击指定数据格式。如果不想导入某列，可在该列上单击，然后选择“不导入此列（跳过）”单选按钮。本例选中“身份证号码”列，

然后点击“文本”单选按钮，单击“完成”按钮。在弹出的对话框中保持默认，单击“确定”按钮，如图 10－4 所示。

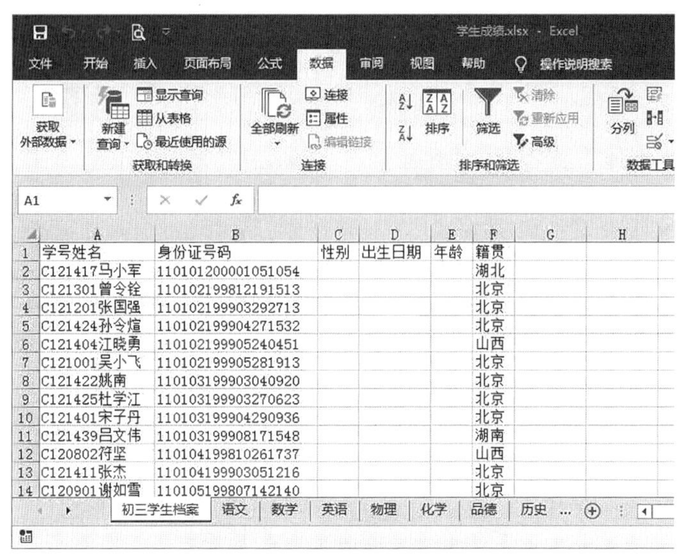

	A	B	C	D	E	F	G	H
1	学号姓名	身份证号码	性别	出生日期	年龄	籍贯		
2	C121417马小军	110101200001051054				湖北		
3	C121301曾令铨	110102199812191513				北京		
4	C121201张国强	110102199903292713				北京		
5	C121424孙令煊	110102199904271532				北京		
6	C121404江晓勇	110102199905240451				山西		
7	C121001吴小飞	110102199905281913				北京		
8	C121422姚南	110103199903040920				北京		
9	C121425杜学江	110103199903270623				北京		
10	C121401宋子丹	110103199904290936				北京		
11	C121439吕文伟	110103199908171548				湖南		
12	C120802符坚	110104199810261737				山西		
13	C121411张杰	110104199903051216				北京		
14	C120901谢如雪	110105199807142140				北京		

图 10－4 数据导入后对话框

⑥取消外部连接。默认情况下，所导入的数据与外部数据源保持连接关系，当外部数据源发生改变时，可以通过刷新来更新工作表中的数据，要想断开该连接，可在【数据】选项卡“连接”功能组中单击“连接”按钮。打开“工作簿连接”对话框，选择要取消的连接文件名，单击“删除”按钮，从弹出的提示框中单击“确定”，即可断开导入数据与原数据之间的连接，如图 10－5 所示。

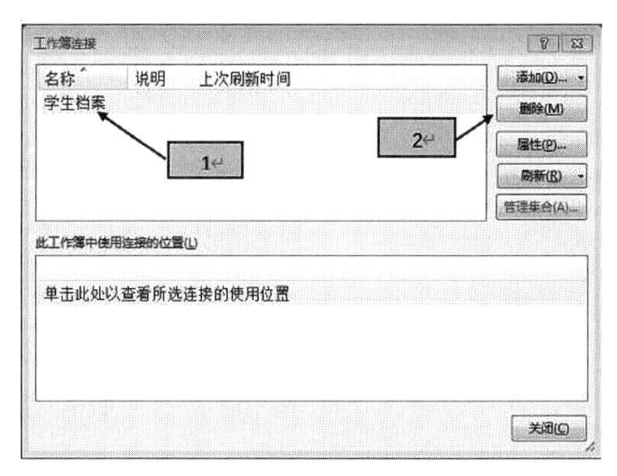

图 10－5 删除外部连接

10.1.2 从网站导入数据

Excel 不仅可以从外部数据中获取数据，还可以从 Web 网页中获取数据。

【实例 2】浏览网页“第五次全国人口普查公报 . htm”，将其中的“2000 年第五次全国人口普查主要数据”表格导入工作表“第五次普查数据”中；浏览网页“第六次全国人口普查公报 . htm”，将其中的“2010 年第六次全国人口普查主要数据”表格导入工作表“第六次普查数据”中（要求均从 A1 单元格开始导入，不得对两个工作表中的数据进行排序）。

◆ 操作步骤：

①在素材文件夹下选择网页“第五次全国人口普查公报 . htm”，单击鼠标右键，选择“打开方式”→“Internet_Explorer”，即可使用 IE 浏览器打开，然后复制网页地址。在 Excel 2016 中打开需要导入数据的工作簿，在工作表“第五次普查数据”中选中 A1，单击【数据】选项卡下“获取外部数据”功能组中的“自网站”按钮，如图 10－6 所示。

②打开“新建 Web 查询”对话框，在“地址”文本框中粘贴输入网页“第五次全国人

口普查公报.htm”的地址，也可以直接手动输入地址，单击“转到”按钮，如图10－7所示。

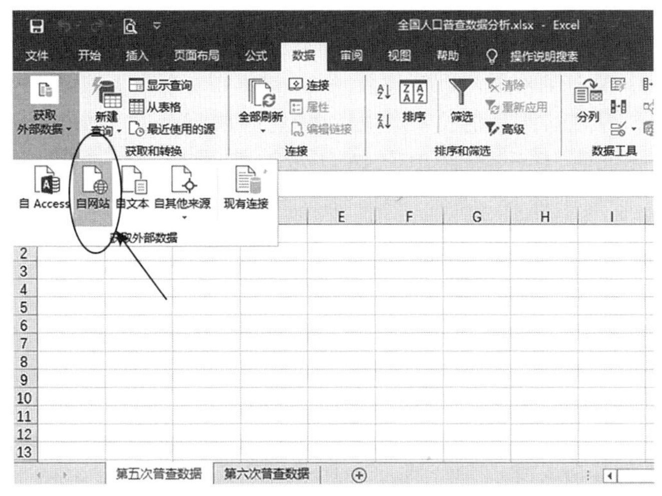

图10－6 “获取外部数据”组中的“自网站”选项对话框

图10－7 “新建Web查询”对话框

③单击要选择的表旁边的带方框的箭头，使箭头变成对号，然后单击“导入”按钮。

④在弹出的“导入数据”对话框中，选择“数据的放置位置”为“现有工作表”，在文本框中输入“= $A $1”，单击“确定”按钮。

⑤按照上述方法打开网页“第六次全国人口普查公报.htm”，将其中的“2010年第六次全国人口普查主要数据”表格导入到工作表“第六次普查数据”中。

10.1.3 从Access数据库文件导入数据

在Excel 2016中打开需要导入外部数据的Excel工作簿。单击【数据】选项卡下“获取外部数据”组中的“自Access”按钮，在弹出的“选取数据源”对话框中，选择文本文件所在路径，选中该文件后，单击“打开”按钮。可支持的数据库文件类型包括.mdb、

. mde、. accdb 和 . accde 四种格式。

10.1.4 使用 Microsoft Query 导入数据

用户可以利用 Microsoft Query 来访问任何安装了 ODBC、OLE-DB 或 OLAP 驱动程序的数据源，例如 Access、Excel 和文本文件数据库等，如图 10－8 所示。Microsoft Query 可以起到 Excel 和这些外部数据源之间连接的桥梁作用，并允许用户从数据源中只选择所需的数据列导入 Excel，导入步骤如图 10－9 至图 10－16 所示。

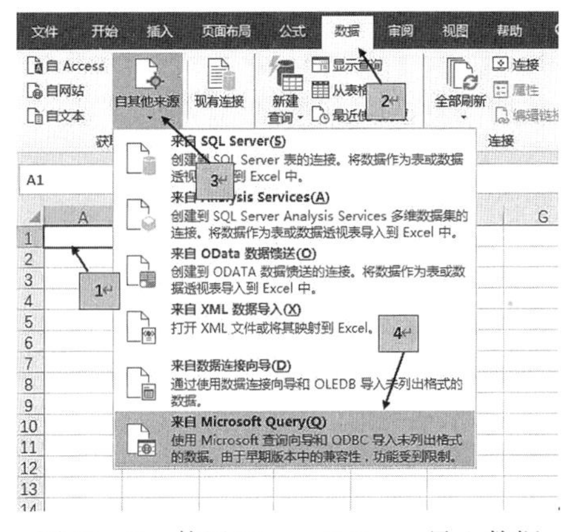

图 10－8 使用 Microsoft Query 导入数据

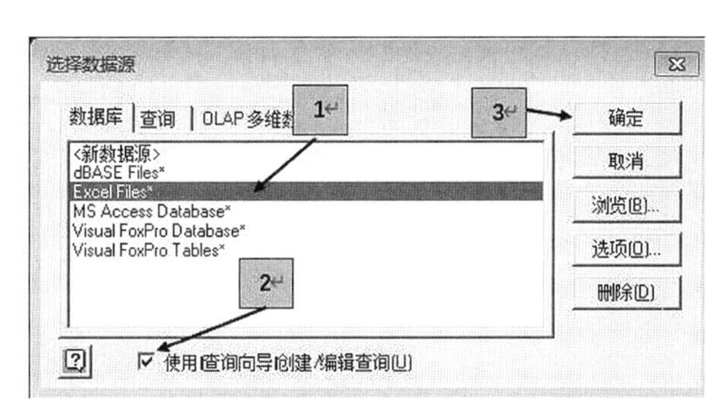

图 10－9 “选择数据源”对话框

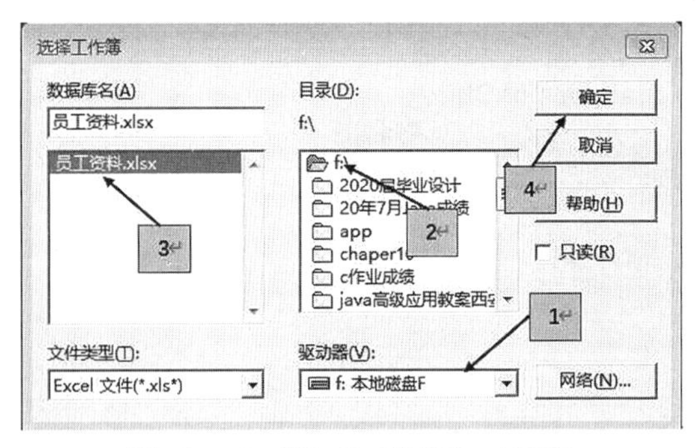

图 10－10 “选择工作簿”对话框

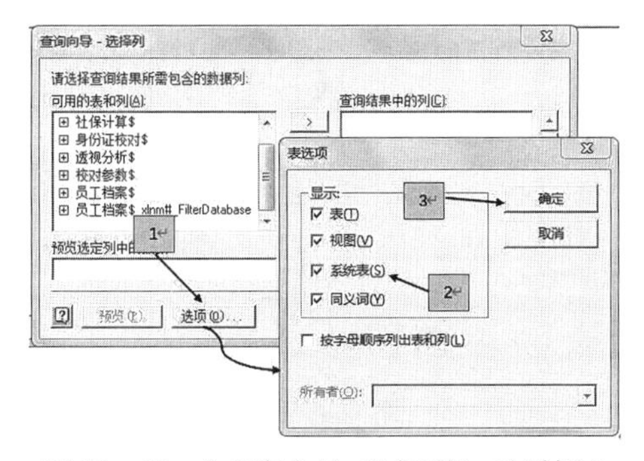

图 10－11 “查询向导-选择列”对话框 1

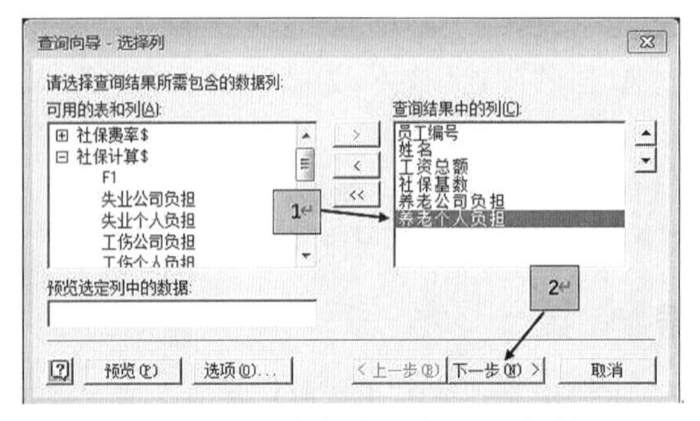

图 10－12 “查询向导-选择列”对话框 2

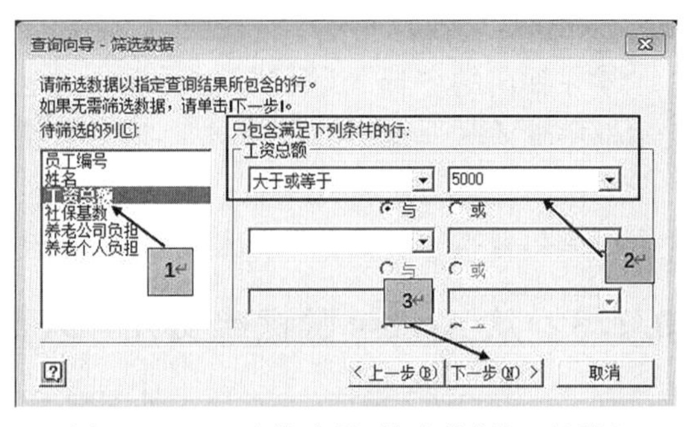

图 10－13 “查询向导-筛选数据”对话框

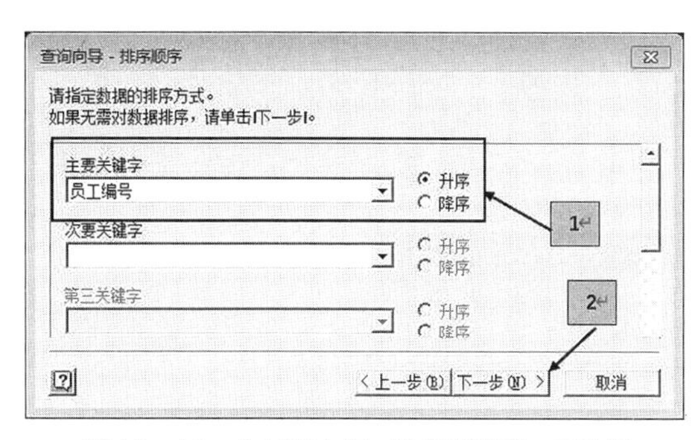

图10-14 “查询向导-排序顺序”对话框

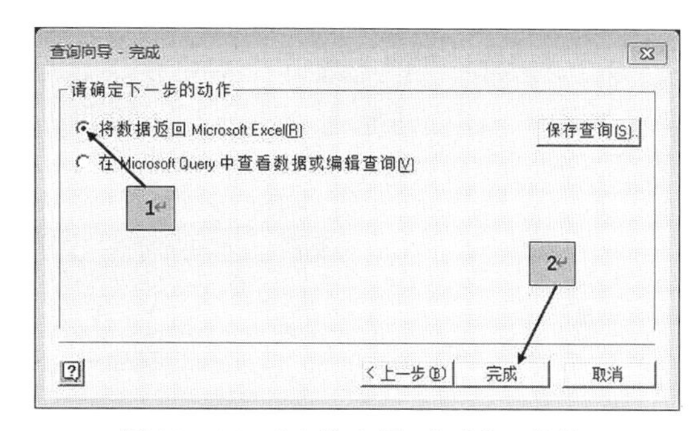

图10-15 “查询向导-完成”对话框

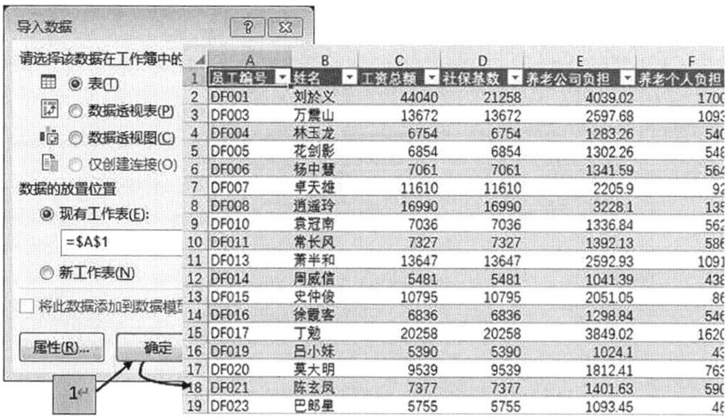

图10-16 导入数据后对话框

10.1.5 通过“现有连接”的方法导入Excel数据

通过“现有连接”的方法，能够导入所有Excel支持类型的外部数据源。

【实例3】将素材文件夹下“代码对应.xlsx”工作簿中的Sheet1工作表插入“Excel.xlsx”工作簿“政策目录”工作表的右侧，重命名工作表Sheet1为“代码”。

◆ 操作步骤：

①在Excel 2016中打开需要导入数据的工作簿，在工作表“Excel.xlsx”中选中“示例图1”工作表，单击【数据】选项卡下“获取外部数据”组中的“自其他来源”按钮，在打开的下拉列表中选择“现有连接”选项，在弹出的“现有连接”对话框中，单击“浏览更多”按钮。如图10-17所示。

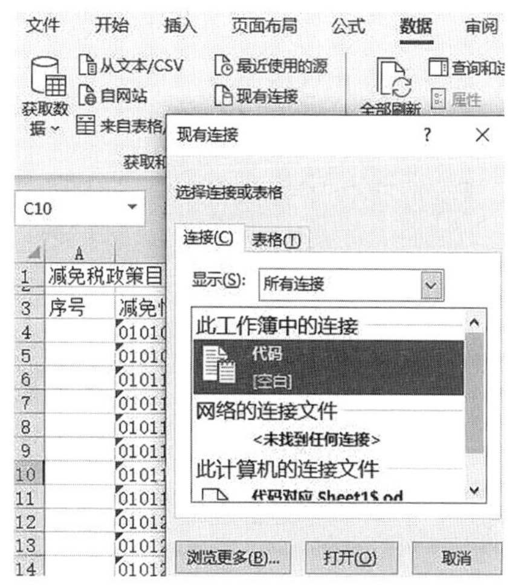

图10-17 通过“现有连接”方法导入Excel数据对话框

②在弹出的“选取数据源”对话框中，选择文本文件所在路径，选中要导入的Excel文件后，单击“打开”按钮，如图10-18所示。

③在弹出的“选择表格”对话框中，单击要导入的工作表名称，保留“数据首行包含列标题”的勾选，单击“确定”按钮。

④在打开的“选择表格”对话框中选择要导入

的工作表，单击“确定”按钮。如图 10－19 所示。

⑤在打开的“导入数据”对话框中，选择“新工作表”单选按钮，然后单击“确定”按钮，完成工作表的导入。如图 10－20 所示。

图 10－18　“选取数据源”对话框

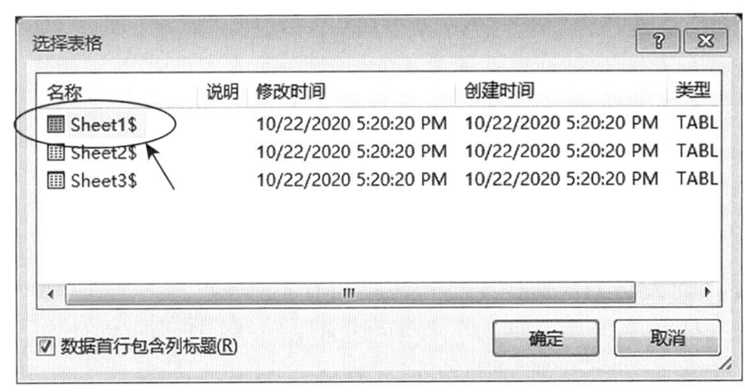

图 10－19　“选择表格”对话框

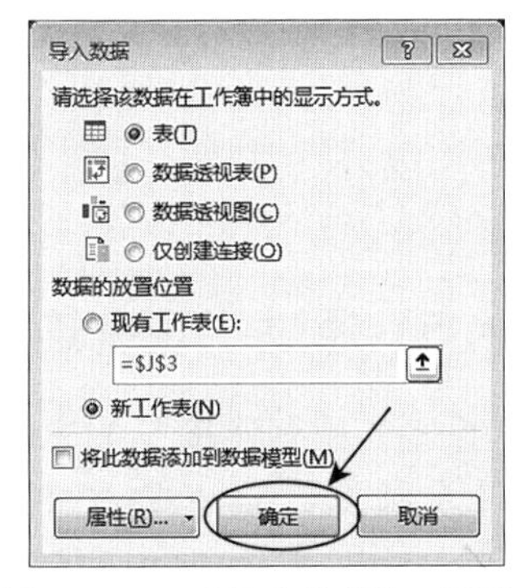

图 10－20　“导入数据”对话框

10.2　数据排序

Excel 提供了强大的数据分析处理功能，利用它们可以实现对数据的排序、分类汇总、筛选及数据透视等操作。

在进行数据分析处理之前，首先必须注意以下几个问题：

（1）避免在数据清单中存在有空行和空列。

（2）避免在单元格的开头和末尾键入空格。

（3）避免在一张工作表中建立多个数据清单，每张工作表应仅使用一个数据清单。

（4）工作表的数据清单应与其他数据之间至少留出一个空列和一个空行，以便于检测和选定数据清单。

（5）关键数据应置于数据清单的顶部或底部。

10.2.1 数据排序规则

Excel允许对字符、数字等数据按大小顺序进行升序或降序排列，要进行排序的数据称之为关键字。不同类型的关键字的排序规则如下：

数值：按数值的大小排序。

字母：按字母先后顺序。

日期：按日期的先后排序。

汉字：按汉语拼音的顺序或按笔画顺序排序。

逻辑值：升序时FALSE排在TRUE前面，降序时相反。

空格：总是排在最后。

10.2.2 数据排序步骤

Excel数据排序步骤如下：

（1）单击数据区中要进行排序的任意单元格。

（2）单击【数据】选项卡，选择“排序和筛选”功能组的“排序”选项，系统将弹出“排序”对话框，如图10－21所示。

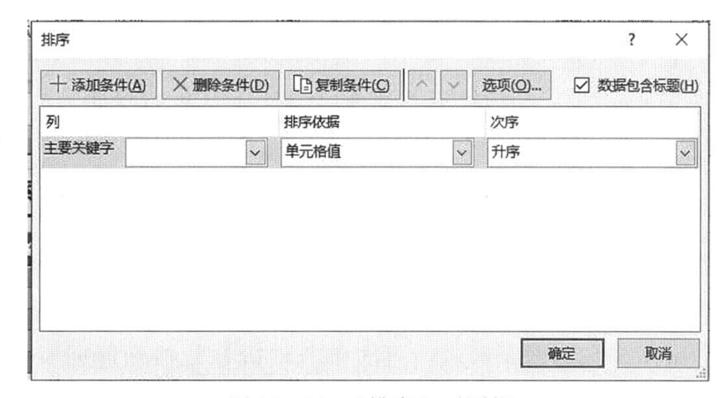

图10－21 “排序”对话框

（3）在“排序”对话框中用下拉列表框选择要排序的关键字，关键字有“主要关键字”和多个级别逐渐降低的“次要关键字”，根据需要分别选择不同的关键字。

（4）单击“确定”按钮，数据就按要求进行了排序。

当只有一个关键字时，可以单击【开始】选项卡“编辑”功能组中“排序和筛选”下拉列表中的升序按钮或降序按钮，进行自动排序。

10.2.3 自定义排序

在有些情况下，对数据的排序顺序可能非常特殊，既不是按数值大小次序也不是按汉字的拼音顺序或笔画顺序，而是按照指定的特殊次序，如对总公司的各个分公司按职称高低排序、按照要求的顺序进行排序、按产品的种类或规格排序等，这时就需要自定义排序。

利用自定义排序方法进行排序，首先应建立自定义序列，其方法是打开【开始】选项卡，选择底部的“更多”功能组中的“选项”，打开“Excel选项”对话框，在左侧列表中选择“高级”，在右侧找到并单击“编辑自定义列表”，如图10－22、图10－23所示，打开“自定义序列”对话框。在“自定义序列”对话框中可以直接输入新序列，也可以导入现有工作表中指定单元格区域中的内容作为新的序列。

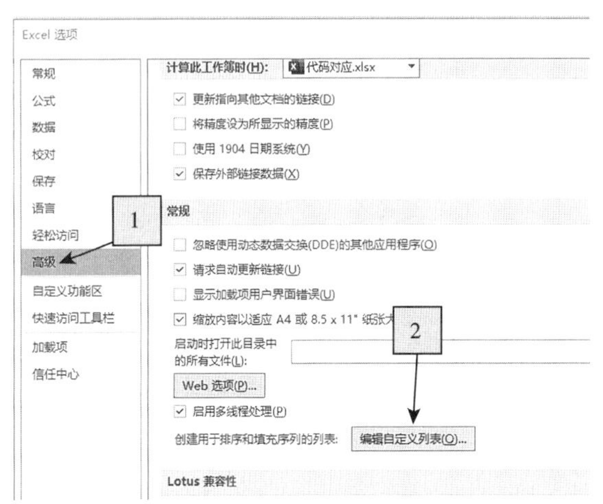

图 10－22 “Excel 选项”对话框　　　　图 10－23 “自定义序列”对话框

建立好自定义序列后，即可对数据进行排序。

【实例 4】将素材文件中“免税政策 . xlsx”工作簿 Sheet2 工作表中的数据透视表按工作表“代码”中“对应的收入种类”所示顺序进行排序。

◆ 操作步骤：

①在 Excel 2016 中打开“免税政策 . xlsx”工作簿。

②单击【文件】选项卡，选择“选项”命令，弹出“Excel 选项”对话框，选择左侧的“高级”选项卡，拖动右侧的滚动条到底端，在“常规”区域中单击“编辑自定义列表”按钮，弹出“自定义序列”对话框，单击对话框底部的“折叠”按钮，选择代码工作表中的 C5:C22 数据区域，再次单击“折叠”按钮返回对话框，单击右侧的“导入”按钮，单击“确定”按钮，最后关闭所有设置对话框，如图 10－24 至图 10－27 所示。

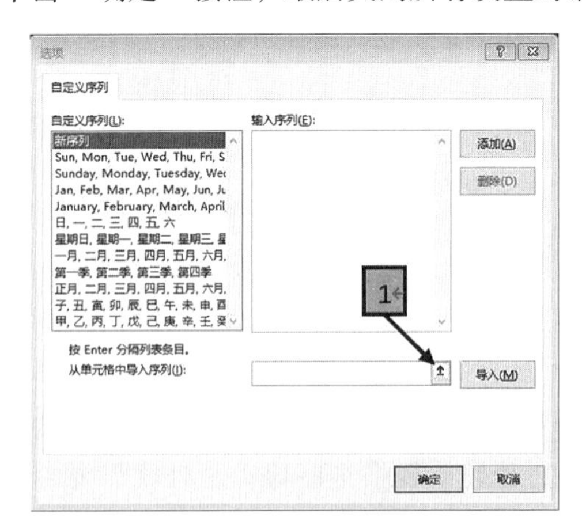

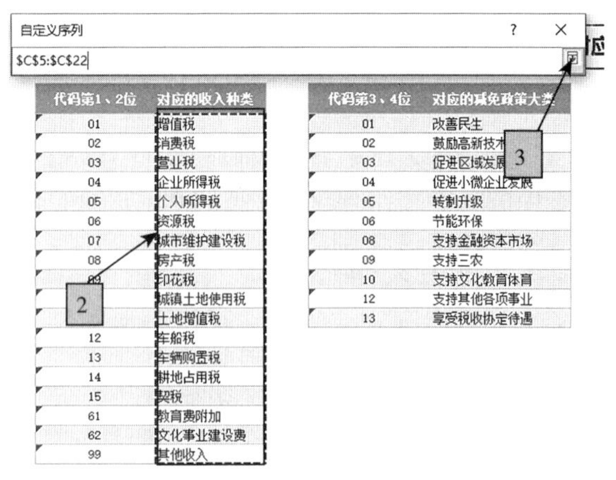

图 10－24 “选项”对话框　　　　图 10－25 导入“自定义序列”对话框

③在 Sheet2 工作表书，选中 A5 单元格，右击鼠标，在打开的菜单中选择“排序”选项级联菜单中的“其他排序选项”按钮，弹出“排序（收入种类）”对话框，在“排序选项”中选择“升序排序”，单击底部的“其他选项”按钮，如图 10－28 所示，弹出“其他排序选项（收入种类）”对话框，取消勾选“每次更新报表时自动排序”，在“主关键字排序次

序”下拉列表中选择刚刚导入的自定义排序序列，单击两次“确定”按钮关闭对话框，如图10－29所示。

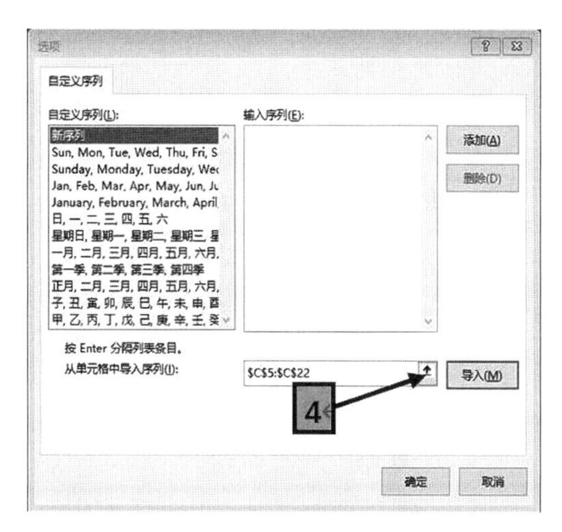

图10－26 “选项”对话框（一）

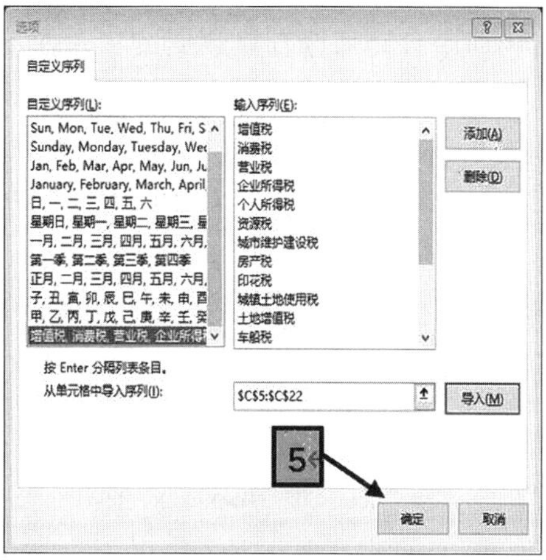

图10－27 “选项”对话框（二）

图10－28 “排序（收入种类）”对话框

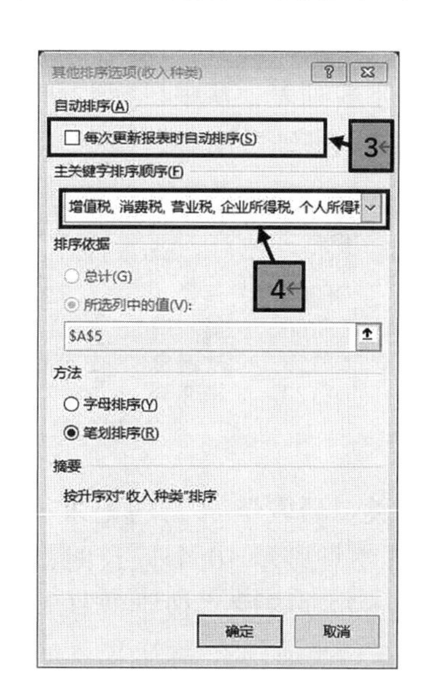

图10－29 “其他排序选项（收入种类）”对话框

10.3 数据的查找和筛选

企业的管理人员经常需要在数据库或数据清单众多的数据中找出需要的数据，Excel提供了功能强大的筛选工具。数据筛选是指把数据库或数据清单中所有不满足条件的数据记录隐藏起来，只显示满足条件的数据记录。常用的数据查找与筛选方法有记录单查找、自动筛选和高级筛选。

10.3.1 自动筛选与自定义筛选

自动筛选提供了快速检索数据清单或数据库的方法，通过简单的操作，就能筛选出需要的数据。利用自动筛选查找数据的步骤如下：

（1）用鼠标单击数据清单或数据库中的任一非空单元格。

（2）单击【数据】选项卡“排序和筛选”功能组中的“筛选”按钮，系统自动在数据清单的每列数据的标题旁边添加一个下拉列表标志，如图 10－30 所示。

	A	B	C	D	E	F	G
1	员工编号	姓名	身份证号	性别	出生日期	年龄	部门
2	DF067	孙克迈	110104195	男	20222	61	技术
3	DF082	成璜	372501195	男	20780	60	技术
4	DF069	易吉	110108195	女	20531	60	行政
5	DF089	古笃诚	110102195	女	21069	59	技术
6	DF095	梅令笙	110103195	女	20961	59	技术

图 10－30 自动筛选的下拉列表标志

（3）单击需要筛选的下拉列表，系统显示出可用的筛选条件，从中选择需要的条件，即可显示出满足条件的所有数据。例如，要查找所有“研发”部门的员工记录，单击“部门”右边的下拉列表，从中选择“研发”项，则所有的“研发”部门的员工记录就显示出来，而其他的数据则被隐藏，如图 10－31 所示。

员工编号	姓名	身份证号	性别	出生日期	年龄	部门
DF077	米横野	230102195	男	21598	57	研发
DF098	菊青	110104195	女	21609	57	研发
DF080	吴冲虚	370111196	男	22833	54	研发
DF119	凌退思	110223196	女	23022	54	研发
DF120	梅佳画	110223196	女	23185	53	研发

图 10－31 “研发”部门清单的筛选结果

如果有关“研发”部门的记录很多，超过了 10 个，当需要只显示 10 个记录时，可单击“年龄”右边的下拉列表中“数字筛选”级联菜单中的“前 10 项”选项，系统弹出“自动筛选前 10 个”对话框，如图 10－32 所示。这里，在“显示”下拉列表中“最大”表示最大（最好）的前 10 个记录，“最小”表示最小（最差）的前 10 个记录。中间的编辑框中的数值表示显示的记录行数，系统默认值为 10，但可以修改，根据需要输入数值即可。

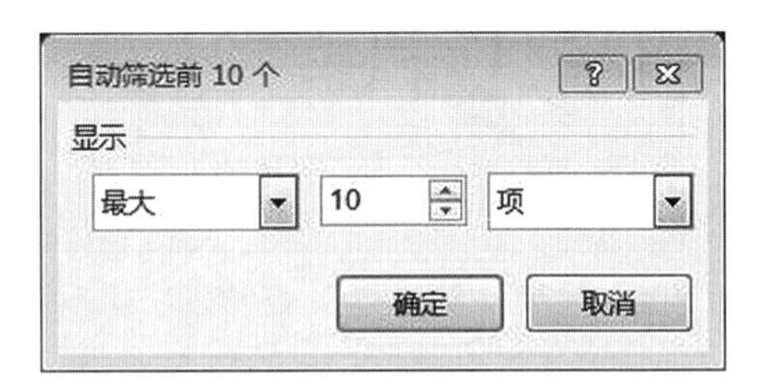

图 10－32 “自动筛选前 10 个”对话框

如果需要显示所有“姓＊”的记录或者职务“＊＊”的记录时，可以进行文本筛选。例如在“研发”部门继续筛选所有姓“米”的员工，方法是单击“姓名”右边的下拉列表中“文本筛选”级联菜单中的“包含”，打开“自定义自动筛选方式”对话框，如图 10－33 所示。在文本框输入“米”或者“米＊”，单击“确定”按钮，则可以筛选出所有姓“米”的员工。

图10－33 “自定义自动筛选方式”对话框

如果想要筛选所有姓“米”或者姓“吴”的员工，则可如图10－34所示设置该对话框。

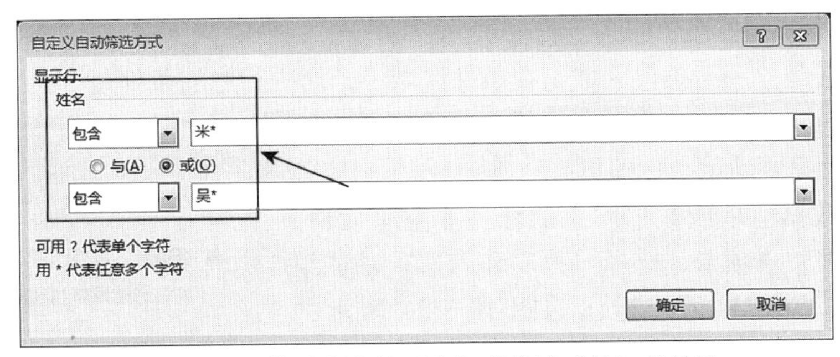

图10－34 筛选所有姓“米”或者姓“吴”的员工

若要恢复所有的记录，则单击“部门”和“姓名”右边的下拉列表中的“全部”项。若要取消“自动筛选”状态，则需再次在【数据】选项卡“排序和筛选”功能组中单击“筛选”按钮。

• 注意：“ * ”为通配符，代表任意多个字符，可用“?”代表任意单个字符。

【实例5】打开素材文件中“自动筛选”工作簿，在工作表“社保计算”中依据工作表“员工档案”中的数据，筛选出所有“在职”员工的“员工编号”“姓名”和“工资总额”三列数据，依次填入B、C、D中，并按员工编号由小到大排序。

◆ **操作步骤：**

①在Excel 2016中打开“自动筛选.xlsx”工作簿。在“员工档案”工作表中单击“工作状态”列标题右下角的“下拉箭头”按钮，在下拉列表中取消“全选”，只勾选“在职”，此时只显示所有“在职”的员工数据，如图10－35所示。

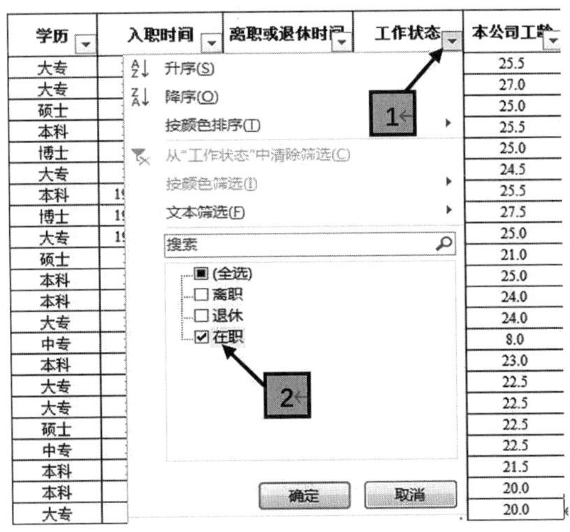

图10－35 自动筛选“在职”员工

②选中“员工编号”“姓名”和“工资总额”三列数据（选取不连续的列，使用Ctrl键），单击鼠标右键，在弹出的快捷菜单中选择“复制”，切换到“社保计算”工

作表，选中 B4 单元格，单击鼠标右键，选择“粘贴选项/值”。

③选中“社保计算”工作表的 B5 单元格，单击【开始】选项卡下“编辑”功能组中的“排序和筛选”按钮，在下拉列表中选择“自定义排序”，弹出“排序”对话框，设置“主要关键字”为“员工编号”，其他采用默认设置，单击“确定”按钮。

④保存并关闭工作簿。

10.3.2 高级筛选

高级筛选的关键就在于学习如何根据不同场景的要求设置正确的“条件区域”，可以使用较多的条件来对数据清单进行筛选，这些条件既可以是“与”条件，也可以是“或”条件、“或与”条件、“与或”条件的组合使用，还可以使用“计算条件”。

1. 一般情况下的高级筛选

利用高级筛选对数据清单进行筛选的步骤如下：

（1）首先应建立一个条件区域。在条件区域中，同一行中的条件是“与条件”，也就是这些条件必须同时满足；不同行中的条件是“或条件”，也就是这些条件只要满足其一即可。

（2）单击数据清单或数据库中的任一非空单元格，然后单击【数据】选项卡，选择“排序和筛选”功能组中的“高级”选项，则系统弹出如图 10-36 所示的“高级筛选”对话框。

（3）一般情况下，系统将自动给出了数据区域，用户只需在“条件区域”栏中输入条件区域，也可以用鼠标拾取单元格区域。

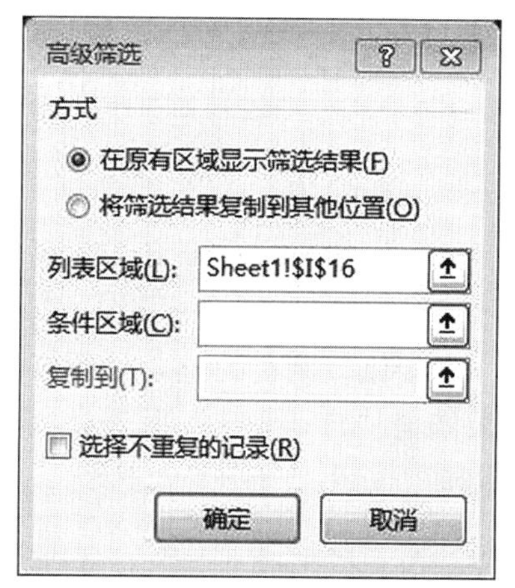

图 10-36 “高级筛选”对话框

（4）高级筛选结果可以显示在数据清单的原有区域中，也可以显示在工作表的其他空白单元格区域，系统默认的方式是在数据清单的原有区域中显示结果。若需要在工作表的其他空白单元格区域显示结果，则在“方式”项中选中“将筛选结果复制到其他位置”，并在“复制到”栏中输入需要显示筛选结果的单元格（开头的一个单元格即可）。

当需要显示原始的全部数据时，可以单击“数据”菜单，选择“筛选”子菜单中的项目，在“筛选”子菜单中选择“全部显示”即可。

同样的方法可以进行建立“或”条件、“与”条件、“与或”条件的组合使用情况下的高级筛选。

【实例 6】打开素材文件中“员工信息”工作簿，在工作表 Sheet1 中筛选“硕士”和“博士”的信息。

◆ 操作步骤：

①在 Excel 2016 中打开“员工信息 . xlsx”工作簿。在 Sheet1 工作表中单击数据清单中任意单元格，如图 10-37 所示。然后单击【数据】选项卡，选择“排序和筛选”功能组中的“高级”选项，打开“高级筛选”对话框。

	A	B	C	D	E	F	G	H	I	J	K	L	M
1	员工编号	姓名	身份证号	性别	年龄	部门	职务	学历	本公司工龄	签约工资	工龄工资	上年月均奖	工资总额
2	DF067	孙克通	110104195	男	61	技术	员工	大专	25.5	3900	1275		5175
3	DF082	成璜	372501195	男	60	技术	员工	大专	27	4100	1350		5450
4	DF069	易吉	110108195	女	60	行政	员工	硕士	25	6100	1250		7350
5	DF089	古笃诚	110102195	女	59	技术	员工	本科	25.5	6100	1275		7375
6	DF095	梅念笙	110103195	女	59	技术	员工	博士	25	12000	1250		13250
7	DF073	白振	430105195	男	58	技术	项目经理	大专	24.5	5000	1225		6225
8	DF065	安剑清	110108195	男	57	人事	员工	本科	25.5	6100	1275		7375
9	DF077	米横野	230102195	男	57	研发	员工	博士	27.5	18000	1375	1458	20833
10	DF078	方有德	142201195	男	57	技术	员工	大专	25	3800	1250		5050
11	DF098	菊青	110104195	女	57	研发	员工	硕士	21	6400	1050		7450
12	DF099	方东白	230102196	女	56	技术	员工	本科	25	5900	1250		7150
13	DF063	齐自勉	110108196	男	57	人事	员工	本科	24	5700	1200		6900
14	DF080	吴冲虚	370111196	男	54	研发	员工	大专	24	4200	1200	340	5740
15	DF097	贝锦仪	110102196	女	54	市场	员工	中专	8	3200	400		3600
16	DF119	凌退思	110223196	女	54	研发	员工	本科	23	6000	1150	486	7636

图10-37 “数据源”

②设置如图10-38所示条件区域。

③在“高级筛选”对话框中用鼠标拾取条件区域，在“方式”项中选中“将筛选结果复制到其他位置”，并在“复制到”栏中输入需要显示筛选结果的单元格（如$A$123），单击“确定”按钮，如图10-39所示。筛选结果如图10-40所示。

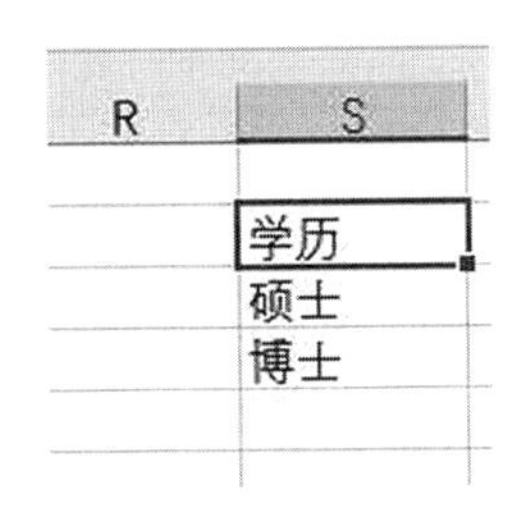

图10-38 “条件区域”

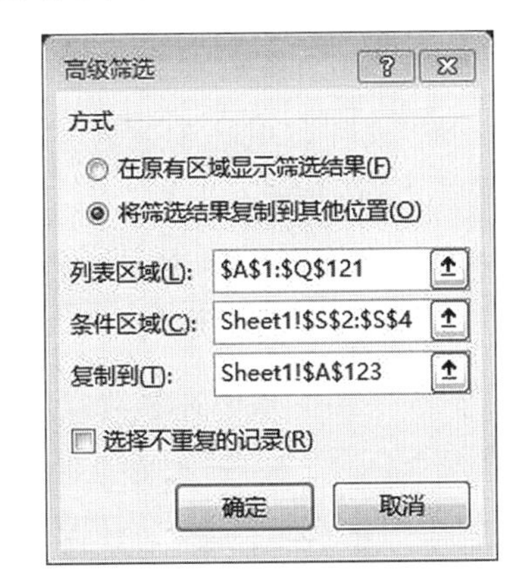

图10-39 “高级筛选”对话框设置

员工编号	姓名	身份证号	性别	出生日期	年龄	部门	职务	学历
DF069	易吉	110108195	女	20531	60	行政	员工	硕士
DF095	梅念笙	110103195	女	20961	59	技术	员工	博士
DF077	米横野	230102195	男	21598	57	研发	员工	博士
DF098	菊青	110104195	女	21609	57	研发	员工	硕士
DF120	梅侍画	110223196	女	23185	53	研发	员工	硕士
DF051	史红石	110228196	女	25011	48	管理	财务经理	博士
DF088	司空玄	420112196	男	25196	48	研发	员工	博士
DF001	刘於义	110108196	男	23013	54	管理	总经理	博士
DF007	卓天雄	410205196	男	23738	52	管理	技术经理	硕士
DF017	丁勉	110105196	女	23652	52	研发	项目经理	博士
DF008	逍遥玲	110102197	女	26796	43	管理	销售经理	硕士
DF093	成自学	110108196	女	25228	47	研发	员工	硕士
DF003	万震山	310108197	男	28471	39	管理	项目经理	硕士
DF013	萧半和	370108197	男	26350	44	研发	项目经理	硕士
DF045	石清露	110227197	女	26094	45	研发	员工	硕士
DF100	白寒松	110101197	男	28969	37	研发	研发经理	硕士

图10-40 筛选结果

● **注意：** 同一列有多个“或”（OR）条件时，需将条件依次写于条件区域对应列的列标题下（条件写于同一列，分开不同行，且中间不能存在空行）。

在实例6中，筛选60岁以上男性员工的信息，条件区域的设置方法如图10－41所示，其他操作同实例6。

● **注意：** 多列有多个“且”（AND）条件时，需将条件依次写于条件区域对应列的列标题下（条件写于同一行，分开不同列，且中间不能存在空列）。

在实例6中，筛选所有“博士”或者“项目经理”的信息，条件区域的设置方法如图10－42所示，其他操作同实例6。

S	T
年龄	性别
男	>=60

图10－41　条件区域（一）

S	T
学历	职务
博士	
	项目经理

图10－42　条件区域（二）

● **注意：** 多列有多个“或”（OR）条件时，需将条件依次写于条件区域对应列的列标题下（不同的条件需写于不同的行）。

在实例6中，筛选所有“技术”部门工资总额在5 000以上、“人事”部门工资总额在6 000以上的所有员工信息，条件区域的设置方法如图10－43所示，其他操作同实例6。

● **注意：** 多列有多个条件且条件中存在“或”关系的条件和“且”关系的条件时，需首先对条件关系进行分层，将“且”关系的条件依次写于条件区域同一行的列标题下，将“或”关系的条件依次写于条件区域不同行的列标题下。

在实例6中，筛选所有“技术”部门姓“孙”的所有员工信息，条件区域的设置方法如图10－44所示，其他操作同实例6。

S	T
部门	工资总额
技术	>=5000
人事	.>=6000

图10－43　条件区域（三）

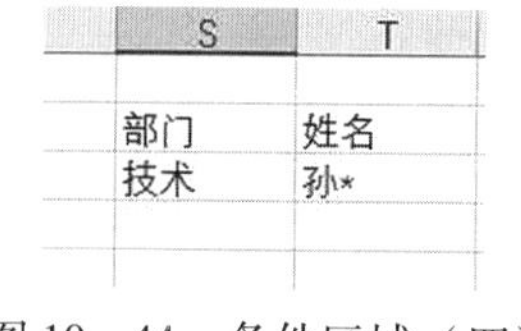

S	T
部门	姓名
技术	孙*

图10－44　条件区域（四）

2. 计算条件情况下的高级筛选

在有些情况下，筛选的条件不是一个常数，而是一个随数据清单中数据变化的计算结果，此时无法直接利用高级筛选进行数据筛选。不过，我们可以通过计算条件的方法解决。

【实例7】以实例6为例（数据源如图10－37所示），这里要找出“工资总额”大于“平均工资总额”的所有记录。

◆ **操作步骤：**

①设置条件区域，条件区域的标题可以是除数据清单中数据标题以外的任何文本，在数据

清单以外的任一空单元格内输入平均值计算公式，比如在单元格 O3 中输入公式“=M2>=AVERAGE($M$2:$M$121)”，如图 10-45 所示。这里要特别注意：必须以绝对引用的方式引用工资总额平均值，以相对引用的方式引用数据清单中的数据。

②按照实例 6 的步骤进行高级筛选，其中高级筛选的数据区域为 $A$1:$M$121；高级筛选的条件区域为 $O$2:$O$3，如图 10-46 所示，筛选结果如图 10-47 所示。

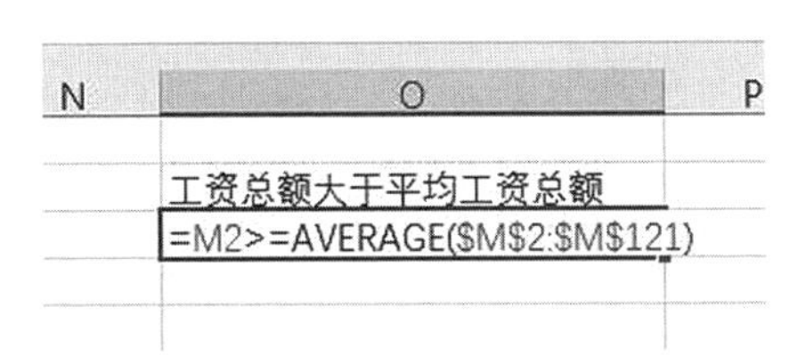

图 10-45 计算条件情况下的高级筛选

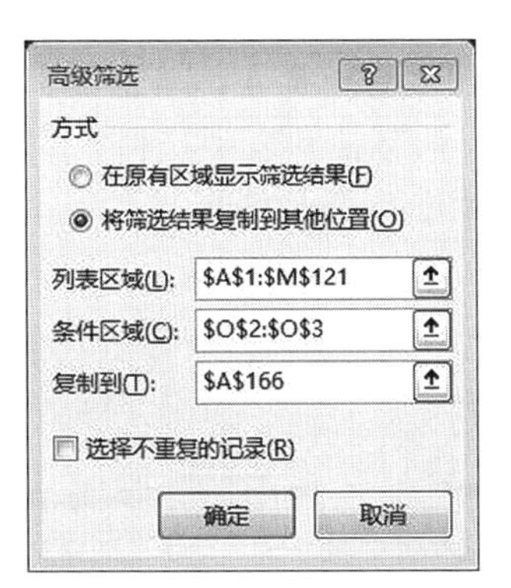

图 10-46 “高级筛选”对话框

	A	B	C	D	E	F	G	H	I	J	K	L	M
164													
165													
166	员工编号	姓名	身份证号	性别	年龄	部门	职务	学历	本公司工龄	签约工资	工龄工资	上年月均奖	工资总额
167	DF095	梅念笙	11010319	女	59	技术	员工	博士	25	12000	1250		13250
168	DF077	米横野	23010219	男	57	研发	员工	博士	27.5	18000	1375	1458	20833
169	DF120	梅侍画	11022319	女	53	研发	员工	硕士	22.5	8400	1125	680	10205
170	DF051	史红石	11022819	女	48	管理	财务经理	博士	16.5	20000	825	1620	22445
171	DF088	司空玄	42011219	男	48	研发	员工	博士	16.5	9500	825	770	11095
172	DF001	刘於义	11010819	男	54	管理	总经理	博士	16	40000	800	3240	44040
173	DF007	卓天雄	41020519	男	52	管理	技术经理	硕士	16	10000	800	810	11610
174	DF017	丁勉	11010519	女	52	研发	项目经理	博士	16	18000	800	1458	20258
175	DF008	逍遥玲	11010219	女	43	管理	销售经理	硕士	15.5	15000	775	1215	16990
176	DF093	成自学	11010819	女	47	研发	员工	硕士	15.5	8200	775	664	9639

图 10-47 筛选结果

• **注意：** 由于条件区域需要输入公式，需使用特殊格式。

①该条件的标题不能出现于数据源中，可以为空，建议使用关键字命名。

②在条件标题下对应单元格写入公式，该公式一般为逻辑判断类公式（即公式结果为 TRUE 或 FALSE）；输入的公式以等号“=”开头，并取出数据源中需要逐一进行判断的列的第一个数据单元格作为公式的“变量”，如本示例中需要逐一判断“工资总额”列的所有的值是否大于或等于平均工资总额，则在公式中以“工资总额”列第一个数据单元格 M2（不能使用绝对引用符号）作为公式“变量”，从而输入公式“=M2>=AVERAGE($M$2:$M$121)”（平均工资总额计算的区域需要使用绝对引用）。

10.4 数据的分类汇总

在对数据进行分析时，常常需要将相同类型的数据统计出来，这就是数据的分类汇总。在对数据进行汇总之前，应特别注意的是：首先必须对要汇总的关键字进行排序。

10.4.1 分类汇总

【实例8】打开素材文件中“个人开支”工作簿，在“按季度汇总”工作表中通过分类汇总功能，按季度升序求出每个季度各类开支的月均支出金额。

◆ 操作步骤：

①在 Excel 2016 中打开“个人开支.xlsx”工作簿，如图 10－48 所示。在“按季度汇总”工作表中选择 B 列，单击【开始】选项卡下“编辑”功能组中的“排序和筛选”按钮，在弹出的下拉列表中选择“升序”选项，然后在弹出的对话框中单击“排序”按钮，完成按“季度”升序排序。

	A	B	C	D	E	F	G
2	年月	季度	服装服饰	饮食	水电气房租	交通	通信
3	2013年11月	4季度	¥200	¥900	¥1,000	¥120	¥0
4	2013年4月	2季度	¥100	¥900	¥1,000	¥300	¥100
5	2013年3月	1季度	¥50	¥750	¥1,000	¥300	¥200
6	2013年6月	2季度	¥200	¥850	¥1,050	¥200	¥100
7	2013年5月	2季度	¥150	¥800	¥1,000	¥150	¥200
8	2013年10月	4季度	¥100	¥900	¥1,000	¥280	¥0
9	2013年1月	1季度	¥300	¥800	¥1,100	¥260	¥100
10	2013年9月	3季度	¥1,100	¥850	¥1,000	¥220	¥0
11	2013年12月	4季度	¥300	¥1,050	¥1,100	¥350	¥0
12	2013年8月	3季度	¥300	¥900	¥1,100	¥180	¥0

小赵的美好生活 | 按季度汇总

图 10－48 “数据源”

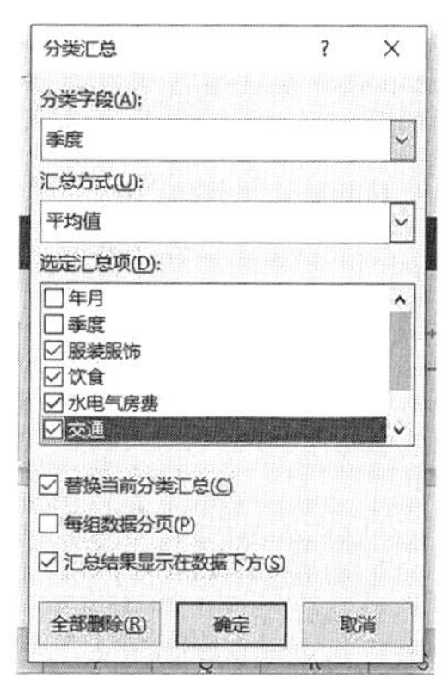

图 10－49 “分类汇总”对话框

②选择 A2:N14 单元格区域，切换至【数据】选项卡，选择“分级显示”功能组下的“分类汇总”按钮，弹出“分类汇总”对话框，在“分类字段”下拉列表中选择“季度”，在“汇总方式”下拉列表中选择“平均值”，在“选定汇总项”列表中不勾选“年月”“季度”“总支出”，其余全选，如图 10－49 所示，单击“确定”按钮。

③保存并关闭工作簿。

在上述自动分类汇总的结果上，还可以再进行分类汇总，例如再进行另一种分类汇总，两次分类汇总的关键字可以相同，也可以不同，其分类汇总方法与前面的是一样的，如果要保留上次的分类汇总结果，则必须取消勾选“替换当前分类汇总”复选框，如图 10－50 所示。

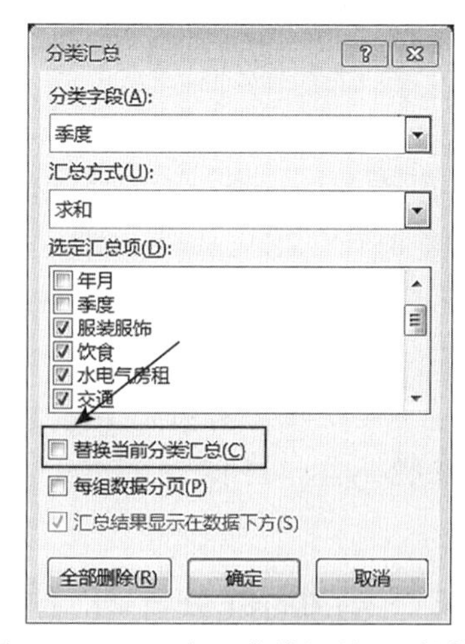

图 10－50 二次“分类汇总”对话框

10.4.2 分类汇总的撤销

如果不再需要分类汇总结果，可在图 10－50 所示的“分类汇总”对话框中单击“全部删除”按钮，即可撤销分类汇总。

10.5 数据透视表

数据透视表是Excel提供的一种交互式报表，是一种动态数据分析工具。可以根据用户不同的目的进行汇总、分析、浏览数据，得到想要的分析结果。数据透视表是对工作表数据的重新组合，它通过组合、计数、分类汇总、排序等方式从大量数据中提取总结性信息，用以制作各种分析报表和统计报表。通过对源数据表的行、列进行重新排列，使得数据表达的信息更清楚明了。

10.5.1 建立数据透视表

创建数据透视表时，首先要保证数据源是一个数据清单或数据库，即符合下列条件：

报表字段的名称来自数据源中的列标题。因此，数据源中工作表第一行各列都需要有名称。名称必须具有唯一性，而且数据源表的表头是没有合并单元格形式的表头。

删除数据源中的空行。

删除数据源中的合计项。

准备好数据源后，接下来单击数据清单或数据库中的任一非空单元格，然后单击【插入】选项卡“表格”功能组的“数据透视表”选项，则系统弹出“创建数据透视表”对话框，如图10-51所示。

默认已选中“选择一个表或区域”选项。“表/区域”框显示所选数据的范围，该范围可以根据需要修改；“选择放置数据透视表的位置”，默认选中“新工作表”，也可选择“现有工作表”，在“位置”框中选择需要存放的位置；单击“确定”按钮，如图10-52所示。其中左侧是为数据透视表准备的布局区域。右侧是“数据透视表字段”，该对话框中也能清晰地反映数据透视表的结构，利用它，用户可以向数据透视表内添加、删除、移动字段，设置字段格式，并对数据透视表中的字段进行排序和筛选。

图10-51 “创建数据透视表”对话框

图10-52 “数据透视表字段”对话框

通过将数据透视表字段列表中显示的任意字段移动到布局区域，可创建数据透视表，如图10-53所示。

从结构上看，数据透视表由 4 部分构成：

①行区域：此区域中的字段作为数据透视表的行字段。

②列区域：此区域中的字段作为数据透视表的列字段。

③数据区域：显示汇总的数据。

④报表筛选区域：此区域中的字段作为数据透视表的页字段。

数据透视表结构如图 10－54 所示。

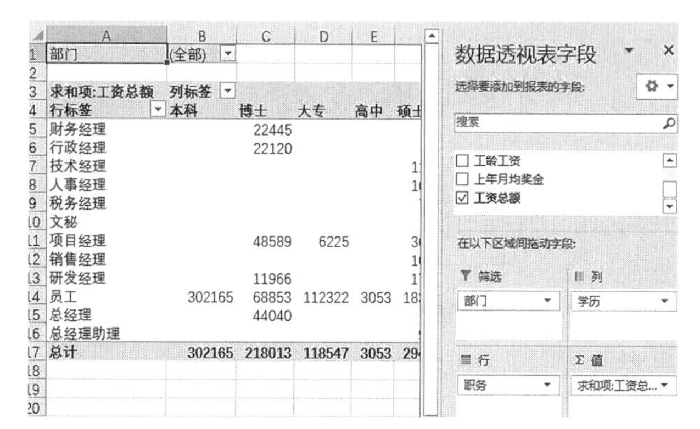

图 10－53 “数据透视表字段”对话框

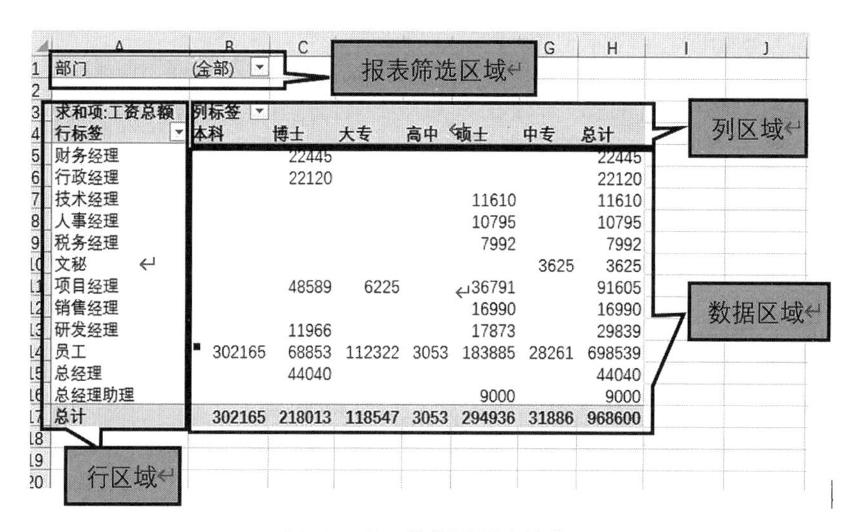

部门	(全部)						
求和项:工资总额	列标签						
行标签	本科	博士	大专	高中	硕士	中专	总计
财务经理		22445					22445
行政经理		22120					22120
技术经理					11610		11610
人事经理					10795		10795
税务经理					7992		7992
文秘						3625	3625
项目经理		48589	6225		36791		91605
销售经理					16990		16990
研发经理		11966			17873		29839
员工	302165	68853	112322	3053	183885	28261	698539
总经理		44040					44040
总经理助理					9000		9000
总计	302165	218013	118547	3053	294936	31886	968600

图 10－54 数据透视表结构

10.5.2 数据透视表分析

在图 10－54 所示的数据透视表中，可以很方便地进行多角度的统计与分析。比如要了解“财务”部门的工资情况，可在“部门”下拉列表中只选中“财务”，然后单击“确定”按钮，则只显示“财务”部门的工资统计结果。

10.5.3 数据透视表设计

1. 重命名字段

当用户向数值区域添加字段后，它们都会被命名，如“工资总额”变成了“求和项：工资总额”，这样加大了字段的列宽，影响美观，可以重新命名字段，让标题更简洁，方法是：

（1）单击数据透视表中列字段的标题单元格。

（2）在“编辑栏”中输入新标题，按回车键结束。

2. 删除字段

创建数据透视表以后，用户在进行数据分析时，可以对数据透视表不需要显示的字段进行删除，方法是：

（1）在“数据透视表字段列表”对话框中，点击需要删除的字段。

（2）在弹出的快捷菜单中选择“删除字段”命令。

3. 改变数据透视表的报表布局

数据透视表提供了“以压缩形式显示”“以大纲形式显示”“以表格形式显示”三种报表布局的显示方式。新创建的数据透视表显示形式都是默认的“以压缩形式显示”，行字段都堆积在一起，不符合我们的阅读习惯。“以表格形式显示”的数据透视表更直观，方便阅读，是用户首选的显示方式。设置数据透视表显示方式的方法如下：

（1）点击数据透视表的任意单元格。

（2）单击“数据透视表工具”项下的“设计”选项卡的“报表布局”按钮。

（3）在下拉菜单中选择相应的显示方式，比如选择“以表格形式显示”命令，如图 10－55 所示。

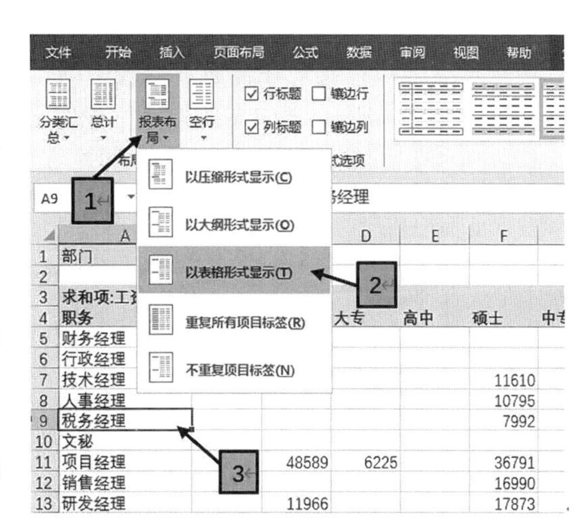

图 10－55 “更改数据透视表报表布局”对话框

4. 更改分类汇总的显示方式

用户可根据实际需求，显示或删除字段的分类汇总。设置方式如下：

（1）单击数据透视表的任意单元格。

（2）单击“数据透视表工具”项下的“设计”选项卡的“分类汇总”按钮。

（3）在下拉菜单中选择“不显示分类汇总”命令，如图 10－56 所示。

5. 总计的禁用和启用

用户同样可以设置显示或删除数据透视表的行和列的总计项。设置方式如下：

（1）单击数据透视表的任意单元格。

（2）单击“数据透视表工具”项下的“设计”选项卡的“总计”按钮。

（3）在下拉菜单中选择所需选项，比如选择“对行和列禁用”命令，如图 10－57 所示。

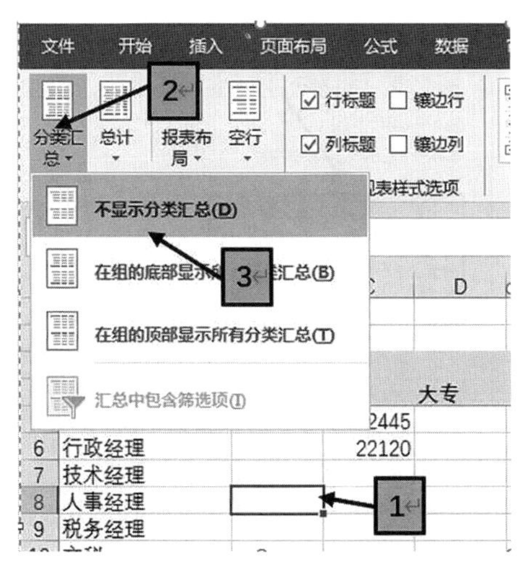

图 10－56 “更改分类汇总的显示方式”对话框

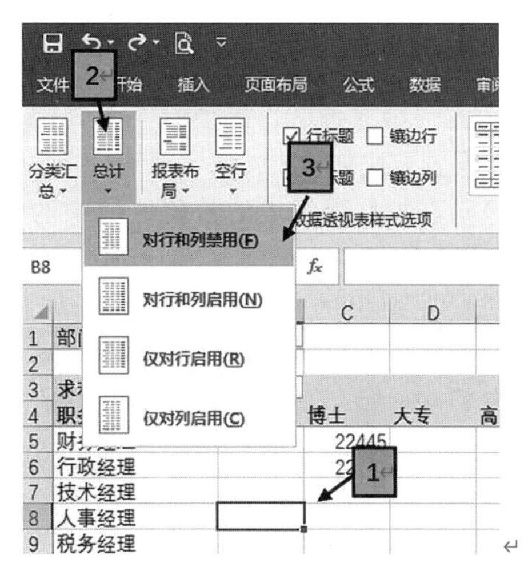

图 10－57 “总计的禁用和启用”对话框

6. 设置“合并居中”布局方式

数据透视表“合并居中”的布局方式简单明了，也符合读者的阅读方式。设置方法如下：

（1）在数据透视表任意单元格单击鼠标右键，选择“数据透视表选项”命令，弹出“数据透视表选项”对话框。

（2）在“数据透视表选项”对话框中，单击【布局和格式】选项卡，勾选“合并且居中排列带标签的单元格”复选框，单击“确定”按钮，如图 10－58 所示。

7. 数据透视表的排序

数据透视表可以实现在普通数据表中的排序效果，设置方法如下：

（1）单击数据透视表中需要排序字段的下拉箭头。

（2）在弹出的下拉菜单中选择“升序”或“降序”命令，如图 10－59 所示。

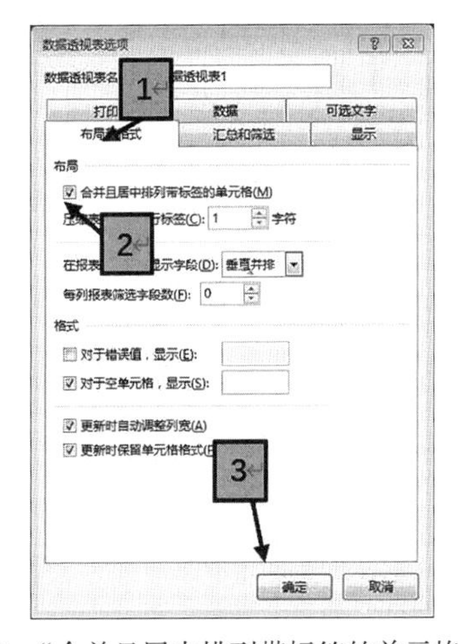

图 10－58 “合并且居中排列带标签的单元格”复选框

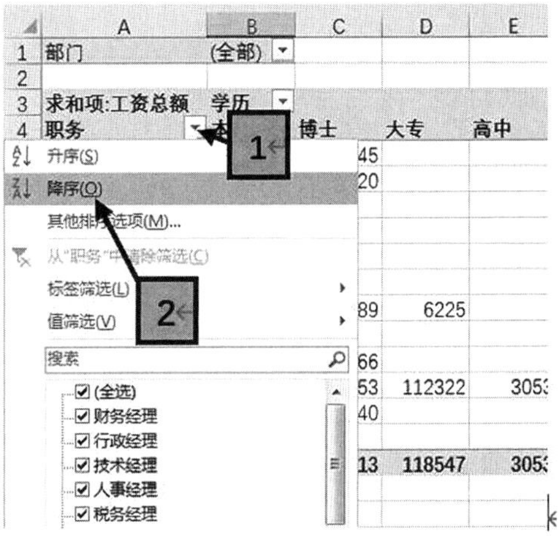

图 10－59 数据透视表排序

8. 更改字段的汇总方式

默认状态下，数据透视表对数值区域中的数值字段使用求和方式汇总，对非数值字段使用计数方式汇总。除此之外，数据透视表还提供了“平均值”“最大值”“最小值”等其他多种汇总方式。设置方法如下：

（1）在数据透视表的数值区域中的任意单元格单击鼠标右键。

（2）在弹出的快捷菜单中选择“值字段设置”命令，弹出“值字段设置”对话框。

（3）在【值汇总方式】选项卡下的“计算类型”下的选择框中选择要采用的汇总方式，单击“确定”按钮，如图 10－60 所示。

图10－60 更改字段汇总方式

9. 更改值显示方式

如果值字段设置对话框内的汇总方式仍然不能满足用户的分析需求，Excel 提供了更多的字段值显示方式，利用此功能，可以显示数据透视表的数值区域中每项占同行或同列数据总和的百分比，或显示每个数值占总和的百分比等。设置方法如下：

（1）在数据透视表的数值区域中的任意单元格单击鼠标右键，在弹出的快捷菜单中选择“值字段设置”命令，弹出“值字段设置”对话框。

（2）在“值字段设置”对话框中，单击【值显示方式】选项卡。

（3）在“值显示方式”选择框下选择要采用的值显示方式，单击“确定”按钮，如图10－61所示。

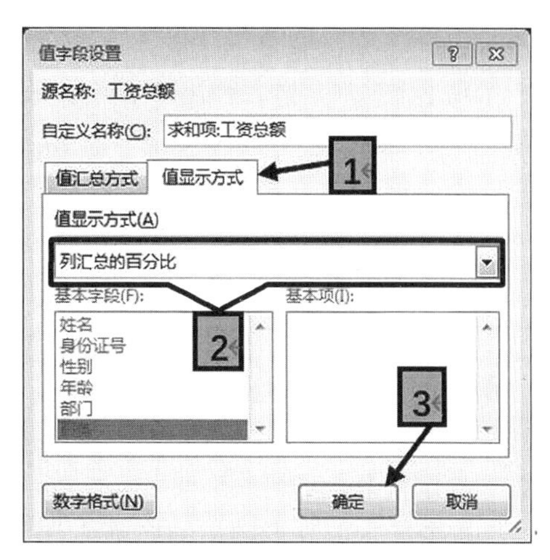

图10－61 “值字段设置”对话框

10. 刷新数据透视表

数据透视表创建完成后，如果数据源发生改变，刷新数据透视表的数据，从而获得最新的数据信息。用鼠标右键点击数据透视表的任意单元格，在弹出的菜单中选择“刷新”命令可手动刷新数据透视表。

10.5.4 数据透视图的创建和使用

数据透视图是另一种数据表现形式，与数据透视表不同的地方在于它可以选择适当的图形来表现数据的不同形式。数据透视图可以用多种色彩来描述数据的特性，能够更加形象化地体现出数据的情况，能方便地查看比较、分析数据的模式和趋势。

【实例9】打开素材文件中的工作簿 Excel32.xlsx，参考素材文件夹中的“成绩分布及比例.png”示例，以“分数段统计”工作表 B2 单元格为起始位置创建数据透视表，计算“成绩单”工作表中平均成绩在各分数段的人数以及所占比例，数据透视表中的数据格式设置以参考示例为准，其中平均成绩各分数段下限包含临界值；根据数据透视表在单元格区域 E2:L17 内创建数据透视图，数据透视图图表类型、数据系列、坐标轴、图例等设置以参考示例为准。

◆ 操作步骤：

①在 Excel 2016 中打开工作簿 Excel32.xlsx，选中“分数段统计”工作表的 B2 单元格，单击【插入】选项卡下“表格”组中的“数据透视表”下拉按钮，在下拉列表中选择“数据透视表”，弹出“创建数据透视表”对话框，在“表/区域”文本框中输入“成绩单！$B $2：$M $336”。

②单击“确定”按钮，在工作表右侧出现“数据透视表字段列表”任务窗口，将“平均成绩”字段拖动到“行标签”；拖动两次“员工编号”字段到“数值”区域；选择当前工作表的 B3 单元格，单击【数据透视表工具|选项】选项卡下“分组”组中的“将所选内容分组”按钮，弹出“组合”对话框，将“起始于”设置为60，“终止于”设置为100，“步长”设置为10，如图10－62所示。设置完成后，单击“确定”按钮。

图10－62 “组合”对话框

③双击 C2 单元格，弹出“值字段设置”对话框，

在“自定义名称”文本框中输入字段名称“人数”，单击“确定”按钮。

④双击 D2 单元格，弹出“值字段设置”对话框，在“自定义名称”文本框中输入字段名称“所占比例”，单击“确定”按钮；选中 D2 单元格，单击鼠标右键，在弹出的快捷菜单中选择“值显示方式”→“总计的百分比”。

⑤选中 D3:D8 单元格区域，单击鼠标右键，在弹出的快捷菜单中选择“设置单元格格式”，弹出“设置单元格格式”对话框，在【数字】选项卡中将单元格格式设置为“百分比”，并保留 1 位小数，单击“确定”按钮。

⑥选中 B2:D7 单元格区域，单击【数据透视表工具|选项】选项卡下“工具”组中的“数据透视图”按钮，在弹出的“插入图表”对话框中选择“柱形图”→“簇状柱形图”，单击“确定”按钮。

⑦选中插入的柱形图中的“所占比例”系列，单击【数据透视表工具|设计】选项卡下“类型”组中的“更改图表类型”按钮，弹出“更改图表类型”对话框，选择“折线图”→“带数据标记的折线图”，单击“确定”按钮。

⑧选中图表中的“所占比例”系列，单击鼠标右键，在弹出的快捷菜单中选择“设置数据系列格式”，弹出“设置数据系列格式”对话框，在“系列选项”中，选择“次坐标轴”，单击“关闭”按钮。

⑨单击【数据透视表工具|布局】选项卡下“标签”组中的“图例”下拉按钮，在下拉列表框中选择“在底部显示图例”。

⑩选中次坐标轴，单击鼠标右键，在弹出的快捷菜单中选择“设置坐标轴格式”，弹出“设置坐标轴格式”对话框，切换到左侧列表框中的“数字”选项卡，在右侧的设置项中，将“类别”设置为“百分比”，将小数位数设置为“0”，设置完成后单击“关闭”按钮。适当调整图表的大小以及位置，使其位于工作表的 E2:L17 单元格区域，保存并关闭工作簿。

第 11 章　Excel 图表处理

11.1　图表的建立

Excel 具有完整的图表功能，提供了约 15 种标准图表类型，如柱形图、折线图、饼图、条形图、面积图、XY（散点图）、股价图、曲面图、雷达图、树状图、旭日图、直方图、箱形图、瀑布图、组合图等，每种图表类型又包含几种不同的子类型。

创建图表前，应先组织和排列数据，并依据数据性质确定相应图表类型。对于创建图表所依据的数据，应按照行或列的形式组织数据，并在数据的左侧和上方分别设置行标题和列标题，行列标题最好是文本，这样 Excel 会自动根据所选数据区域确定在图表中绘制数据的最佳方式。

当不明确应该采用什么类型的图表时，Excel 2016 会根据选定的数据尝试推荐一个或几个可能合适的图表类型以供选择。

【实例 1】2021 级基地班每门课程各分数段人数的分布情况如图 11－1 所示，现需要使用图表对其进行直观显示。

	A	B	C	D	E	F
1	分数段	高等数学人数	大学英语人数	大学物理人数	大学计算机人数	思修人数
2	90-100	8	7	5	10	11
3	80-89	10	10	9	12	13
4	70-79	12	13	15	16	17
5	60-69	24	19	21	18	15
6	0-59	9	14	13	7	7

图 11－1　2021 级基地班每门课程各分数段人数分布情况

使用“簇状柱形图”展示高等数学、大学英语、大学物理、大学计算机、思修 5 门课程各分数段人数的操作步骤如下：

①选择要用于创建图表的数据所在的单元格区域（A1:F6），可以选择不相邻的多个区域。

②单击【插入】选项卡下的“图表”功能组中的“推荐的图表”按钮，打开“插入图表”对话框。

③在“推荐的图表”选项卡中浏览 Excel 推荐的图表列表，单击查看预览效果，如图 11－2 所示。如果没有找到合适的类型，则可单击“所有图表”选项卡以查看所有可用的图

表类型。

④将光标停留在图表缩略图上，屏幕提示将显示该图表类型的名称，选择需要的图表，然后单击“确定”按钮，将相应图表插入当前工作表中。

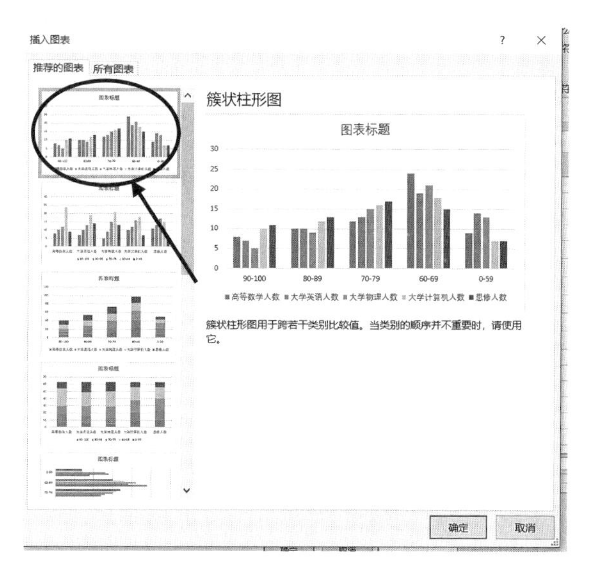

图 11－2 利用推荐的图表列表或“插入图表”对话框插入图表操作示意图

⑤移动图表位置。默认情况下，图表是以可以移动的对象方式嵌入到工作表中的，将光标指向空白的图表区，当光标变为✥形状时，按下鼠标左键不放并拖动鼠标，即可移动图表的位置。

⑥改变图表大小。将鼠标指向图表外边框上四边或四角的尺寸控点上，当光标变为↔形状时，拖动鼠标即可改变其大小。

⑦快速更改外观。选中图表，通过其右上角旁边的图表元素、图表样式和图表筛选器按钮对图表的元素、样式颜色、系列数据等内容进行设置或更改。

⑧若要获取更为详细的设计和格式设置，可通过【图表工具】的【设计】和【格式】选项卡进行设置。

创建好的图表由图表区、绘图区、数据系列、图例、图表标题、坐标轴等基本组成部分构成，如图 11－3 所示。

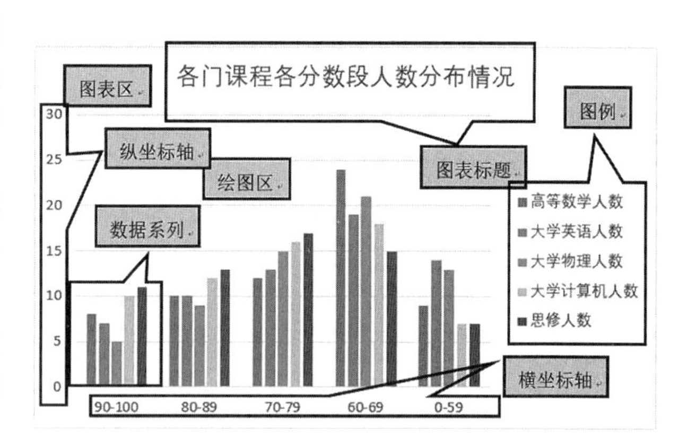

图 11－3 图表的组成

- 图表区：包含整个图表及其全部元素。一般在图表的空白处单击即可选定整个图表区。
- 绘图区：通过坐标轴来界定的区域，包括所有数据系列、分类名、刻度线标志和坐标轴标题等。
- 数据系列：指在图表中绘制的有关数据，这些数据源自数据表的行或列。图表中的每个数据系列具有唯一的颜色或图案并且在图表的图例中表示。可以在图表中绘制一个或多个数据系列（饼图只有一个数据系列）。数据点是在图表中绘制的单个值，这些值由条形、柱形、折线、饼图或圆环图的扇面、圆点和其他被称为数据标记的图形表示。相同颜色的数据标记组成一个数据系列。
- 图例：图例是放置在图表绘图区外的数据系列的标签，用不同的图案或颜色标示图表中的数据系列。
- 图表标题：对整个图表的说明性文字，自动在图表顶部居中，也可以移动到其他位置。

● 坐标轴：坐标轴是界定图表绘图区的线条，用作度量的参考框架。Y 轴通常为垂直坐标轴并包含数据，X 轴通常为水平坐标轴并包含分类。数据沿着横坐标轴和纵坐标轴绘制在图表中。

11.2 图表的编辑、修改及格式化

创建基本图表后，可以根据需要通过以下两种方法进一步对图表进行编辑，使其更加美观，显示更加丰富的信息。

方法 1：单击图表，图表区右上角将会出现一组按钮（图 11－4），可快速对图表元素、图表的样式及颜色、图表的数据系列进行设置。

方法 2：单击图表，功能组中将会显示【图表工具】下的【设计】和【格式】选项卡，利用这两个选项卡可以对图表进行更加全面细致的修饰和更改。

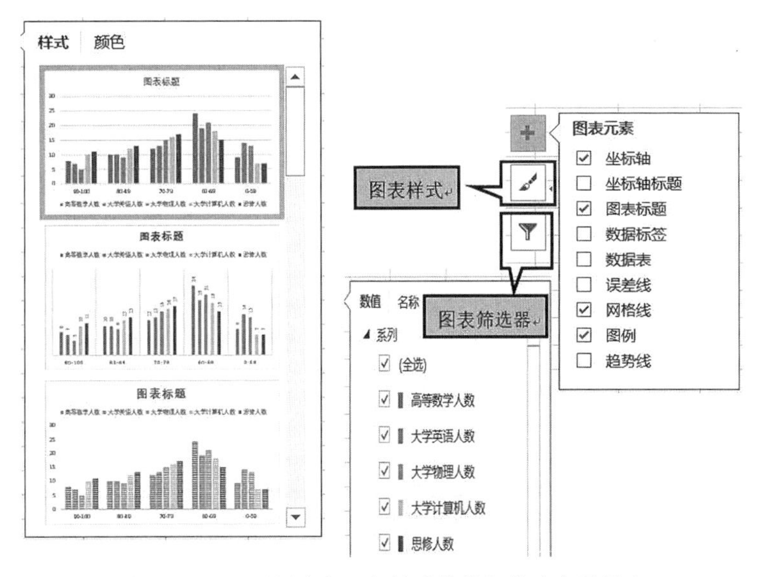

图 11－4 通过图表右上角的功能按钮快速布局图表

11.2.1 设置坐标轴、标题、数据标志、图例等的格式

1. 设置坐标轴

创建图表时，大多数图表类型会显示主要的横纵坐标轴，某些三维图表会显示竖坐标轴。可以根据需要对坐标轴的格式进行设置，调整坐标轴刻度间隔、设置坐标轴上的标签等。具体设置方法如下：

（1）单击要设置坐标轴的图表。

（2）依次选择【图表工具 | 设计】选项卡“图表布局”功能组中的“添加图表元素”按钮→“坐标轴”，打开下拉列表，选择“更多轴选项”按钮。

（3）打开“设置坐标轴格式”任务窗格，在“填充与线条”“效果”“大小与属性”“坐标轴选项”选项中进行设置，如图 11－5 所示。

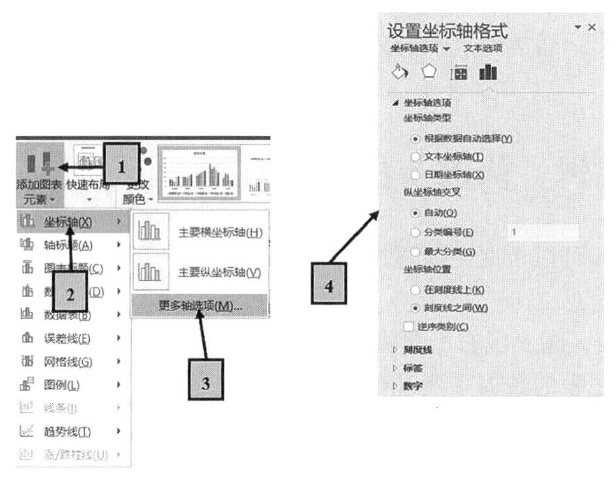

图 11－5 坐标轴的设置

2. 设置标题

为了使图表更易于理解，可以为图表添加图表标题和坐标轴标题，也可以将标题链接到数据表所在单元格中的相应文本，当对数据表所在单元格中的文本进行更改时，图表中链接的标题将会自动更新。

（1）设置图表标题。具体设置方法如下：

①单击图表中的任意位置。

②依次选择【图表工具|设计】选项卡“图表布局”功能组中的“添加图表元素”按钮，然后选择“图表标题”，打开下拉列表，选择“图表上方”或“居中覆盖”命令，指定标题位置，如图 11－6 所示。

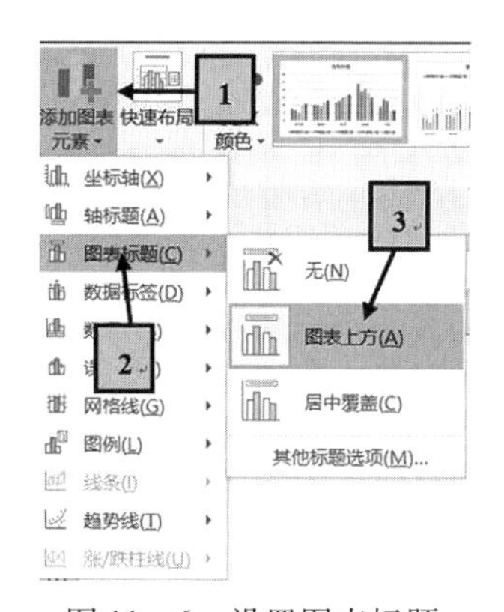

图 11－6 设置图表标题

③在“图表标题”文本框中输入标题文字，在图表标题上双击，打开“设置图表标题格式”任务窗格，按照需要对标题框及文本的大小、边框、填充、对齐方式等格式进行设置，还可以通过【开始】选项卡下的“字体”功能组设置标题文本的字体、字号、颜色等。

（2）设置坐标轴标题。具体设置方法如下：

①单击图表中的任意位置。

②依次选择【图表工具|设计】选项卡“图标布局”功能组中的“添加图表元素”按钮，然后选择“轴标题”，打开下拉列表，选择“主要横坐标轴”选项，如图 11－7 所示。

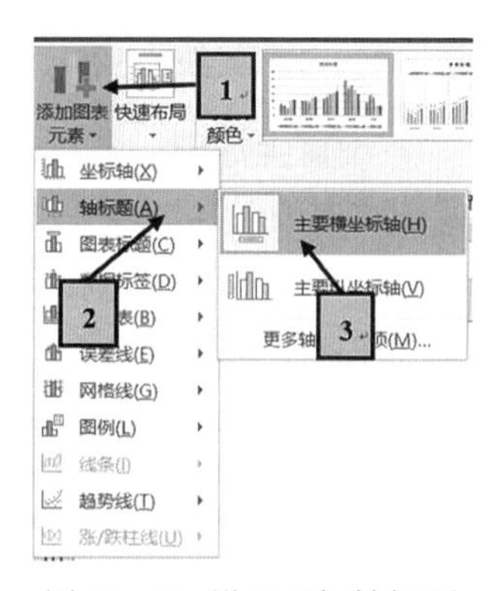

图 11－7 设置坐标轴标题

③在图表中显示的“坐标轴标题”文本框中输入标题文字，在坐标轴标题上双击，打开“设置坐标轴标题格式”任务窗格，按照需要对标题框及文本的大小、边框、填充、对齐方式等格式进行设置，还可以通过【开始】选项卡下的“字体”功能组设置坐标轴标题文本的字体、字号、颜色等。用类似的方法设置纵坐标轴标题。

3. 设置数据标志

将基于散点图来介绍数据标记的设置。

【实例2】基于某地区1971—1979年的温度气象数据，创建如图11-8所示的散点图，下面将对此散点图进行数据标志的设置。

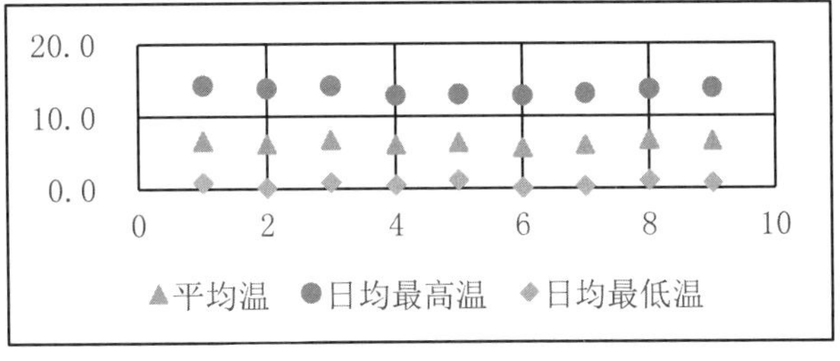

图11-8 散点图

（1）添加数据标签。要快速识别图表中的数据系列，可以向图表的数据点添加数据标签。操作步骤如下：

①在图表中选择要添加数据标签的数据系列“日均最高温”。

②依次选择【图表工具|设计】选项卡“图表布局”功能组中的“添加图表元素”按钮，然后选择“数据标签”，从图11-9所示的下拉列表中选择相应的显示方式。

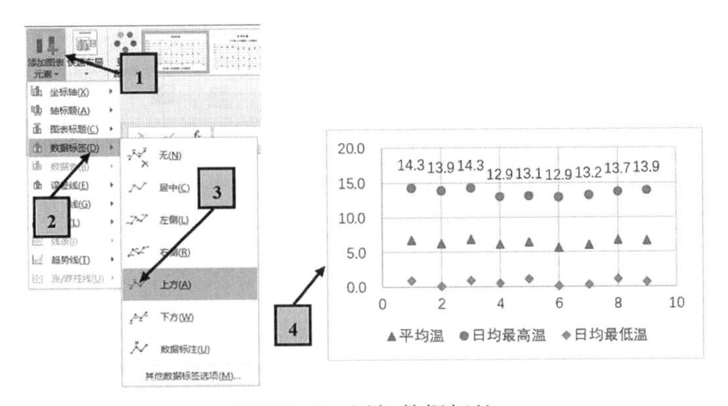

图11-9 添加数据标签

> ● **注意：**选择的图表元素不同数据标签添加的范围也会不同。如选择了整个图表，数据标签将应用到所有数据系列，如只选择了单个数据点，则数据标签将只应用于选定的数据系列或数据点。

（2）设置数据系列格式。对于图11-8所示的散点图，如果希望将“日均最高温”数据系列改成8磅的黑色正方形，则可按如下步骤操作：

①选中“日均最高温”数据系列，单击鼠标右键，在弹出的快捷菜单中选择“设置数据标签格式”命令。

②选择“填充与线条”→“标记”标签，然后展开“填充”标记，选择“纯色填充”单选按钮，再选黑色。

③单击“数据标记选项”标记，然后选中“内置”单选按钮，选择类型为正方形，大小设置为8，如图11-10设置数据系列格式所示，设置后的散点图如图11-11所示。

（3）添加趋势线。趋势线是用图形的方式显示数据的预测趋势，并可用于预测分析。例如，图11-8中的“日均最高温”的数据近似是一种线性关系，为其添加1.5磅黑色单实线线性趋势线。可按如下步骤操作：

①选中“日均最高温”数据系列，单击鼠标右键，在弹出的快捷菜单中选择“添加趋势线”命令。

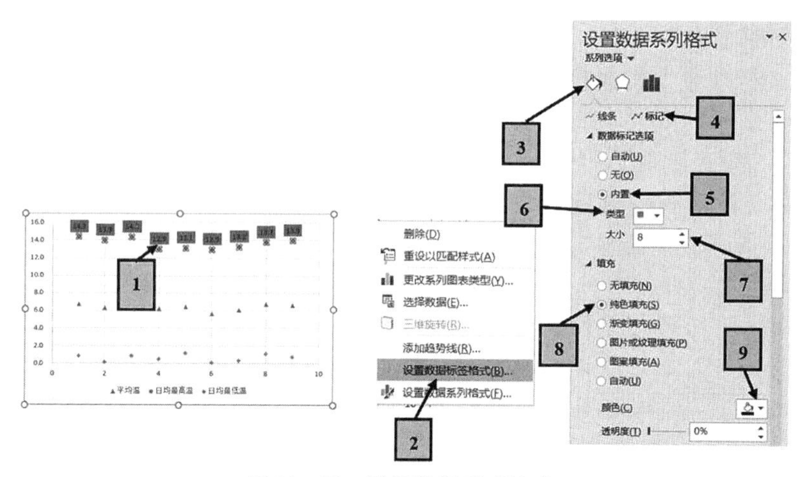

图 11－10 设置数据系列格式

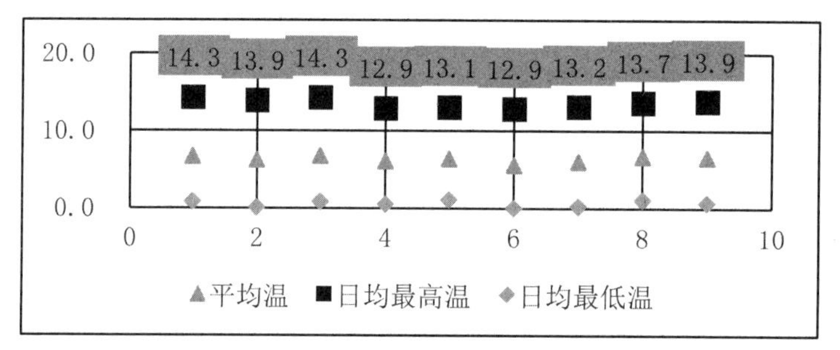

图 11－11 设置数据标记后的散点图

②选择“填充与线条”→“线条”标签，然后展开“线条”标记，选择“实线”单选按钮，再选颜色“黑色”，宽度“1.5 磅”，短划线类型“实线”，如图 11－12 所示添加趋势线，设置后的散点图如图 11－13 所示。

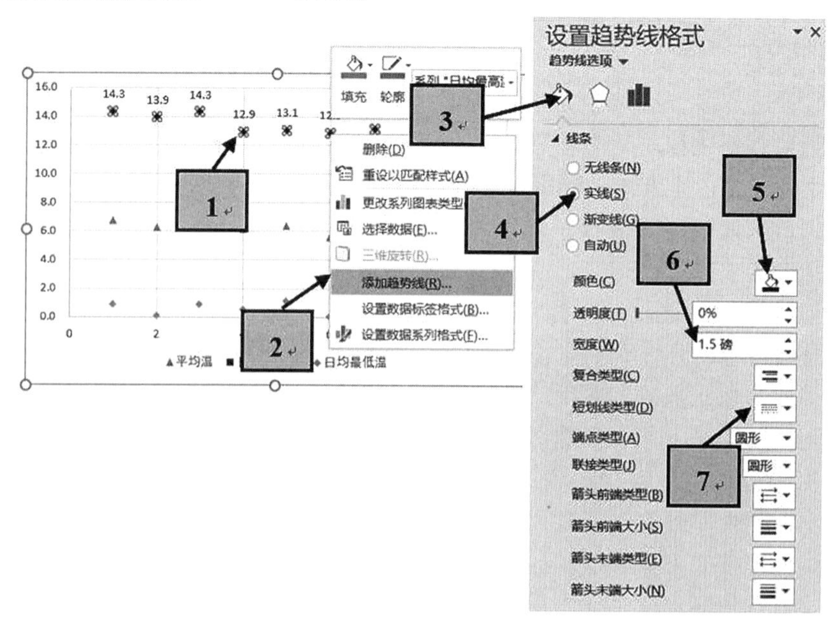

图 11－12 添加趋势线

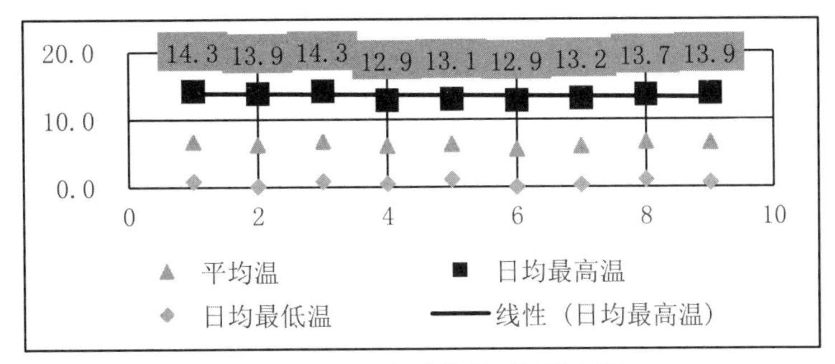

图 11－13 添加趋势线后的散点图

4. 设置图例

创建图表时会自动显示图例，图表创建完毕后可以隐藏图例，也可以根据需要重新设置图例的位置及格式，以使图表的布局更加合理美观。具体设置方法如下：

（1）单击图表中的任意位置。

（2）依次选择【图表工具|设计】选项卡“图表布局”功能组中的“添加图表元素”按钮，然后选择“图例”，打开下拉列表，从中选择相应的命令，可改变图例的显示位置，其中选择“无”可隐藏图例。

（3）单击“其他图例选项”，打开“设置图例格式”任务窗格，如图 11－14 所示，按照需要对图例的颜色、边框、位置等格式进行设置，还可以通过【开始】选项卡下的“字体”功能组设置图例的字体、字号、颜色等。

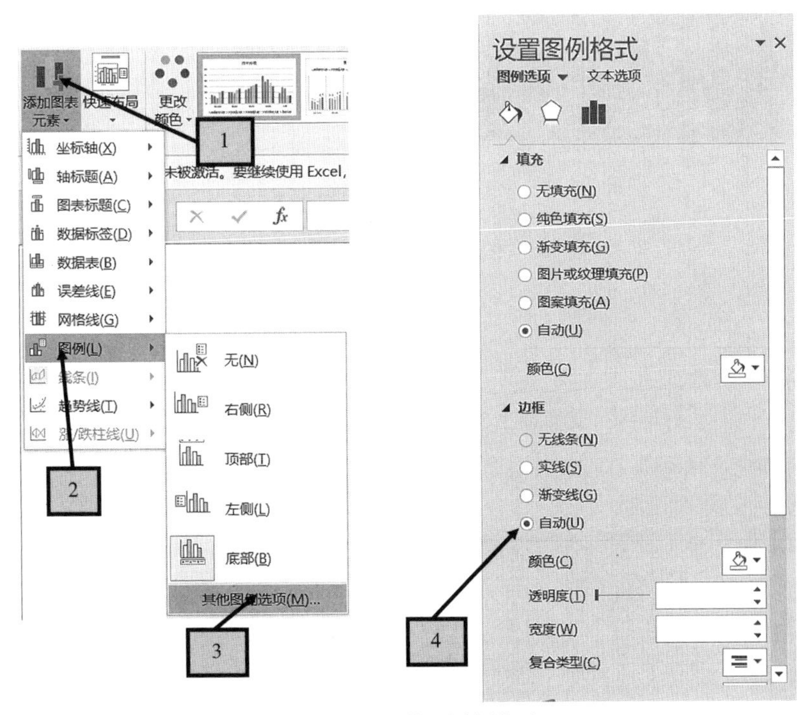

图 11－14 设置图例格式

11.2.2 改变图表颜色、图案与边框

创建图表后，可以为图表应用预定义图表样式和预定义图表布局快速更改其外观。Excel 2016 提供了多种预定义样式和布局，必要时还可以手动更改图表的颜色、图案和边框。

1. 应用预定义图表样式

具体操作步骤如下：

（1）单击图表中的任意位置。

（2）单击右上角的“图表样式”按钮，在“样式”列表中选择一个样式；或者在【图表工具|设计】选项卡下的“图表样式”功能组中单击要使用的图表样式。单击右下角的“其他”箭头，可查看更多的预定义图表样式。

（3）单击右上角的“图表样式”按钮，在“颜色”列表中选择一个配色方案；然后在打开的“设置图表区格式”任务窗格中，选择“填充与线条”标签，然后展开“填充”标记，选择对应的单选按钮设置填充效果，展开“边框”标记，选择对应的单选按钮设置边框样式，如图 11－15 所示。

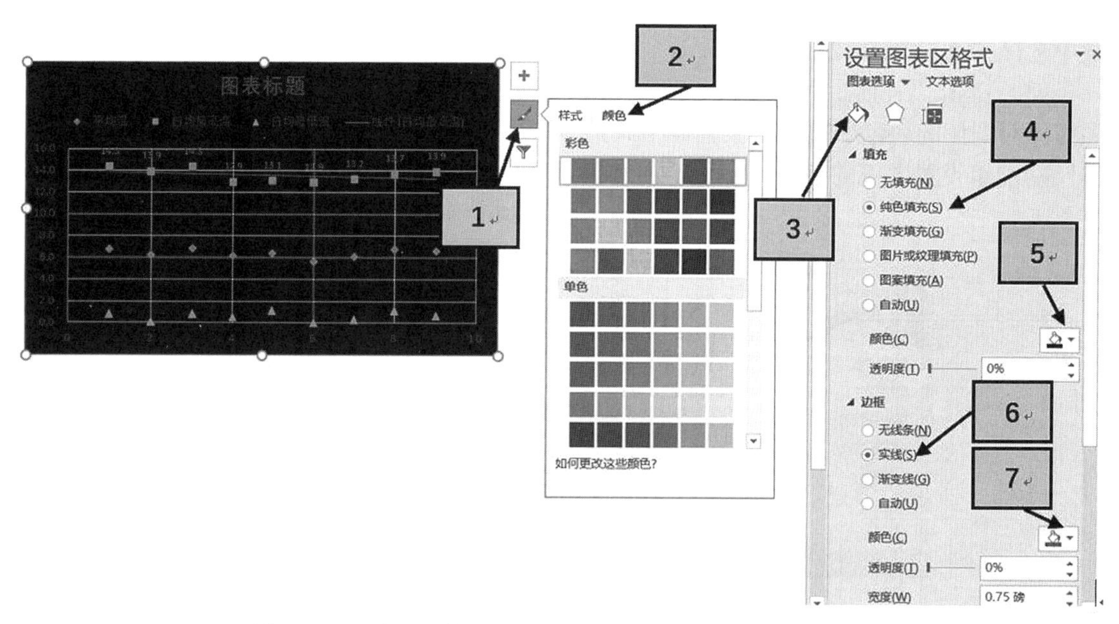

图 11－15 应用预定义图表样式更改图表颜色、图案和边框

2. 应用预定义图表布局

具体操作步骤如下：

（1）单击图表中的任意位置。

（2）在【图表工具|设计】选项卡下的“图表布局”功能组中单击“快速布局”按钮。

（3）从如图 11－16（a）所示的列表中选择要使用的预定义布局类型。

（4）在【图表工具|设计】选项卡下的“图表布局”功能组中单击“添加图表元素”按钮，打开如图 11－16（b）所示的下拉列表，可自定义图表布局。

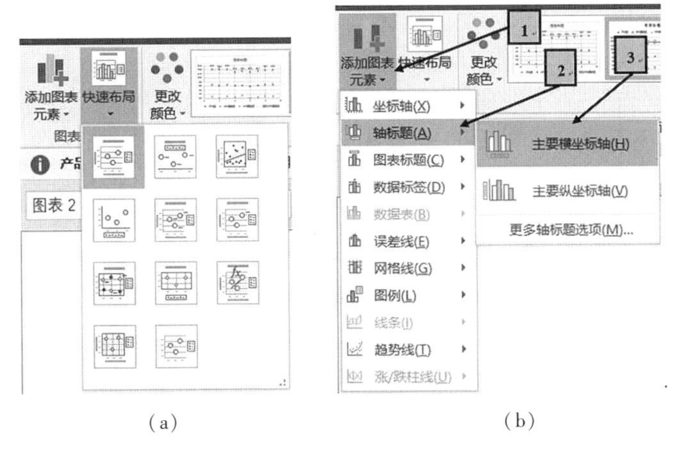

（a）　　　　　　　　（b）

图 11-16　应用预定义布局设置图表布局

11.3　迷你图的创建、编辑与修饰

迷你图可显示一系列数值的趋势，还可以突出显示最大值和最小值。与图表不同，迷你图不是对象，而是单元格背景中的一个微型图表。当打印工作表时，单元格中的迷你图会与数据一起进行打印。创建迷你图后还可以根据需要编辑迷你图，如更改颜色、高亮显示最大值和最小值。

1. 创建迷你图

Excel 2016 提供了“折线图”“柱形图”和“盈亏图”3 种形式的迷你图。

【实例 3】为某地区 10 个气象观测站绘制近 4 年降水量迷你图。

◆ 操作步骤：

①输入相关数据。

②单击【插入】选项卡下的“迷你图”功能组中的“折线图”按钮，打开“创建迷你图”对话框。

③输入数据范围 B3:E3，放置迷你图的位置 F3，单击“确定”按钮，迷你图放置到了指定的单元格中。

	A	B	C	D	E	F
1	某地区近4年降水量一览表					
2	站点	2017年	2018年	2019年	2020年	迷你图趋势
3	站点1	382.4	324.7	528.2	382.9	
4	站点2	450.5	485.3	450.3	562.3	
5	站点3	353.1	388.5	200.3	4009.8	
6	站点4	422	526.9	703.1	458.3	
7	站点5	394.5	587.2	627.8	533.1	
8	站点6	385	624.7	433.7	355.7	
9	站点7	466.74825	562.9	505.2	338.8	
10	站点8	510.9	602.7	551.2	363.4	
11	站点9	438.84792	427.7	558.1	542.3	
12	站点10	587.1	527.5	606.7	539.7	

图 11-17　为某地区 10 个气象观测站绘制近 4 年降水量迷你图

④复制迷你图，拖动迷你图单元格的填充柄可以像复制公式一样填充迷你图。创建后的迷你图如图 11-17 所示。

• **注意：**若要清除迷你图，选择要清除的迷你图单元格，单击“分组”功能组中的“清除”按钮。

2. 迷你图的编辑与修饰

当为某个单元格创建迷你图时，功能组会出现【迷你图工具|设计】选项卡，通过该选项卡可以修改迷你图类型，设置其显示格式、样式、坐标轴格式等。

【实例4】对图11－17所示的迷你图进行适当的编辑。

◆ 操作步骤：

①突出显示数据点。在【迷你图工具|设计】选项卡的“显示”功能组中，选中“高点”和“低点”复选框，即4年中的最大降水量和最小降水量。

②设置迷你图颜色与样式。选择【迷你图工具|设计】选项卡下的“样式”功能组中的“迷你图样式着色2，深色50%”，在“迷你图颜色”下拉列表中选择紫色，“粗细”选择“3磅”选项，在“标记颜色”下拉列表中分别为高点和低点设置颜色为红色和蓝色，突出显示降水量趋势，如图11－18所示。

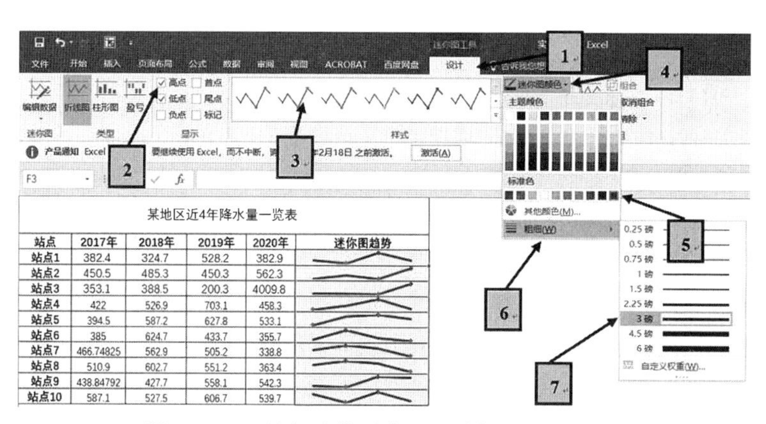

图11－18　编辑迷你图步骤及编辑后的迷你图

11.4　动态图表的建立

动态图表是利用Excel 2016的函数、名称、空间、数据透视图、切片器等功能实现的交互展示图表。与普通图表相比，动态图表突破了空间限制，能够展示出更多的数据信息；重新定义数据输入输出的方式，将静态的、传统的图表以更灵活、交互、实时的方式展现出来，实现对静态图表的批量制作，大大节省制图的时间。

创建动态图表的方法很多，根据不同情况，可以使用数据透视图加切片器，或者函数公式加上名称管理等来实现。本节介绍用切片器生成动态图表。

【实例5】如图11－19所示是某公司2020年各月收支情况，为其制作相应的动态图表。

某公司2020年各月收支情况（元）

季度	月份	收入	支出	结余
1	1	20640000	26530000	-5890000
1	2	25370000	21380000	3990000
1	3	38920000	30980000	7940000
2	4	34510000	28950000	5560000
2	5	39570000	34580000	4990000
2	6	40710000	36910000	3800000
3	7	25780000	19820000	5960000
3	8	23980000	20730000	3250000
3	9	27540000	30660000	-3120000
4	10	26370000	25320000	1050000
4	11	27520000	20710000	6810000
4	12	26430000	29540000	-3110000

图11－19　某公司2020年各月收支情况

◆ 操作步骤：

①选中数据区域。

②单击【插入】选项卡“表格”功能组中的“数据透视表”按钮。

③在打开的“创建数据透视表”对话框中，将创建的图表放在“新工作表”中，单击“确定”按钮，创建了一个数据透视表。

④在“数据透视表字段列表”窗格中将“季度”字段拖动到“筛选器”区域，将“月

份”字段拖动到“行”区域，将“收入”“支出”和“结余”3 个字段拖动到“值”区域，创建了数据透视表。

⑤单击【数据透视表|分析】选项卡“工具”功能组中的“数据透视图”按钮，创建了数据透视图。数据透视表和数据透视图如图 11－20 所示。

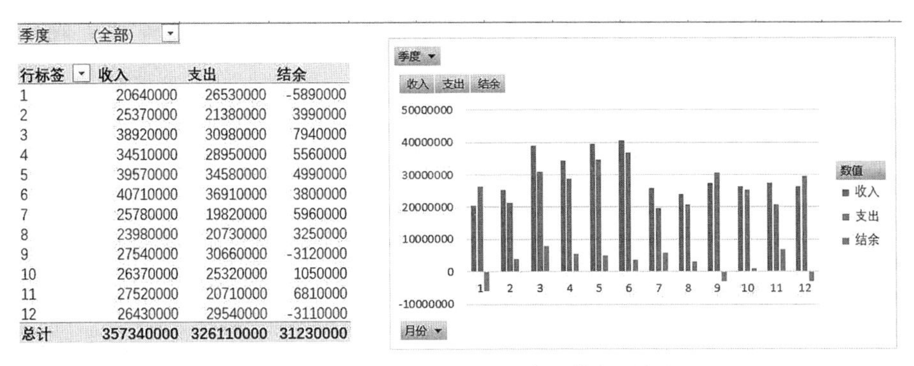

季度 (全部)

行标签	收入	支出	结余
1	20640000	26530000	-5890000
2	25370000	21380000	3990000
3	38920000	30980000	7940000
4	34510000	28950000	5560000
5	39570000	34580000	4990000
6	40710000	36910000	3800000
7	25780000	19820000	5960000
8	23980000	20730000	3250000
9	27540000	30660000	-3120000
10	26370000	25320000	1050000
11	27520000	20710000	6810000
12	26430000	29540000	-3110000
总计	357340000	326110000	31230000

图 11－20 创建的数据透视表和数据透视图

⑥选中数据透视图，单击【数据透视图工具|分析】选项卡“筛选”功能组中的“插入切片器”按钮，然后勾选“季度”。在切片器上单击任意的季度，透视图中就会出现相应季度的数据。如图 11－21 所示。

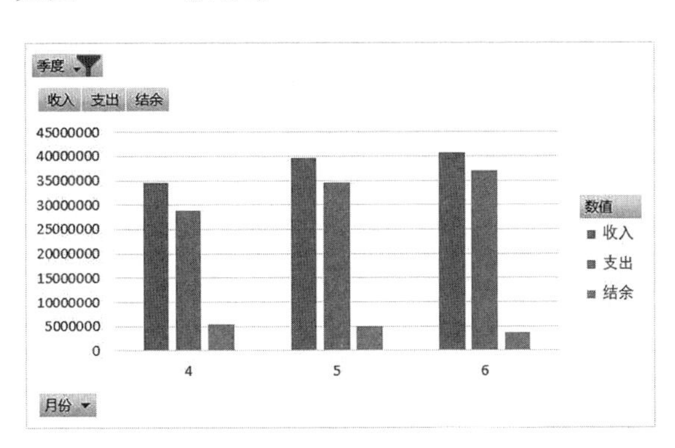

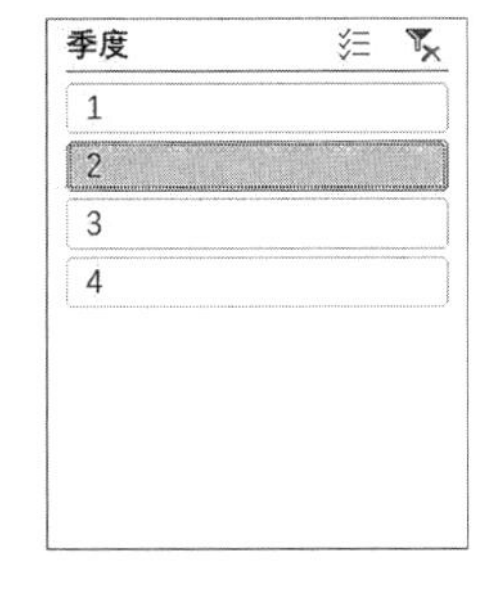

图 11－21 生成的动态图表

第 12 章　Excel 数据分析工具的应用

12.1　模拟运算表

模拟运算表是一个单元格区域，用于显示公式中一个或两个变量的更改对公式结果的影响。模拟运算表提供了一种快捷手段，它可以通过一步操作计算多个结果；同时，它还是一种有效的方法，可以查看和比较由工作表中不同变化所引起的各种结果。

模拟运算表根据行、列变量的个数，可分为单变量模拟运算表和双变量模拟运算表。创建单变量模拟运算表还是双变量模拟运算表，取决于需要测试的变量和公式数。

12.1.1　单变量模拟运算表

若要了解一个或多个公式中一个变量的不同值如何改变这些公式的结果，可使用单变量模拟运算表。单变量模拟运算表的输入值被排列在一列（列方向）或一行（行方向）中。

【实例 1】通过公式 $Y = aX^3 + bX^2 + cX + d$ 计算 Y 的值。

其中，参数 a，b，c，d 的值分别为 2，4，6，8，给定 10 个 X 值“0，1，2，3，4，5，6，7，8，9”，需要计算出对应的 10 个 Y 值。

◆ 操作步骤：

①单变量模拟运算表中使用的公式必须仅引用一个输入单元格（在该单元格中，源于模拟运算表的输入值将被替换，相当于公式中的自变量），这里是 C9。

②在 1 列或 1 行的单元格中，键入要替换的值列表。将值任一侧的几行和几列单元格保留为空白，本例在 E4:E13 输入 10 个给定的自变量的值。

③如果模拟运算表为列方向的（变量值位于一列中），请在紧接变量值列右上角的单元格中键入公式；如果模拟运算表为行方向的（变量值位于一行中），请在紧接变量值行左下角的单元格中键入公式。本例的变量值位于一列，在 F3 中输入公式“= C5 * POWER(C9,3) + C6 * POWER(C9,2) + C7 * C9 + C8”。

④选定包含需要替换的数值和公式的单元格区域，这里选择 E3:F13。

⑤单击【数据】选项卡“预测”功能组下的“模拟分析”按钮，然后在下拉列表中选择“模拟运算表”选项。

⑥如果模拟运算表为列方向，请在“输入引用列的单元格”文本框中，为输入单元格键入单元格引用；如果模拟运算表是行方向的，请在“输入引用行的单元格”文本框中，

为输入单元格键入单元格引用。本例在“输入引用列的单元格”文本框中输入 \$C\$9，设置引用单元格如图 12－1 所示。得到的单变量模拟运算结果如图 12－2 所示。

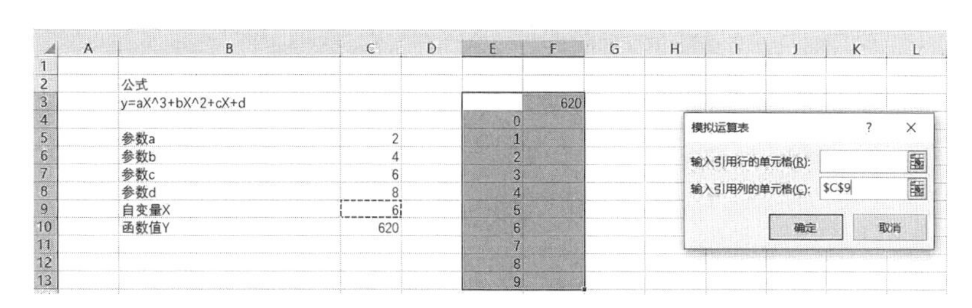

图 12－1 单变量模拟运算设置引用单元格

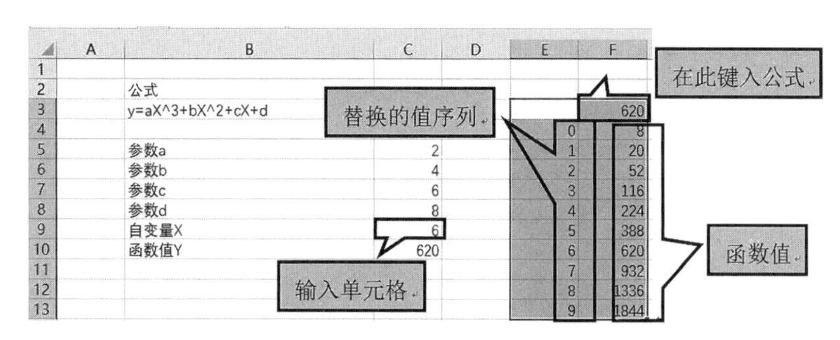

图 12－2 单变量模拟运算结果

12.1.2 双变量模拟运算表

双变量模拟运算表使用含有两个输入值列表的公式。该公式必须引用两个不同的输入单元格。使用双变量模拟运算表可以查看一个公式中两个变量的不同值对该公式结果的影响。

【实例 2】使用双变量模拟运算表查看利率和贷款期限的不同组合对月还款额的影响。

◆ 操作步骤：

①在单元格 B1:B3 中输入基础数据。

②在单元格 D2 中键入公式“ = PMT （B1/12，B2，- B3）”，其中 B1 和 B2 是两个自变量。

③在公式所在单元格的下方输入一个输入值列表。这里在 D3:D13 单元格中输入不同的利率。

④在公式右边的同一行中，输入第二个列表。这里在 E2:M2 单元格中输入不同的贷款期限。

⑤选择单元格区域，其中包含公式、数值行和列，以及要在其中放入计算值的单元格，本例选择 D2:M13。

⑥单击【数据】选项卡“预测”功能组下的“模拟分析”按钮，在下拉列表中选择“模拟运算表”选项；在弹出的对话框设置“输入引用行的单元格”为 \$B \$2，“输入引用列的单元格”为 \$B \$1，然后单击“确定”按钮即可，设置引用单元格如图 12－3 所示。得到的双变量模拟运算结果如图 12－4 所示。

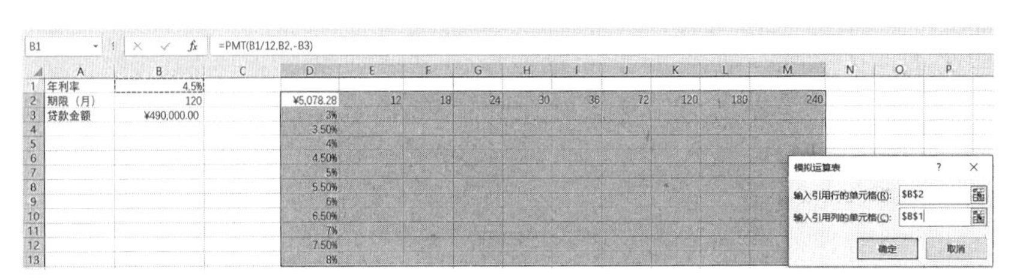

图 12－3　双变量模拟运算设置引用单元格

	A	B	C	D	E	F	G	H	I	J	K	L	M
1	年利率	4.5%											
2	期限（月）	120		¥5,078	12	18	24	30	36	72	120	180	240
3	贷款金额	¥490,000.00		3%	¥41,500	¥27,873	¥21,061	¥16,974	¥14,250	¥7,445	¥4,731	¥3,384	¥2,718
4				3.50%	¥41,612	¥27,983	¥21,169	¥17,082	¥14,358	¥7,555	¥4,845	¥3,503	¥2,842
5				4%	¥41,723	¥28,092	¥21,278	¥17,191	¥14,467	¥7,666	¥4,961	¥3,624	¥2,969
6				4.50%	¥41,835	¥28,202	¥21,387	¥17,300	¥14,576	¥7,778	¥5,078	¥3,748	¥3,100
7				5%	¥41,948	¥28,312	¥21,497	¥17,409	¥14,686	¥7,891	¥5,197	¥3,875	¥3,234
8				5.50%	¥42,060	¥28,423	¥21,607	¥17,519	¥14,796	¥8,006	¥5,318	¥4,004	¥3,371
9				6%	¥42,173	¥28,534	¥21,717	¥17,630	¥14,907	¥8,121	¥5,440	¥4,135	¥3,511
10				6.50%	¥42,285	¥28,644	¥21,828	¥17,740	¥15,018	¥8,237	¥5,564	¥4,268	¥3,653
11				7%	¥42,398	¥28,756	¥21,939	¥17,852	¥15,130	¥8,354	¥5,689	¥4,404	¥3,799
12				7.50%	¥42,511	¥28,867	¥22,050	¥17,963	¥15,242	¥8,472	¥5,816	¥4,542	¥3,947
13				8%	¥42,624	¥28,979	¥22,161	¥18,075	¥15,355	¥8,591	¥5,945	¥4,683	¥4,099

图 12－4　双变量模拟运算结果

12.2　方案分析

模拟运算表无法容纳两个以上的变量。如果要分析两个以上的变量，则应使用方案管理器。一个方案最多可容纳 32 个值，但是可以创建任意数量的方案。

方案是一组称为可变单元格的输入值，并按用户指定的名字保存起来。每个单元格的集合代表一组假设分析的前提，可以将其用于一个工作簿模型，以便观察它对模型其他部分的影响。

方案管理器是一种分析工具，每个方案允许建立一组假设条件，自动产生多种结果，并可以直观地看到每个结果的显示过程，还可以将多种结果存放到一个工作表中进行比较。

12.2.1　建立方案

【实例 3】小陈要在他工作所在的城市买房，估计购房资金还缺少 75 万左右。因此，小陈打算向银行贷款来购买住房。经了解，与此开发商合作的银行有 3 家，但这 3 家银行的贷款总额、年利率和还款年限都不一样，3 家银行的贷款方案如表 12－1 所示。

表 12－1　3 家银行不同的贷款方案

银行名称	贷款总额	年利率	还款年限
银行 A	78 万	5%	15
银行 B	80 万	5.5%	25
银行 C	85 万	6%	30

从表 12－1 可以看出，3 家银行的贷款额都可以购买到住房，其中银行 A 的年利率最低，但是还款年限也最短，小陈该如何选择呢？

◆ **操作步骤：**

①建立一个方案分析蓝本模型，该模型是假设不同的贷款总额、年利率和还款年限对每

月的还款额的影响。在该模型中贷款总额、年利率和还款年限是3个可变量，月还款额是因变量。建立的方案分析蓝本模型如图12－5所示。

图12－5 建立方案分析蓝本模型

②在D6单元格中输入公式“＝PMT(D3/12,D4＊12,D2)”，按“Enter”键确认。因为相关数据还没输入，暂时会显示一个错误信息。

③单击【数据】选项卡“预测”功能组下的“模拟分析”按钮，然后在下拉列表中选择“方案管理器”选项，打开“方案管理器”对话框。

④单击“添加”按钮，弹出“添加方案”对话框。在“方案名”文本框中输入方案名“银行A”，在“可变单元格”文本框中输入$D$2:$D$4。

⑤在“添加方案”对话框中单击“确定”按钮，打开“方案变量值”对话框，依次输入银行A贷款方案中的贷款总额、年利率和还款年限，即依次为780000、5%、15。

⑥单击“确定”按钮，完成“银行A”方案的添加，如图12－6所示。

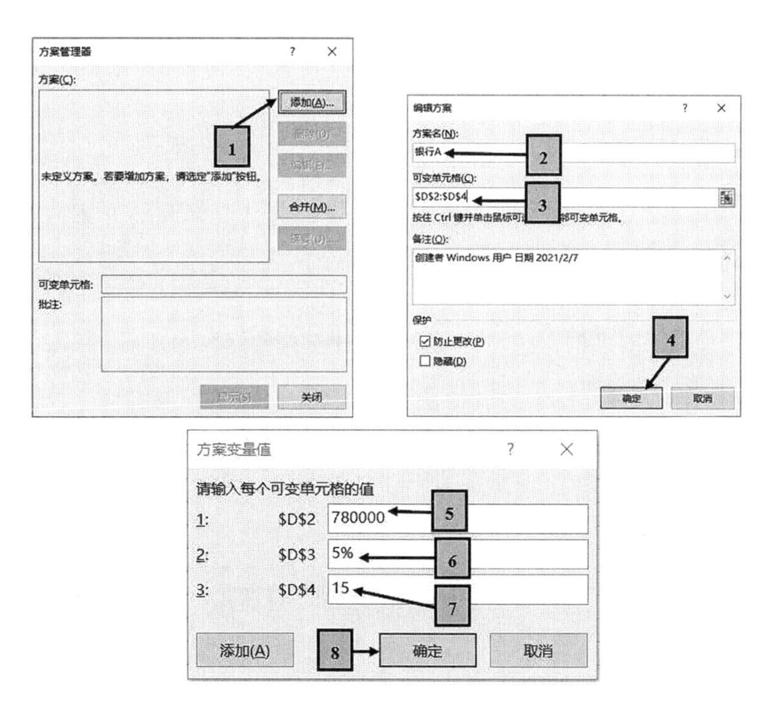

图12－6 在“方案管理器”对话框中添加方案

⑦返回“方案管理器”对话框，重复④～⑥，添加银行B和银行C的方案。

⑧所有方案添加完毕后，单击“方案管理器”对话框中的“关闭”按钮。

• **注意：** 添加所有方案时其引用的可变单元格区域始终保持不变，都为$D$2:$D$4。

12.2.2 显示方案

分析方案制订好后，任何时候都可以执行方案，以查看不同的执行结果。

对实例 3 制订好的方案进行显示，具体步骤如下：

（1）打开包含已制定方案的工作表。

（2）单击【数据】选项卡“预测”功能组下的“模拟分析”按钮，然后在下拉列表中选择“方案管理器”选项，打开“方案管理器”对话框。

（3）在“方案”列表框中单击选择要查看的方案，单击“显示”按钮，工作表中的可变单元格内自动显示出该方案的变量值，同时公式单元格中显示方案执行结果。如图 12-7 所示。

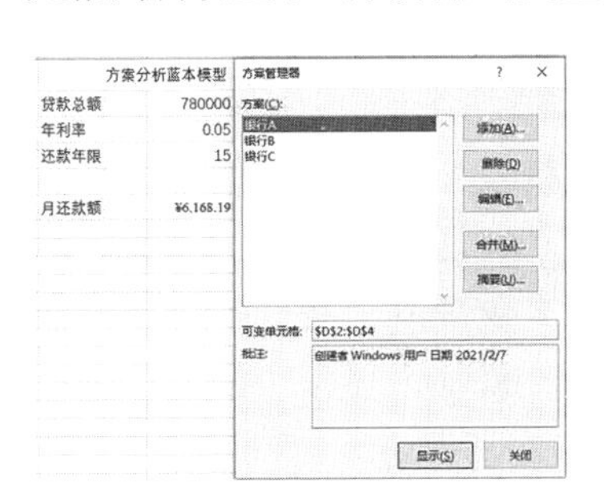

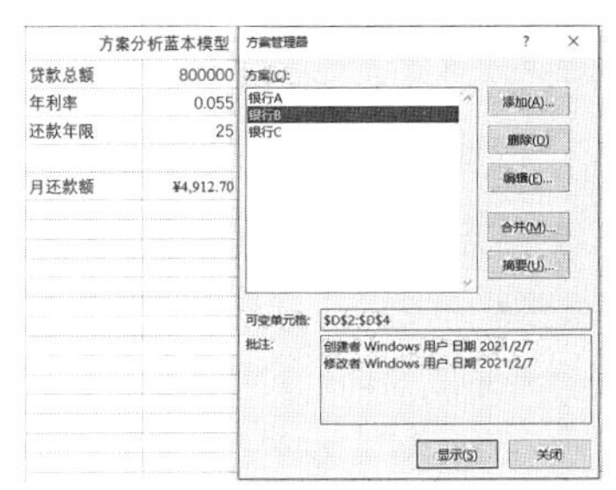

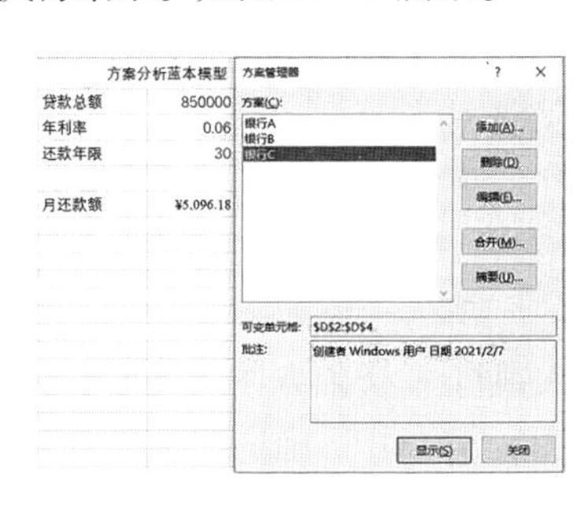

图 12-7 显示 3 种方案的执行结果

12.2.3 修改、删除与增加方案

1. 修改方案

打开“方案管理器”对话框，在“方案”列表中选择要修改的方案，单击“编辑”按钮，在弹出的对话框中可修改方案名称、变量值等。

2. 删除方案

打开“方案管理器”对话框，在“方案”列表中选择要修改的方案，单击“删除”按钮。

3. 增加方案

打开“方案管理器”对话框，在“方案”列表中选择要修改的方案，单击“添加”按钮，即可添加新的方案。

12.2.4 建立方案报告

当需要将所有方案的执行结果都显示出来并进行比较时，可以建立合并的方案报告，具体步骤如下：

（1）打开包含已制定方案的工作表。

（2）单击【数据】选项卡“预测”功能组下的“模拟分析”按钮，然后在下拉列表中选择“方案管理器”选项，打开“方案管理器”对话框。

（3）单击右侧的“摘要”按钮，打开“方案摘要”对话框，如图 12-8 所示。

（4）在“方案摘要”对话框选择报表类型，指定结果单元格。

（5）单击“确定”按钮，将会在当前工作表之前自动插入“方案摘要”工作表，其中显示各种方案的计算结果，可以比较各方案的优劣。如图 12-9 所示。

从方案摘要可以看出，银行 B 提供的贷款方案，每月还款额最小，而且贷款总额也高于 75 万，所以小陈应该选择银行 B 的贷款方案。

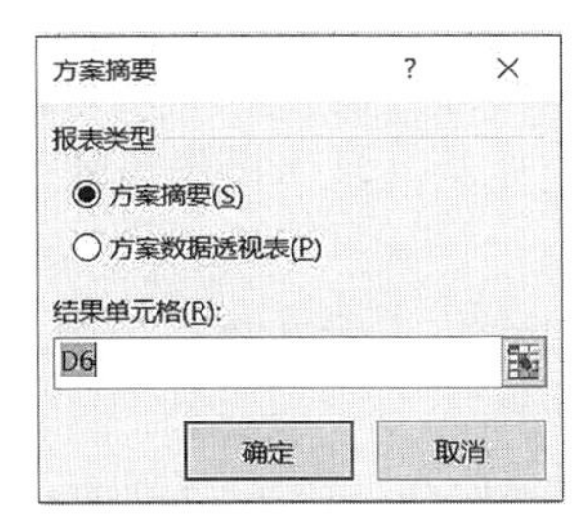

图 12－8　“方案摘要”对话框

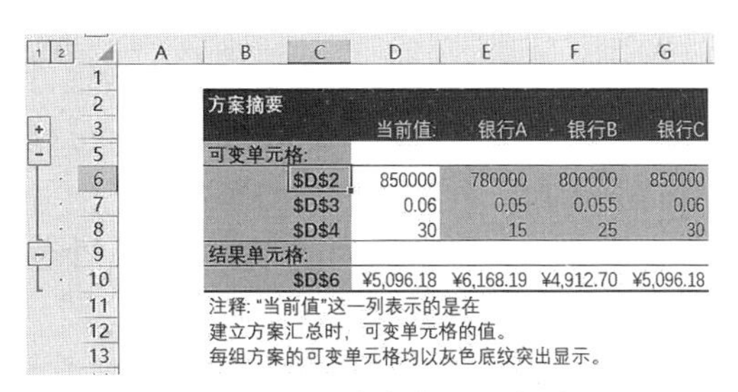

图 12－9　“方案摘要”报表

12.3　合并计算

若要汇总和报告多张单独工作表中数据的结果，可以将各个单独工作表中的数据合并到一个主工作表中。

【实例 4】“第 12 章实例 4. xlsx”中的 2 个工作表中已分别存放了第五次普查数据和第六次普查数据，现在需要将 2 个工作表中的内容合并，合并后的数据放置在新工作表“比较数据”中［自 A1 单元格开始存放，标题顺序依次为地区、2010 年人口数（万人）、2010 年比重、2000 年人口数（万人）、2000 年比重］。

◆ **操作步骤：**

①打开文档“第 12 章实例 4. xlsx”，插入一张工作表，重命名为“比较数据”。

②单击“比较数据”工作表的 A1 单元格，依次选择【数据】选项卡“数据工具”功能组下的“合并计算”按钮。

③在弹出的“合并计算”对话框中，设置“函数”为“求和”，在“引用位置”文本框中键入第一个区域“第六次普查数据! $A $1: $C $34”，单击“添加”按钮，键入第二个区域“第五次普查数据! $A $1: $C $34”，单击“添加”按钮，在“标签位置”下勾选“首行”复选框和“最左列”复选框，然后单击“确定”按钮。

④在“比较数据”表的 A1 单元格中输入“地区”。合并过程及效果见图 12－10 所示。

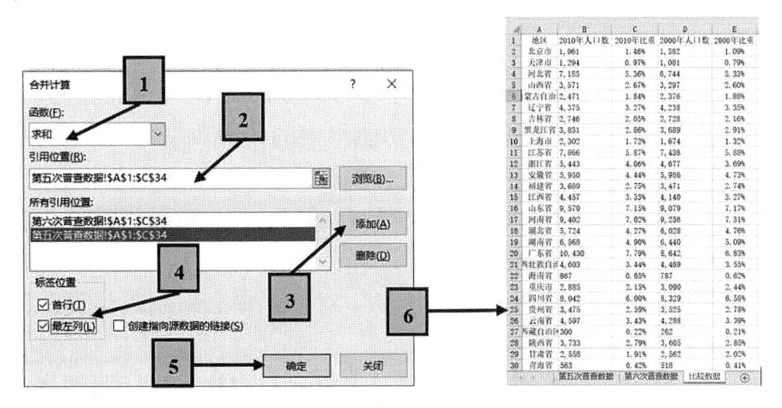

图 12－10　合并计算过程及效果

12.4　数据分列

一般情况下，需要对从外部导入的数据进行进一步的整理和修饰。例如，一列数据中包含了应分开显示的两列内容，这时可以通过分列功能将其分两列显示。具体操作步骤如下：

（1）打开需要分列显示的工作簿文档。

（2）在需要分列显示的列的右侧插入一个空列，拆分出的新列将显示在该空列中。

（3）选择需要分列显示的数据列。

（4）在【数据】选项卡“数据工具”功能组中单击“分列”按钮，进入“文本分列向导-第1步”。

（5）指定原始数据的分割类型，单击“下一步”按钮，进入“文本分列向导-第2步”。

（6）选择分列数据中使用的分隔符号。

（7）单击“下一步”按钮，进入“文本分列向导-第3步”，指定列数据格式。

（8）单击“完成”按钮，指定的列数据被拆分到新插入的空列中，为新增列数据添加合适的列标题。

【实例5】某公司2020年度的购销数据统计情况存放于“第12章实例5. xlsx”中，见图12-11所示，将“商品名称”分为两列显示，下划线左边为“品牌”，右边为具体的“商品名称”。

	A	B
1	商品代码	商品名称
2	WH001	AO史密斯_A.O.Smith ET300J-60 电热水器
3	WH002	AO史密斯_A.O.Smith ET500J-60 电热水器
4	PC001	Apple_iMac MK442CH/A 21.5英寸一体机
5	PC004	Apple_iMac MK452CH/A 21.5英寸一体机
6	TC001	Apple_iPad Air 2 MGKM2CH/A 9.7英寸平板电脑
7	TC002	Apple_iPad Air 2 MH182CH/A 9.7英寸平板电脑
8	TC003	Apple_iPad Air WLAN 16GB 银色
9	TC004	Apple_iPad Air WLAN 32GB 银色
10	TC005	Apple_iPad mini 2 ME277CH/A 7.9英寸平板电脑
11	TC006	Apple_iPad mini 4 MK9J2CH/A 7.9英寸平板电脑 金色
12	TC006	Apple_iPad mini 4 MK9J2CH/A 7.9英寸平板电脑 金色
13	NC001	Apple_MacBook Air MJVE2CH/A 13.3英寸笔记本电脑

图12-11　某公司2020年度的购销数据统计情况

◆ 操作步骤：

①打开“第12章实例5. xlsx”文档，选中工作表Sheet1的“商品名称”列。

②单击【数据】选项卡下“数据工具”功能组中的“分列”按钮，弹出“文本分列向导-第1步，共3步”对话框，采用默认设置，单击“下一步”按钮。

③在弹出“文本分列向导-第2步，共3步”对话框中，勾选分隔符号功能组域中的“其他”复选框，然后在后面的文本框中输入“_ ”，如图12-12所示，单击“下一步”按钮。

④在弹出“文本分列向导-第3步，共3步”对话框中，采用默认设置，单击“完成”按钮。

⑤在B1单元格中输入列标题“品牌”，在C1单元格中输入列标题“商品名称”，适当调整各列宽度，分列后的效果如图12-13所示。

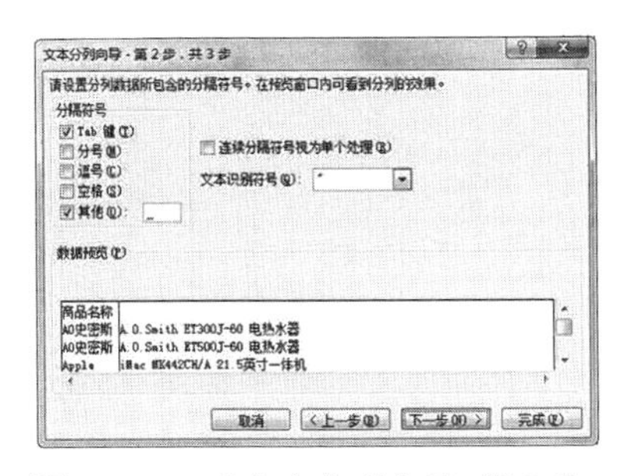

图 12－12 “文本分列向导-第 2 步，共 3 步”对话框

	A	B	C
1	商品代码	品牌	商品名称
2	WH001	AO史密斯	A.O.Smith ET300J-60 电热水器
3	WH002	AO史密斯	A.O.Smith ET500J-60 电热水器
4	PC001	Apple	iMac MK442CH/A 21.5英寸一体机
5	PC004	Apple	iMac MK452CH/A 21.5英寸一体机
6	TC001	Apple	iPad Air 2 MGKM2CH/A 9.7英寸平板电脑
7	TC002	Apple	iPad Air 2 MH182CH/A 9.7英寸平板电脑
8	TC003	Apple	iPad Air WLAN 16GB 银色
9	TC004	Apple	iPad Air WLAN 32GB 银色
10	TC005	Apple	iPad mini 2 ME277CH/A 7.9英寸平板电脑
11	TC006	Apple	iPad mini 4 MK9J2CH/A 7.9英寸平板电脑 金色
12	TC006	Apple	iPad mini 4 MK9J2CH/A 7.9英寸平板电脑 金色
13	NC001	Apple	MacBook Air MJVE2CH/A 13.3英寸笔记本电脑

图 12－13 分列后的效果

12.5 创建查询

Web 页上经常包含适合在 Excel 中进行分析的信息，通过从 Web 中导入数据并设置定期刷新数据，可以方便地在 Microsoft Excel 中创建更加动态的工作簿，不必知道如何编写脚本或解释超文本标记语言（HTML）标记，整个过程只需几个简单的步骤。现在，使用 Excel 2016 中的改进 Web 查询，可以灵活轻松地将 Web 页上的文本或数据导入 Excel 工作簿。这尤其适用于表格格式的数据。例如，您可以导入一个燃料消耗表以确定需要增加或减少何处的燃料预算，或者通过直接从 Web 页上收集的信息来分析股票报价。完成 Web 查询后，可以使用 Excel 中的工具和功能来分析数据。“新建 Web 查询”对话框将引导用户完成这些步骤。

使用 Web 查询可以检索的数据类型：单个表、多个表、Web 页上带格式的文本或纯文本。

创建查询的方式有以下几种：

1. 创建 Web 查询

（1）在“数据”菜单上，单击“导入外部数据”，然后单击“新建 Web 查询”。

（2）导航到自己感兴趣的 Web 站点，并通过单击箭头来选择要收集的数据。

（3）单击“导入”。在“导入数据”对话框中，选择要保存数据的位置，然后单击“确定”。

2. 复制和粘贴 Web 查询

（1）从 Web 页上复制数据，然后将其粘贴到 Excel 中。

（2）出现“粘贴选项”按钮时，单击向下箭头，然后选择“创建可刷新的 Web 查询”。

（3）将显示“新建 Web 查询”对话框。单击箭头选择感兴趣的数据，然后单击“导入”。

3. Internet Explorer 上的 Web 查询

（1）导航到感兴趣的 Web 页。

（2）在 Internet Explorer 工具栏上，单击“编辑”按钮，选择“使用 Microsoft Excel 编辑”。

（3）将显示“新建 Web 查询”对话框。单击箭头选择感兴趣的数据，然后单击“导入”。

4. 自定义 Web 查询

（1）转到“编辑 Web 查询”对话框。在“数据”菜单上，单击“导入外部数据”，单击“编辑查询”。

（2）转到“外部数据范围属性”对话框。在“数据”菜单上，单击“导入外部数据”，单击“数据范围属性”。

在“外部数据范围属性”对话框中，可以更改：

- 如何刷新查询。
- 查询所返回的数据范围属性。

在“编辑 Web 查询”对话框中，可以更改：

- 正在查询的 Web 页的地址。
- 从 Web 页返回的选定数据。
- 单击右上角的“选项”按钮所显示的格式和其他设置。

【实例 6】创建空白工作簿“Excel. xlsx”，按照下列要求创建查询并在查询编辑器窗口中对数据进行转换整理，本例素材数据分别存放于“第五次全国人口普查公报 xlsx”中。

按照下列要求创建查询并在查询编辑器窗口中对数据进行转换整理：

①从工作簿“第五次全国人口普查公报 . xlsx”的工作表 Sheet1 中获取数据创建一个名称为“2000 年”的新查询，不得改变导入数据的排列顺序。

②将地区与人口数分成两列显示（注意删除不可见字符并适当调整数据格式）。

③将标题依次改为“地区”“2000 年人口数（万人）”。

④删除最下面的 3 个空行。

⑤将查询加载回工作簿 Excel. xlsx 的新工作表“第五次普查数据”中。

⑥将查询表添加到数据模型中，并将数据模型表名更改为“2000 年”。

◆ 操作步骤：

①创建空白工作簿“Excel. xlsx”并打开。

②单击【数据】选项卡“获取和转换”功能组中的“新建查询”下拉箭头，选择“从文件”里的“从工作簿”，弹出“导入数据”窗口，选中“第五次全国人口普查公报 . xlsx”，单击“导入”按钮，进入“导航器”页面，选中“Sheet1”，如图 12 - 14 所示，单击“转换数据”按钮，进入“Power Query 编辑器”页面，在右侧“查询设置”下方的“名称”里输入“2000 年”。

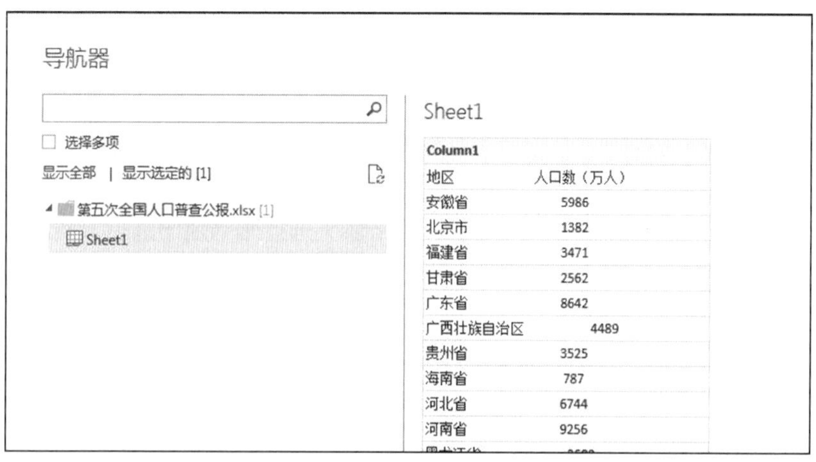

图 12 - 14 “导航器”对话框

③在【主页】选项卡“转换”功能组里单击“将第一行用作标题”，继续点击“转换”功能组里的“拆分列”下拉箭头，选择“按照从非数字到数字的转换”，如图 12 - 15 所示。

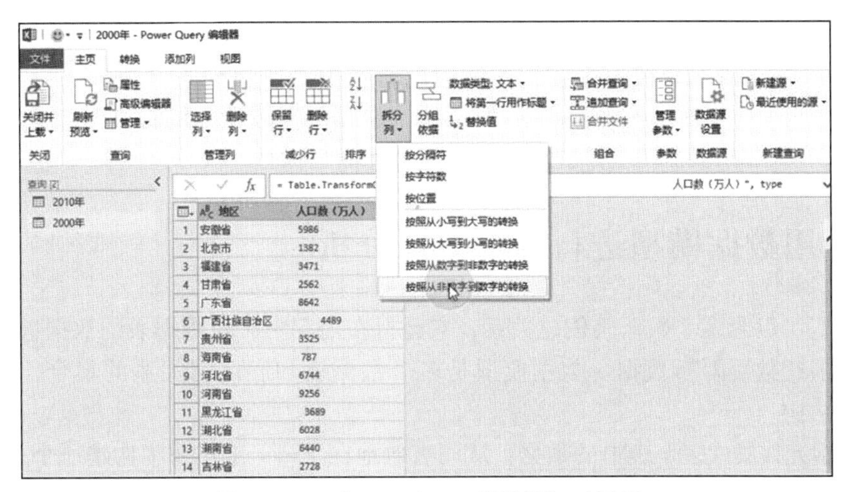

图 12－15 “Power Query 编辑器”对话框

④选中地区所在列，在上方【转换】选项卡“文本列”功能组里点击“格式”下拉箭头，单击“修整”，再单击下“格式”里的“清除”；按照同样的方法，设置人数所在列，单击“格式”里的“调整”与“清除”，继续选中人数所在列，在【主页】选项卡“转换”功能组里将“数据类型”改为“整数”。

⑤双击第一列标题所在单元格，将其改为“地区”；双击第二列标题所在单元格，将其改为“2000 年人口数（万人）”。

⑥在上方【主页】选项卡“减少行”功能组里点击“删除行”下拉列表里的“删除最后几行”，弹出“删除最后几行”窗口，在“行数”里输入“3”，点击“确定”按钮。

⑦点击【Power Query 编辑器】左上方【主页】选项卡底下的“关闭并上载”的下拉箭头，选择“关闭并上载至”，弹出“加载到”窗口，在“请选择该数据在工作簿中的显示方式”里勾选“仅创建连接”，并勾选下方的“将此数据添加到数据模型”，点击“加载”按钮，如图 12－16 所示。

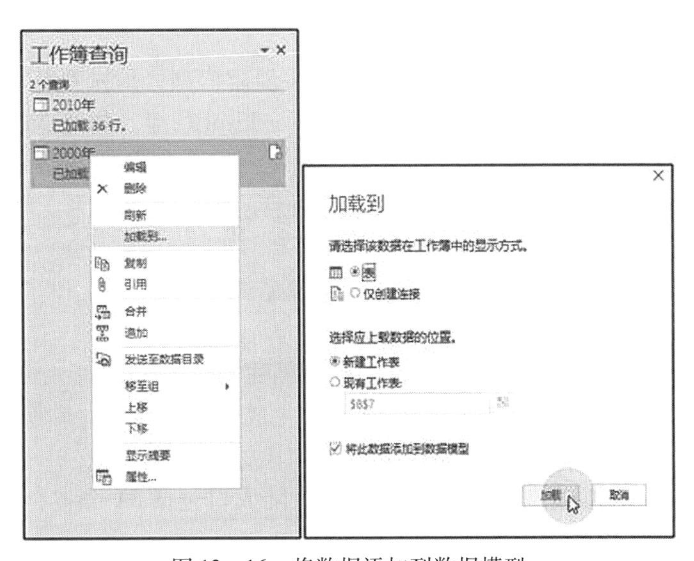

图 12－16 将数据添加到数据模型

⑧右击右侧“工作簿查询”中的“2000 年”，在下拉列表中选择“加载到”，弹出“加载到”窗口，在“请选择该数据在工作簿中的显示方式”里勾选“表”，并点击“加载”按钮，出现“Sheet1”新工作表，双击“Sheet1”工作表名，待“Sheet1”呈选中状态后输入“第五次普查数据”即可，关闭右侧“工作簿查询”窗口。

12.6 使用数据模型进行数据汇总分析

数据模型可以为多个数据表创建关系，它运行在内存中，对数据表的数据进行压缩，所以可以处理多达数百万行数据。数据模型是多个数据表和表之间关系的集合，为 Power BI 提供了基础结构。

数据模型允许集成多个表中的数据，从而有效地在 Excel 工作簿中构建一个关系数据源。在 Excel 中，透明地使用数据模型，提供用于数据透视表和数据透视图的表格数据。数据模型作为字段列表中的表的集合进行可视化处理，大多数情况下，甚至不会知道它在这里。

要想通过 Pivot Table 从多个表中进行数据汇总分析，首先，需要获取一些数据，方法如下：

（1）在 Excel 2016 中，打开【数据】选项卡，在“获取和转换数据”功能组的“获取数据”下拉列表中可以从任意数量的外部数据源（如文本文件、Excel 工作簿、网站、Microsoft Access、SQL Server 或其他包含多个相关表的关系数据库）导入数据。

（2）此时，Excel 将提示您选择一个表，如果要从同一数据源获取多个表，请选中“启用多个表的选择”选项，选择多个表时，Excel 会自动为您创建数据模型。

（3）选择一个或多个表后，然后单击“加载”。如果需要编辑源数据，可以选择“编辑”选项。现在就有一个包含所有已导入的表的数据模型，它们将显示在“数据透视表字段列表”中。

当在 Excel 中同时导入两个或更多表格时，将隐式创建模型；当使用 Power Pivot 加载项导入数据时，将显示创建模型。在外接程序中，模型在类似于 Excel 的选项卡式布局中表示，其中每个选项卡都包含表格数据。

一个模型可以只包含一个表格，要基于一个表创建模型，请选择该表，然后单击“添加到数据模型”（Power Pivot 中）。如果要使用 Power Pivot 功能（如筛选的数据集、计算列、计算字段、KPI 和层次结构），可以执行此操作。

如果导入具有主键和外键关系的相关表格，将自动创建表格关系。Excel 通常可以使用导入的关系信息作为数据模型中的表格关系基础。

【实例 7】在工作簿“Excel. xlsx”中有数据模型表“2000 年”和“2010 年”，按照下列要求及相关提示进行操作：

①在数据模型表“2000 年”和“2010 年”之间建立关系。

②自新工作表“透视分析”的单元格 B3 开始生成数据透视表。参考示例文档“透视分析示例 . png”调整透视表布局，按示例更改所有字段标题。

③透视表中只显示排除港澳台 3 个地区后的大陆人口包括 31 个省、自治区、直辖市以及现役军人和难以确定常住地的人口。

④在透视表中显示的各年大陆人口比重是指除港澳台之外每个地区人口占大陆总人口数

的比重。

⑤“人口增长数”和“人口增长率”两个计算字段的计算公式分别为：

人口增长数 = 2010 年人口数 - 2000 年人口数

人口增长率 = 人口增长数 ÷ 2000 年人口数

⑥将透视表按照网页“第六次全国人口普查公报 . htm”中所示数据表的地区顺序进行排序。

⑦将有关人口数的数据列格式设置为带千分位的整数，并改变数据透视表样式。

◆ 操作步骤：

①打开工作簿“Excel. xlsx”。在【开发工具】选项卡“加载项”功能区里点击“COM 加载项”，弹出“COM 加载项”对话框，在“可用加载项”里勾选“Microsoft Power Pivot for Excel”，并点击右侧的“确定”按钮，如图 12 - 17 所示。

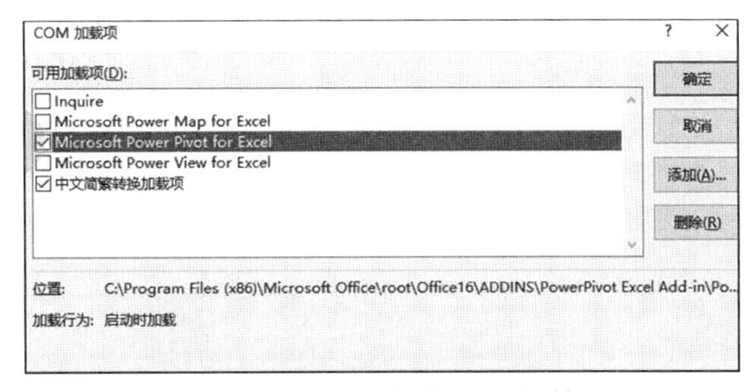

图 12 - 17　“COM 加载项”对话框

②在上方【Power Pivot】选项卡“数据模型”功能组点击“管理”，进入“Power Pivot for Excel”页面，点击【主页】选项卡下方“查看”功能区里点击“关系网视图”，点击“2010 年”中的“地区”鼠标左键按住不松拖动到“2000 年”的“地区”，如图 12 - 18 所示，此时已建好关系。

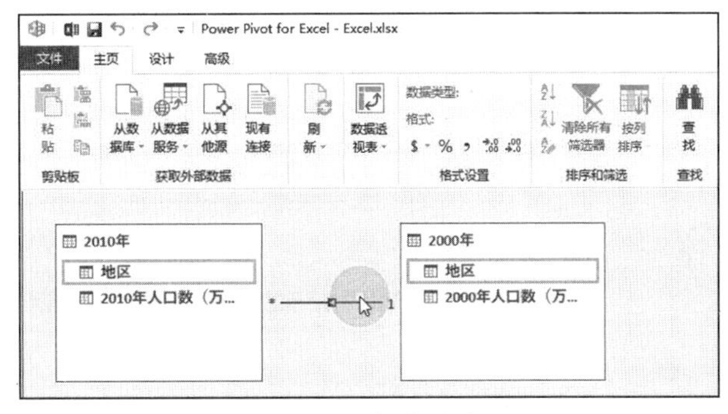

图 12 - 18　表关联关系

③在“Power Pivot for Excel”页面的【主页】选项卡下点击“数据透视表”，弹出“创建数据透视表”，默认勾选“新工作表”，点击“确定”。

④双击“Sheet2”工作表名，待“Sheet2”呈选中状态后输入“透视分析”即可。在右侧“数据透视表字段”中，将“地区”拖入“行”字段里，将“2000 年人口数（万人）”拖入到“值”字段里（连续拖入两次），将“2010 年人口数（万人）”拖入“值”字段里（连续拖入两次）。

⑤参照“透视分析示例 . png”，双击 B3 单元格，将标题改为“地区”，双击 C3 单元格，弹出“值字段设置”窗口，在“自定义名称”里输入“2000 年人口数”，按照同样的方法，将 D3 单元格标题改为“2000 年大陆人口比重”，将 E3 单元格标题改为“2010 年人口数”，将 F3 单元格标题改为“2010 年大陆人口比重”。

⑥单击 B3 单元格的筛选按钮，在下拉列表中，取消勾选“澳门特别行政区”“台湾地区”“香港特别行政区”。选中 D4 单元格，右击选择“值显示方式”中的“列汇总的百分比”；按照同样的方法，选中 F4 单元格，右击选择“值显示方式”中的“列汇总的百分比”。

⑦在“Power Pivot for Excel”页面，点击“查看”功能区的“数据视图”，在“2010 年”数据模型表计算区域的任意单元格输入公式（创建度量值）：“人口增长数 = SUMX´2010 年´,´2010 年´[2010 年人口数（万人）] – SUMX（´2000 年´,´2000 年´[2000 年人口数（万人）])”，如图 12 – 19、图 12 – 20 所示；继续在“2000 年”数据模型表计算区域的任意单元格输入公式（创建度量值）：“人口增长率 = [人口增长数] /SUMX（´2000 年´,´2000 年´[2000 年人口数（万人）])”，最后保存，关闭“Power Pivot for Excel”页面。

Power Pivot for Excel - Excel.xlsx

[2010年人口... fx 人口增长数:=SUMX('2010年','2010年'[2010年人口数（万人）])-SUMX('2000年','2000年'[2000年人口数（万人）])

	地...	2010年人口数（万人）	添加列
1	北京市	196	
2	天津市	1294	
3	河北省	7185	
4	山西省	3571	
5	内蒙古...	2471	
6	辽宁省	4375	
7	吉林省	2746	
8	黑龙江...	3831	
9	上海市	2302	
10	江苏省	7866	
11	浙江省	5443	
12	安徽省	5950	
13	福建省	3689	
14	江西省	4457	
15	山东省	9579	
16	河南省	9402	
17	湖北省	5724	
18	湖南省	6568	
19	广东省	10430	
20	广西壮...	4603	
21	海南省	867	

人口增长数: 7521

图 12 – 19　数据模型表计算

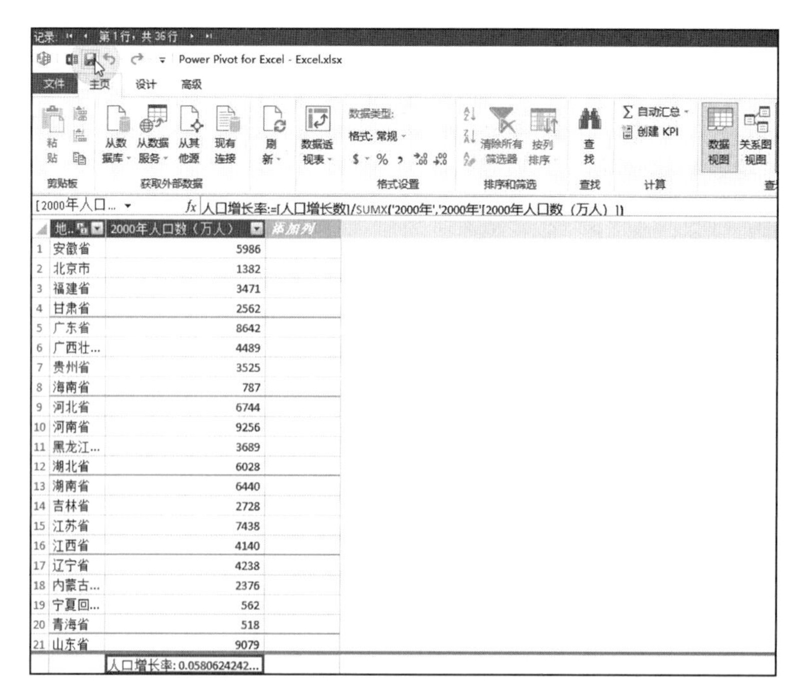

图 12 – 20　数据模型表计算

⑧在右侧“数据透视表字段”窗口里分别将“fx 人口增长数”和“fx 人口增长率”拖入到值字段里。点击“文件”菜单中的“选项”，弹出“Excel 选项”窗口，点击左侧的“高级”，在右侧“常规”底下点击“编辑自定义列表”按钮，弹出“自定义序列”窗口，点击“导入”左侧的折叠按钮，引用数据区域第六次普查数据! $A $2: $A $37，点击“导入”，并连续两次点击“确定”，关闭窗口。

⑨单击 B3 单元格的筛选按钮，在下拉列表中选择“其他排序选项”，在“排序”窗口里勾选“升序排序”，并点击左下角的“其他选项”，弹出“其他排序选项（地区)”对话框，取消勾选“每次更新报表时自动排序”，在“主关键字排序顺序”下拉列表中选择刚添加的自定义序列，如图 12-21 所示，并连续两次点击“确定”，关闭窗口。

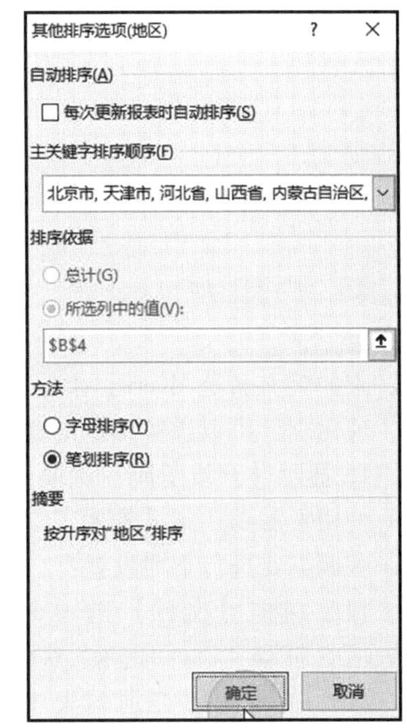

图 12-21 “其他排序选项”对话框

⑩按 Ctrl 键，选中 C4:C37、E4:E37、G4:G37，右击选择“设置单元格格式”，在“设置单元格格式”窗口中“分类”底下选择“数值”，在右侧“示例”底下“小数位数”里输入“0”，勾选“使用千位分隔符”。继续选中 H4:H37，右击选择“设置单元格格式”。在“设置单元格格式”对话框中“分类”底下选择“百分比”，点击“确定”按钮。选中数据透视表任意一个单元格，在【数据透视表工具|设计】选项卡“数据透视表样式”功能组里选择“浅蓝，数据透视表样式中等深浅 20”。选中“透视分析”工作表，鼠标左键按住不松拖动到“第五次普查数据”工作表的右侧。

第 13 章　宏的配置

13.1　启用宏

宏的英文名是 Macro，指能完成某项任务的一组键盘和鼠标的操作或一系列的命令和函数。使用宏，可以快速执行重复性工作，以节约时间。

1. 显示【开发工具】选项卡

使用宏需要用到【开发工具】选项卡，但是默认情况下，【开发工具】选项卡不会显示，因此需要进行下列设置：

（1）单击【文件】选项卡下的“选项”，打开“Excel 选项”对话框。

（2）在左侧的类别列表中单击“自定义功能区”，在右上方的“自定义功能区”下拉列表中选择“主选项卡”。

（3）在右侧的“主选项卡”列表中，勾选“开发工具”复选框，如图 13－1 所示。

（4）单击“确定”按钮，“开发工具”选项卡显示在功能组中。

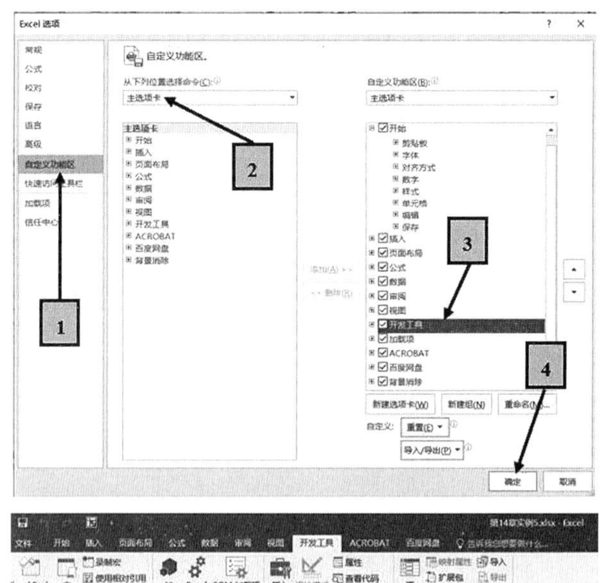

图 13－1　设置显示“开发工具”选项卡

2. 启用宏

由于运行某些宏可能会引发潜在的安全风险，黑客可以在文件中引入破坏性的宏，以在计算机或网络中传播病毒。因此，默认情况下 Excel 禁用了所有的宏。为了能够录制并运行宏，可以设置临时启用宏，具体操作方法如下：

（1）在【开发工具】选项卡下的“代码”功能组中单击“宏安全性”按钮，打开如图 13－2 所示的“信任中心”对话框。

（2）在左侧的类别列表中单击“宏设置”，在右侧的“宏设置”区域下单击选择“启用所有宏（不推荐：可能会运行有潜在危险的代码）”单选按钮。

（3）单击“确定”按钮。

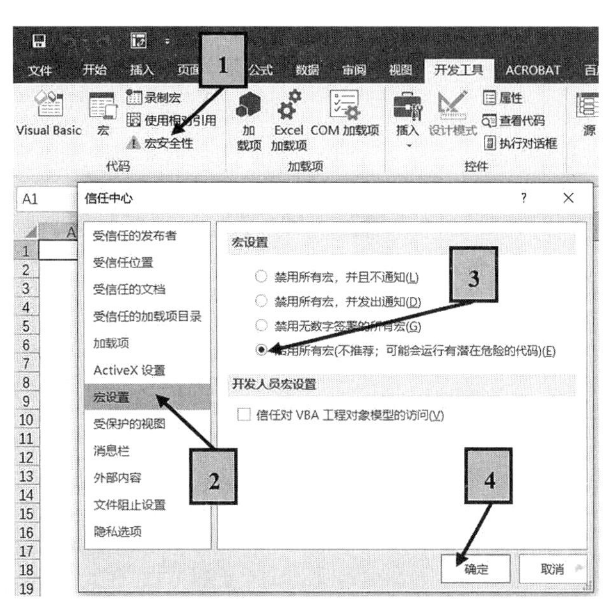

图 13－2　启用所有宏

13.2　录制宏

录制宏的过程就是记录鼠标操作和键盘操作的过程。录制宏时，宏录制器会记录下宏执行操作时所需要的一切步骤，但是记录的步骤不包括在功能组上导航的步骤。具体操作方法如下：

（1）打开需要记录宏的工作簿文档，单击【开发工具】选项卡“代码”功能组下的“录制宏”按钮，打开“录制宏”对话框。

（2）在“宏名”下方的文本框中输入名称。

（3）在“保存在”下拉列表中指定当前宏的应用范围。

（4）在“说明”文本框中输入对该宏功能的简单描述。

（5）单击“确定”按钮，退出对话框，同时进入宏录制过程。

（6）运用鼠标、键盘对工作表中的数据进行各项操作，这些操作均被记录到宏中。

（7）操作执行完毕后，单击【开发工具】选项卡“代码”功能组下的“停止录制”按钮。

（8）如果想要将录制好的宏保留下来，需要将工作簿文件保存为可以运行宏的格式。单击【开始】选项卡“另存为”命令，打开“另存为”对话框，在“保存类型”下拉列表中选择“Excel 启用宏的工作簿（＊.xlsm）”，输入文件名，然后单击“保存”按钮。

第 14 章　页面设置与打印

14.1　设置打印区域和分页

1. 设置打印区域

（1）打印部分区域。可以设置只打印工作表中的一部分，设定区域以外的内容将不会被打印。具体操作步骤如下：

①选择某个工作表区域。

②单击【页面布局】选项卡“页面设置”功能组下的“打印区域”按钮，从下拉列表中选择“设置打印区域”命令。设置过程如图 14－1 所示。

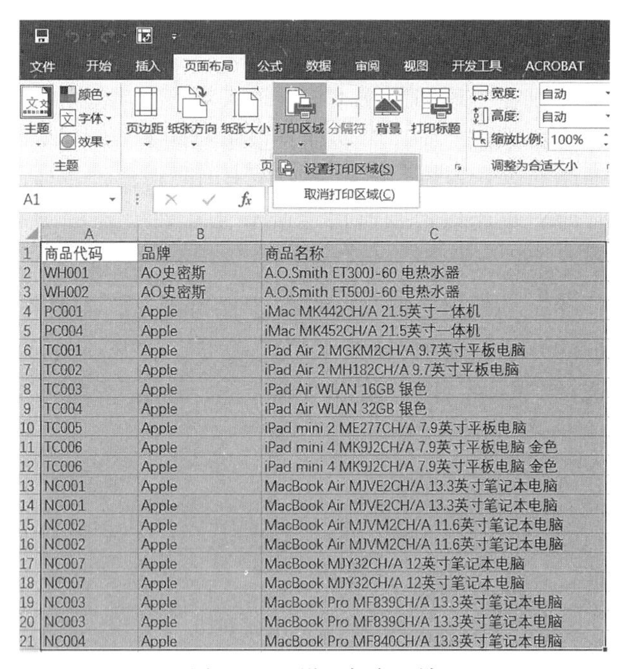

图 14－1　设置打印区域

（2）向打印区域添加单元格。如果要扩大打印区域，可以在现有打印区域的基础上添加新的单元格区域，可以按照以下步骤操作：

①在工作表上选择要添加到现有打印区域的单元格区域。

②在【页面布局】选项卡“页面设置”功能组中，单击“打印区域”按钮，然后单击“添加到打印区域”。

（3）取消打印区域。取消打印区域可以按照以下步骤操作：

①单击要取消打印区域的工作表上的任意位置。

②在【页面布局】选项卡“页面设置”功能组中，单击“打印区域”中的“取消打印区域”按钮。

2. 设置分页

“分页预览”功能使工作表的分页变得更加容易。进入分页预览模式后，工作表中分页处用蓝色线条表示，称为分页符。若未设置过分页符，则分页符用虚线表示，否则用实线表示。每页均有“第X页”的水印，不仅有水平分页符，还有垂直分页符。

（1）改变分页位置。改变分页符的位置可以按照以下步骤操作：

①单击【视图】选项卡“工作簿视图”功能组下的“分页预览”按钮，进入分页预览模式，如图14－2所示。

②将鼠标指针移到分页符，指针呈双向箭头，拖动分页符到目标位置，则会按新位置进行分页。

（2）插入分页符。若干工作表中的内容不止一页，系统自动在其中插入分页符，工作表按此分页打印。有时需要将某些内容打印在一页中。比如，一个表格若按系统分页将会分两页打印，为了使该表格能够在一页中打印，可以在该表格开始插入水平分页符，在表格后面也插入水平分页符，这样表格就可以独占一页。若插入垂直分页符，则可以控制打印的列数。插入分页符的步骤如下：

①将光标放在插入分页符的位置（新页左上角的单元格）。

②单击【页面布局】选项卡“页面设置”功能组下的“分隔符”按钮，在下拉列表中选择“插入分页符”选项。

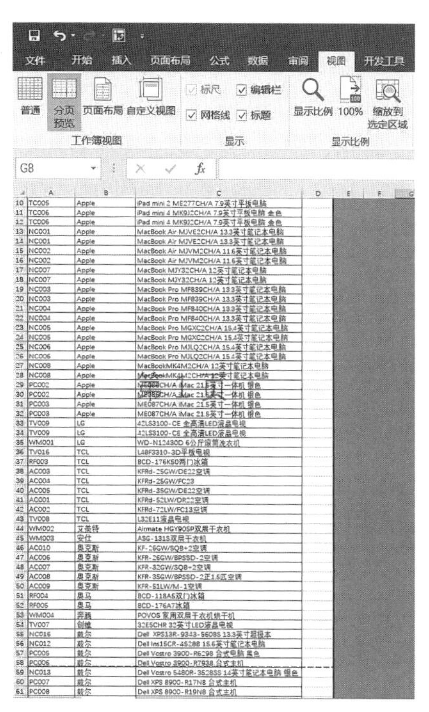

图14－2 “分页预览”模式

（3）删除分页符。删除分页符的步骤如下：

①单击分页符下的第一行单元格。

②选择“分隔符”下拉列表中的“删除分页符”选项。

14.2 页面设置

在输入数据并进行了适当格式化后，就可以将工作表打印输出。在输出前应对表格进行相应的打印设置，以使其输出效果更加美观。

页面设置包括对页边距、页眉页脚、纸张大小及方向等的设置。页面设置的方法如下：

（1）打开工作表。

（2）在【页面布局】选项卡“页面设置”功能组中进行各项页面设置，其中：

①页边距。页边距是指工作表数据与打印页面之间的空白。单击“页边距”按钮，可从打开的列表中选择一个预置样式；单击最下面的“自定义页边距”命令，打开“页面设置”对话框的“页边距”选项卡，按照需要进行上、下、左、右边距的设置。在对话框左下角的“居中方式”组中，可设置表格在整个页面的水平或垂直方向上居中打印。

②纸张方向。单击“纸张方向”按钮，设定纸张方向为横向或纵向。

③纸张大小。单击“纸张大小”按钮，选定纸张大小。单击最下边的“其他纸张大小”命令，打开“页面设置”对话框的【页面】选项卡，在“纸张大小”下拉列表中选择合适的大小。

④设置页眉页脚。单击“页面设置”右侧的对话框启动器，打开“页面设置”对话框，单击【页眉/页脚】选项卡，从“页眉”或“页脚”下拉列表中选择系统预置的页眉页脚内容。也可以单击“自定义页眉”或“自定义页脚”按钮，打开相应的对话框，可以自行设置页眉或页脚内容，如图 14－3 所示。在“页脚”对话框中设置页脚，它们将出现在页脚行的左、中、右位置，其内容可以是文字、页码、工作簿名称、时间、日期等。文字需要输入，其余均可通过单击中间相应的按钮来设置。

⑤还可以同时在其他选项卡中进行相应设置。设置完毕后，单击“确定”按钮退出。

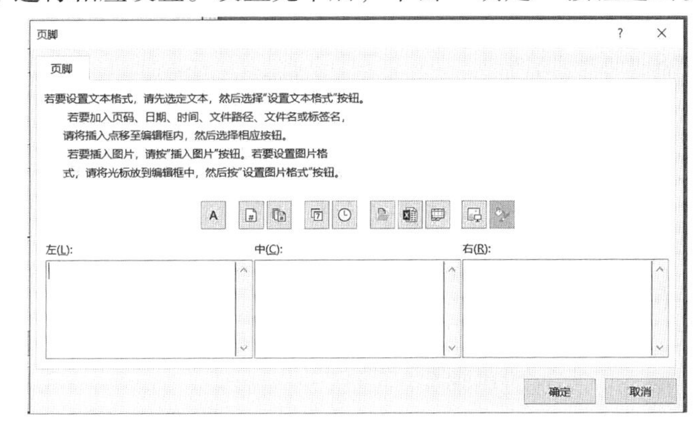

图 14－3　自定义页眉或页脚

• **注意：** 在不同的打印机驱动程序下允许选择的纸张类型可能会有所不同。

在【页边距】选项卡中，可以设置页眉页脚距页边的位置。一般情况下，该距离应比相应的上下页边距要小。

14.3　打印预览和打印

1. 设置打印标题

当工作表纵向超过一页或者横向超过一页宽的时候，需要指定在每一页上都重复打印标题行或列，以使数据更加容易阅读和识别。设置打印标题的步骤如下：

（1）打开要设置重复标题行或列的工作表。

（2）单击【页面布局】选项卡“页面设置”功能组下的“打印标题”按钮，打开“页面设置”对话框的“工作表”选项卡。

（3）单击“顶端标题行”框右端的“压缩对话框”按钮，从工作表中选择要重复打印的标题行，可以选择连续多行，例如可以指定第 1 行为重复标题行，如图 14－4 所示，然后按 Enter 键返回对话框。

（4）“网格线”复选框：打印网格线会使工作表更加清晰。

图 14－4　设置重复打印标题行

（5）“单色打印”复选框：对于设置了填充颜色或设置了字体颜色的单元格数据，可以使用“单色打印”功能。

（6）“行号列标”复选框：打印工作表的行号和列标。

（7）“错误单元格打印为”组合框：可以选择“空白”，则当工作表中有错误值时不被打印出来。

（8）用同样的方法在“左端标题列”框中设置要重复的数据列。另外，还可以在“顶端标题行”或“左端标题列”框中直接输入行列的绝对引用地址。例如，可以在“顶端标题行”框中输入“ $1: $1”表示要重复打印工作表的第1行。

（9）设置完毕后单击“打印预览”按钮，当表格超宽或超长时，即可在预览状态下看到在除首页外的其他页上重复显示的标题行或列。

2. 打印设置

页面设置完成后，即可开始打印。打印设置的步骤如下：

（1）打开工作簿，选择准备打印的工作表或区域，或者设定打印区域。

（2）从【文件】选项卡上单击“打印”，进入打印预览窗口。

（3）单击打印“份数”右侧的上下箭头指定打印份数。

（4）在“打印机”下拉列表中选择打印机。打印机需要事先连接到计算机并正确安装驱动程序后才能在此处进行选择。

（5）在中间的“设置”区域中依次进行各项打印设置，其中：

①单击“打印活动工作表”选项，打开下拉列表，从中选择打印范围：可以只打印当前活动的工作表，也可以打印当前工作簿中的所有工作表；如果进入预览前在工作表中选择了某个区域，那么还可以只打印选定区域。

②单击“无缩放”选项，打开下拉列表，可以设置只压缩行或列、缩放整个工作表以适合打印纸张的大小。单击列表下方的“自定义缩放选项”命令，可以按比例缩放打印工作表。

（6）单击“打印预览”窗口底部的“上一页”或“下一页”按钮 ◂ 2 共4页 ▸，查看工作表的不同页面或不同工作表。

（7）设置完毕后单击“打印”按钮进行打印输出。

【实例1】按照下列要求对案例文档“第14章实例1. xlsx”进行打印设置并输出为PDF文档。

具体要求如下：纸张横向并水平和垂直方向均居中打印在A4纸上；上、下、左、右页边距的距离均为1. 6cm，页眉的距离为0. 7cm，页脚的距离为0. 8cm；设置工作表的第1行内容重复出现在每一页上；仅将工作表的A1:C90设为打印区域；在页眉中间位置显示文档路径和文件名，在页脚左侧显示“公司购置情况表”，右侧显示页码。

◆ 操作步骤：

①打开案例文档“第14章实例1. xlsx”，选择工作表“Sheet1”。

②单击【页面布局】选项卡“页面设置”功能组右侧的对话框启动器按钮，打开页面设置对话框。

③在对话框的【页面】选项卡中选择纸张大小为A4，方向为“横向”。

④在【页边距】选项卡中设置上、下、左、右页边距均为1. 6cm，页眉为0. 7cm，页脚为0. 8cm，勾选居中方式为“水平”和“垂直”。

⑤在【工作表】选项卡的“打印区域”中输入 A1:C90，在“顶端标题行”中输入“ $1: $1”。

⑥在【页眉/页脚】选项卡中，从“页眉”下拉列表中选择包括文件存储路径和文件名的那两项；单击“自定义页脚”按钮，光标在左侧的文本框中时输入文本“公司购置情况表”，光标在右侧的文本框中时单击“插入页码”按钮。

⑦单击【文件】选项卡的“打印”命令，从“打印机”列表中选择一个 PDF 虚拟打印机，单击“打印”按钮，输入 PDF 文件名并存放到指定的文件夹中。打印结果如图 14－5 所示。

D:\Office高级应用教材\实例\第15章实例1.xlsx

商品代码	品牌	商品名称
WH001	AO史密斯	A.O.Smith ET300J-60 电热水器
WH002	AO史密斯	A.O.Smith ET500J-60 电热水器
PC001	Apple	iMac MK442CH/A 21.5英寸一体机
PC004	Apple	iMac MK452CH/A 21.5英寸一体机
TC001	Apple	iPad Air 2 MGKM2CH/A 9.7英寸平板电脑
TC002	Apple	iPad Air 2 MH182CH/A 9.7英寸平板电脑
TC003	Apple	iPad Air WLAN 16GB 银色
TC004	Apple	iPad Air WLAN 32GB 银色
TC005	Apple	iPad mini 2 ME277CH/A 7.9英寸平板电脑
TC006	Apple	iPad mini 4 MK9J2CH/A 7.9英寸平板电脑 金色
TC006	Apple	iPad mini 4 MK9J2CH/A 7.9英寸平板电脑 金色
NC001	Apple	MacBook Air MJVE2CH/A 13.3英寸笔记本电脑
NC001	Apple	MacBook Air MJVE2CH/A 13.3英寸笔记本电脑
NC002	Apple	MacBook Air MJVM2CH/A 11.6英寸笔记本电脑
NC002	Apple	MacBook Air MJVM2CH/A 11.6英寸笔记本电脑
NC007	Apple	MacBook MJY32CH/A 12英寸笔记本电脑
NC007	Apple	MacBook MJY32CH/A 12英寸笔记本电脑
NC003	Apple	MacBook Pro MF839CH/A 13.3英寸笔记本电脑
NC003	Apple	MacBook Pro MF839CH/A 13.3英寸笔记本电脑
NC004	Apple	MacBook Pro MF840CH/A 13.3英寸笔记本电脑
NC004	Apple	MacBook Pro MF840CH/A 13.3英寸笔记本电脑
NC005	Apple	MacBook Pro MGXC2CH/A 15.4英寸笔记本电脑
NC005	Apple	MacBook Pro MGXC2CH/A 15.4英寸笔记本电脑
NC006	Apple	MacBook Pro MJLQ2CH/A 15.4英寸笔记本电脑
NC006	Apple	MacBook Pro MJLQ2CH/A 15.4英寸笔记本电脑
NC008	Apple	MacBookMK4M2CH/A 12英寸笔记本电脑
NC008	Apple	MacBookMK4M2CH/A 12英寸笔记本电脑
PC002	Apple	ME086CH/A iMac 21.5英寸一体机 银色
PC002	Apple	ME086CH/A iMac 21.5英寸一体机 银色
PC003	Apple	ME087CH/A iMac 21.5英寸一体机 银色
PC003	Apple	ME087CH/A iMac 21.5英寸一体机 银色
TV009	LG	42LS3100-CE 全高清LED液晶电视
TV009	LG	42LS3100-CE 全高清LED液晶电视
WM001	LG	WD-N12430D 6公斤滚筒洗衣机
TV016	TCL	L48F3310-3D平板电视
RF003	TCL	BCD-176K50两门冰箱
AC003	TCL	KFRd-25GW/DE22空调
AC004	TCL	KFRd-25GW/FC23
AC005	TCL	KFRd-35GW/DE22空调

公司购置情况表 1

D:\Office高级应用教材\实例\第15章实例1.xlsx

商品代码	品牌	商品名称
AC001	TCL	KFRd-52LW/DR22空调
AC002	TCL	KFRd-72LW/FC13空调
TV008	TCL	L32E11液晶电视
WM002	艾美特	Airmate HGY905P双层干衣机
WM003	安仕	ASG-131S双层干衣机
AC010	奥克斯	KF-26GW/SQB+2空调
AC006	奥克斯	KFR-26GW/BPSSD-2空调
AC007	奥克斯	KFR-32GW/SQB+2空调
AC008	奥克斯	KFR-35GW/BPSSD-2正1.5匹空调
AC009	奥克斯	KFR-51LW/M-1空调
RF004	奥马	BCD-118A5双门冰箱
RF005	奥马	BCD-176A7冰箱
WM004	奔腾	POVOS 家用双层干衣机烘干机
TV007	创维	32E5CHR 32英寸LED液晶电视
NC016	戴尔	Dell XPS13R-9343-5608S 13.3英寸超极本
NC012	戴尔	Dell Ins15CR-4528B 15.6英寸笔记本电脑
PC005	戴尔	Dell Vostro 3900-R6298 台式电脑 黑色
PC006	戴尔	Dell Vostro 3900-R7938 台式主机
NC013	戴尔	Dell Vostro 5480R-3528SS 14英寸笔记本电脑 银色
PC007	戴尔	Dell XPS 8900-R17N8 台式主机
PC008	戴尔	Dell XPS 8900-R19N8 台式主机
NC014	戴尔	Dell XPS13-9350-R1708S 13.3英寸超极本
NC015	戴尔	Dell XPS13R-9343-2508S 13.3英寸超极本
WM005	德尔玛	Deerma 双层干衣机
AC011	格兰仕	Galanz KFR-23GW/dLP45-150(2)空调
AC012	格兰仕	Galanz KFR-32GW/dLP57-130(2)空调
AC013	格兰仕	Galanz KFR-35GW/DLC45-130(2)空调
WM006	格兰仕	Galanz XQG60-A708 6公斤云滚筒洗衣机
WH003	格兰仕	Galanz ZSDF-G40K031 40L 电热水器
WM007	格力	GREE GSP20 烘干机滚筒干衣机
WH004	海尔	Haier A1 10升天然气热水器
RF002	海尔	Haier bcd-186kb 双门冰箱
RF006	海尔	Haier BCD-190TMPK 冰箱
RF007	海尔	Haier BCD-206STPA 206升冰箱
RF001	海尔	Haier BCD-216SCM 冰箱
RF008	海尔	Haier BCD-231WDBB 冰箱
RF009	海尔	Haier BCD-568WDPF冰箱
WH006	海尔	Haier EC5002-D多功率遥控电热水器
WH005	海尔	Haier EC5002-Q6 50升电热水器

公司购置情况表 2

图 14－5 打印结果

● **注意：** 计算机必须事先安装有 PDF 虚拟打印机驱动程序才能从“打印机”列表中 PDF 虚拟打印机。

第四部分

PowerPoint 2016 的功能与应用

一份演示文稿由若干张幻灯片组成，按序号由小到大排列，每张幻灯片中可以有文字、表格、图，还可以有声音和视频，以扩展名为 .pptx 保存在磁盘上，PowerPoint 2003 及以前版本的文件扩展名是 .ppt，有时将演示文稿简称为 PPT 文件。本篇以 PowerPoint 2016 为蓝本，分为四章介绍了其功能及应用：

- 视图、多种途径快速创建演示文稿、幻灯片基本操作、组织和管理幻灯片。
- 版式、母版及主题的应用，对幻灯片中的文本、表格、图形、图片等对象进行编辑设置。
- 幻灯片的链接跳转、设计幻灯片动画效果及切换效果、审阅并检查演示文稿、保护演示文稿。
- 放映演示文稿、导出演示文稿、打印演示文稿。

这部分内容具有如下特点：

(1) 根据二级考纲，内容安排繁简得当。

(2) 实例题目借鉴真题并进行修改，更贴合支撑的知识点。

(3) 适应 Office 边学习边演示的学习特点，尽量减少对话框图片，引导学生采用正确的方法学习 PPT。

（4）细节追求完美，在书写过程中推敲词语，让语句清晰流畅，图片保持清晰，必要时为图片加注释。

第 15 章　演示文稿的创建与组织

一份演示文稿由若干张幻灯片组成，按序号由小到大排列，每张幻灯片上有文字、表格、图，还可以有声音和视频，以扩展名为 . pptx 保存在磁盘上，PowerPoint 2003 及以前版本的文件扩展名是 . ppt，有时将演示文稿简称为 PPT 文件。这一章首先介绍演示文稿的创建与组织。

15. 1　演示文稿视图

视图是 PowerPoint 观察演示文稿的方式，主要有普通视图、大纲视图、幻灯片浏览视图、备注页视图、阅读视图、幻灯片放映视图、母版视图 7 种模式，用户可以单击【视图】选项卡，在“演示文稿视图”功能组和“母版视图”功能组中选择切换不同的视图模式。此外，PowerPoint 2016 的状态栏中提供了 4 个切换按钮，从左往右分别是普通视图、幻灯片浏览视图、阅读视图和幻灯片放映视图，也可以通过单击它们，切换到对应视图。

15. 1. 1　普通视图与大纲视图

普通视图是幻灯片的默认显示方式，是主要的编辑视图。它的工作窗口（图 15 - 1）由三块区域构成，分别是大纲|幻灯片窗口、幻灯片编辑区以及备注窗口。

图 15 - 1　“普通视图”的工作窗口

在“演示文稿视图”功能组中选择“大纲视图”按钮，幻灯片切换到大纲视图模式，

它的工作窗口与普通视图的工作窗口唯一的不同在于大纲|幻灯片窗口按由小到大的顺序和幻灯片的内容层次显示演示文稿内容。

15.1.2 幻灯片浏览视图

幻灯片浏览视图是以缩略图形式显示幻灯片内容的一种视图方式，在这个视图工作窗口（图 15－2）中，可方便地对幻灯片进行插入、复制、删除、移动等操作，但是不能编辑单张幻灯片中的内容。

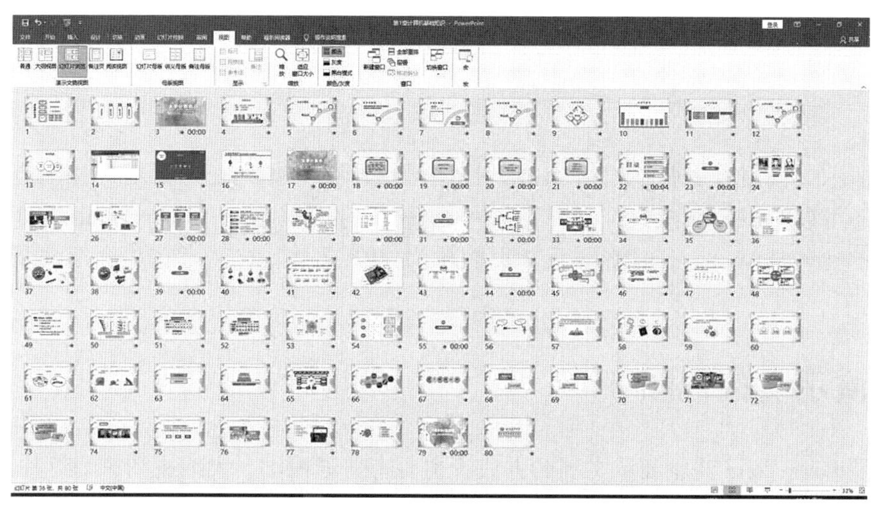

图 15－2 “幻灯片浏览视图”的工作窗口

15.1.3 备注页视图

备注页视图供演讲者使用，在它的工作窗口（图 15－3）中，上方是幻灯片缩略图，不能对幻灯片内容进行编辑，下方是一个文本占位符，用于输入幻灯片的文本备注内容，也可以设置备注内容的文字样式，普通视图下备注窗口的作用与这个文本占位符的作用完全相

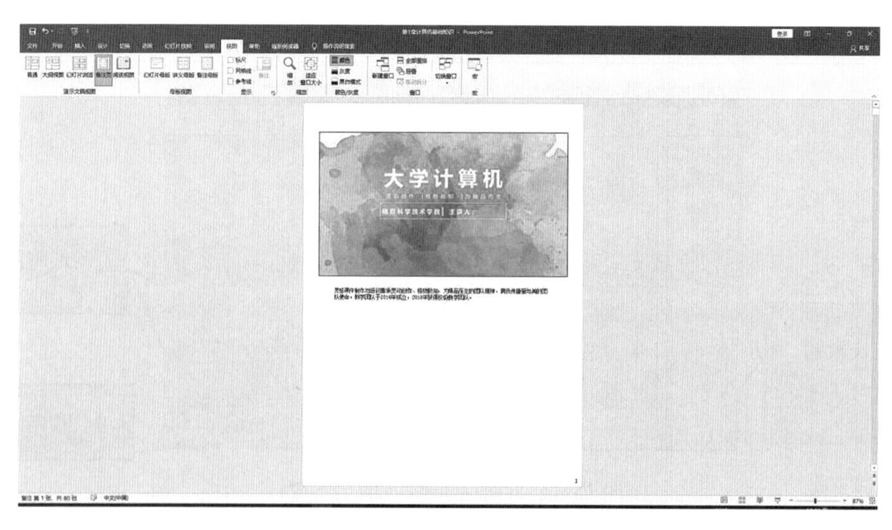

图 15－3 “备注页视图”的工作窗口

同。在备注页的任意位置也可以插入文本框、形状、SmartArt 图形、艺术字、图片、图表等对象。幻灯片放映时，备注内容不会显示在屏幕上。

15.1.4 母版视图

使用母版可以使整个幻灯片具有统一的风格和样式，制作幻灯片母版必须在母版视图下进行，在 PowerPoint 2016 中，母版视图包括幻灯片母版、讲义母版和备注母版 3 种，最常使用的是幻灯片母版，它的详细操作方法见 16.2 节。

讲义母版用于多张幻灯片打印在一张纸上时排版使用，使用讲义母版可以将多张（1、2、3、4、6 或 9 张）幻灯片进行排版，然后打印在一张纸上。

备注母版主要作用是统一幻灯片备注的风格，而且当多页备注内容出现重复的元素时，备注母版可以方便制作和后期修改。

15.1.5 幻灯片放映视图和阅读视图

进入幻灯片放映视图，该视图会占据显示器/投影仪的整个屏幕，放映时可以看到图形、计时、动画和切换效果在实际演示中的具体效果。按 Esc 键退出幻灯片放映视图，返回上一次设置的视图模式。

阅读视图用于幻灯片制作完成后的简单放映浏览，用户在这个视图模式下可以查看幻灯片内容、幻灯片设置的动画和切换效果，从而整体感受演示文稿的放映效果，方便后续修改工作。阅读视图与放映视图唯一区别于阅读视图的工作窗口（图 15－4）保留了幻灯片窗格、标题栏和状态栏，演示文稿适应窗口大小。

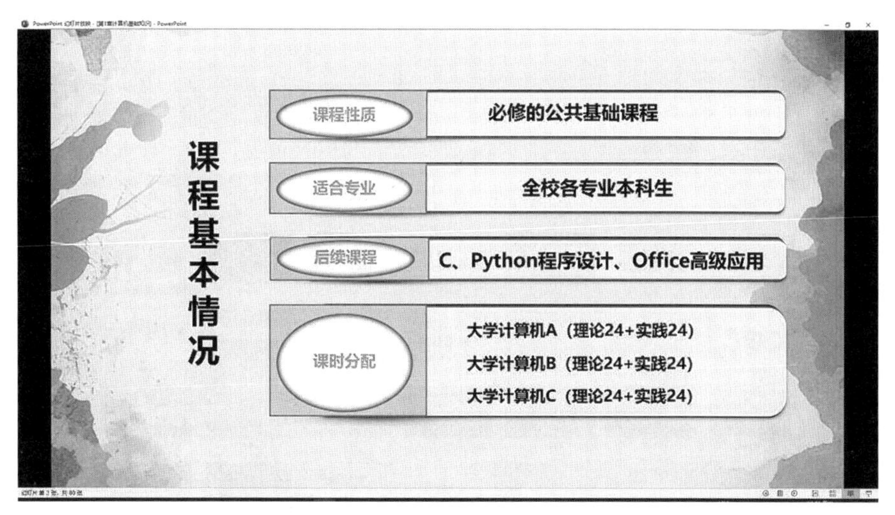

图 15－4 “阅读视图”工作窗口

15.2 演示文稿的创建

建立演示文稿有 5 种方式：“新建空白演示文稿”“依据主题创建”“基于模板创建”“根据现有演示文稿创建”“从 Word 文档中发送”。因为 Office 高级应用二级考试只对“新建空白演示文稿”和“从 Word 文档中发送”两个创建方法做考查，这一节主要描述“新建空白演示文稿”与“从 Word 文档中发送”的操作方法。

15.2.1 新建空白演示文稿

按照默认配置安装好 MS Office，启动 PowerPoint 2016 先显示“启动”界面（图 15－5），单击此界面上的“空白演示文稿”选项新建空白演示文稿；或者单击左侧导航栏的“新建”选项，在“可用的模板和主题”界面（图 15－6）上单击“空白演示文稿”选项也可以新建空白演示文稿。

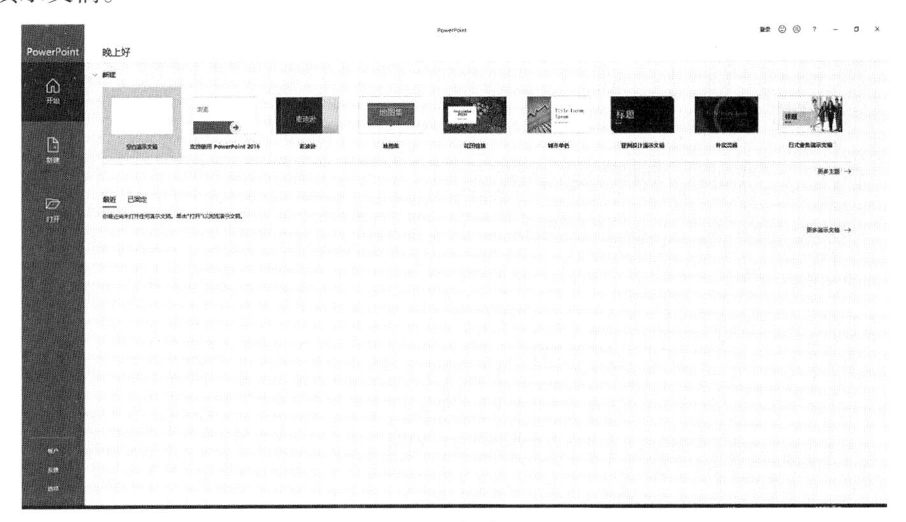

图 15－5 “启动”界面

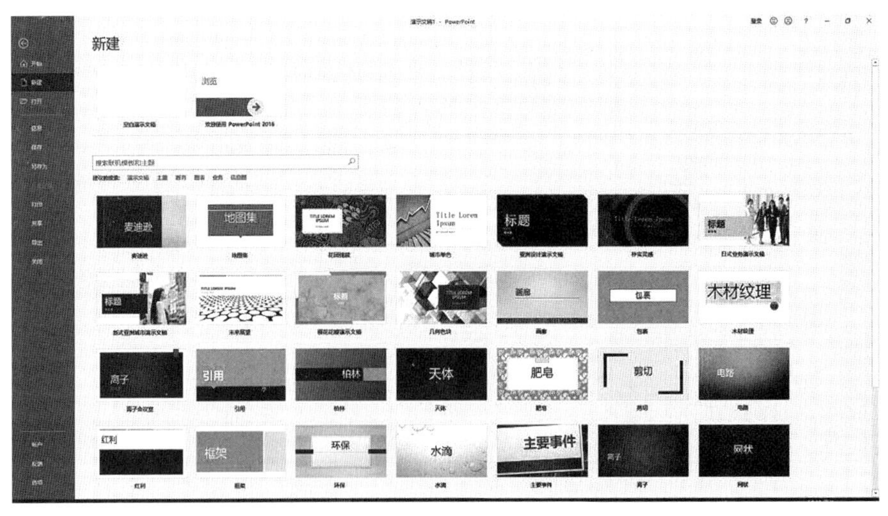

图 15－6 “可用的模板和主题”界面

通过“新建空白演示文稿”建立的文件中包含 1 张幻灯片，这张幻灯片不包含任何背景图案和内容，默认使用了“Office 主题”中的标题版式，如图 15－7 所示。

如果在快速访问工具栏中自定义了“新建”（🗋）按钮，单击该按钮也可以完成上述空白演示文稿的创建。

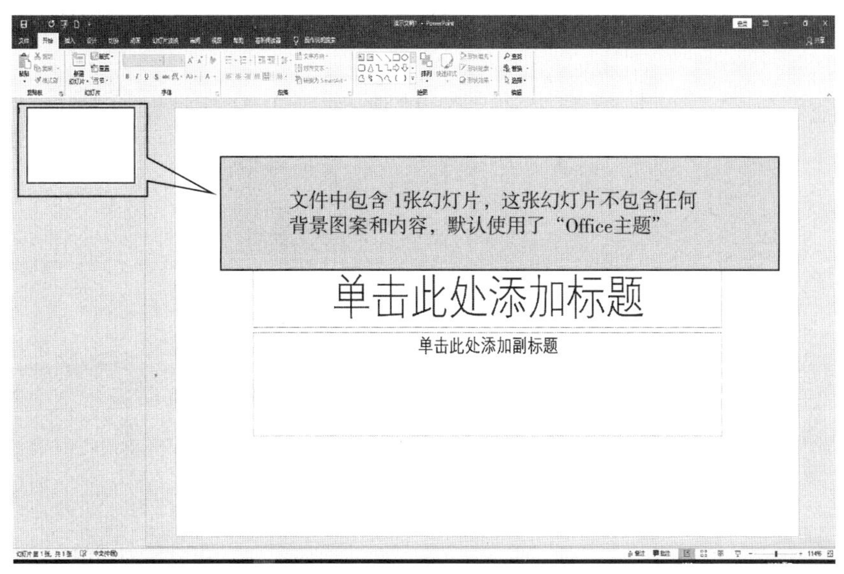

图 15－7　“空白演示文稿”界面

15.2.2　从 Word 文档中发送

可以将 Word 文档中设置了大纲级别的内容按照大纲级别 1～9 级发送到 PowerPoint 中形成新的演示文稿，Word 中使用了 1 级大纲级别的内容转换为 PowerPoint 中的标题，2 级大纲级别的内容转换为 1 级文本的内容，3 级大纲级别的内容转换为 2 级文本的内容，以此类推。例如，图 15－8 提示了文档内容分别使用的样式，发送到 PowerPoint 后产生了如图 15－9 所示的演示文稿。

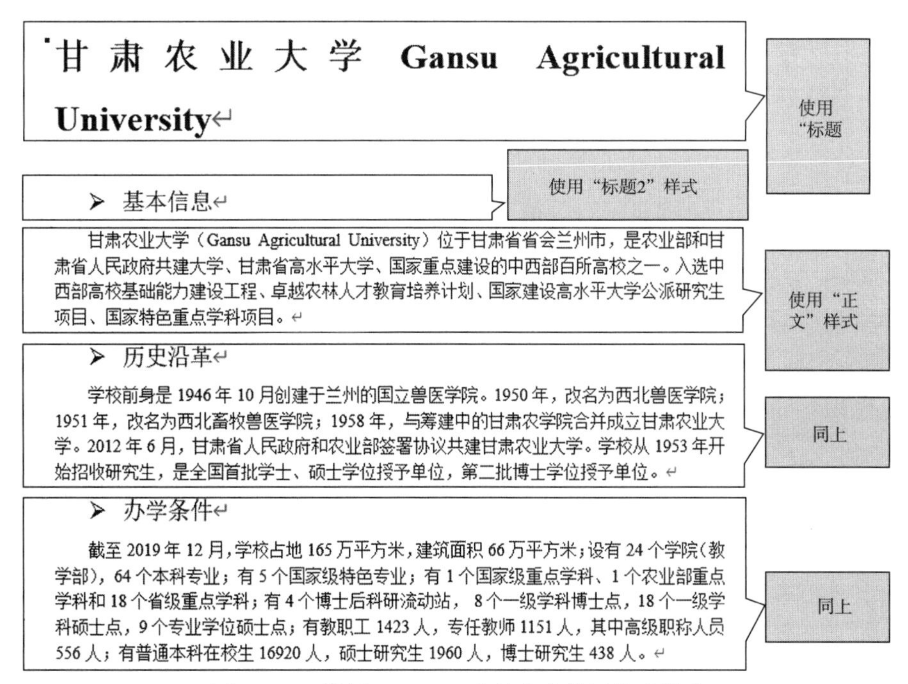

图 15－8　举例——Word 文档内容使用样式说明

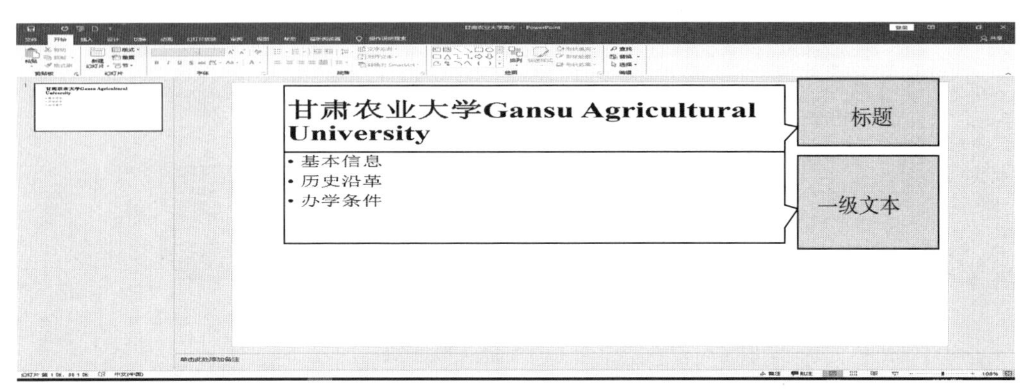

图 15－9 举例——PowerPoint 幻灯片的页数及内容级别说明

“从 Word 文档中发送”创建演示文稿的方法如下：

步骤1：为文档中需要发送到 PowerPoint 的内容按照层次使用“标题1、2、3……”样式，或者设置大纲级别。

步骤2：如果快速工具栏中没有显示“发送到 Microsoft PowerPoint”按钮，需要单击【文件】选项卡中的“选项”命令，在“Word 选项”对话框左侧列表中选择“快速访问工具栏”选项，在“从下列位置选择命令”组合框中选择“不在功能区中的命令”，在列表框中选择“发送到 Microsoft PowerPoint”，单击“添加”按钮，最后单击“确定”按钮，这些设置完成后快速工具栏会显示“发送到 Microsoft PowerPoint”按钮。“Word 选项”对话框中的操作方法及步骤如图 15－10 所示。

• **注意：**在列表中查找“发送到 Microsoft PowerPoint”选项时，按照选项名称第一个字的拼音顺序排序，利用这个技巧很容易找到任何选项。

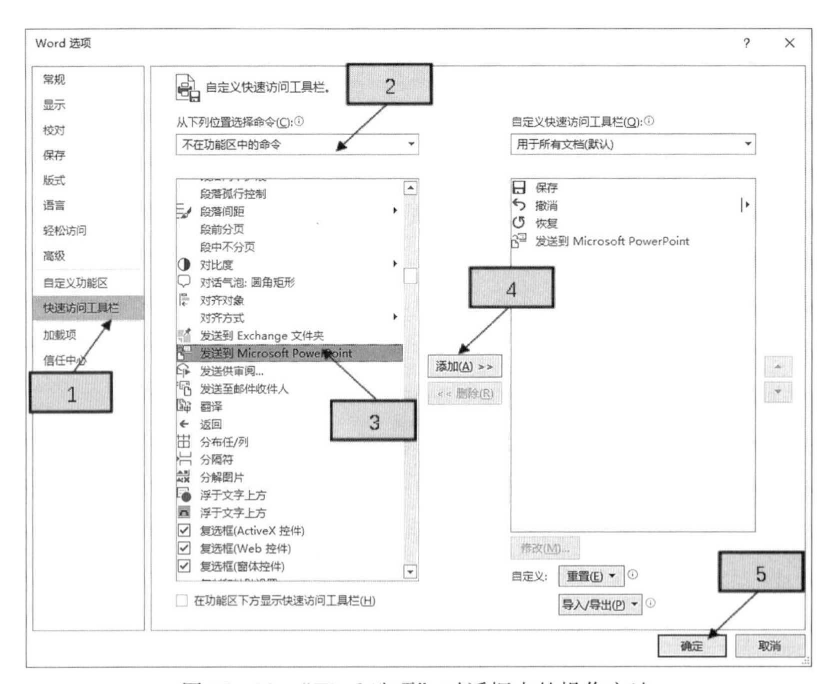

图 15－10 “Word 选项”对话框中的操作方法

步骤 3：单击快速工具栏中“发送到 Microsoft PowerPoint”按钮，完成“从 Word 文档中发送”的操作。

15.3　幻灯片基本操作

演示文稿建立后，通常需要新建多张幻灯片并进行设计、编辑和设置，最终形成一个完整的、图文并茂的、具备特定展示功能的演示文稿。在这一节将阐述幻灯片的选定、删除、移动、复制、新建以及调整大小和方向等基本操作在普通视图下的操作方法，大纲视图和幻灯片浏览视图下的操作方法类似。

15.3.1　幻灯片的选定、删除、剪切、粘贴与移动

1. 幻灯片的选定

表 15－1 列出了在 Windows 操作系统下对象的选定方法，这些方法完全适合于幻灯片的选定。

表 15－1　Windows 操作系统下对象的选定方法

选定对象	操　　作
单个对象	单击所要选定的对象。
多个连续的对象	鼠标操作：单击第一个对象，按住 Shift 键，单击最后一个。
多个不连续的对象	单击第一个对象，按住 Ctrl 键不放，单击剩余的每一个对象。

2. 幻灯片的删除

选中一张或多张幻灯片，然后可以通过快捷菜单中的“删除幻灯片”命令，或者按 Delete 键，将选定的幻灯片从演示文稿中删除。

3. 幻灯片的剪切

选定幻灯片后，可通过选择快捷菜单中的“剪切”命令，或者在【开始】选项卡的“剪贴板”功能组中单击“剪切”按钮，或者使用快捷键 Ctrl + X 3 种方法完成幻灯片的剪切操作。

4. 幻灯片的粘贴

如果要按源格式粘贴被复制或剪切到剪贴板的幻灯片可以单击粘贴按钮，或者使用快捷键 Ctrl + V，或者单击“粘贴”按钮下方的黑色三角箭头，选择“保留源格式”按钮；如果要使得粘贴的幻灯片具有目前演示文稿使用的主题格式，需要单击“粘贴”按钮下方的黑色三角箭头，选择“使用目标主题”按钮；而选择“图片”则会将幻灯片以图片方式粘贴在另一页幻灯片上。快捷菜单粘贴选项下也是这三个按钮。

5. 幻灯片的移动

幻灯片的移动有两种常用方法：

（1）选定需要移动的单个或多个幻灯片，按住鼠标左键拖动到目标位置。

（2）选定需要移动的单个或多个幻灯片，然后做“剪切”操作，选定移动目标位置的前一个幻灯片，做“粘贴”操作。

【实例 1】打开演示文稿 PPT4. pptx，将第 9、第 10、第 11 三张幻灯片移动到第 12 张幻灯片之后。

◆ 操作步骤：

①打开演示文稿，在“幻灯片”窗格中选中第 9、第 10、第 11 三张幻灯片并右击，在快捷菜单中选择“剪切”命令。

②选中第 9 张幻灯片（①操作之前的第 12 张幻灯片）并右击，在快捷菜单中选择“粘贴选项/使用目标主题”命令。

③保存并关闭演示文稿。

15. 3. 2 添加/插入幻灯片

1. 新建幻灯片

通过新建幻灯片功能，可以插入一张新幻灯片，有如下操作方法：

（1）单击选中某张幻灯片或者在两张幻灯片的中间位置单击，在【开始】选项卡的“幻灯片”功能组中，单击“新建幻灯片”按钮，除当前幻灯片为“标题幻灯片”会插入版式为“标题和内容”的新幻灯片外，系统将插入一张与选中幻灯片中序号最大的幻灯片相同版式的新幻灯片。选择快捷菜单中的“新建幻灯片”，或者使用快捷键 Ctrl + M，或者按 Enter 键的作用也与上述方法相同。

（2）单击选中某张幻灯片或者在两张幻灯片的中间位置单击，然后单击“新建幻灯片”按钮旁边的黑色三角箭头，则可通过指定版式来新建幻灯片。

2. 幻灯片的复制

复制幻灯片功能，等同于 Windows 的复制、粘贴操作，可以生成与当前选中幻灯片完全相同的一张或多张幻灯片。选定幻灯片后，可通过下述 4 种方法进行复制操作，其中前 3 个方法只能插入默认位置，后续可能还需要移动幻灯片位置，第 4 个方法可以直接将需要的幻灯片复制到特定的位置。

（1）在快捷菜单中选择“复制幻灯片”命令。

（2）在【开始】选项卡的“剪贴板”功能组中单击“复制”按钮旁边的黑色三角箭头，在下拉列表中选择第 2 个“复制”命令。

（3）在【开始】选项卡的“幻灯片”功能组中单击“新建幻灯片”按钮旁边的黑色三角箭头，在下拉列表中单击“复制选定幻灯片”命令。

（4）在【开始】选项卡的“剪贴板”功能组中单击“复制”按钮（等同于单击旁边的黑色三角箭头，在下拉列表中选择第 1 个“复制”），或者使用快捷键 Ctrl + C，此时将选定的幻灯片复制到了剪贴板，接下来需要定位到插入位置，执行“粘贴”操作。

3. 重用幻灯片

如果需要从其他演示文稿中借用现成的幻灯片，可以通过第 4 种复制幻灯片的方法完成文档间传递数据，还可以通过下述的“重用幻灯片”功能实现引用其他演示文稿内容。

“重用幻灯片”功能的完成步骤如图 15 - 11(a) 所示。

步骤 1：在【开始】选项卡的“幻灯片”功能组中单击“新建幻灯片”按钮旁边的黑色三角箭头，在列表中选择“重用幻灯片”命令，窗口右侧的任务窗格区中会出现“重用幻灯片”窗格。

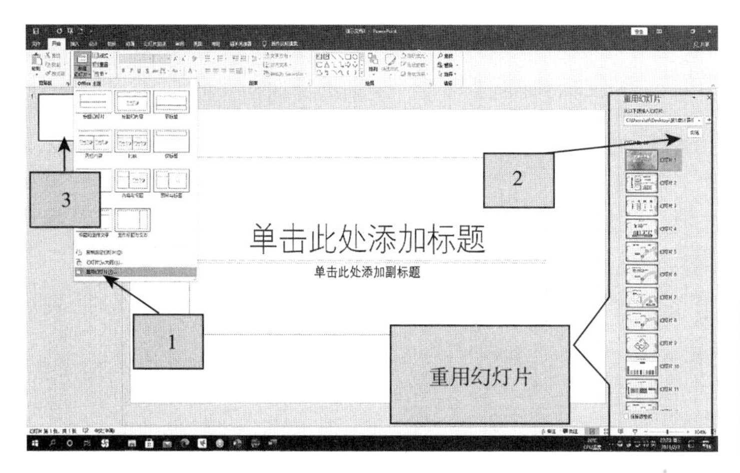

（a）“重用幻灯片”功能的完成步骤

插入幻灯片
插入所有幻灯片
将主题应用于所有幻灯片
将主题应用于选定的幻灯片

（b）快捷菜单列表

图 15－11　“重用幻灯片”功能

步骤 2：在“重用幻灯片”窗格中单击“浏览”按钮，选择幻灯片来源文件。

步骤 3：在“大纲|幻灯片”窗口中定位要插入幻灯片的位置，在“重用幻灯片”窗格中左键单击某张幻灯片缩略图，就可以在插入位置创建这张幻灯片的副本；或者在某张缩略图上单击鼠标右键，快捷菜单列表如图 15－11(b) 所示，单击“插入幻灯片”则插入这张幻灯片的副本，如果单击“插入所有幻灯片”则将被重用演示文稿的所有幻灯片都插入正在编辑的演示文稿中。

操作步骤 3 时，若勾选了“保留源格式”复选框，则会将重用的幻灯片保留源格式，否则重用的幻灯片将使用目标幻灯片的主题样式。

“重用幻灯片”功能也可以只重用幻灯片的主题样式。在快捷菜单中单击“将主题应用于所有幻灯片”，则重用幻灯片中正在被选定缩略图的主题样式会被正在编辑的演示文稿的所有幻灯片引用，如果单击“将主题应用于选定的幻灯片”，则正在编辑的演示文稿中当前被选中的幻灯片会被重用幻灯片的主题样式替换。

4. 从文档大纲中导入生成幻灯片

在打开的演示文稿中，也可以从其他文档中依据其大纲内容导入生成幻灯片。支持导入的文档类型有 *.txt、*.rtf、*.doc、*.docx、*.docm（一种包含宏或启用了宏的文档）、*.wpd（Corel WordPerfect 创建的文档格式）。下面通过一个实例了解“从文档大纲中导入生成幻灯片”的操作步骤。

【实例 2】打开空白演示文稿 PPT2.pptx，根据 Word 文档“PPT 素材.docx”中提供的大纲内容新建 10 张幻灯片，其对应关系如图 15－12 所示。要求新建幻灯片中不包含原素材中的任何格式。

Word大纲中的文本颜色	对应的PPT内容
红色	标题
蓝色	第一级文本
黑色	第二级文本

图 15－12　Word 大纲中的文本颜色与 PPT 内容对应关系

◆ **操作步骤：**

①打开 Word 文档“PPT 素材”，在文档中选中所有红色文本段落，单击【开始】选项卡下“样式”功能组中的“标题 1”样式，使这些文字应用“标题 1”样式；按照同样的方法，为文

档中所有蓝色文本应用“标题2”样式，为所有黑色文本应用“标题3”样式。最后保存此文档并关闭。

②打开演示文稿“PPT2”，单击【开始】选项卡下“幻灯片”功能组中“新建幻灯片”下拉按钮，在下拉列表中选择“幻灯片（从大纲）”命令，在打开的“插入大纲”对话框中选中“PPT 素材 . docx”文件，单击“插入”按钮，则幻灯片自动创建完成。

③切换到幻灯片浏览视图，按住 Ctrl 键选中所有空白幻灯片，按 Delete 键删除这些幻灯片，使演示文稿中仅含有 10 张幻灯片，切换到普通视图。

④单击选中幻灯片缩略图中的任意一张幻灯片，然后按 Ctrl + A 组合键选中所有幻灯片并右击鼠标，在弹出的快捷菜单中选择“重设幻灯片”命令，则清除原素材中的任何格式。

⑤保存并关闭演示文稿。

• **注意：**①第一步操作中可以将给不同颜色的文本应用标题 1 至标题 3 样式，替换为给它们分别设置 1 ~3 级大纲级别。②“幻灯片（从大纲）”命令时，确保被导入的文档文件处于关闭状态。③这个操作只能发送文本，不能发送图表图像，“从 Word 文档中发送”操作也有这个特点。

15.3.3 幻灯片分页与合并

1. 一页幻灯片变成两页或多页展示

当一页幻灯片中的文字内容太多的时候，需要把一页幻灯片变成两页或多页展示，最直接的方法是把幻灯片复制后再分别删除部分文字。这一部分内容将介绍一个更快捷的方法。

首先，切换到大纲视图，幻灯片分页方法的操作步骤及效果如图 15 - 13 所示。

步骤 1：将光标置于需要分页的段落文字之后，按回车键得到新行。

步骤 2：点击【段落】选项卡中的“降低列表级别”按钮。

步骤 3：多次按该按钮，直到幻灯片从一页变成两页。

步骤 4：把标题复制到新的幻灯片。

2. 两页或多页幻灯片合并为一页展示

与“幻灯片分页”操作相反，有时候需要将两页或多页幻灯片进行合并，操作方法是在大纲视图下，选中下一张幻灯片的标题文本。如图 15 - 13 所示的两张幻灯片，需要在大纲视图下选中“二、人文历史”几个字样，然后将其删除，如有空行同样删除，两张幻灯片即合二为一了。

15.3.4 调整幻灯片的大小和方向

默认情况下，幻灯片的大小为“宽屏（16:9）”格式，横向方向，可以根据实际需要更改其大小和方向。

单击【主题】选项卡的“自定义”功能组中的“幻灯片大小”按钮下的黑色三角箭头，显示如图 15 - 14（a）所示的列表，通过“标准（4:3）”和“宽屏（16:9）”两个命令，可以让幻灯片大小在标准和宽屏之间快速切换，如果单击“自定义幻灯片大小”命令，打开

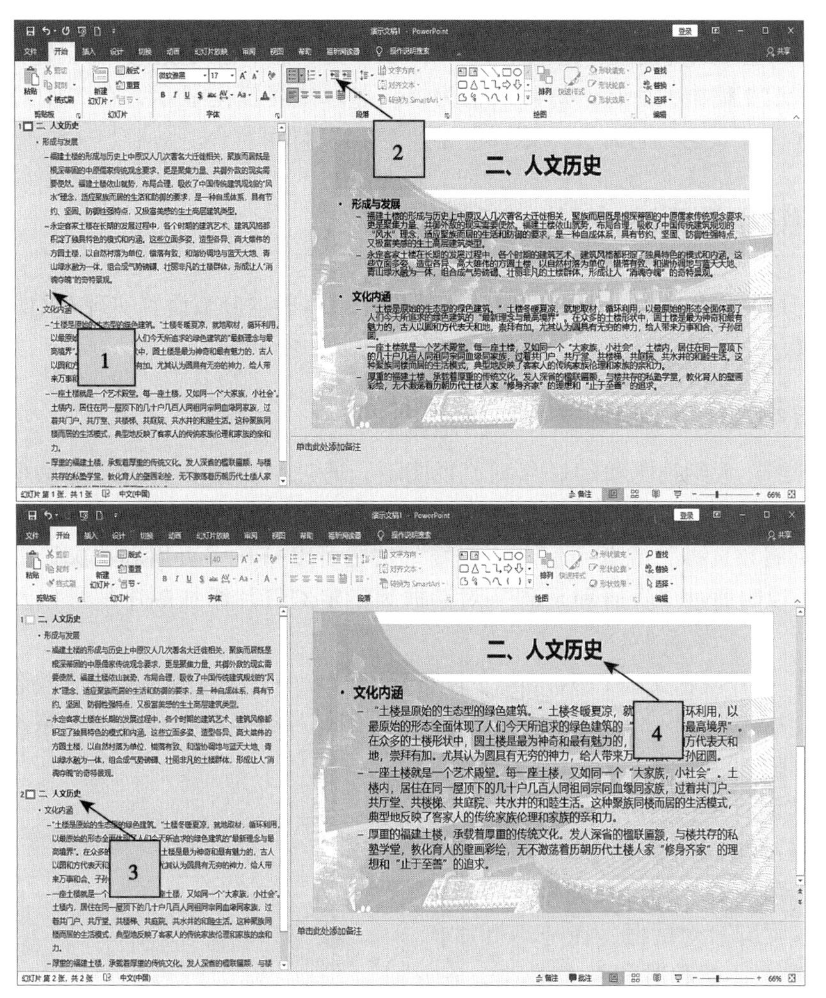

图 15－13　幻灯片的分页方法

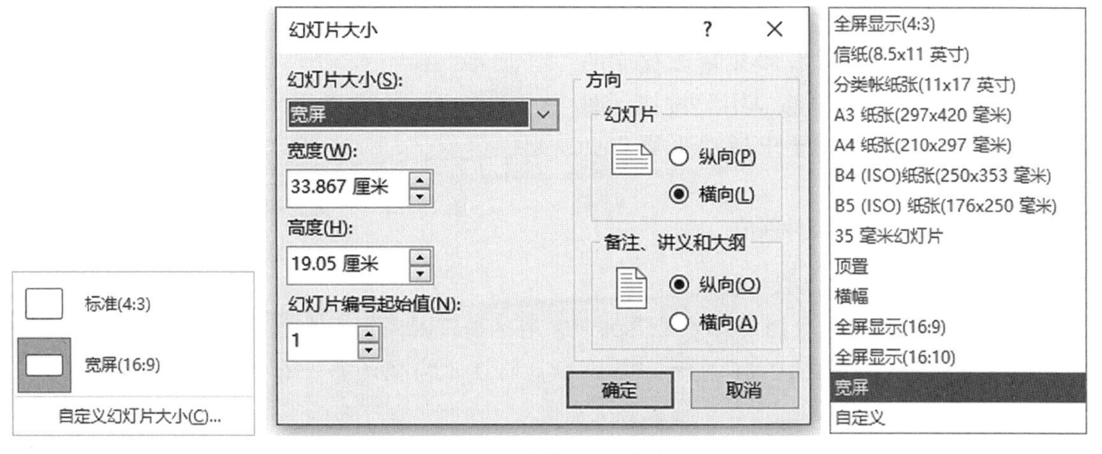

（a）“幻灯片大小”列表　　（b）“幻灯片大小”对话框　　（c）“幻灯片大小”下拉列表

图 15－14　“幻灯片大小和方向”的设置

“幻灯片大小”对话框（图 15－14（b）），从“幻灯片大小”下拉列表（图 15－14（c））中选择某一类型，也可以直接通过在“宽度”“高度”文本框中输入数值进行自定义。

若要将演示文稿中的所有幻灯片调整为纵向显示或者横向显示，在“幻灯片大小”对话框的“方向”下设置幻灯片为“纵向”或“横向”即可。

15.4 组织和管理幻灯片

可以为幻灯片添加编号、日期和时间，特别是可以通过分节设置实现对幻灯片的分组管理和批量设置。

15.4.1 为幻灯片添加编号、日期和时间

在普通视图、大纲视图和幻灯片浏览视图下，通过“页眉和页脚”对话框，可以为指定幻灯片添加顺序编号，同时也可以添加日期和时间。通过单击【插入】选项卡的“文本”功能组的“页眉和页脚”或者“幻灯片编号”按钮可以打开“页眉和页脚”对话框。下面通过一个例子说明通过“页眉和页脚”对话框为指定幻灯片添加顺序编号以及日期和时间的方法。

【实例 3】打开演示文稿 PPT6. pptx，除标题幻灯片外，设置其他幻灯片均包含自动更新的日期（日期格式为××××年××月××日）、幻灯片编号和内容为“儿童孤独症的干预与治疗”的页脚。

◆ 操作步骤：

①打开演示文稿，单击【插入】选项卡下“文本”组中的“幻灯片编号”按钮，弹出“页眉和页脚”对话框，在【幻灯片】选项卡中勾选“日期和时间”复选框，在“自动更新”下拉列表中选择“年月日”日期格式；勾选“幻灯片编号”“标题幻灯片中不显示”和“页脚”复选框，在“页脚”对应的文本框中输入文本“儿童孤独症的干预与治疗”，单击“全部应用”按钮。图 15－15 展示了完成设置要求后“页眉和页脚”对话框的内容。

图 15－15 “页眉和页脚”对话框

②单击“全部应用”按钮。

③保存并关闭演示文稿。

● **注意：**①如果仅对选中的幻灯片设置编号，则单击“应用”按钮。

②勾选“标题幻灯片中不显示”复选框，则演示文稿的第一张幻灯片不显示编号、页脚及时间。

③默认情况下幻灯片编号从 1 开始，如图 15－14(b)所示的“幻灯片编号起始值”文本框显示，若要更改起始编号，可在这个文本框中输入新的起始编号(≥0)。

15.4.2　分节管理演示文稿

为了更方便地组织和管理大型演示文稿，以利于快速导航和定位，PowerPoint 提供了“节”功能来分组和导航幻灯片，同时还可以快速实现批量选中。

“节”功能将原来线性排列的幻灯片划分成若干段，每一段设置为一“节”，可以为该“节”命名，每个节通常包含内容逻辑相关的一组幻灯片。例如实例 4 中要求将演示文稿分为 6 节，第 1 节被命名为“高新科技政策简介”，包含 1 ~3 共 3 张幻灯片。

在普通视图和幻灯片浏览视图下可以查看和设置节，在大纲视图下不能查看和设置节。可以对节进行展开和折叠操作，折叠是将该节的所有幻灯片收起来，只显示节名导航条；展开则是在节名导航条下显示该节的所有幻灯片缩略图。例如实例 4 的第 1 节处于展开状态，第 2 节处于折叠状态，其效果如图 15 - 16 所示。

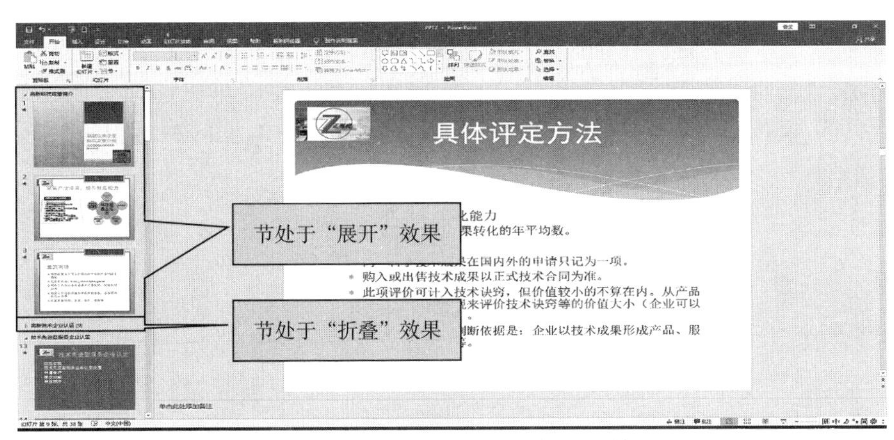

图 15 - 16　节的“展开”和“折叠”效果图

1. 新建节

选定节的第 1 张幻灯片，也可以在要新增节的两张幻灯片之间单击后出现一条横线，然后在快捷菜单中选择“新增节”命令，或者在【开始】选项卡的“幻灯片”功能组中单击“节”按钮，弹出下拉菜单，单击“新增节”命令，可以在接下来弹出的“重命名节”对话框中设置“节名称”，如果不设置，会在选中幻灯片的前面插入一个默认命名为“无标题节”的节导航条。

【实例 4】打开演示文稿 PPT7. pptx，将演示文稿按图 15 - 17 所示的要求分为 6 节。

◆ 操作步骤：

①打开演示文稿，选中第 1 张幻灯片，单击【开始】选项卡下“幻灯片”功能组中的“节”下拉按钮，在下拉列表中选择“新增节”，在弹出的“重命名节”对话框中输入第 1 节的标题“高新科技政策简介”，如图 15 - 18 所示，单击“重命名”按钮。

节 名	包含的幻灯片
高新科技政策简介	1-3
高新技术企业认定	4-12
技术先进型服务企业认定	13-19
研发经费加计扣除	20-24
技术合同登记	25-32
其他政策	33-38

图 15 - 17　分节要求

②选中第 4 张幻灯片，单击“幻灯片”功能组中的“节”下拉按钮，在下拉列表中选择“新增节”，设置节标题为“高新技术企业认定”；其他节的设置方法相同。

③保存并关闭演示文稿。

2. 重命名节

在“重命名节”对话框中完成节的重命名，打开“重命名节”对话框的方法如下。

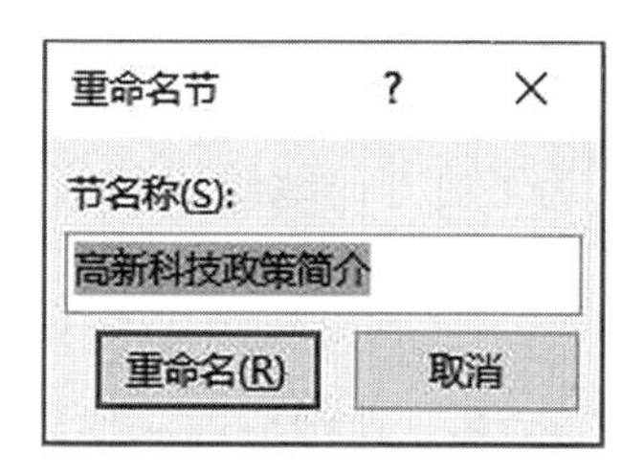

图 15－18 “重命名节”对话框

（1）“新建节”完成后，会自动弹出“重命名节”对话框。

（2）重命名有名称的节，在节导航条上单击右键，在快捷菜单中选择“重命名节”，或者在【开始】选项卡的“幻灯片”功能组中单击“节”按钮，在下拉菜单中选择“重命名节”命令，打开“重命名节”对话框。

3. 删除节

在节导航条上单击右键，在快捷菜单中选择“删除节”，或者选中某节幻灯片，在【开始】选项卡的“幻灯片”功能组中单击“节”按钮，在下拉菜单中选择“删除节”命令，完成“删除节”操作。原节包含的幻灯片还保留在演示文稿中，并归并到上一节中。

第 16 章　演示文稿的设计与制作

这一章将讲述借助文本、图形、图片、表格、图表、音频、视频等元素制作一份精彩演示文稿的方法。

16.1　幻灯片版式的应用

幻灯片版式确定了幻灯片内容的布局和格式。同时，幻灯片版式也包含了幻灯片的主题和背景。在制作幻灯片时，可以使用 PowerPoint 内置标准版式，也可以创建满足特定需求的自定义版式。

16.1.1　内置版式

1. Office 主题下的 11 种内置版式

PowerPoint 的“Office 主题”默认情况下包含 11 种内置幻灯片标准版式，每个版式有一个名称，不同的版式显示了幻灯片上添加不同对象的各种占位符的位置。默认 11 种内置幻灯片标准版式如图 16－1 所示。注意：其他主题可能包含更丰富的版式。

在 PowerPoint 中新建空演示文稿时，第一张幻灯片应用了“标题幻灯片”版式，这个版式一般应用于主标题幻灯片；而如果通过分节来组织幻灯片，那么每一节的标题幻灯片可以使用“节标题”版式；如果一个幻灯片使用了“空白”版式，那么这个幻灯片上没有任何占位符，设计者可以主观地插入文本框、图片等元素进行设计，如图 16－2 所示的幻灯片应

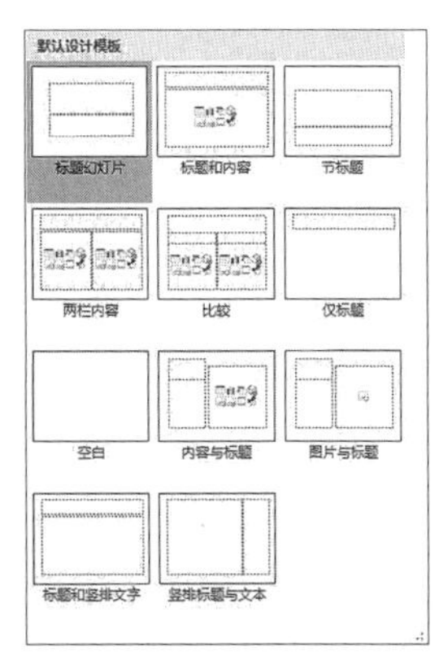

图 16－1　内置的标准幻灯片版式

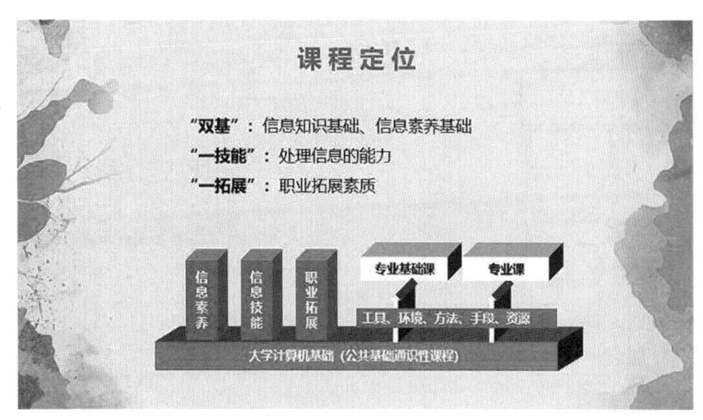

图 16－2　“空白”版式的应用示例

用了“空白”版式，幻灯片上的文本和图片都是由设计者主观设计完成的。

2. 应用内置版式

如何为每一张幻灯片设置满足要求的内置版式呢？下面通过一个例题讲述幻灯片应用内置版式的方法。

【实例1】打开演示文稿 PPT8. pptx，将第1张版式设置为“标题幻灯片”，第4张为“两栏内容”版式，第7张为“仅标题”版式，第8张为“空白”版式。

◆ 操作步骤：

①打开演示文稿，在“大纲|幻灯片”窗口中选择第1张幻灯片，单击【开始】选项卡下“幻灯片”组中的“版式”按钮，在下拉列表中选择“标题幻灯片”。

②按照同样的方法，为其他幻灯片设置相应的版式。

③保存并关闭演示文稿。

16.1.2 自定义版式

一个演示文稿有很多张幻灯片，不同的幻灯片可能使用了不同的版式，然后这所有的版式就组成了一个母版，于是整个幻灯片的版式就只能在母版里面选择，当然，如果该母版里面所含有的版式没有用户满意的时候，用户可以通过选择【视图】选项卡的“母版视图”功能组的“幻灯片母版”选项，在“幻灯片母版”视图下设置或者新建一个用户想要的版式，如果是在原有的版式上设置的话，那么之前所有应用了所修改的版式的幻灯片就会全部被更改。

1. 幻灯片母版的构成

一个演示文稿中可以包含多个母版，每个母版又可以拥有不同的版式，一个母版由主题页和版式页组成（图16－3）。在缩略图窗格中，幻灯片母版和版式成组出现，母版左上角标有数字1，2……代表第几组母版，每一个母版下面用虚线连接了一组若干个版式，代表由该母版派生出来的一系列版式。主题页在缩略图窗格中显示较大，版式页略小。在主题页中的修改，会应用到所有版式页面上，如图16－4所示，在主题页中插入甘肃农业大学校徽，其他版式页同样也出现了校徽。而在版式页中的修改，则只会出现在所有应用了这个版式的页面上。

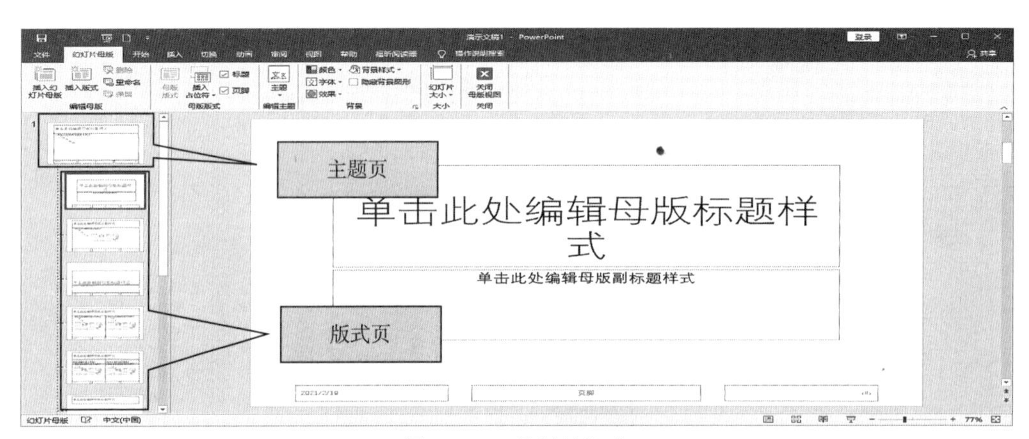

图16－3 母版的组成

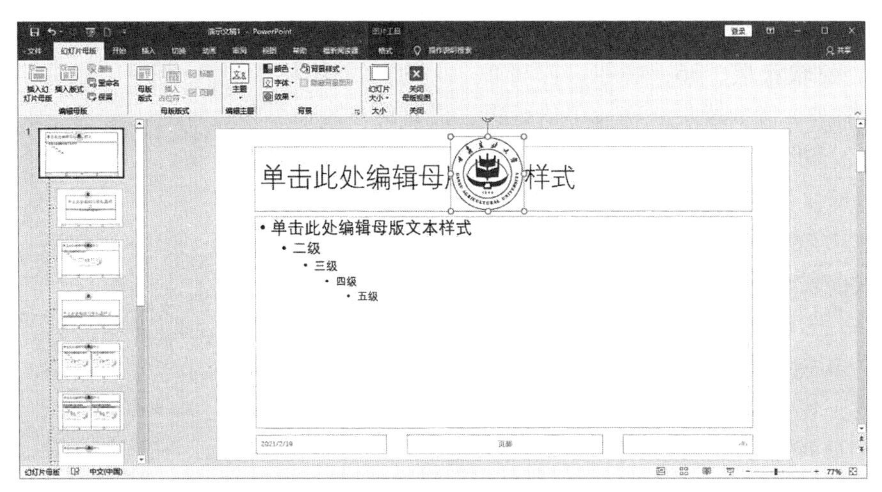

图16-4 举例——主题页的作用

2. PPT中占位符的作用

幻灯片母版上显示的那些虚线框被称为占位符，占位符是幻灯片上的一个预先设置好格式的容器，是母版的重要组成要素，用户可以在幻灯片母版视图下设置这些占位符的格式以及在幻灯片中的位置。自定义版式操作的实质在于删除、移动、插入、更改占位符的大小。

3. 创建新幻灯片版式

PPT中占位符分为内容、文本、图片、图表、表格、SmartArt、媒体7种形式，不同的形式决定了在“普通视图”中使用占位符添加内容的形式，比如，文本占位符只能容纳文本。

如图16-2所示的幻灯片使用了“空白”版式，现在我们根据它的布局设计一个如图16-5所示的新版式，借以说明“自定义版式”的操作方法。这个版式从上往下从左往右共有6个占位符，分别是标题占位符、文本占位符、图片占位符、日期占位符、页脚占位符和编号占位符。

设计这个版式的操作步骤如下：

步骤1：选择【视图】选项卡的“母版视图”功能组的“幻灯片母版”选项，切换到“幻灯片母版”下。

步骤2：选择版式所属母版的主题页，然后选择“插入版式”选项，此时，在该母版的一组版式页的最下方插入了一个新的版式页（图16-6）。

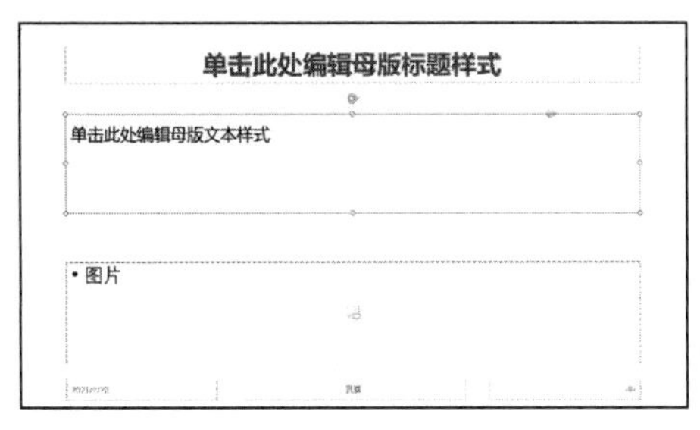

图16-5 举例——自定义版式

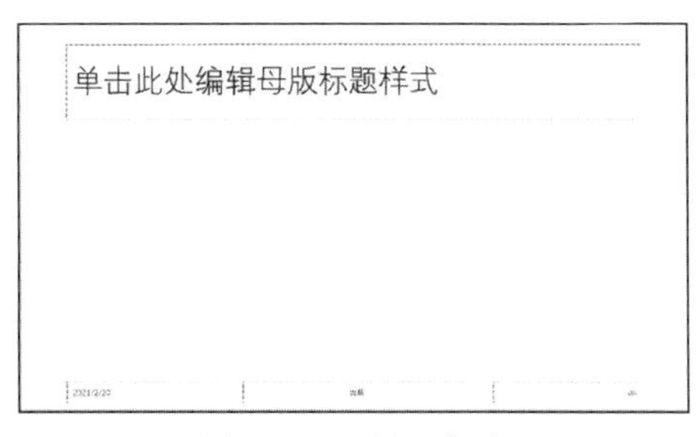

图16-6 插入版式

步骤3：单击“插入占位符”的小三角，在列表里选择“文本”，然后在刚才创建的版式页面上拖一个文本占位符，同样的方法，在版式页面上拖一个图片占位符。

步骤4：选定标题占位符，选择【开始】选项卡，设置字体为“微软雅黑，36，加粗，深青色”，设置段落为“居中、无缩进、段前段后0磅、单倍行距、设置值0”。

步骤5：删除文本占位符中二级、三级、四级、五级文本，取消一级文本的项目符号；选择【开始】选项卡，设置字体为“微软雅黑，24，黑色”，设置段落为“左对齐、无缩进、段前段后0磅、1.5倍行距、设置值0”。

步骤6：选定标题占位符，选择【格式】选项卡，单击“大小”功能组右下角的对话框启动器按钮，打开“设置形状格式”窗口（图16－7）。修改“高度：1.8厘米”“宽度：29.21厘米”“垂直位置：1.16厘米”。

步骤7：用同样的方法修改文本占位符（高度：4.87厘米、宽度：29.21厘米、垂直位置：4.56厘米），修改图片占位符（高度：5.06厘米、宽度：29.21厘米、垂直位置：11.85厘米）。

步骤8：同时选定标题占位符、文本占位符和图片占位符，选择【格式】选项卡的“排列”功能组，单击“对齐”按钮，在列表中选择“左对齐”选项。

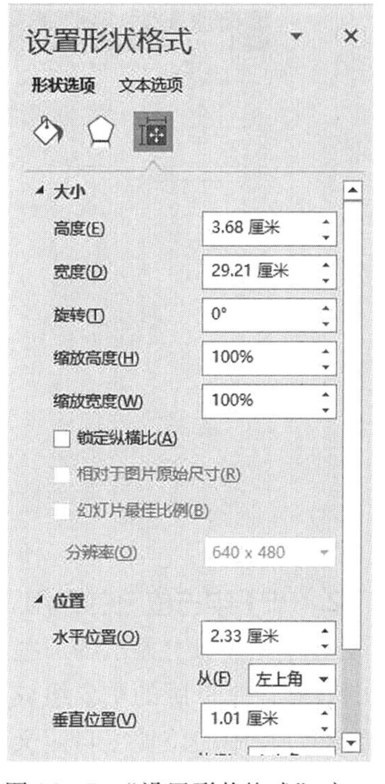

图16－7　“设置形状格式”窗口

• **注意**：深青色的RGB函数：RGB（0，128，128）。

4. 重命名版式

通过在“重命名版式”对话框中输入新的版式名称，然后单击“重命名”按钮完成重命名版式。可以使用如下两种方法打开“重命名版式”对话框。在版式页中选中需要重命名的版式，单击【幻灯片母版】选项卡下“编辑母版”功能组中的“重命名”按钮，打开“重命名版式”对话框。在版式页中选中需要重命名的版式，单击右键，在打开的快捷菜单中选择“重命名版式”命令，打开“重命名版式”对话框。

5. 删除版式

在“幻灯片母版”视图下，从左侧母版页缩略图窗格中选择需要删除的版式页，单击“编辑母版”功能组中的“删除”按钮，或者单击右键，在打开的快捷菜单中选择“删除版式”命令。

16.2　幻灯片母版

每个演示文稿至少应包含一个幻灯片母版，每个母版可以定义一系列的版式，幻灯片母版的构成在16.1.2小节已经讲述。统一出现在每张幻灯片中的对象或格式可以在幻灯片母版中一次性添加和设计，通过幻灯片母版进行修改和更新的最主要优点是可以对演示文稿中的每张幻灯片进行统一的格式和元素更改。这一节将主要讲述使用母版进行的主要操作、添加幻灯片母版、重命名幻灯片母版、自定义幻灯片母版背景和不同母版设置不同主题。

16.2.1　母版的应用

通常使用幻灯片母版进行下列操作：

（1）修改字体或项目符号。

（2）插入要在多个幻灯片上显示的相同图片。

（3）为演示文稿制作水印。

（4）设置幻灯片的日期、页脚、编号等。

【实例2】打开演示文稿“审计业务档案管理实务培训.pptx”，在每张幻灯片的左上角添加协会的标志图片Logo1.png，设置其位于最底层以免遮挡标题文字。除标题幻灯片外，其他幻灯片均包含幻灯片编号、自动更新的日期，日期格式为××××年××月××日。

◆ 操作步骤：

①单击【视图】选项卡下“母版视图”功能组中的“幻灯片母版”按钮，切换到“幻灯片母版视图”界面，选中第一个母版的主题页，单击【插入】选项卡下“图像”功能组中的“图片”按钮，选择“此设备”选项，浏览图片Logo1.png所在文件夹，点击“插入”按钮。

②在第一个母版的主题页上选中刚插入的图片，单击【格式】选项卡下“排列”功能组中的“对齐”按钮，在列表中选择“左对齐”选项，再单击“对齐”按钮，选择“顶端对齐”选项。

③选中图片，单击【格式】选项卡下“排列”功能组中“下移一层”按钮向下的小三角，选择列表中的“置于底层”选项，或者选中图片，单击右键，在快捷菜单中选择“置于底层”-“置于底层”命令。

④打开“页眉和页脚”对话框，勾选“幻灯片编号”复选框，勾选“日期和时间”复选框，选择“自动更新”，设置日期格式为××××年××月××日，勾选“标题幻灯片中不显示”复选框。

⑤单击【幻灯片母版】选项卡下“关闭”功能组中的“关闭母版视图”按钮，演示文稿退出“幻灯片母版”视图模式。

⑥保存并关闭演示文稿。

• **注意：**①步骤4和5可以调换顺序。

②母版上的标题和文本只用于设置样式，实际的标题和文本内容应在普通视图的幻灯片上键入。对于幻灯片上要显示的页脚、日期和幻灯片编号应在“页眉和页脚”对话框中键入。

【实例3】打开演示文稿“审计业务档案管理实务培训.pptx”，设置幻灯片母版标题占位符的文本格式，中文字体为微软雅黑，西文字体为Arial，并添加一种恰当的艺术字样式；设置幻灯片母版内容占位符的文本格式，中文字体为幼圆，西文字体为Arial。

◆ 操作步骤：

①单击【视图】选项卡下“母版视图”功能组中的“幻灯片母版”按钮，切换到“幻灯片母版视图”界面，选中第一个母版的主题页。

②选中主题页的标题占位符，单击【开始】选项卡下“字体”功能组右下角的对话框启动器按钮，弹出“字体”对话框，将“中文字体”设置为“微软雅黑”，将“西文字体”

设置为“Arial”，单击“确定”按钮。

③选择【绘图工具|格式】选项卡下“艺术字样式”功能组中的一种样式。

④按照②的方法将主题页的内容占位符中文字体设置为“幼圆”，西文字体设置为“Arial”。

⑤单击【幻灯片母版】选项卡下“关闭”功能组中的“关闭母版视图”按钮，演示文稿退出“幻灯片母版”视图模式。

⑥保存并关闭演示文稿。

【实例4】打开演示文稿“审计业务档案管理实务培训.pptx”，将所有幻灯片中一级文本的颜色设为标准蓝色、项目符号替换为图片“Bullet.png”。

◆ 操作步骤：

①单击【视图】选项卡下“母版视图”功能组中的“幻灯片母版”按钮，切换到“幻灯片母版视图”界面，选中第一个母版的主题页。选中其中内容占位符的一级文本样式，在【开始】选项卡下“字体”功能组中将字体颜色设置为“标准色|蓝色”，继续单击“段落”功能组中的“项目符号”按钮，在下拉列表中选择“项目符号和编号”命令，弹出“项目符号和编号”对话框，单击“图片”按钮，弹出“图片项目符号”对话框，单击下方的“导入”按钮，弹出“将剪辑添加到管理器”对话框，浏览目标文件夹，选中“Bullet.png”图片，单击“添加”按钮。

②保存并关闭演示文稿。

【实例5】打开演示文稿“审计业务档案管理实务培训.pptx”，通过幻灯片母版为每张幻灯片增加利用艺术字制作的水印效果，水印文字中应包括“审计业务档案管理实务培训”字样，并旋转一定的角度。

◆ 操作步骤：

①单击【视图】选项卡下“母版视图”功能组中的“幻灯片母版”按钮，切换到“幻灯片母版视图”界面，选中第一个母版的主题页。

②单击【插入】选项卡下“文本”功能组中的“艺术字”按钮，在弹出的下拉列表中选择一种样式，然后输入“审计业务档案管理实务培训”几个字。

③选中新建的艺术字，使用拖动的方式旋转其角度。

④单击【幻灯片母版】选项卡下“关闭”功能组中的“关闭母版视图”按钮，演示文稿退出“幻灯片母版”视图模式。

⑤保存并关闭演示文稿。

16.2.2 添加母版

新建的空白演示文稿只有一个母版，这个母版有一个主题页，下面关联了一组版式页。然而，PowerPoint 允许添加新母版，每个母版可以使用不同的主题。单击【幻灯片母版】选项卡下“编辑母版”功能组中的“插入幻灯片母版”按钮，可以插入一个新母版。

16.2.3 重命名母版

在幻灯片母版视图下，可以对母版重命名，重命名母版的方法步骤如下：

步骤1：在缩略图窗格中，选择需要重命名的幻灯片母版主题页。

步骤2：单击【幻灯片母版】选项卡下“编辑母版”功能组中的“重命名”按钮，或者单击右键，在快捷菜单中选择“重命名母版”命令，打开“重命名版式”对话框。

步骤3：在对话框中输入母版名称，然后单击“重命名”按钮，完成母版的重命名。

【实例6】打开演示文稿“审计业务档案管理实务培训 . pptx”，完成如下操作：

（1）将幻灯片母版名称修改为“审计业务档案管理实务培训”。

（2）新建名为“审计业务档案管理实务培训1”的自定义版式，在该版式中插入“图片1. jpg”，并对齐幻灯片左侧边缘；调整标题占位符的宽度为17. 6厘米，将其置于图片右侧；在标题占位符下方插入内容占位符，宽度为17. 6厘米，高度为9. 5厘米，并与标题占位符左对齐。

（3）依据“审计业务档案管理实务培训1”版式创建名为“审计业务档案管理实务培训2”的新版式，在“审计业务档案管理实务培训2”版式中将内容占位符的宽度调整为10厘米（保持与标题占位符左对齐）；在内容占位符右侧插入宽度为7. 2厘米、高度为9. 5厘米的图片占位符，并与左侧的内容占位符顶端对齐，与上方的标题占位符右对齐。

◆ **操作步骤：**

①在幻灯片母版视图下，在缩略图窗格中，选择幻灯片母版主题页，按照16. 2. 3描述的方法步骤，在“重命名版式”对话框中输入“审计业务档案管理实务培训”，单击“重命名”按钮。

②按照16. 1. 2小节第4部分“重命名版式”描述的方法步骤，在“重命名版式”对话框中输入“审计业务档案管理实务培训1”，单击“重命名”按钮。

③选择“审计业务档案管理实务培训1”版式页，单击【插入】选项卡下“图像”功能组中的“图片”按钮，弹出“插入图片”对话框，选中目标文件夹中的“图片1. jpg”，单击“插入”按钮。

④选中新插入的图片，单击【图片工具|格式】选项卡下“排列”功能组中的“对齐”按钮，在下拉列表中选择“左对齐”。

⑤选中标题占位符，在【绘图工具|格式】选项卡下“大小”功能组中将“宽度”调整为17. 6厘米，单击“排列”功能组中的“对齐”按钮，在下拉列表中选择“右对齐”。

⑥单击“母版版式”功能组中的“插入占位符”按钮，在下拉列表中选择“内容”，在标题占位符下方使用鼠标绘制出一个矩形框。在【绘图工具|格式】选项卡下“大小”功能组中将“宽度”调整为17. 6厘米，高度9. 5厘米。

⑦按住Shift键，同时选中标题占位符和内容占位符，单击【图片工具|格式】选项卡下“排列”功能组中的“对齐”按钮，在下拉列表中选择“左对齐”。

⑧选择“审计业务档案管理实务培训1”版式页，单击鼠标右键，在快捷菜单中选择“复制版式”，将在下方复制出一个“1_ 审计业务档案管理实务培训1”版式，将这个版式重命名为“审计业务档案管理实务培训2”。

⑨选中“审计业务档案管理实务培训2”版式的内容占位符，在【绘图工具|格式】选项卡下“大小”功能组中将“宽度”调整为10厘米。

⑩单击“母版版式”功能组中的“插入占位符”按钮，在下拉列表中选择“图片”，在内容占位符右侧使用鼠标绘制出一个矩形框。在【绘图工具|格式】选项卡下“大小”功能组中将“宽度”调整为7. 2厘米，高度9. 5厘米。

⑪按住 Shift 键，同时选中图片占位符和内容占位符，单击【图片工具|格式】选项卡下“排列”功能组中的“对齐”按钮，在下拉列表中选择“顶端对齐”。

⑫按住 Shift 键，同时选中图片占位符和标题占位符，单击【图片工具|格式】选项卡下“排列”功能组中的“对齐”按钮，在下拉列表中选择“右对齐”。

• **注意：**3 项操作完成后，保存并关闭演示文稿。

16.2.4 自定义幻灯片母版背景

背景能直观体现出演示文稿的整体风格，所以，精美的演示文稿离不开背景的修饰。通过幻灯片母版对背景进行设置，可快速制作出风格统一的演示文稿。

【实例 7】打开演示文稿“审计业务档案管理实务培训 . pptx”，完成如下操作：

（1）将“图片 2. jpg”作为“标题幻灯片”版式的背景、透明度 65%。

（2）设置除标题幻灯片外其他版式的背景为渐变填充“浅色渐变——个性色 1”。

◆ 操作步骤：

①在幻灯片母版视图下，在缩略图窗格中，选择“标题幻灯片”版式页，鼠标右击，选择“设置背景格式”命令，在右侧的窗格中选择“图片或纹理填充”，单击下方的“插入”按钮，在弹出的对话框中单击“浏览”，浏览目标文件夹，选中“图片 1. jpg”图片，单击“插入”按钮，将下方的“透明度”调整为“65%”，关闭窗格。

②按住 Shift 键，在缩略图窗格中，同时选中除“标题幻灯片”版式之外的所有版式页，鼠标右击，选择“设置背景格式”命令，在右侧的窗格中选择“渐变填充”，在“预设渐变”的展开列表中选择“浅色渐变——个性色 1”，关闭窗格。

16.3 主题

主题中包含了设置好的字体效果、背景效果和主题色，使用主题可以快速让演示文稿中的幻灯片有一个统一的外观。PowerPoint 2016 提供了多种主题和背景样式，使用这些主题和背景样式，可以使幻灯片具有丰富的色彩和良好的视觉效果。

16.3.1 应用内置主题

PowerPoint 提供的内置主题可供用户在制作演示文稿时使用。同一主题可以应用于整个演示文稿、演示文稿中的某一节，也可以应用于指定的幻灯片。基本步骤为：

步骤 1：选中幻灯片，可以选中一张、多张、一节和所有幻灯片。

步骤 2：在【设计】选项卡上的“主题”功能组中选择一种主题，当鼠标移动到主题列表中的某一个主题时，在编辑区的幻灯片上可预览效果，单击主题则为幻灯片应用该主题。

【实例 8】打开演示文稿“审计业务档案管理实务培训 . pptx”，分别为每节应用不同的设计主题（演示文稿分为 3 节：档案管理概述、归档和整理、档案保管和销毁）。

◆ 操作步骤：

①单击第一节的导航条，将选中第一节的所有幻灯片，单击【设计】选项卡下“主题”功能组中需要应用的主题。

②使用同样的方法，为其他两节应用不同的主题。

③保存并关闭演示文稿。

> • **注意：** 在应用内置主题操作过程中，选中一张幻灯片的操作，默认是将演示文稿的所有幻灯片都应用选定的主题，而选中多张幻灯片或一节幻灯片，则只对选中的多张幻灯片应用选定的主题。要实现对一张幻灯片应用特定的主题，需要将鼠标移动到某一个主题上，单击鼠标右键，在弹出的菜单中选择“应用于所选幻灯片”命令完成设置。

利用主题列表下方的“浏览主题”命令，打开“选择主题或主题文档”对话框，可以使用已有的外来主题。

【实例 9】打开演示文稿 PPT37. pptx，为演示文稿应用目标文件夹下的设计主题“龙腾 . thmx”。

◆ 操作步骤：

①单击【设计】选项卡下“主题”功能组中的“其他”按钮，在下拉列表中选择“浏览主题”按钮，弹出“选择主题或主题文档”对话框，浏览并选中目标文件夹下的“龙腾 . thmx”主题文件，单击“应用”按钮。

②保存并关闭演示文稿。

16. 3. 2　自定义主题

在 PPT 中，主题包括三个组成部分：主题颜色、主题字体和主题效果。除了主题效果无法自定义，只能用 Office 提供的，主题颜色和主题字体，除了使用 Office 提供的，还可以进行自定义。

1. 自定义主题字体

自定义主题字体主要是定义幻灯片中的标题字体和正文字体。方法如下：

步骤 1：对已应用了某一主题的幻灯片，在【设计】选项卡上的“变体”功能组中展开变体下拉列表，鼠标移动到“字体”项上，自动弹出“主题字体”下拉列表（图 16－8）。

步骤 2：任意选择一款内置字体组合，幻灯片的标题文字和正文文字的字体随之改变。

步骤 3：单击“自定义字体”命令，打开“新建主题字体”对话框（图 16－9）。

图 16－8　“主题字体”下拉列表

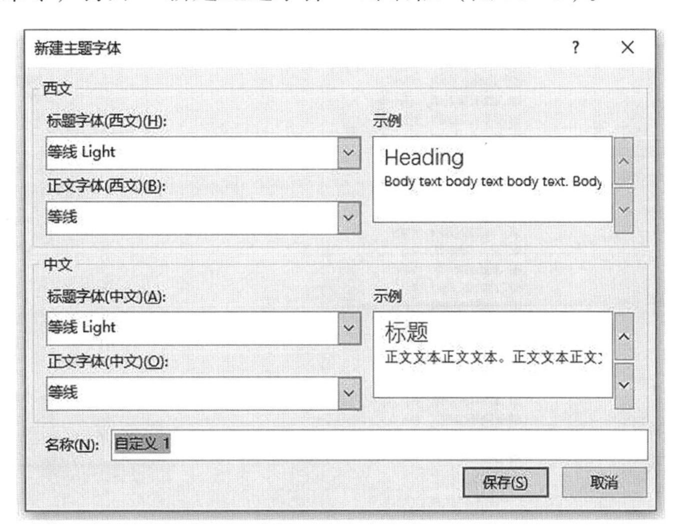

图 16－9　“新建主题字体”对话框

步骤4：在该对话框中可以设置标题和正文的中西文字体；在“名称”文本框中可以为自定义主题字体命名。之后单击“保存”按钮，演示文稿中标题字体和正文字体将会按新方案设置。自定义主题字体将会列示在字体库列表的内置字体的上方以供使用。

另外，还可以在【设计】选项卡上的“变体”功能组的变体下拉列表中，利用“效果”项展开主题效果库（图16－10）。主题效果可应用于图表、SmartArt图形、形状、图片、表格、艺术字等对象，通过使用主题效果库，可以替换不同的效果集以快速更改这些对象的外观。

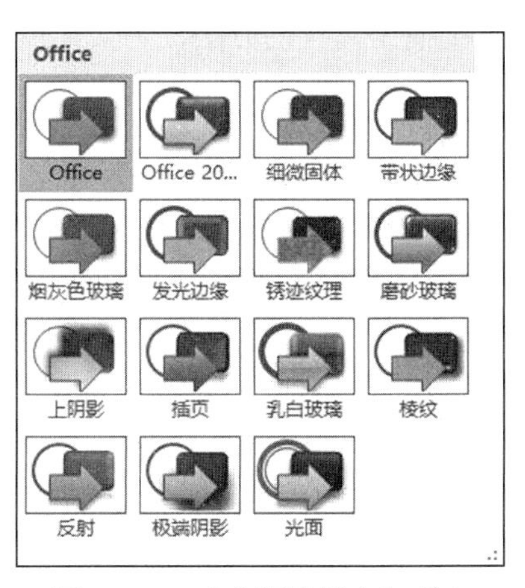

图16－10 “主题效果库”列表

【实例10】打开演示文稿“小企业会计准则培训.pptx”，为演示文稿应用“环保”主题和“暗香扑面（Arial Black-Arial）”主题字体。

◆ 操作步骤：

①单击【设计】选项卡下“主题”功能组中的“其他”按钮，展开所有主题样式，单击选中“环保”主题样式。

②单击“变体”功能组的“其他”按钮，在展开列表中选择“字体”中的“暗香扑面（Arial Black-Arial）”字体。

2. 自定义主题颜色

主题颜色包含多种文本颜色、背景颜色、强调文字颜色和超链接颜色。既可以使用内置的主题颜色，也可以重新配置一种颜色方案。设置主题颜色的方法如下：

步骤1：对已应用了某一主题的幻灯片，在【设计】选项卡上的“变体”功能组中展开“变体”下拉列表，鼠标移动到“颜色”项上，自动弹出“主题颜色”下拉列表（图16－11）。

步骤2：任意选择一款内置颜色组合，幻灯片的标题文字颜色、背景填充颜色、文字的颜色也随之改变。

步骤3：单击“自定义颜色”命令，打开“新建主题颜色”对话框（图16－12），在该

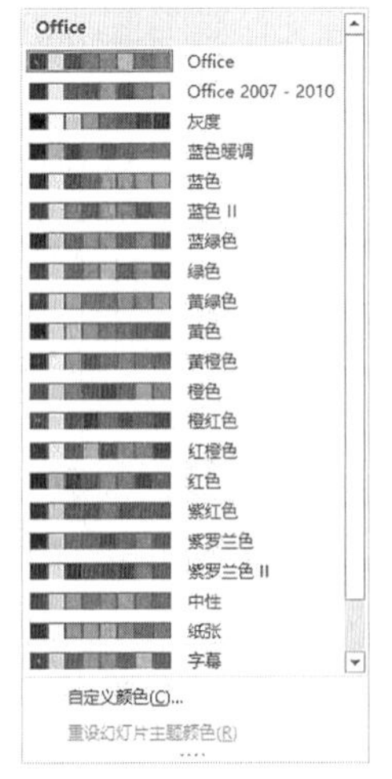

图16－11 “主题颜色”下拉列表

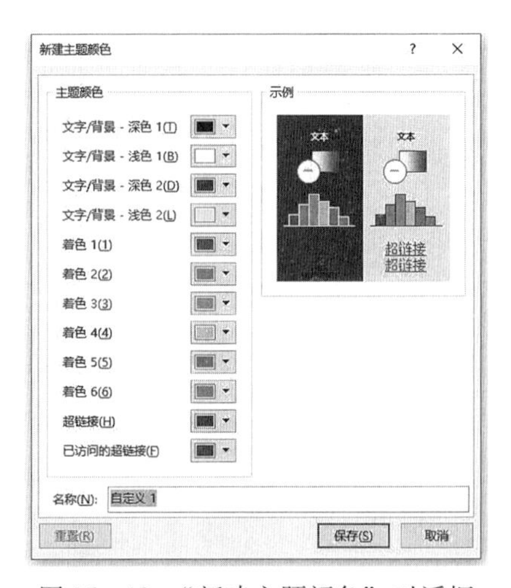

图16－12 “新建主题颜色”对话框

对话框中可以改变文字、背景、超链接的颜色；在"名称"文本框中可以为自定义主题颜色命名，单击"保存"按钮。自定义颜色组合将会显示在颜色库列表中内置组合的上方以供选用。

3. 设置背景格式

幻灯片的主题背景通常是预设的背景格式，与内置主题一起提供，必要时可以对背景样式重新设置，创建符合演示文稿内容要求的背景填充样式。

PowerPoint 为每个主题提供了 12 种背景样式以供选用。既可以改变演示文稿所有幻灯片的背景，也可以只改变指定幻灯片的背景。

【实例 11】打开演示文稿 PPT38. pptx，将第 3 张幻灯片的背景设定为"样式 5"。

◆ 操作步骤：

①选中第 3 张幻灯片，在【设计】选项卡上的"变体"功能组中展开变体下拉列表，鼠标移动到"背景样式"项上，自动弹出"背景样式"下拉列表（图 16－13），在下拉列表中右击"样式 5"，在快捷菜单中选择"应用于所选幻灯片"命令。

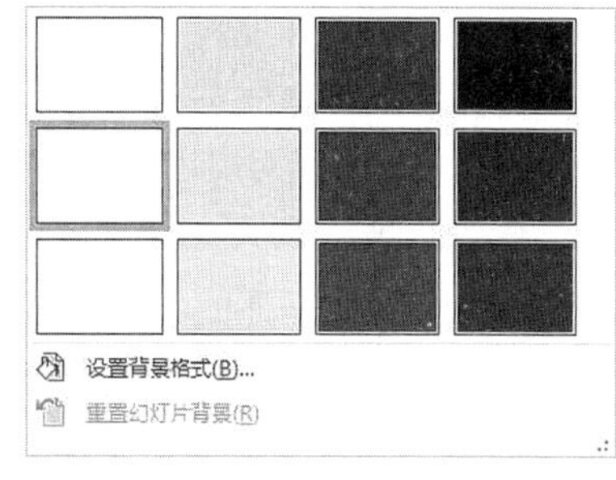

图 16－13　"背景样式"下拉列表

②保存和关闭演示文稿。

• 注意： 通常情况下，从背景样式库列表中选择一种背景样式，则演示文稿中所有幻灯片均采用该背景样式。若只希望改变部分幻灯片的背景，则先选中这些幻灯片，然后在所选背景样式中单击右键，在弹出的快捷菜单中选择"应用于所选幻灯片"命令，则选定的幻灯片采用该背景样式，而其他幻灯片的背景保持不变。

在"背景样式"下拉列表中选择"设置背景格式"命令，或者在【设计】选项卡上的"自定义"功能组中单击"设置背景格式"按钮，打开"设置背景格式"窗格，在该窗格中设置背景格式，可应用于幻灯片背景的包含单一颜色填充、多种颜色渐变填充、图片或纹理图案填充等填充方式。设置完毕后，单击"关闭"按钮，所设效果将应用于所选幻灯片；单击"应用到全部"按钮，则所设效果将应用于所有幻灯片。

【实例 12】打开演示文稿 PPT37. pptx，将目标文件夹下的图片"火车站 . jpg"以 85% 的透明度设为第 3 张幻灯片的背景。

◆ 操作步骤：

①选中第 3 张幻灯片，单击【设计】选项卡上的"自定义"功能组中"设置背景格式"按钮，打开"设置背景格式"窗格，在"填充"组中选中"图片或纹理填充"，单击下方的"插入"按钮，浏览并选中目标文件夹下的"火车站 . jpg"文件，单击"插入"按钮，然后在"设置背景格式"窗格中将"透明度"调整为"85%"，单击"关闭"按钮。

②保存并关闭演示文稿。

16.4　编辑文本内容

和 Word 等文字处理软件不同，在 PowerPoint 的幻灯片中不能直接输入文字，文字内容只能添加到特定的对象中，或者以艺术字文本的方式出现，因此，PowerPoint 幻灯片主要支持 4 种类型的文本，即占位符文本、形状文本、文本框文本和艺术字文本。

幻灯片中的文本包括标题文本、正文文本。正文文本又按层级分为第一级文本、第二级文本、第三级文本……下级文本相对上级文本向右缩进一级。可以在大纲模式中对文本进行统一编辑。

16.4.1 设置文本和段落格式

尽管版式或设计主题中均自带文本格式，但有时仍需对文本对象的文字和段落格式进行设置，以获得更加丰富的效果。

1. 设置文字格式

PowerPoint 可以对文本框中的所有文本内容统一设置某些格式，也可以对选中的某些文字或某些段落设置格式。操作方法如下：

步骤 1：选中文本框，或者文本框中的某些文字，或者文本框中的某些段落。

步骤 2：通过【开始】选项卡上的“字体”功能组中的各项工具，可对文本的字体、字号、颜色、间距、效果等进行设置。

步骤 3：单击“字体”功能组右下角的“对话框启动器”按钮，可在弹出的“字体”对话框中进行更加详细的字体格式设置。

2. 设置段落格式

PowerPoint 也可以设置段落格式，操作方法如下：

步骤 1：选中文本框或者文本框中的多个段落。

步骤 2：通过【开始】选项卡上的“段落”功能组中的各项工具，可对段落的对齐方式、分栏数、行距等进行快速设置。其中，通过“降低列表级别”和“提高列表级别”两个按钮可以改变段落的文本级别。

步骤 3：单击“段落”功能组右下角的“对话框启动器”按钮，在随后弹出的“段落”对话框中可进行更加详细的段落格式设置。

3. 设置项目符号和编号

PowerPoint 也可以对文本框中的段落设置不同的项目符号和编号，并可进行级别缩进，以体现不同的文本层次。

【实例 13】打开演示文稿 PPT15. pptx，在第 3 张幻灯片中为文本框中的目录内容添加任意项目符号，并设为 3 栏显示、适当加大栏间距使文本显示 3 栏效果。

◆ 操作步骤：

①在第 3 张幻灯片中选中文本框中的目录内容，单击【开始】选项卡下“段落”功能组中的“项目符号”按钮，在下拉列表中选择一种项目符号；然后单击“段落”功能组中的“分栏”按钮，在下拉列表中选择“更多栏”，弹出“分栏”对话框（图 16－14），设置“数量”为“3”，“间距”为“1 厘米”，单击“确定”按钮。

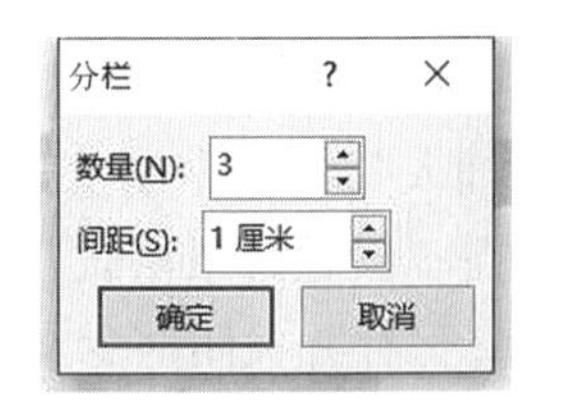

图 16－14 “分栏”对话框

②如果文本没有显示 3 栏效果，打开“分栏”对话框，调整“间距”文本框的值，单击“确定”按钮。观察文本显示情况，重复调整“间距”文本框的值直到显示 3 栏效果。

③保存并关闭演示文稿。

【实例14】打开演示文稿 PPT16. pptx，为第2张幻灯片中的目录内容应用格式为1、2、3、……的编号，并分为两栏。

◆ 操作步骤：

①在第2张幻灯片中选中目录内容文本框，单击【开始】选项卡下“段落”功能组中的“编号”下拉按钮，在下拉列表中选择编号样式“1、2、3、……”。然后单击“段落”功能组中的“分栏”按钮，在下拉列表中选择“更多栏”，弹出“分栏”对话框，设置“数量”为“2”，“间距”为“1厘米”，单击“确定”按钮。

②保存并关闭演示文稿。

4. 替换字体

如果在PPT中使用了太多的字体，会使页面显得混乱，但是页数太多的话，一页一页修改字体必然非常麻烦，所以，可以使用替换字体功能。

【实例15】打开演示文稿 PPT11. pptx，将文档中的所有中文字体由“宋体”替换为“微软雅黑”。

◆ 操作步骤：

①单击【开始】选项卡下“编辑”功能组中的“替换”按钮，在下拉列表中选择“替换字体”选项，打开“替换字体”对话框（图16-15），在“替换”列表中列出了本PPT所使用的所有字体。

②选中“宋体”，在“替换为”列表中选择“微软雅黑”，点击“替换”按钮。关闭“替换字体”对话框。

③保存并关闭演示文稿。

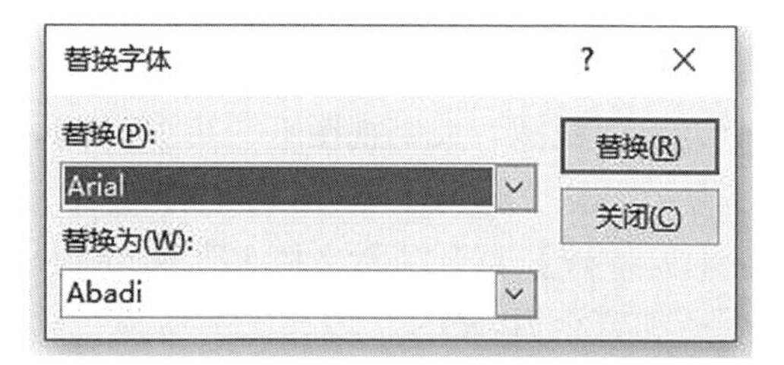

图16-15 “替换字体”对话框

16.4.2 在大纲窗格中编辑文本

演示文稿中的文本通常具有不同的层次结构，可以在大纲视图下，对大纲窗格中的大纲文本直接进行输入和编辑，并可调整大纲内容的层次结构。

切换到大纲视图模式，工作窗口的左侧视图区中将显示大纲窗格。在大纲窗格中的某张幻灯片图标右边单击鼠标，进入编辑状态，此时可直接输入幻灯片标题内容，按 Shift + Enter 组合键可实现标题文本的换行输入。

在标题行中，按 Enter 键可插入一张新幻灯片；按 Ctrl + Enter 组合键，在大纲窗格中体现为在标题行下增加一个正文行，可输入正文内容；按 Tab 键则将本幻灯片的内容以正文的形式合并到上一张幻灯片中。

在正文行中，按 Enter 键可插入一行同级正文；按 Ctrl + Enter 组合键可以插入一张新幻灯片；按 Tab 键将增加本行段落缩进；按 Shift + Tab 组合键则减少段落缩进，如果该正文行已经是第一级正文，再按 Shift + Tab 组合键则会以本行为标题行，插入一张新幻灯片。插入一张新幻灯片后，按 Tab 键可将其转换为上一张幻灯片的下一级正文文本。

当光标位于幻灯片图标之后（即标题行的最左侧）时，按 Backspace 键可合并相邻的两张幻灯片内容。

【实例16】打开演示文稿“审计业务档案管理实务培训 . pptx”，设置幻灯片中所有中文字体为“微软雅黑”、西文字体为“Calibri”。

◆ 操作步骤：

①单击【视图】选项卡下“演示文稿视图”功能组的“大纲视图”按钮，演示文稿切换到大纲视图模式，在左侧缩略图窗格中选中第一张幻灯片缩略图，然后按住 Shift 键单击最后一张缩略图，则所有的幻灯片缩略图被选中了，单击【开始】选项卡下“字体”功能组的对话框启动器，打开“字体”对话框，分别在“西文字体”文本框中输入“Calibri”，“中文字体”文本框中输入“微软雅黑”，切换回普通视图。

②保存并关闭演示文稿。

16.4.3 使用艺术字

通过使用艺术字，使文本具有特殊的艺术效果，例如，可以对文字填充色彩纹理、添加轮廓和阴影、设置三维效果、文本变形等。在 PowerPoint 2016 中，艺术字与普通文字都是文本对象，只是设置了更加丰富的效果。因此，普通文字也可以通过设置，使其成为艺术字；对艺术字清除艺术字样式，也可将其转换为普通文字。

在普通视图、大纲视图下，可以为幻灯片插入艺术字；在母版视图下，可以为幻灯片母版、版式和讲义母版、备注母版插入艺术字。

【实例17】打开演示文稿 PPT34. pptx，将第 3 张幻灯片中的文本转换为字号 60 磅，字符间距加宽至 20 磅的“填充——橄榄色，主题色 3；锋利棱台”样式的艺术字，文本效果转换为“朝鲜鼓”，且位于幻灯片的正中间。

◆ 操作步骤：

①选中第 3 张幻灯片，选中文本内容“创业成就梦想”，单击【绘图工具|格式】选项卡下“艺术字样式”功能组中的“其他”按钮，在下拉列表框（图 16－16）中选择“填充——橄榄色，主题色 3；锋利棱台”。

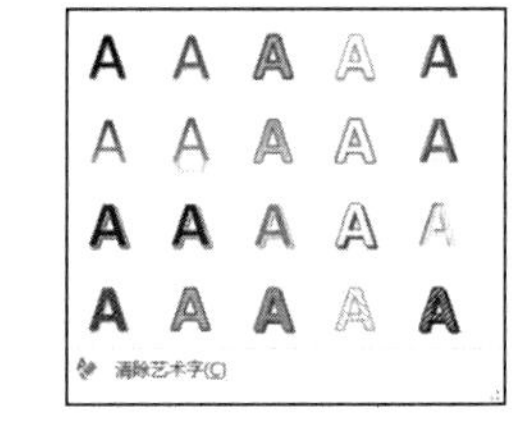

图 16－16 “艺术字样式”下拉列表框

②在【开始】选项卡下“字体”功能组中，将字号设置为“60 磅”。

③单击【绘图工具|格式】选项卡下“艺术字样式”功能组中的“文本效果”按钮，在下拉列表中选择“转换/朝鲜鼓”。

④单击【开始】选项卡下“字体”功能组中的“字符间距”按钮，在下拉列表中选择“其他间距”，弹出“字体”设置对话框，在“字符间距”选项卡中，将“度量值”设置为“20”磅，单击“确定”按钮。

⑤选中文本框对象，单击【绘图工具|格式】选项卡下“排列”组中的“对齐”按钮，在下拉列表中选择“垂直居中”和“水平居中”。

⑥保存并关闭演示文稿。

● **注意：** 本题目①～⑤的操作不分先后，可以任意调换顺序。

16.5 使用图形和图片

16.5.1 在幻灯片中插入图片

在演示文稿中插入的图片可以是剪贴画，也可以是来自文件的图片，还可以是屏幕截图。

1. 插入联机图片

联机图片是 PowerPoint 2016 自带的图片，其图片类型十分丰富，包括人物、动植物、运动、商业和科技等，用户可以根据自己的需要进行搜索和选择。

【实例 18】打开演示文稿“小企业会计准则培训 . pptx”，将第 1 张幻灯片的版式设为“标题幻灯片”，在该幻灯片的右下角插入任意一幅联机图片。

◆ 操作步骤：

①选择第 1 张幻灯片，单击【开始】选项卡下“幻灯片”功能组中的“版式”下拉按钮，在弹出的下拉列表中选择“标题幻灯片”选项。则将第 1 张幻灯片的版式设为了“标题幻灯片”。

②选择第 1 张幻灯片，单击【插入】选项卡“图像”功能组中的“图片”按钮，在下拉列表中选择“联机图片”选项，弹出“插入图片”对话框，如图 16 - 17 所示，双击“必应图像搜索”按钮，打开一种类型，选择一张图片，单击“插入”按钮。则在第 1 张幻灯片上插入了任一幅联机图片。

图 16 - 17 “插入图片”对话框

③图片处于选定状态，通过图片边框的 8 个控制点适当调整图片大小。

④图片处于选定状态，单击【图片工具|格式】选项卡下“排列”功能组的“对齐”按钮，在下拉列表中选择“右对齐”，同样的操作，选择“底端对齐”，则将图片放置在了幻灯片的右下角。

⑤保存并关闭演示文稿。

2. 插入本地图片

在幻灯片上单击占位符中的“图片”图标，或者从【插入】选项卡上的“图像”功能组中单击“图片”按钮，打开“插入图片”对话框，从目标文件夹中选择图片，单击“插入”按钮，图片被插入当前幻灯片中。

3. 获取屏幕截图

使用 PowerPoint 2016 的屏幕截图功能，可以在幻灯片中插入屏幕截取的图片。打开【插入】选项卡，在“插图”功能组中单击“屏幕截图”按钮，从弹出的列表中可以直接选择当前打开的程序界面，也可以选择“屏幕剪辑”选项，进入屏幕截图状态，拖动截取所需的图片区域。

4. 调整图片格式

选中插入的图片，功能区中会显示【图片工具|格式】选项卡，利用该选项卡上的工具可以对图片的大小、格式、效果等重新进行设置和调整。

单击【图片工具|格式】选项卡上的“图片样式”功能组或者“大小”功能组的“对话框启动器”，将显示“设置图片格式”窗格，在窗格中可进行更为精细的图片效果设置。“设置图片格式”窗格分为“填充与线条”“效果”“大小与位置”“图片”4个功能页，如图16-18所示。

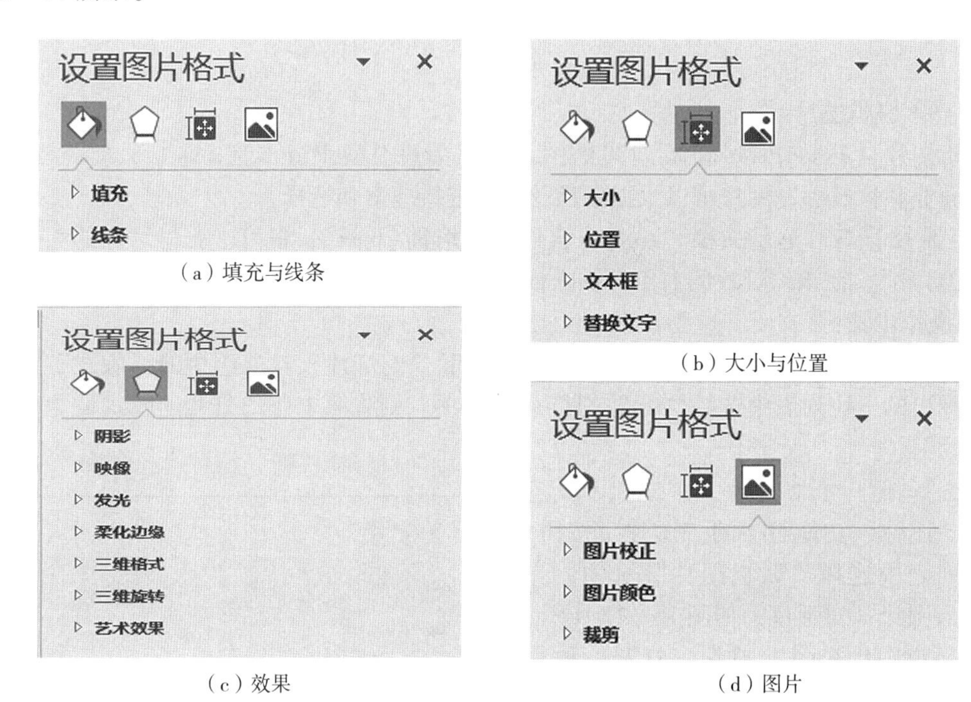

(a) 填充与线条
(b) 大小与位置
(c) 效果
(d) 图片

图16-18 “设置图片格式”窗格

5. 调整图片的大小和位置

快速调整：选中图片，用鼠标拖动图片可以调整位置，利用图片框的8个控点可以调节图片大小。

精确定义图片的大小和位置：选中图片，在“设置图片格式”窗格的“大小与位置”页（图16-18（b））的“大小”组中可设定图片的高和宽，在“位置”组中可设定图片在幻灯片中的精确位置。

裁剪图片：选中图片，单击【图片工具|格式】选项卡上的“大小”功能组的“裁剪”按钮，进入裁剪状态，用鼠标拖动图片四周的裁剪柄可裁剪图片四周。单击“裁剪”按钮的下拉箭头，从下拉列表中选择相应命令可按特定形状或按某种纵横比例对图片进行裁剪。

6. 设定图片样式和效果

图片样式是各种图片外观格式的集合，系统预设了多种图片样式供选择，使用图片样式可以快速美化图片。

选中图片，在【图片工具|格式】选项卡上的“图片样式”功能组中打开图片样式列表，从中选择某一内置样式应用于所选图片。可以单击“图片边框”按钮，进一步设置图片的边框样式；单击“图片效果”按钮，可进一步设置图片的阴影、映像、发光等特定视觉效果以使其更加美观，富有感染力；单击“图片版式”按钮，可以将该图片应用

到 SmartArt 图形“图片”类中的某一种版式。若想获得更加丰富和细致的图片效果，可以通过“设置图片格式”窗格的“效果”页（图 16－18（c））上提供的分项设置来实现。

【实例 19】打开演示文稿介绍“第二次世界大战 . pptx”，在第 2 张幻灯片中，插入目标文件夹下的“图片 3. png”图片，应用恰当的图片样式，并将其置于项目列表下方，设置到幻灯片左侧边缘的距离为 0 厘米。

◆ 操作步骤：

①选中第 2 张幻灯片，单击【插入】选项卡下“图像”功能组中的“图片”按钮，弹出“插入图片”对话框，选择目标文件夹中的“图片 3. png”文件，单击“插入”按钮。

②选中插入的图片，快速调整大小与位置，使其位于项目列表下方，然后单击【图片工具|格式】选项卡下“图片样式”功能组中的某一个样式，为图片应用样式。

③打开“设置图片格式”窗格的“大小与位置”页，在“位置”组中设定图片“水平位置”从“左上角”0 厘米，其他值不改动。

④保存并关闭演示文稿。

7. 调整和压缩图片

在【图片工具|格式】选项卡上的“调整”功能组中提供了多种工具对图片效果进行多层次调整。“删除背景”可以取消图片的背景颜色；“更正”可以锐化/柔化图片，可以调整图片的亮度/对比度；“颜色”可以调整图片的颜色饱和度、色调，可以对图片进行重新着色和进行颜色变体，可以选取图片中的某个颜色将其设置为透明色；“艺术效果”可以为图片添加多种艺术效果；“压缩图片”可以减少图片的大小以减少文件的大小；“重置图片”可以将图片还原至最初的状态。

【实例 20】打开演示文稿介绍“第二次世界大战”. pptx，在第 6～9 张幻灯片的图片占位符中，分别插入目标文件夹下的“图片 4. png”“图片 5. png”“图片 6. png”和“图片 7. png”，并应用恰当的图片样式；设置第 6 张幻灯片中的图片在应用黑白模式显示时，以“黑中带灰”的形式呈现。

◆ 操作步骤：

①选中第 2 张幻灯片，单击图片占位符中的“插入来自文件的图片”按钮，弹出“插入图片”对话框，选择目标文件夹中的“图片 4. png”文件，单击“插入”按钮。

②选中插入的图片，快速调整大小与位置，然后单击【图片工具|格式】选项卡下“图片样式”功能组中的某一个样式，为图片应用样式。

③按照上述方法，在第 7、8、9 张幻灯片中分别插入目标文件夹中的“图片 5. png”“图片 6. png”和“图片 7. png”文件，并给图片应用恰当的样式。

④单击“调整”功能组中的“颜色”下拉按钮，在下拉列表中选择“重新着色”－“灰度”。

⑤保存并关闭演示文稿。

【实例 21】打开演示文稿 PPT23. pptx，在第 5 张幻灯片左下方占位符中插入图片“奖牌 . jpg”，删除图片中的白色背景，添加图片边框，设置图片边框颜色与幻灯片边框颜色相同。

◆ 操作步骤：

①在第 5 张幻灯片中单击左下方占位符中的“插入来自文件的图片”按钮，弹出“插入图片”对话框，浏览并选中目标文件夹下的“奖牌.jpg”文件，单击“插入”按钮。

②单击【图片工具|格式】选项卡下“调整”功能组中的“删除背景”按钮，在图片上会出现一个矩形形状，拖动矩形边框的四周边线，使其将整个圆形包围住，然后单击【背景消除】选项卡下“关闭”功能组中的“保留更改”按钮，如图 16－19 所示。选中该占位符对象，单击【图片工具|格式】选项卡下“图片样式”功能组中的“图片边框”按钮，在下拉列表中选择“主题颜色/黄色，强调文字颜色 2”。

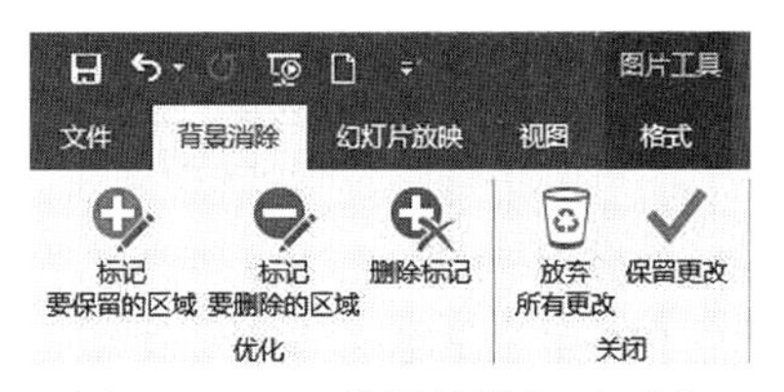

图 16－19 “背景消除”选项卡

③保存并关闭演示文稿。

• **注意：**题目要求设置图片边框颜色与幻灯片边框颜色相同，首先要找出幻灯片边框的颜色。方法是单击【视图】选项卡下“母版视图”功能组中的“幻灯片母版”按钮，切换到幻灯片母版视图，然后单击母版主题页的黄色矩形边框，并单击【绘图工具|格式】选项卡下“形状样式”功能组中的“形状轮廓”按钮，在下拉列表中查看到被选择的颜色是“黄色，强调文字颜色 2”。这时，找到幻灯片边框颜色为“黄色，强调文字颜色 2”，接下来采用实例中描述方法进行图片边框添加及颜色设置。

8. 旋转图片

旋转图片能使图片按要求向不同方向倾斜，可手动粗略旋转，也可精确旋转指定角度。

手动旋转图片：选中要旋转的图片，拖动上方旋转手柄即可随意旋转图片。

精确旋转图片：选中图片，在【图片工具|格式】选项卡上的“排列”功能组中单击“旋转”按钮，在打开的下拉列表中选择旋转方式，选择其中的“其他旋转选项”命令，打开“设置图片格式”窗格的“大小与位置”页，在“大小”组中可指定具体的旋转角度。

16.5.2 多图形对象操作

在一张幻灯片中，经常会有多个形状、图片或 SmartArt 图形，可以对这些图形进行对齐、组合、图层设置等操作。可以通过【绘图工具|格式】选项卡“排列”功能组中提供的相关命令，或者右击快捷菜单上的命令来实现。

1. 对齐

选中多个图形对象，利用“对齐”按钮的下拉菜单可实现多个图形对象指定的对齐和排列方式。

2. 图层控制

当图形之间出现重叠，为了能更好地显示或遮挡图形，可利用“上移一层”或“下移一层”按钮的下拉菜单，通过置于顶层/底层、上/下移一层的方式实现图层的控制。

3. 组合

通过“组合”按钮的下拉菜单命令，实现对多个图形对象组合、取消组合和重新组合操作。通过拖动组合图形的尺寸控点，可以对组合图形进行整体按比例在水平和垂直方向缩放，也可以选中组合图形内部的某个子对象单独调整其样式。

4. “选择”窗格

单击【绘图工具|格式】选项卡上的“排列”功能组中的“选择窗格”命令，在任务窗格区将显示如图16－20所示的“选择”窗格。在该窗格中，可以查看当前幻灯片所有对象的列表，每一行代表一个对象或子对象，列表左侧是对象名，右侧为显示/隐藏标志，其中睁眼图标表示该对象在幻灯片中显示，闭眼图标表示该对象在幻灯片中不显示。对象显示或隐藏，使多图层对象的编辑处理更加方便。列表中带有橙色底纹的对象，代表当前被选中的对象。

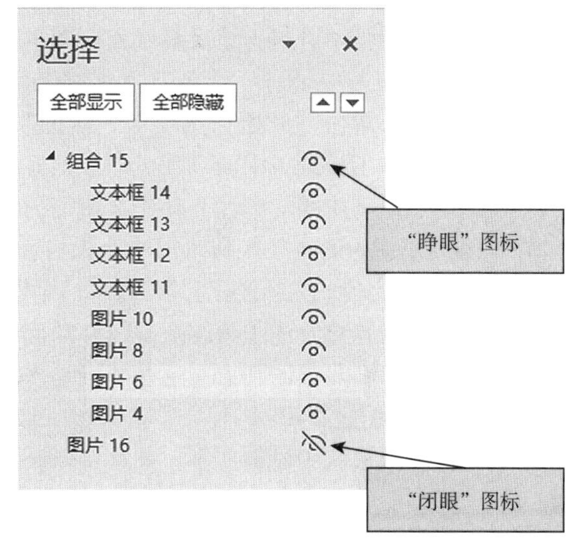

图16－20 “选择”窗格

【实例22】打开演示文稿“日月潭风情.pptx”，在第7张幻灯片中，插入目标文件夹下的“图片8.jpg”“图片9.jpg”“图片10.jpg”，为它们添加“映像——紧密映像：接触”的图片效果，并进行从左向右的排列，要求顶端对齐，图片之间的水平间距相等，左右两张图片到幻灯片两侧边缘的距离相等。在幻灯片右上角插入目标文件夹下的“图片11.gif”，并将其顺时针旋转300°。

◆ 操作步骤：

①选中第7张幻灯片，单击【插入】选项卡下“图像”功能组中的“图片”按钮，弹出“插入图片”对话框，在目标文件夹下选择“图片8.jpg”，单击“插入”按钮，按照同样的方法插入图片“图片9.jpg”和“图片10.jpg”。

②按住Shift键依次单击选中三张图片，单击【图片工具|格式】选项卡下“图片样式”功能组中的“图片效果”按钮，在下拉列表中选择“映像——紧密映像：接触”。

③选中3张图片，单击【图片工具|格式】选项卡下“排列”功能组中的“对齐”按钮，在下拉列表中选择“顶端对齐”和“横向分布”。

④选择任一张图片，单击【图片工具|格式】选项卡下“排列”功能组中的“对齐”按钮，勾选“查看网格线”按钮，根据出现的网格线来调整左右两张图片到幻灯片两侧边缘的距离相等，再次单击“查看网格线”，可取消网格线的显示。

⑤选中第7张幻灯片，按照步骤①的方法插入“图片11.gif”。

⑥选中图片11.gif，单击【图片工具|格式】选项卡下“排列”功能组中的“对齐”按钮，在下拉列表中选择“顶端对齐”和“右对齐”，单击“大小”功能组中的对话框启动器按钮，弹出“设置图片格式”对话框，在右侧的“尺寸和旋转”功能组中，设置“旋转”角度为“300”，设置完成后，单击“关闭”按钮。

⑦保存并关闭演示文稿。

16.5.3 绘制形状

形状是指一些预设的矢量图形对象，在幻灯片中可以自由绘制多种形状，排列、组合这些形状，可以形成一个组合图形。添加形状后，可以在其中添加文字、项目符号、编号和快速样式等。矢量图形不会因为放大显示比例而失真，非常适合用作幻灯片中的插图。

1. 绘制形状

在幻灯片中，单击【开始】选项卡“绘图”功能组中的“形状”按钮，弹出“形状”下拉菜单。通过该下拉菜单中的选项可以在幻灯片中绘制包括线条、基本形状、箭头、公式形状、流程图、星与旗帜、标注和动作按钮等的形状。

在“最近使用的形状”区域可以快速找到最近使用过的形状，以便于再次使用。

“线条”可以作为连接符使用，可以将两个图形（形状或图片）连接起来，当移动其中一个图形时，作为连接符的线条端点同时移动而不会断开。拖动线条一端到另一个图形时，这个图形会出现一些灰色的圆点，这些圆点是该图形的连接点。

2. 在形状中添加文字

可以在大多数形状中添加文字，并且可以设置文字的格式。在形状对象中添加文字的方法如下：

步骤1：右击要添加文字的自选图形，弹出快捷菜单，选择“编辑文字”命令。

步骤2：执行命令后，自选图形中将显示插入点。输入需要添加的文字。

步骤3：设置文字格式。设置文字格式的方法与设置其他形式文本的方法相同，比如要设置字号，只需选定文字后从【开始】选项卡的字号列表中进行选择即可。

【实例23】打开演示文稿“日月潭风情.pptx”，在第5张幻灯片中的游艇上方插入“椭圆形标注”，无填充颜色，使用短划线轮廓，并在其中输入文本“开船啰!”，文本颜色为标准色：蓝色。

◆ 操作步骤：

①单击【插入】选项卡下“插图”功能组中的“形状”按钮，在下拉列表中选择“标注”功能组中的“椭圆形标注”，在游艇上方合适的位置上，按住鼠标左键不松，绘制图形。

②选中“椭圆形标注”图形，单击【格式】选项卡下“形状样式”功能组中的“形状填充”按钮，在下拉列表中选择“无填充颜色”。在“形状轮廓”下拉列表中选择“虚线——短划线”。

③单击右键，在快捷菜单中选择“编辑文字”命令，输入文字“开船啰!”，选择文字，在【开始】选项卡下“字体”功能组的“字体颜色”列表中选择“标准色：蓝色”。

④保存并关闭演示文稿。

3. 调整形状的格式

选中形状，会显示如图16－21的【绘图工具|格式】选项卡，利用该选项卡可对形状进行格式设置。其中：

图16－21 【绘图工具|格式】选项卡

“插入形状”功能组的“编辑形状”按钮：通过该按钮可以改换为其他形状，也可以通过编辑顶点来自由改变形状。

"形状样式"功能组：通过"形状样式"功能组，可以套用内置形状样式，也可以自行定义形状的填充方式、线条轮廓，还可以选用 Office 提供的丰富的预置形状效果。

"大小"功能组：通过"大小"功能组，可以设定形状的大小、位置、文本框等参数。

"排列"功能组的"旋转"下拉菜单：通过"旋转"下拉菜单可以实现向左旋转 90°、向右旋转 90°、水平翻转、垂直翻转以及指定角度的旋转。

"排列"功能组中其他按钮："排列"功能组中除旋转按钮之外，其他按钮的用法与"多图形对象操作"小节描述用法完全一样。

【实例 24】打开演示文稿 PPT25. pptx，在第 13 张幻灯片中，参考目标文件夹下的"结束页 . png"图片，制作与示例图"结束页 . png"完全一致的徽标图形，要求徽标为由一个正圆形和一个"太阳形"构成的完整图形，徽标的高度和宽度都为 6 厘米，为其添加恰当的形状样式；将徽标在幻灯片中水平居中对齐，垂直距幻灯片上侧边缘 2. 5 厘米。

◆ 操作步骤：

①选中第 13 张幻灯片，单击【插入】选项卡下"插图"功能组中的"形状"按钮，在下拉列表中选择"基本形状/椭圆"形状，按住 Shift 键，在幻灯片中绘制一个正圆形；选中该图形，在【绘图工具|格式】选项卡下"大小"功能组中，将形状高度和宽度都设置为"6 厘米"。继续单击【插入】选项卡下"插图"功能组中的"形状"按钮，在下拉列表中选择"基本形状/太阳形"，按住 Shift 键，在幻灯片中绘制一个太阳形，在【绘图工具|格式】选项卡下"大小"功能组中，将形状高度和宽度都设置为"6 厘米"，在"形状样式"功能组中单击"形状填充"按钮，在下拉列表中选择"白色，背景 1"。

②同时选中正圆形和太阳形（选中其中一个，按住 Shift 键，单击另一个图形可同时选中两个图形），单击【绘图工具|格式】选项卡下"排列"功能组中的"对齐"按钮，在下拉列表中选择"对齐所选对象"命令；再单击"对齐"按钮，在下拉列表中选择"上下居中"命令，使两个图形相对上下位置居中；再单击"对齐"按钮，在下拉列表中选择"左右居中"命令，使两个图形相对左右位置居中。

③保持两个图形同时被选中（还要注意正圆形和太阳形的图层关系必须是太阳形在上，正圆形在下，否则下面的"剪除形状"操作不能正确执行），单击快速访问工具栏的"剪除形状"按钮，使正圆形按照太阳形的轮廓被掏空内部，且原来两个图形现在变为了一个图形（快速访问工具栏的"剪除形状"按钮通过如下步骤进行添加：单击快速访问工具栏右侧的下拉按钮，从下拉列表中选择"其他命令"，在弹出的"PowerPoint 选项"对话框中单击"从下列位置选择命令"下拉按钮，在下拉列表中选择"不在功能区中的命令"，然后在下方列表框中找到"剪除形状"选项，单击"添加"按钮，再单击"确定"按钮。这样"剪除形状"按钮就被添加到了快速访问工具栏中）。

④选中刚制作的图形对象，在"形状样式"功能组中选择"强烈效果——蓝色，强调颜色 1"样式；保持图形对象被选中状态，单击"对齐"按钮，在下拉列表中选择"左右居中"。

⑤保持图形对象被选中状态，单击"大小"功能组的对话框启动器按钮，在"设置形状格式"对话框中，在"位置"选项卡中设置"垂直"文本框值为"2. 5 厘米"。

⑥保存并关闭演示文稿。

• **注意：** 绘制形状时，按住 Shift 键会画出水平、垂直的线段，或者正多边形（正方形、等边三角形、圆等）。

16.5.4 使用 SmartArt 图形

SmartArt 图形是将文本框、形状、图片、线条等对象元素巧妙组合在一起，用于图形化示意的一种矢量图形。创建 SmartArt 图形有三种途径，或者单击占位符中的“插入 SmartArt 图形”图标，打开“选择 SmartArt 图形”对话框；或者在【插入】选项卡上的“插图”功能组中单击“SmartArt 图形”按钮，打开“选择 SmartArt 图形”对话框；或者选中文本并在文本上单击鼠标右键，在快捷菜单中选择“转换为 SmartArt”命令，在列表中选择“其他 SmartArt 图形”选项，打开“选择 SmartArt 图形”对话框。

1. “选择 SmartArt 图形”对话框

“选择 SmartArt 图形”对话框（图 16－22）的左窗格中列出了各类 SmartArt 图形的名称，SmartArt 图形有 8 类，各类的特点、作用与 Word 相同，不再赘述。

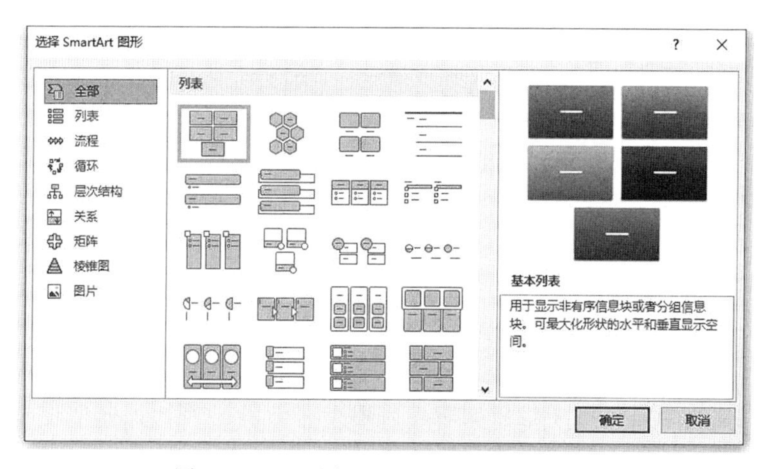

图 16－22 “选择 SmartArt 图形”对话框

从左侧窗格中选择类型，在中部的列表中选择某个 SmartArt 图形的缩略图，右侧将显示选中图形的样例和注解。当光标指向中部列表的某一缩略图时，右下方将会显示该图形的具体名称。

2. 编辑 SmartArt 图形

插入 SmartArt 图形并选中后，将会出现【SmartArt 工具|设计】和【SmartArt 工具|格式】两个选项卡，利用这两个选项卡上的工具可以对 SmartArt 图形进行编辑和修饰。

（1）添加形状。选中 SmartArt 图形中的某一形状，在【SmartArt 工具|设计】选项卡上的“创建图形”功能组中单击“添加形状”按钮，即可添加一个相同的形状。

（2）编辑文本和图片。选中幻灯片中的 SmartArt 图形，左侧显示文本窗格，可在其中添加、删除和修改文本，利用“创建图形”功能组中的“降级”和“升级”按钮可以改变文本的级别，利用“上移”“下移”按钮可以调整文本的上下位置。也可以直接在形状上的文字编辑区域内输入文本替代占位符文本。如果选择了带有图片的 SmartArt 图形，则可以在形状中插入图片。

（3）使用SmartArt图形样式。在【SmartArt工具|设计】选项卡上的“布局”功能组中单击“重新布局”按钮可以重新选择图形；单击“SmartArt样式”功能组中的“更改颜色”按钮可以快速改变图形的颜色搭配，利用“SmartArt样式”功能组中的“快速样式”列表可以改变设计样式。

（4）重新设计SmartArt形状样式。SmartArt图形相当于一个组合图形，内部的各个图形都可以根据需要单独调整样式，使得图形显示更具有灵活性。选中SmartArt图形中的某一个形状，通过【SmartArt工具|格式】选项卡上的“形状样式”功能组中的相关工具，可以对该形状的颜色、轮廓、效果等重新进行设计。

还可以利用【SmartArt工具|设计】选项卡上的“重置”功能组中的“转换”命令，将SmartArt图形转换为文本，或者将SmartArt图形转换为形状。

【实例25】打开演示文稿PPT32. pptx，按如下要求对文件进行修改完善。

（1）参考原素材“PPT素材.docx”中的样例，在第4张幻灯片的空白处插入一个表示朝代更迭的SmartArt图形，要求图形的布局与文字排列方式与样例一致，并适当更改图形的颜色及样式。

（2）参考文件“城市荣誉图示例.jpg”中的效果，将第16张幻灯片中的文本转换为“分离射线”布局的SmartArt图形并进行适当设计，要求：

①以图片“水墨山水.jpg”为中间图形的背景。

②更改SmartArt颜色及样式，并调整图形中文本的字体、字号和颜色与之适应。

③将四周的图形形状更改为云形。

◆ 操作步骤：

①选中第4张幻灯片，单击【插入】选项卡下“插图”功能组中的“SmartArt”按钮，在弹出的对话框中选择“流程”类型下的“连续块状流程”缩略图，单击“确定”按钮。

②选中SmartArt图形中的某一形状，在【SmartArt工具|设计】选项卡上的“创建图形”功能组中单击“添加形状”按钮添加形状，当SmartArt图形中有11个形状时停止添加。

③依次将对应的文本剪切到各个形状中，然后选中所有形状对象，单击【开始】选项卡下“段落”功能组中的“文字方向”按钮，在下拉列表中选择“竖排”。

④选中SmartArt对象，单击【SmartArt工具|设计】选项卡下“SmartArt样式”功能组中的“三维/卡通”效果，单击“更改颜色”按钮，在下拉列表中选择“彩色——个性色”。

⑤在第16张幻灯片中，将光标置于第一段文本之前，按Enter键产生一个空白段落，然后在空白段落中输入文本“北京”。

⑥选中下方所有文本内容，单击“段落”功能组中的“提高列表级别”按钮。

⑦选中整个内容文本框对象，单击“段落”功能组中的“转换为SmartArt图形”按钮，在下拉列表中选择“其他SmartArt图形”，弹出“选择SmartArt图形”对话框，选中“循环”中的“分离射线”样式，单击“确定”按钮。

⑧选中中间的“北京”图形形状，单击鼠标右键，在弹出的快捷菜单中选择“设置形状格式”，弹出“设置形状格式”窗格，在窗格中选中“填充”组中的“图片或纹理填充”，单击“插入”按钮，出现“插入图片”对话框，单击“从文件”选项的“浏览”按钮，选中目标文件夹下的“水墨山水.jpg”文件，单击“插入”按钮。

⑨选中 SmartArt 对象外围的 7 个形状对象，单击【SmartArt 工具|格式】选项卡下“形状”功能组中的“更改形状”按钮，在下拉列表中选择“基本形状/云形”。选中 SmartArt 对象，单击【SmartArt 工具|设计】选项卡下“SmartArt 样式”功能组中的“强烈效果”样式，单击“更改颜色”按钮，在下拉列表中选择“彩色——个性色”。

⑩继续选中外围的 7 个形状对象，单击【开始】选项卡下“字体”功能组中的“字体颜色”按钮，在下拉列表中选择“黑色，文字 1”。

⑪选中中间的“北京”图形对象，适当调整其大小，将其字体调整为“微软雅黑”“加粗”，字号调整为“36”，字体颜色调整为“红色”。

⑫保存并关闭演示文稿。

• **注意：**①选中 SmartArt 图形中的某一形状，单击“添加形状”按钮添加形状时，默认添加在选中形状的后面，还可以单击三角按钮，在下拉列表里选择“在后面添加形状”“在前面添加形状”。

②第⑥操作可以去掉，去掉后，当⑦操作后，需要在“文本窗格”对话框中选中“北京”下方的每一条文本，然后单击“创建图形”功能组中的“降级”按钮。

③第⑦操作效果等同于：选中整个内容文本框对象，单击右键，在弹出的快捷菜单中选择“转换为 SmartArt 图形”命令，在列表中选择“其他 SmartArt 图形”选项，弹出“选择 SmartArt 图形”对话框，选中“循环”中的“分离射线”样式，单击“确定”按钮的操作效果。

④题目不要求 SmartArt 图形的颜色与样张中展示的颜色一致。

16.5.5 电子相册的制作

当没有制作电子相册的专门软件时，使用 PowerPoint 的“相册”功能可以制作出颇具专业水准的相册。

1. 新建相册

在幻灯片中新建相册时，首先将需要展示的图片组织在一个文件夹中，打开或新建一个演示文稿，然后在【插入】选项卡的“图像”功能组中单击“相册”按钮，打开“相册”对话框（图 16－23），从目标文件夹中选择相关的图片文件，单击“创建”按钮即可。

插入相册的过程中在“相册”对话框中可以更改图片的先后顺序、调整图片的色彩明暗对比与旋转角度，以及设置图片的版式和相框形状等。

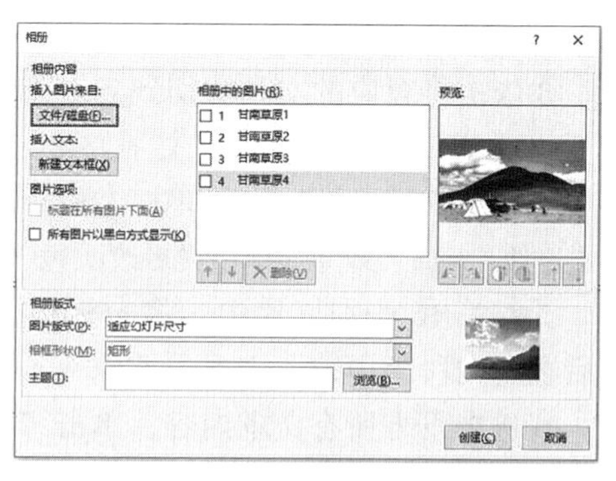

图 16－23 “相册”对话框

【实例 26】打开演示文稿 PPT26. pptx，利用相册功能，将目标文件夹下的图片 1. png 至 12. png 生成每页包含 4 张图片、不含标题的幻灯片，将其中包含图片的 3 张幻灯片插入第 9 张幻灯片之后。

◆ **操作步骤：**

①打开演示文稿 PPT26. pptx，单击【插入】选项卡的“图像”功能组中单击“相册”按钮，

弹出“相册”对话框，单击“文件/磁盘”按钮，弹出“插入新图片”对话框，选中目标文件夹中的“图片1. png”至“图片12. png” 12张图片文件，单击“插入”按钮，在“图片版式”中选择“4张图片”，单击创建按钮。

②在新建的相册演示文稿中，复制第2、3、4三张幻灯片，切换回PPT26. pptx中，选中第9张幻灯片并右击，在弹出的快捷菜单中选择“粘贴选项/使用目标主题”，将3张幻灯片粘贴到第9张幻灯片之后。

③关闭新建的相册演示文稿，不必保存，最后保存并关闭演示文稿PPT26. pptx。

2. 编辑相册

对创建的相册演示文稿，在【插入】选项卡上的“图像”功能组中单击“相册”按钮，在弹出的下拉菜单中“编辑相册”命令将变为有效，单击该命令将弹出“编辑相册”对话框（与“相册”对话框功能布局完全一样），可更新图片的先后顺序、图片的色彩明暗对比与旋转角度、图片的版式和相框形状等。

16.6 使用表格和图表

本节将介绍PowerPoint中表格和图表的创建与设置方法。

16.6.1 使用表格

表格是数据最直观的表现形式，非常适用于在演示文稿中展示各种数据。在PowerPoint中可以直接创建表格，也可以将其他程序制作的表格导入或嵌入幻灯片中。表格创建完成后，可以使用各种配色方案和预置的样式进行修饰。

选中表格，功能区中将出现【表格工具|设计】和【表格工具|布局】两个选项卡，利用这两个选项卡上的工具可对表格进行美化和调整。

【实例27】打开演示文稿日月潭风情. pptx，将第3张幻灯片中标题下的文字转换为表格，表格的内容参考图16-24，取消表格的标题行和镶边行样式，并应用镶边列样式；表格单元格中的文本水平和垂直方向都居中对齐，中文设为“幼圆”字体，英文设为“Arial”字体。

◆ 操作步骤：

①选中第3张幻灯片，单击【插入】选项卡上“表格”功能组中的“表格”按钮，在下拉列表框中使用鼠标选择4行4列的表格样式。

②参考图16-24，将文字复制粘贴到表格对应的单元格中。

③选中表格对象，取消勾选【设计】选项卡上“表格样式选项”功能组中的“标题行”和“镶边行”复选框，勾选“镶边列”复选框。

④选中表格对象，点选【表格工具|布局】选项卡上“对齐方式”功能组的“将文本居中对齐”和“将文本垂直对齐”按钮。

⑤选中表格中所有内容，单击【开始】选项卡上“字体”功能组中的对话框启动器按钮，在弹出的“字体”对话框中设置“西文字体”为“Arial”，设置“中文字体”为“幼圆”。

⑥保存并关闭演示文稿。

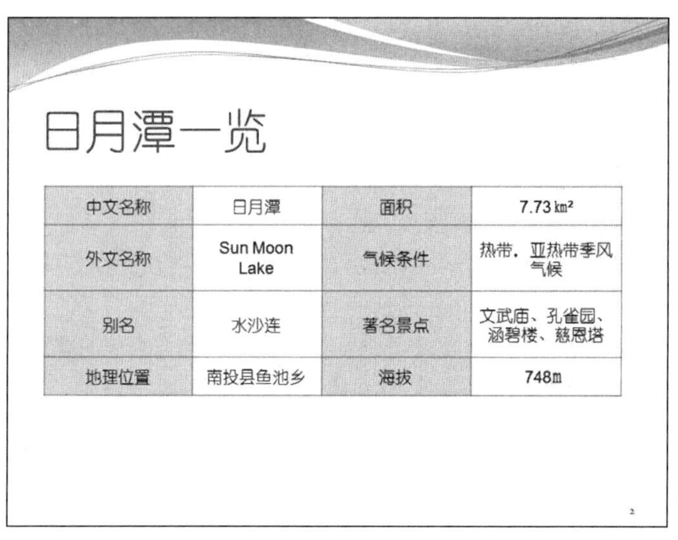

图 16－24　表格内容

● **注意：一个表格从无到有再到具有特定格式的操作步骤：插入空白表格→输入表格内容→调整美化表格。**

【实例 28】打开演示文稿 PPT28. pptx，将第 4 张幻灯片中的文字转换为 8 行 2 列的表格，适当调整表格的行高、列宽以及表格样式；设置文字字体为“方正姚体”，字体颜色为“白色，背景 1”；并应用图片“表格背景 . jpg”作为表格的背景。

◆ 操作步骤：

①选中第 4 张幻灯片，单击【插入】选项卡上“表格”功能组中的“表格”按钮，在下拉列表中选择“插入表格”命令，弹出“插入表格”对话框，将“列数”设置为“2”，将“行数”设置为“8”，单击“确定”按钮。

②将文本框中的内容，剪切粘贴到表格单元格中，适当调整行高与列宽，选中表格对象，单击【表格工具|设计】选项卡上“表格样式”功能组中的“其他”按钮，在下拉列表中选择一种表格样式。

③选中表格中所有内容，在【开始】选项卡上“字体”功能组中，将字体设置为“方正姚体”，将字体颜色设置为“白色，背景 1”。

④选中表格对象，单击鼠标右键，在弹出的快捷菜单中选择“设置形状格式”命令，弹出“设置形状格式”窗格，在“填充”选项中，选择“图片或纹理填充”，单击下方的“文件”按钮，弹出“插入图片”对话框，浏览目标文件夹，选中“表格背景 . jpg”文件，单击“插入”按钮。

⑤保存并关闭演示文稿。

【实例 29】打开演示文稿“审计业务档案管理实务培训 . pptx”，将第 3 张幻灯片的版式设为“两栏内容”，在右侧的文本框中插入 Excel 文档“业务报告签发稿纸 . xlsx”中的模板表格，并保证该表格内容随 Excel 文档的改变而自动变化。

◆ 操作步骤：

①选择第 3 张幻灯片，版式设为“两栏内容”。

②打开目标文件夹中的 Excel 文档“业务报告签发稿纸 . xlsx”，选择 B1:E19 单元格，对其进行复制。返回 PPT 文档，在【开始】选项卡上的“剪贴板”功能组中，单击“粘贴”按钮的下三角按钮，在弹出的快捷菜单中选择“选择性粘贴”选项，此时弹出“选择性粘贴”对话框，勾选“粘贴链接”选项，单击“确定”按钮，即可插入模板表格。

③参照右侧文本框的位置移动表格的位置，然后删除该文本框。

④此时，如果在 Excel 中更改内容，该表格也会随之改变。

⑤保存并关闭演示文稿。

16.6.2 使用图表

图表是表格数据的图形表示形式，当表格中的数据源发生变化时，图表中对应项的数据也自动更新。使用图表，可以使数据易于阅读和评价，也可以帮助人们分析和比较数据。图表被广泛用于办公事务中直观地表示各种统计数据。

Office 中的图表类型有十多种，有二维图表和三维图表，每一类又有若干种子类型。创建图表时，可以根据不同的需要选择不同的图表类型，创建的图表主要由图表区域及区域中的对象（如标题、图例、数值轴、分类轴等）组成。图表创建完成后，可以对图表进行格式化设置和其他图表选项的设置。

【实例 30】打开演示文稿 PPT30. pptx，参考“市场规模 . png”图片效果，将第 7 张幻灯片中上方和下方表格中的数据分别转换为图表（不得随意修改原素材表格中的数据），并按表 16－1 要求设置格式。

表 16－1 图表设置要求

柱形图与折线图	
主坐标轴	“市场规模（亿元）”系列
次坐标轴	“同比增长率（%）”系列
图表标题	2016 年中国企业云服务整体市场规模
数据标签	保留 1 位小数
网格线、纵坐标轴标签和线条	无
折线图数据标记	内置圆形，大小为 7
图例	图表下方
饼图	
数据标签	包括类别名称和百分比
图表标题	2016 年中国公有云市场占比
图例	无

◆ **操作步骤：**

①选中第 7 张幻灯片，参考“市场规模 . png”图片效果，单击【插入】选项卡上“插图”功能组的“图表”按钮，在弹出的对话框中选择“柱形图/堆积柱形图”，单击“确定”按钮。复制该幻灯片上方表格中的数据，选中数据区域的 A1 单元格粘贴数据（图 16－25），删除多余的行列，拖拽区域的右下角调整数据区域的大小刚好包含刚复制的

所有数据，然后关闭 Excel 工作簿。删除幻灯片中上方表格。表格被删除后会看到幻灯片左侧的内容占位符，将其删除。以同样的方法创建饼图，删除下方表格。

Microsoft PowerPoint 中的图表

年份	市场规模（亿元）	同比增长率（%）
2015年	394	
2016年	520.5	32.10%
2017年	673.5	29.40%
2018年	826.3	22.70%
2019年	1064.5	28.80%

图 16－25　Excel 表中数据区域的数据

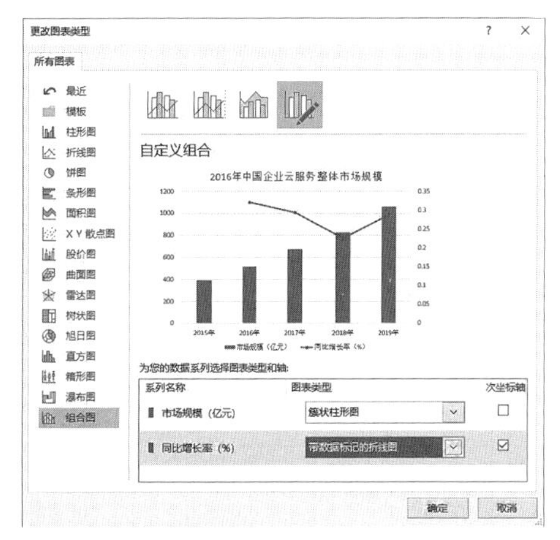

图 16－26　“更改图表类型”对话框

②选中条形图表，单击【图表工具|设计】选项卡上“类型”功能组的“更改图表类型”按钮，打开“更改图表类型”对话框（图 16－26），左侧列表中选择“组合图”，在“为您的数据系列选择图表类型和轴”功能组中设置“市场规模（亿元）”系列的图表类型是“簇状柱形图”，设置“同比增长率（%）”的图表类型是“带数据标记的折线图”，并勾选“次坐标轴”复选框。

③选中图表，单击【图表工具|格式】选项卡上“当前所选内容”功能组的下拉列表，在列表中选择“图表标题”选项，可以看到图表的标题文本框被选定，修改文本框的内容为“2016 年中国企业云服务整体市场规模”；在“当前所选内容”功能组的下拉列表中选择“系列‘市场规模（亿元）’”，5 个柱形被选定，将鼠标放在其中的一个柱子上，单击鼠标右键，在快捷菜单中选择“添加数据标签”选项，鼠标再一次放在被选定的某一个柱子上，单击鼠标右键，在快捷菜单中选择“设置数据标签格式”选项，将打开“设置数据标签格式”浮动窗格（图 16－27），在“标签选项”组中勾选“值”复选框，标签位置点选“居中”，“数字”组类别列表框中选择“数字”选项，在

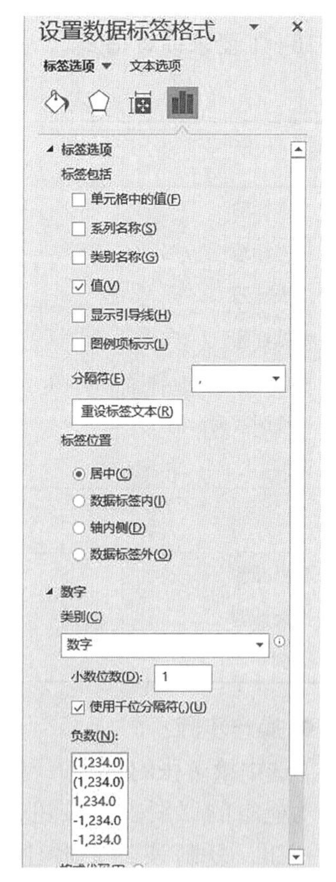

图 16－27　“设置数据标签格式”窗格

“小数位数”文本框中输入1，其他设置默认，关闭“设置数据标签格式”浮动窗格。

④在“当前所选内容”功能组的下拉列表中选择“系列‘同比增长率（%）’”，折线被选定，将鼠标放在折线上，单击鼠标右键，在快捷菜单中选择“添加数据标签”选项，鼠标再一次放在折线上，单击鼠标右键，在快捷菜单中选择“设置数据标签格式”选项，将打开“设置数据标签格式”浮动窗格，在“标签选项”组中勾选“值”复选框，标签位置点选“居中”，“数字”组中类别列表框中选择“百分比”选项，在“小数位数”文本框中输入1，其他设置默认，关闭“设置数据标签格式”浮动窗格。

⑤选中条形图表，在“当前所选内容”功能组的下拉列表中选择“垂直（值）轴”，然后单击“当前所选内容”功能组中的“设置所选内容格式”按钮，打开“设置坐标轴格式”浮动窗格（图16-28），在窗格中点选【文本选项】选项卡，在“文本填充”功能组中选择“无填充”选项，在“文本轮廓”功能组中选择“无线条”选项。

⑥选中条形图表，在“当前所选内容”功能组的下拉列表中选择“垂直（值）轴主要网格线”，然后单击“当前所选内容”功能组中的“设置所选内容格式”按钮，打开“设置主要网格线格式”窗格，“线条”功能组中选择“无线条”选项。选中条形图表的横坐标轴，单击鼠标右键，在快捷菜单中选择“设置坐标轴格式”选项，打开“设置坐标轴格式”窗格，在窗格中点选【坐标轴选项】选项卡“刻度线”功能组的“主刻度线类型”选择“外部”。

⑦选中条形图表，在“当前所选内容”功能组的下拉列表中选择“同比增长率（%）”，然后单击“当前所选内容”功能组中的“设置所选内容格式”按钮，打开“设置数据系列格式”窗格，选择【填充与线条】选项卡下的“标记”选项，在“标记选项”功能组中点选“内置”，设置“圆形”类型，大小为7。如图16-29所示。

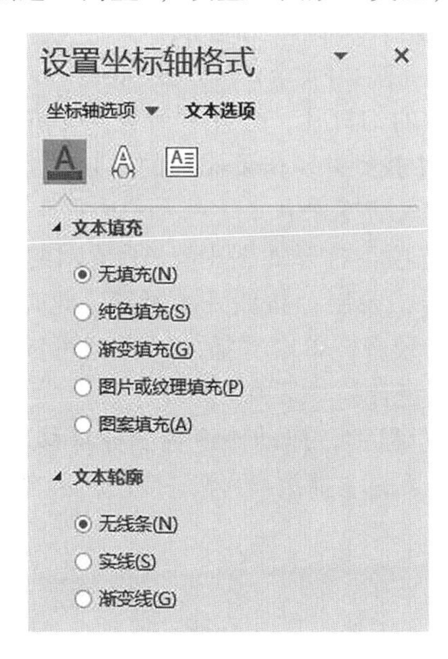

图16-28 “设置坐标轴格式”窗格

图16-29 “设置数据系列格式”窗格

⑧选中条形图表，在“当前所选内容”功能组的下拉列表中选择“图例”，然后单击“当前所选内容”功能组中的“设置所选内容格式”按钮，打开“设置图例格式”浮动窗

格，在窗格中点选【图例选项】选项卡“图例位置”功能组选择“靠下”选项。

⑨单击饼图的某一个扇区，将鼠标放在已被选中饼图的某一个扇区上，单击鼠标右键，在快捷菜单中选择“添加数据标签”选项，鼠标再一次放在已被选中饼图的某一个扇区上，单击鼠标右键，在快捷菜单中选择“设置数据标签格式”选项，将打开“设置数据标签格式”浮动窗格，在“标签选项”组中勾选“系列名称”复选框和“百分比”复选框，标签位置点选“数据标签内”，其他设置默认，关闭“设置数据标签格式”浮动窗格。选中图例，按 Delete 键删除图例，在标题文本框中将原有文字删除并输入标题“ 2016 年中国公有云市场占比”。

⑩调整两个图表的位置如样张所示，适当调整图表的大小。保存并关闭演示文稿。

16.7 使用音频和视频

在幻灯片中除了可能添加文本、图形、图像、表格等对象外，还可以插入声音和视频对象，使演示文稿的表现力更加丰富。

16.7.1 使用音频

1. 添加音频

通过在幻灯片中添加音频，可以使放映幻灯片时能同时播放解说词或音乐。当单击【插入】选项卡下“媒体”功能组的“音频”按钮，弹出下拉列表（图 16－30），有“PC 上的音频”和“录制音频”两个选项，选择“PC 上的音频”选项，可以插入事先录制好的声音文件。可以通过选择“录制音频”完成添加现场录音的操作。

图 16－30 “音频”下拉列表

（1）添加“PC 上的音频”。选择需要添加音频的幻灯片，打开“音频”下拉菜单，选择“PC 上的音频”选项，在“插入音频”对话框中找到并双击要添加的音频文件，或选择音频文件后单击“插入”按钮，即可将音频对象插入幻灯片中。

（2）添加“录制音频”。单击“录制音频”选项，打开如图 16－31 所示的“录制声音”对话框。在“名称”框中输入音频名称，单击“录制”按钮开始录音，此时会利用电脑的麦克风进行现场录音，单击“停止”按钮结束录音，单击“播放”按钮可以对录制的音频进行试听。单击“确定”按钮关闭对话框，并将音频对象插入幻灯片中。

插入幻灯片上的音频对象以图标（图 16－32）显示，拖动该声音图标可移动其位置。选择声音图标，其下会出现一个播放条，单击播放条的“播放/暂停”按钮，可在幻灯片上对音频进行播放预览。

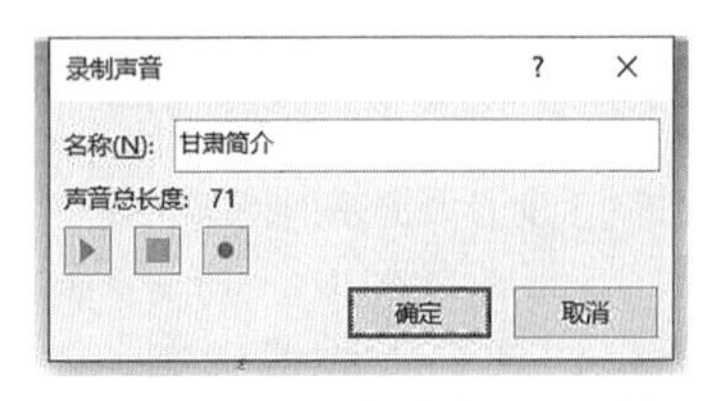

图 16－31 “录制声音”对话框

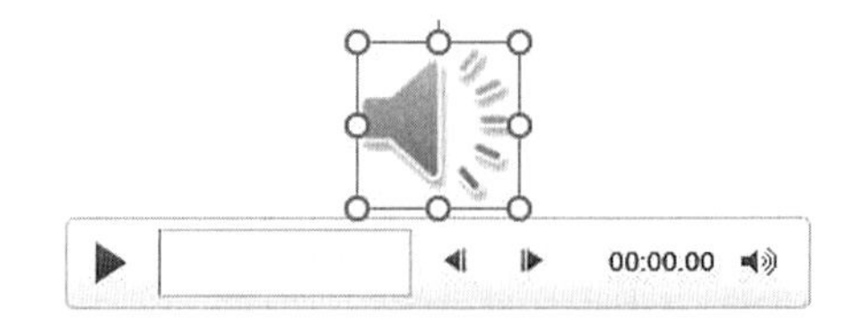

图 16－32 “音频”图标

2. 设置音频的播放方式

当“音频”图标被选中时，会显示【音频工具|播放】选项卡（图 16－33），通过这个选项下的按钮可以完成音频播放方式的设置。

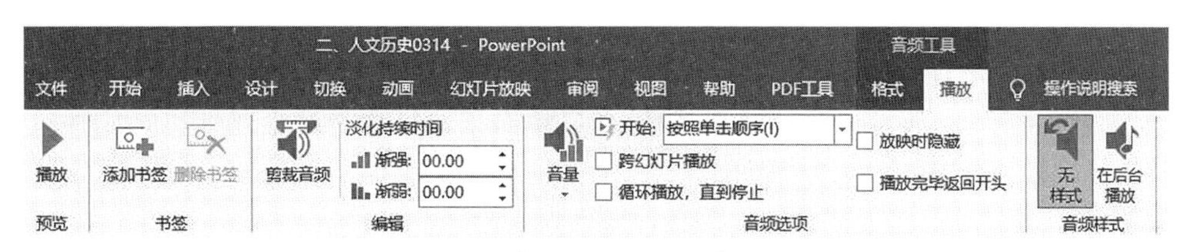

图 16－33　【音频工具|播放】选项卡

（1）打开“音频选项”功能组下的“开始”下拉列表，列表中有“按照单击顺序”“单击时”和“自动”三个选项，从中设置音频播放的开始方式，选择“单击时”，可在放映幻灯片时通过单击“音频图标”来手动播放；选择“自动”，将在放映该幻灯片时自动开始播放音频；选择“按照单击顺序”，在放映幻灯片时，单击切换到下一张幻灯片时播放音频。

（2）勾选“音频选项”功能组下的“跨幻灯片播放”复选框，音频播放将不会因为切换到其他幻灯片而停止。

（3）虽然勾选“跨幻灯片播放”可以使音频播放不会因为切换到其他幻灯片而停止，如果视频文件播放时长小于演示文稿的放映时间，为了使得声音伴随演示文稿的放映过程直至结束，这时候还要勾选“循环播放，直到停止”复选框。注意，平时设计演示文稿时，无论音频播放时间长短，为了确保演示文稿放映时，声音伴随全过程，需要勾选“跨幻灯片播放”和“循环播放，直到停止”两个复选框。

（4）如果单击“音频选项”功能组下的“在后台播放”按钮，则“开始”下拉列表选择“自动”选项，而且“跨幻灯片播放”“循环播放，直到停止”和“放映时隐藏”3 个复选框将同时被勾选。反向操作，如果同时满足这 4 项设置，“在后台播放”按钮将显示选定状态。

（5）如果有时候需要音频播放在指定的某一张幻灯片及之后停止，应该如何操作呢？方法如下：

①在【音频工具|播放】选项卡下“音频选项”功能组中勾选“跨幻灯片播放”和“循环播放，直至停止”两个复选框。

②单击【动画】选项卡下“动画”功能组右下角的对话框启动器按钮，弹出“播放音频”对话框，在“效果”选项卡中设置“停止播放”在“x 张幻灯片之后”。

3. 隐藏声音图标

如果不希望在放映幻灯片时观众看到声音图标，可以通过勾选“音频选项”功能组下的“放映时隐藏”将其隐藏起来，但是，当在“开始”下拉列表中选择“单击时”开始播放方式时，隐藏声音图标后将不能播放声音，除非为其设置触发器。为音频设置触发器的方法如下：

步骤 1：选中“音频”图标，将【音频工具|播放】选项卡下“音频选项”功能组中“开始”设置为“单击时”。

步骤 2：单击【动画】选项卡下“动画”功能组右下角的“对话框启动器”按钮，弹出“播放音频”对话框，【计时】选项卡，单击“触发器”按钮，选择“单击下列对象时启动效果”下拉列表中的指定项，则放映幻灯片时，只有在幻灯片的指定项上单击时才能触发音频的播放，单击其他位置不能触发音频的播放。

步骤 3：单击“确定”按钮关闭对话框。

【实例 31】打开演示文稿 PPT43. pptx，在第 1 张幻灯片中插入音乐文件“北京欢迎你 . mp3”，当放映演示文稿时自动隐藏该音频图标，单击该幻灯片中的标题即可开始播放音乐，一直到第 18 张幻灯片后音乐自动停止。

◆ 操作步骤：

①选中第 1 张幻灯片，单击【插入】选项卡下“媒体”功能组中的“音频”按钮，在下拉列表中选择“PC 上的音频”选项，浏览并选中目标文件夹中的音频文件“北京欢迎你 . mp3”，单击“插入”按钮。

②在【音频工具|播放】选项卡下“音频选项”功能组中勾选“放映时隐藏”复选框，将“开始”设置为“单击时”，勾选“跨幻灯片播放”和“循环播放，直至停止”两个复选框。

③单击【动画】选项卡下“动画”功能组右下角的对话框启动器按钮，弹出“播放音频”对话框，在“效果”选项卡中设置“停止播放”在“18 张幻灯片之后”；切换到“计时”选项卡，单击“触发器”按钮，选择“单击下列对象时启动动画效果”下拉列表中的“标题 1：北京，你知道多少?”，如图 16－34 所示，最后单击“确定”按钮关闭对话框。

④保存并关闭演示文稿。

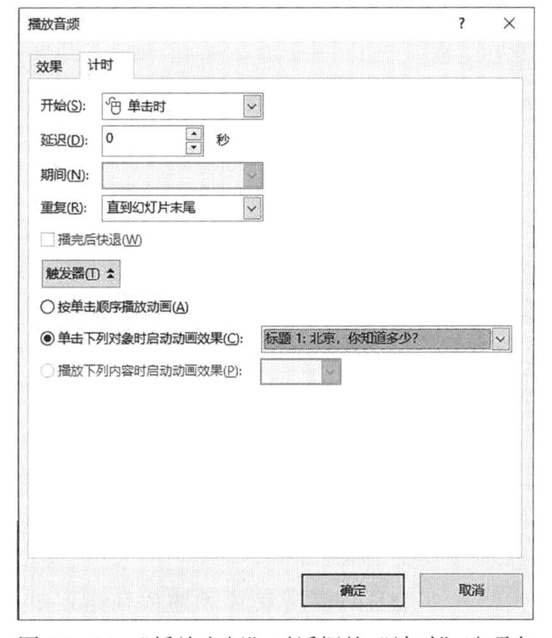

图 16－34　“播放音频”对话框的“计时”选项卡

4. 裁剪音频

有时插入的音频文件很长，但实际只需播放音频的某个片段即可，这时可以通过“剪辑音频”的功能来实现。

【实例 32】打开演示文稿日月潭风情 . pptx，在第 1 页幻灯片中插入音频“美丽的宝岛 . mp3”，裁剪音乐只保留前 0. 5 秒，设置自动循环播放直至停止，且放映时隐藏音频图标。

◆ 操作步骤：

①选中第 1 张幻灯片，单击【插入】选项卡下“媒体”功能组中的“音频”按钮，在下拉列表中选择“PC 上的音频”选项，浏览并选中目标文件夹中的音频文件“美丽的宝岛 . mp3”，单击“插入”按钮。

②在【音频工具|播放】选项卡下“音频选项”功能组中勾选“放映时隐藏”复选框，将“开始”设置为“自动”，勾选“跨幻灯片播放”和“循环播放，直至停止”两个复选框。

③单击【音频工具|播放】选项卡下“编辑”功能组中“剪裁音频”按钮，弹出“裁剪音频”对话框，将“结束时间”调整为“00:00.500”，如图16-35所示，单击“确定”按钮。

④保存并关闭演示文稿。

5. 删除音频

选中“音频”图标，然后按 Delete 键可以删除音频。

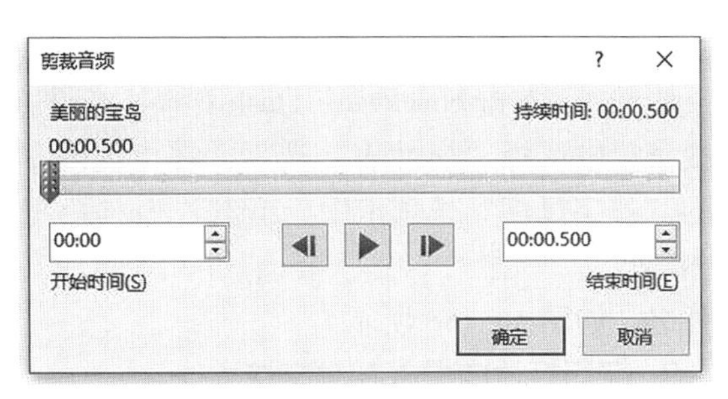

图16-35 “裁剪音频”对话框

16.7.2 使用视频

单击【插入】选项卡下“媒体”功能组的“视频”按钮，弹出下拉列表，有“PC上的视频”和“联机视频”两个选项，选择“PC上的视频”选项，可以“嵌入”或“链接”来自文件的视频。

可以直接将视频文件嵌入幻灯片中，也可以将视频文件链接至幻灯片。

1. 在幻灯片中插入 Flash 动画

PPT 中能正确插入和播放 Flash 动画的前提是，计算机中应安装了最新版本的 Flash Player，以便注册 Shockwave Flash Object。插入 Flash 动画的基本方法是：先在幻灯片中添加一个 ActiveX 控件，然后创建一个从该控件指向 Flash 动画文件的链接，或在演示文稿中嵌入动画文件。

添加 ActiveX 控件的方法如下：

步骤1：单击快速访问工具栏右侧的下拉按钮，从下拉列表中选择“其他命令”，在弹出的“PowerPoint 选项”对话框中单击“从下列位置选择命令”下拉按钮，在下拉列表中选择“‘开发工具’选项卡”，然后在下方列表框中找到“其他控件”选项，单击“添加”按钮，再单击“确定”按钮。这样“其他控件”按钮就被添加到了快速访问工具栏中。

步骤2：单击“其他控件”按钮，在出现的“其他控件”对话框中选中“Shockwave Flash Object”选项，如图16-36所示，单击“确定”按钮。

步骤3：在幻灯片上拖动鼠标，绘制一个长方形的 Shockwave Flash Object 控件，如图16-37

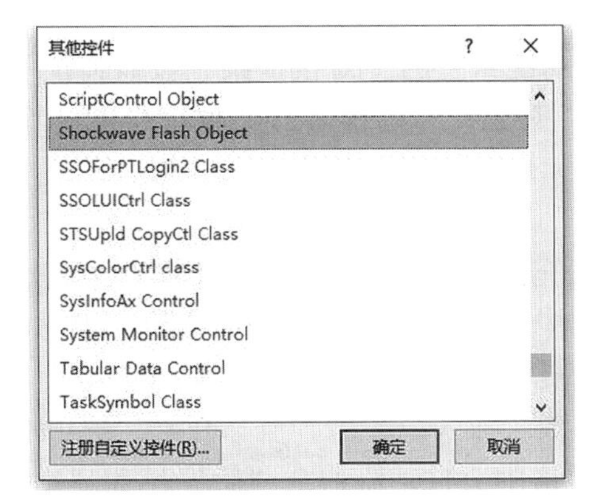

图16-36 “其他控件”对话框

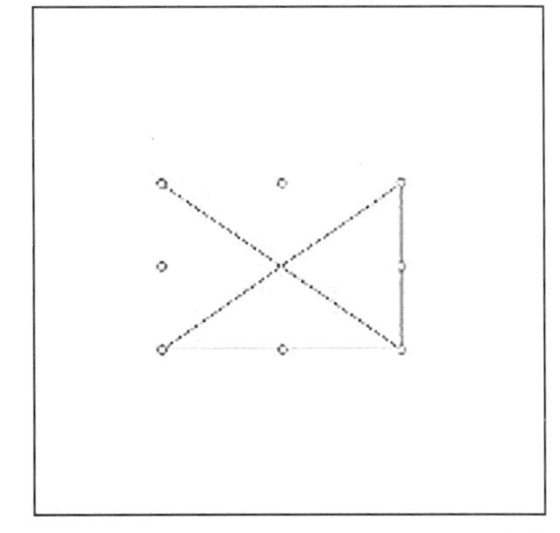

图16-37 Shockwave Flash Object 控件

所示，拖动尺寸控制点，可以调整控件的大小。

步骤4：右击Shockwave Flash Object控件，从出现的快捷菜单中选择“属性表”选项，在出现的“属性”窗口的“按字母序”选项卡中，单击“Movie”选项，在其右侧的空白单元格中，键入要播放的Flash文件的路径和文件名，如图16－38所示。

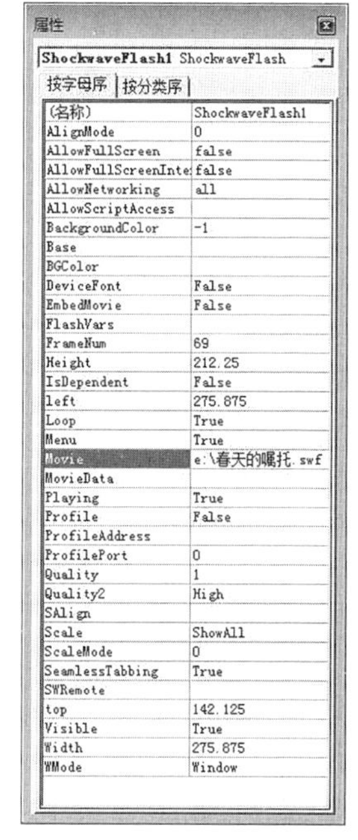

图16－38 “Shockwave Flash Object控件”属性窗口

2. 在幻灯片中插入视频文件

在PowerPoint 2016中，既可以在幻灯片中插入本地磁盘上的视频文件（如AVI、QuickTime、MPEG文件等），也可以添加网络上的视频文件，插入视频后，可以通过参数设置使显示幻灯片时自动播放该视频，也可以用鼠标单击；或创建一个计时以在指定的延迟后播放。

（1）添加视频文件。通过【插入】选项卡下“媒体”功能组的“视频”按钮插入联机视频或者本地磁盘上的视频文件，插入本地磁盘上的视频文件时，在“插入视频文件”对话框中直接单击“插入”按钮，则视频文件被嵌入到演示文稿中，发送或移动演示文稿文件时，不需要一起发送或移动视频文件，放映演示文稿时视频能正常播放，而如果在列表下选择“链接到文件”，则在演示文稿中链接了视频文件，被链接的视频文件应与演示文稿一起移动并保持在同一文件夹中，才能确保链接不断开以便能够顺利播放。

通过设置超链接、控件的方法也可以为演示文稿链接本地磁盘上的视频文件，具体操作方法请观看案例“如何在PPT中添加视频.pptx”中的讲解视频。所插入的视频文件从外观上看与普通图片相同，可以调整尺寸、位置等。

【实例33】打开演示文稿PPT44.pptx，在第7张幻灯片的内容占位符中插入视频“动物相册.wmv”，并使用图片“图片1.jpg”作为视频剪辑的预览图像。

◆ **操作步骤：**

①选中第7张幻灯片，单击内容占位符文本框中的“插入视频文件”按钮，弹出“插入视频文件”对话框，选中目标文件夹中的“动物相册.wmv”文件，单击“插入”按钮。

②单击【视频工具|格式】选项卡下“调整”功能组中的“海报框架”按钮，在下拉列表中选择“文件中的图像”，弹出“插入图片”对话框，选中素材文件夹中的“图片1.jpg”文件，单击“插入”按钮。

③保存并关闭演示文稿。

（2）全屏播放视频。可以在播放视频时让视频充满整个屏幕，而不是将其作为演示文稿中幻灯片的一部分进行播放。在普通视图中，选中要以全屏模式播放的视频，勾选【视频工具|播放】选项卡下“视频选项”功能组中“全屏播放”复选框。

（3）将播放和暂停效果用于自动开始播放的视频。插入视频后，当“开始”选项选择了“自动”选项（图16－39），在“动画窗格”窗格中会自动添加上“暂停”和“播放”两种效果，如图16－40所示。如果没有“暂停”效果，则每次单击视频时，都会从头开始重新播放。

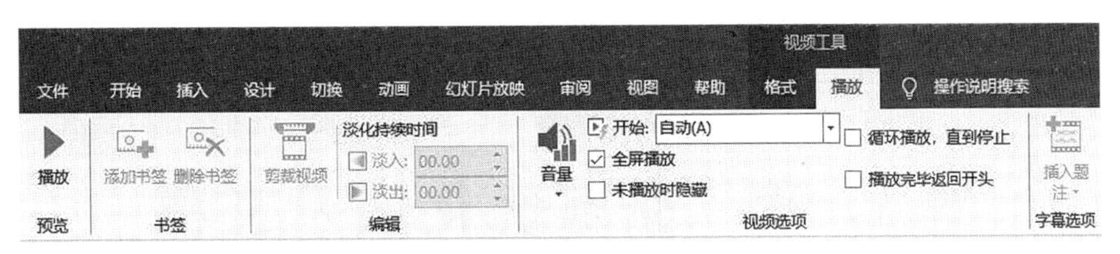

图 16－39 【视频工具|播放】选项卡

第 1 行（带有标记“0”的效果行）为“播放”效果，表示自动开始。其中的时钟图标代表启动设置，称为“从上一项之后开始”。通过该设置，可在显示完幻灯片或播放完前一效果后自动开始播放此效果。

第 2 行是触发器栏，其下方（带有标记“1”的效果行）是“暂停”效果，其中有一个鼠标图标和一个双杠符号。无论影片是自动开始播放还是通过单击鼠标开始播放，都会添加这种效果。该效果位于触发器栏下方，表示必须单击视频才能开始播放，而不是单击幻灯片上的任意位置。

（4）将暂停效果用于单击时开始播放的视频。插入视频后，当“开始”选项选择了“单击时”选项，在“动画窗格”窗格中会自动添加上“暂停”效果，如图 16－41 所示。与“自动”选项的效果不同，设置为“单击时”开始播放视频，只会应用“暂停”效果，“动画窗格”窗格中只有带鼠标图标和双杠（暂停）符号的效果行。如果没有“暂停”效果，则每次单击视频时，都会从头开始重新播放。

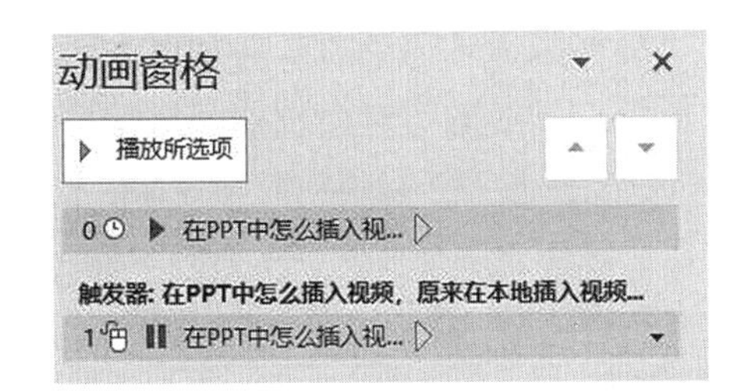

图 16－40 “自动”播放视频“动画窗格”中自动添加的效果

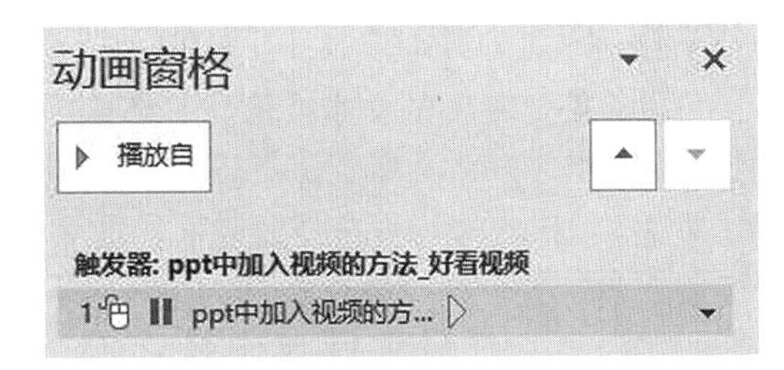

图 16－41 “单击时”播放视频“动画窗格”中自动添加的效果

第 17 章　交互优化演示文稿

在 PowerPoint 中，可以为文本或图形等对象插入超链接、增强演示文稿的交互性，也可以为它们设置放映动画效果，规划动画路径，为每张幻灯片设置切换效果等。设置了交互性效果的演示文稿，放映演示时将会更加生动和富有感染力。

17.1　幻灯片的链接跳转

通过超链接和动作，可以在将当前放映的幻灯片跳转到其他幻灯片或者外部文件、程序和网页上，起到演示文稿放映过程的导航作用，或者加载其他外部内容的效果。

17.1.1　创建超链接

可以为幻灯片中的文本或形状、艺术字、图片、SmartArt 图形等对象创建超链接。操作方法如下：

步骤 1：在幻灯片中选择要建立超链接的文本或对象。

步骤 2：在【插入】选项卡上的“链接”功能组中单击“超链接”按钮，打开“插入超链接”对话框，或者单击鼠标右键，在快捷菜单中选择“超链接”选项，打开“插入超链接”对话框（图 17－1）。

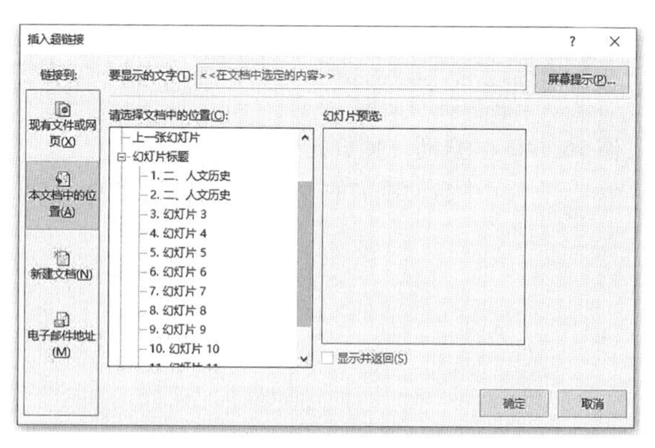

图 17－1　“插入超链接”对话框

步骤 3：在左侧的“链接到:”下方选择链接类型，在右侧指定需要链接的文件、网页、幻灯片、新建文档信息或电子邮件地址等。

步骤 4：单击“确定”按钮，在指定的文本或对象上添加了超链接。其中带有链接的文本将会突出显示并带有下划线，在放映时鼠标移动至带链接的文本或对象上时，会变成手型图标，单击该链接即可实现跳转。

右键单击设置了超链接的对象，在弹出的快捷菜单中选择“编辑超链接”，可在弹出的对话框中重新进行设置或者删除超链接；单击“取消超链接”，则可删除已创建的超链接。

17.1.2 设置动作

可以将 PowerPoint 中的内置按钮形状作为动作按钮添加到幻灯片，并为其分配单击鼠标或鼠标移过动作按钮时将会执行的动作。还可以为图片或 SmartArt 图形中的文本等对象分配动作。添加动作按钮或为对象分配动作后，在放映演示文稿时通过单击鼠标或鼠标移过动作按钮完成幻灯片跳转、运行特定程序、播放音频和视频等操作。

1. 添加动作按钮并分配动作

单击【插入】选项卡上“插图”功能组中的“形状”按钮，从列表的“动作按钮”组（图 17－2）中单击需要添加的动作按钮，然后在幻灯片上拖动鼠标绘制该动作按钮，释放鼠标后，出现“操作设置”对话框（图 17－3），要选择动作按钮在被单击时的行为，可使用“单击鼠标”选项卡中的选项；要选择鼠标移过动作按钮时的行为，则需要使用“鼠标移过”选项卡。

图 17－2 “动作按钮”组

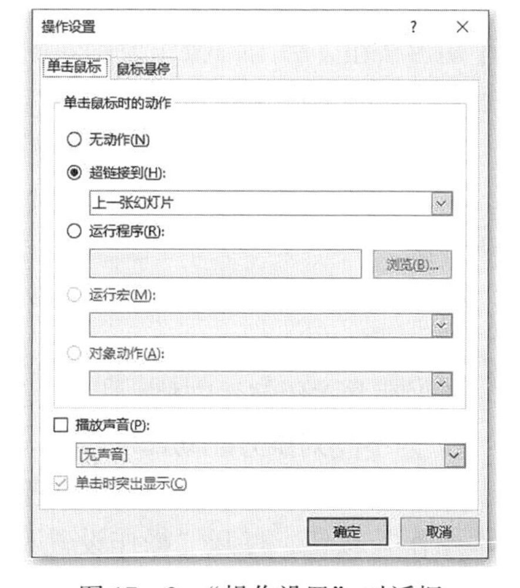

图 17－3 “操作设置”对话框

可以设置的操作有以下几种：

“无动作”选项：不进行任何操作。

“超链接到”选项：创建超链接。

“运行程序”选项：启动另一个应用程序。

“运行宏”选项：运行事先录制好的宏。只有演示文稿包含宏时，“运行宏”设置才可用。

“对象动作”选项：选择该选项，可以从“对象动作”下拉列表框中选择要通过该按钮执行的动作，以便将形状作为执行某个动作的按钮。

要在单击按钮时播放声音，可选中“播放声音”复选项，然后从下拉列表框中选择要播放的声音。

【实例 1】打开演示文稿 PPT56. pptx，分别在“第 1 部分”“第 2 部分”和“第 3 部分”3 节最后一张幻灯片中添加名称为“后退或前一项”的动作按钮，按钮大小为高 1 厘米、宽 1.4 厘米，距幻灯片左上角水平距离为 23. 3 厘米、垂直距离为 17. 33 厘米，并设置单击该按钮时可返回第 2 张幻灯片。

◆ 操作步骤：

①选中第 6 张幻灯片，单击【插入】选项卡下“插图”功能组中的“形状”按钮，在下拉列表中选择“动作按钮：后退或前一项”，在幻灯片中拖动鼠标绘制一矩形按钮，此时会弹出“操作设置”对话框，在【单击鼠标】选项卡下的“超链接到”下拉列表框中选择“幻灯片”，弹出“超链接到幻灯片”对话框，在“幻灯片标题”列表框中选择“2 内容

提要”，单击“确定”按钮，单击“操作设置”对话框的“确定”按钮。

②选中该按钮对象，单击鼠标右键，在弹出的快捷菜单中选择“大小和位置”，弹出“设置形状格式”窗格，在“形状选项”的“大小”功能组中将“高度”修改为“1 厘米”，将“宽度”修改为“1.4 厘米”。在“形状选项”的“位置”功能组中将“水平位置”修改为“23.3 厘米”，将“垂直位置”修改为“17.33 厘米”，关闭“设置形状格式”窗格。

③选中该按钮对象并进行复制，依次选中第 10 张和第 14 张幻灯片，分别进行粘贴动作按钮操作。

④保存并关闭演示文稿。

【实例 2】打开演示文稿 PPT55.pptx，除“标题”节外，在其他各节第一张幻灯片的右下角添加返回第 1 张幻灯片的动作按钮，并确保将来任意调整幻灯片顺序后，依然可以在放映时单击该按钮即可返回到演示文稿首张幻灯片。

◆ 操作步骤：

①选中“简介”节幻灯片（第 2 张幻灯片），单击【插入】选项卡下“插图”功能组中的“形状”按钮，在下拉列表中选择“动作按钮：转到开头”，在幻灯片中拖动鼠标绘制一个矩形按钮，弹出“操作设置”对话框，在【单击鼠标】选项卡下的“超链接到”下拉列表框中选择“第 1 张幻灯片”，单击“确定”按钮。

②选中该按钮对象，单击【绘图工具|格式】选项卡下“排列”功能组的“对齐”按钮，在列表中选择“右对齐”选项，再单击“对齐”按钮，在列表中选择“底端对齐”选项。

③复制该按钮对象，选中“人文历史”节第 1 张幻灯片（第 3 张幻灯片），粘贴该对象，同理，粘贴该对象到除“标题”节外的其他各节第一张幻灯片。

④保存并关闭演示文稿。

2. 为不同对象分配动作

选择幻灯片中的文本、图片或者其他对象，单击【插入】选项卡下“链接”功能组中的“动作”按钮，打开“操作设置”对话框。在对话框中可以完成为不同对象分配动作的操作。

17.2 设计幻灯片动画效果

可以为幻灯片中的文本或其他对象添加上特殊视觉的运动效果或声音效果，从而使 PowerPoint 幻灯片的内容更富动感，也能吸引观众注意力，强调重点内容。PowerPoint 2016 提供了一个【动画】选项卡（图 17-4），利用其中的工具，既可以快速应用动画效果，也可以自定义和编辑特殊的动画效果。

图 17-4 【动画】选项卡

17.2.1 常用的动画效果

动画的几个关键要素是效果、开始、方向、速度及效果选项，这些是常用的动画效果。

1. 效果

PowerPoint 2016 中可供选择的效果有进入、强调、退出和动作路径共 4 种。应尽量选择那些看上去比较温和的效果，避免夸张。

进入和退出效果一般会配合使用，进入效果常选用擦除、淡出和飞入效果等，退出效果则一般选用擦除和淡出效果，而飞出效果则不常用。

强调效果很少用，但如果要使用，放大缩小效果可以优先考虑。为数据设置动画时，可以优先考虑波浪形效果。

动画路径中的自定义路径可以随心所欲地控制对象的运动路径，常用在一些比较特殊的场合，如物理效果的演示等。

2. 开始

开始选项有“单击时”“与上一动画同时”和“上一动画之后”三个选项。“单击时”表示单击鼠标时动作开始；“与上一动画同时”表示设置的动画与上一个动画一同开始；“上一动画之后”表示前一个动画完成后开始。

3. 方向

在设置动画效果后可以根据需要设置动画方向。如选择擦除效果后，可以根据需要选择擦除方向，包括自底部、自左侧、自右侧和自顶部等。

4. 速度

可以根据需要在【动画】选项卡下“计时”功能组中的“持续时间”微调框中自由调节动画的速度，也可以在“延迟”微调框中设置动画延迟时间。

5. 效果选项

单击“动画窗格”按钮，打开“动画窗格”浮动窗格，在窗格中单击动画列表的下拉按钮，选择“效果选项”选项，打开“效果选项”对话框，或者单击“动画”功能组右下角的“对话框启动器”按钮也可以打开“效果选项”对话框，在效果选项卡下用户可以有多个参数选择。

【实例 3】打开演示文稿 PPT47. pptx，在第 15 张幻灯片中，为右侧文本框中的文本应用“淡化”进入动画效果，并设置动画文本按字/词显示、字/词之间延迟百分比的值为 20。

◆ 操作步骤：

①在第 15 张幻灯片中，选中右侧的文本框，单击【动画】选项卡下“动画”功能组中的“淡化”进入动画效果，单击“动画”功能组右下角的对话框启动器按钮，弹出“淡化”对话框（图 17 - 5），在“效果”选项卡下将“设置文本动画”设置

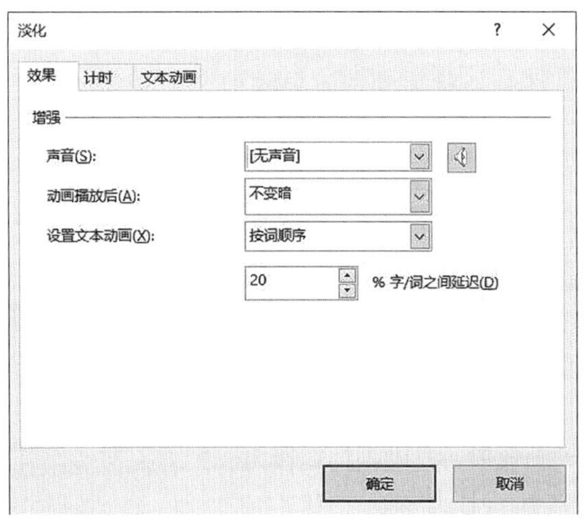

图 17 - 5 “淡化”对话框

为“按词顺序”，在下方的“%字/词之间延迟”文本框中输入20，单击“确定”按钮。

②保存并关闭演示文稿。

• **注意：** 单击【动画】选项卡上的“预览”功能组中“预览”按钮，可以在普通视图中预览动画设置效果。

17.2.2 动画窗格

“动画窗格”显示了有关动画效果的重要信息，如效果的类型、多个动画效果之间的相对顺序、受影响对象的名称及效果的持续时间等。

单击“动画窗格”按钮，打开“动画窗格”浮动窗格（图17-6），可以在“动画窗格”窗格中查看幻灯片上所有动画的列表。动画列表中的各选项含义如下：

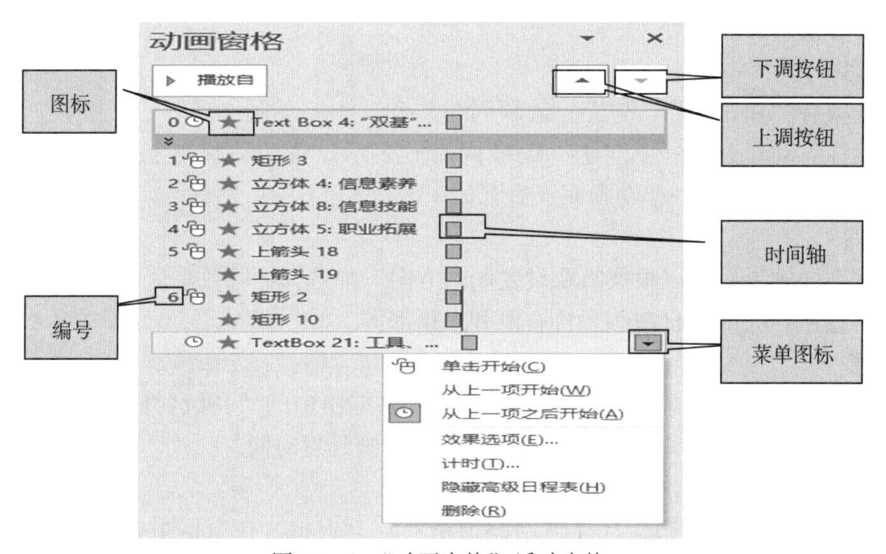

图17-6 “动画窗格”浮动窗格

编号：表示动画效果的播放顺序，此编号与幻灯片上显示的不可打印的编号标记是相对应的。

时间轴：代表效果的持续时间。

图标：代表动画效果的类型。

菜单图标：选择列表中的项目后会看到相应菜单图标，单击该图标即可弹出如图17-6所示下拉菜单。

上调按钮：选中列表中的动画后向上调整顺序，功能等同于在幻灯片上选中具有动画效果对象后，单击【动画】选项卡下“计时”功能组的“向前移动”按钮。

下调按钮：选中列表中的动画后向下调整顺序，功能等同于在幻灯片上选中具有动画效果对象后，单击【动画】选项卡下“计时”功能组的“向后移动”按钮。

【实例4】打开演示文稿PPT45.pptx，在第1张幻灯片中依次为标题、副标题和图片设置不同的动画效果，其中副标题作为一个对象发送，并且指定动画出现顺序为图片、副标题、标题。

◆ **操作步骤：**

①在第1张幻灯片中选中标题文本框，单击【动画】选项卡下“动画”功能组的“其

他”按钮，展开动画列表框，选择一种动画效果；按照同样的方法为“副标题”设置动画效果，单击“效果选项”下拉按钮，在下拉列表中选择“作为一个对象”；同理为“剪贴画”对象设置动画效果。

②选中“剪贴画”对象，单击【动画】选项卡下“计时”功能组中的“向前移动”按钮，将其动画顺序号调整为“1”；按照同样的方法，将“副标题”的动画顺序号调整为“2”；将“标题”动画顺序号调整为“3”。

③保存并关闭演示文稿。

【实例5】打开演示文稿 PPT49. pptx，按照下列要求为幻灯片中的对象添加动画。

（1）在第9张幻灯片中，为图表添加“擦除”的进入动画效果，方向为“自左侧”，序列为“按序列”，并删除图表背景部分的动画。

（2）在第10张幻灯片中，为三个对角圆角矩形添加“淡化”的进入动画，持续时间都为0.5秒，“了解”形状首先自动出现，“开始熟悉”和“达到精通”两个形状在前一个形状的动画完成之后，依次自动出现。为弧形箭头形状添加“擦除”的进入动画效果，方向为“自底部”，持续时间为1.5秒，要求和“了解”形状的动画同时开始，和“达到精通”形状的动画同时结束。

（3）在第13张幻灯片中，为文本设置“陀螺旋”的强调动画效果，并重复到下一次单击为止。

◆ **操作步骤：**

①选中第9张幻灯片中的图表对象，单击【动画】选项卡下“动画”功能组中的“擦除”进入动画效果，单击右侧的“效果选项”按钮，在下拉列表中选择“方向/自左侧”，继续单击“效果选项”按钮，在下拉列表中选择“序列/按系列”。

②单击右侧“高级动画”功能组中的“动画窗格”按钮，弹出“动画窗格”窗口，展开所有项，选中第1项“1 内容占位符4：背景”右侧的下拉按钮，在下拉列表中选择“删除”，设置完成后关闭“动画窗格”窗口。

③在第10张幻灯片选中3个对角圆角矩形文本框，单击【动画】选项卡下“动画”功能组中的“淡化”进入动画效果，持续时间均采用默认的“00.50”秒；选中“了解”形状，单击“计时”功能组中的“开始”右侧的下拉按钮，在下拉列表中选择“与上一动画同时”；选中“开始熟悉”形状，单击“计时”功能组中的“开始”右侧的下拉按钮，在下拉列表中选择“与上一动画同时”，并将延迟时间修改为“00.50”秒；选中“达到精通”形状，单击“计时”功能组中的“开始”右侧的下拉按钮，在下拉列表中选择“与上一动画同时”，并将延迟时间修改为“01.00”秒。

④选中幻灯片中的弧形箭头图形，单击【动画】选项卡下“动画”功能组中的“擦除”进入动画效果，单击右侧的“效果选项”按钮，在下拉列表中选择“方向/自底部”，将“开始”设置为“与上一动画同时”，将“持续时间”设置为“01.50”，将延迟时间设置为“00.00”。

⑤在第13张幻灯片中选中文本框对象，单击【动画】选项卡下“动画”功能组中的“其他”按钮，在下拉列表中选择“强调/陀螺旋”效果，在右侧的“动画窗格”中，单击动画对象右侧的下拉按钮，在下拉列表中选择“计时”命令，弹出“陀螺旋”对话框，在对话框中将“重复”设置为“直到下一次单击”，单击“确定”按钮。

⑥保存并关闭演示文稿。

17.2.3 自定义动作路径

PowerPoint 系统预设了丰富的“动作路径”类型的动画，如图 17-7 所示。为了满足个性化设计需求，可以通过自定义路径来设计对象的动画路径。自定义动画的动作路径的方法是：

步骤 1：在幻灯片中选择需要添加动画的对象，单击【动画】选项卡下“动画”功能组中“其他”按钮，打开动画列表，在“动作路径”类型下单击“自定义路径”。

步骤 2：将鼠标指向幻灯片上，当光标变为“+”时，就可以绘制动画路径了。通过不断地移动位置并单击鼠标，可以形成一个折线路径，如果按下左键自由拖动，再松开左键，则可以绘制一条自由曲线路径，至终点时双击鼠标完成动画路径的绘制，动画将会按路径预览一次。

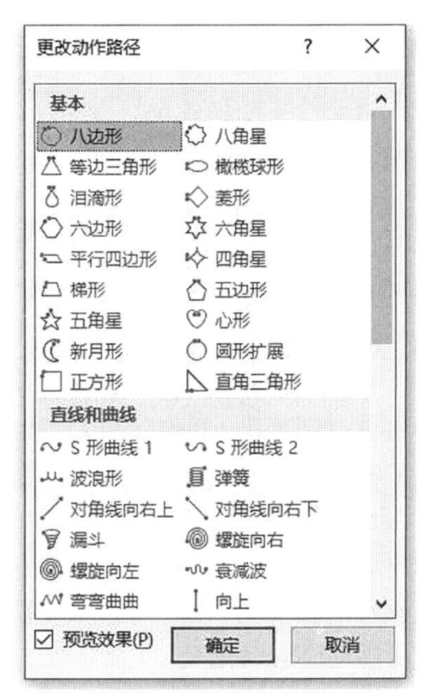

图 17-7 “更改动作路径”对话框

右键单击已经定义的动作路径，在弹出的快捷菜单中选择“关闭路径”可以使原先绘制的终点与起点重合，形成闭合路径。如果在右键菜单中选择“编辑顶点”命令，路径中出现若干黑色顶点。拖动顶点可移动其位置；在某一顶点上单击鼠标右键，在弹出的快捷菜单中选择相应命令可对路径上的顶点进行添加、删除、平滑等修改操作。

如果为有动作路径的对象再添加一个新的动画效果，并将其设置为“与上一动画同时”，则可以在幻灯片放映过程中获得移动对象的同时又呈现特定效果的情况。

17.2.4 通过触发器控制动画播放

触发器是自行制作的、可以插入幻灯片中的、带有特定功能的一类工具，用于控制幻灯片中已经设定的动画或者媒体的播放。触发器可以是形状、图片、文本框等对象，其作用相当于一个按钮，在演示文稿中设置好触发器功能后，单击触发器将会触发一个操作，该操作可以是播放多媒体音频、视频、动画等。

在幻灯片中选中一个音频或视频对象，或者一个已经设置好动画效果的对象，此时在【动画】选项卡“高级动画”功能组中的“触发”按钮将变为有效状态。单击“触发”按钮，弹出下拉菜单，鼠标移动到“单击”项上会在右侧弹出一个包含本张幻灯片所有对象的列表，在列表中选择用于触发器的对象，在幻灯片中，设置了触发器的对象的右上角处会出现一个触发器图标，放映此张幻灯片时，该对象原来设置的动画启动方式都将失效。只有单击触发器对象，才能播放与之关联的动画或音频、视频。触发器设置方法的实例见 16.7.1 小节的实例 31。

17.2.5 利用动画刷复制动画设置

利用“动画刷”功能，可以轻松、快速地将一个或多个动画从一个对象通过复制的方式应用到另一个对象上。在幻灯片中选中已应用了动画的文本或对象，在【动画】选项卡上的“高级动画”功能组中选择“动画刷”按钮，单击另一文本或对象，原动画设置即可复制到该对象。如果双击“动画刷”按钮，则可将同一动画设置复制到多个对象上。

17.2.6　删除或关闭动画效果

1. 删除动画效果

单击包含要移除动画的文本或对象，在【动画】选项卡上的“动画”功能组中，在动画列表中单击“无”；或者在幻灯片中选择该对象，此时动画窗格的动画列表中将突出显示该对象的所有动画，可以逐个删除或同时选中后删除。

2. 关闭动画效果

可以禁用演示文稿中所有动画。单击【幻灯片放映】选项卡上“设置幻灯片放映”按钮，在“设置放映”对话框中，勾选“放映时不加动画”复选框。

17.3　设计幻灯片切换效果

幻灯片的切换效果是指放映演示文稿时幻灯片进入和离开播放画面时的整体视觉效果。默认状态下，上一张幻灯片和下一张之间没有切换效果，如果想添加，则需手动进行设置。PowerPoint 提供多种切换样式，设置恰当的切换效果可以使幻灯片的过渡衔接更自然，提高演示的吸引力。可以控制切换效果的速度，添加声音，还可以自定义切换效果的属性。

17.3.1　为幻灯片应用切换方式

可以为多张幻灯片（属于一节、连续、不连续）设置同一种切换方式，也可以为每张幻灯片设置不同的切换方式。

选择准备应用同一种切换方式的幻灯片，在【切换】选项卡“切换到此幻灯片”功能组中打开切换方式列表（图 17－8），从中选择一个切换方式。在【切换】选项卡“预览”功能组中单击“预览”命令，可预览当前幻灯片的切换效果。

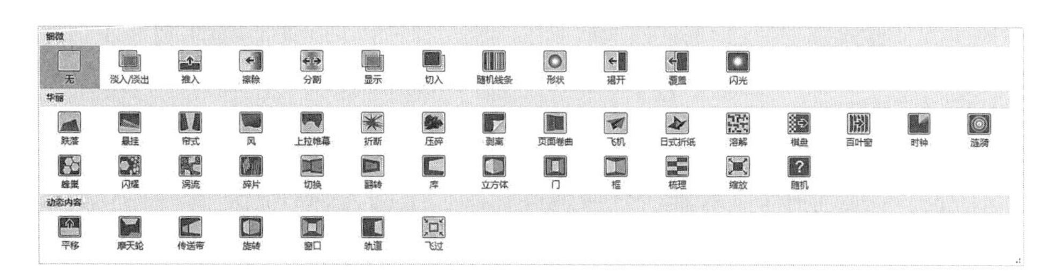

图 17－8　“幻灯片切换方式”列表

17.3.2　设置幻灯片切换属性

幻灯片切换属性包括效果选项、换片方式、持续时间和声音效果，如可设置“自右侧”效果、“单击鼠标时”换片、“打字机”声音等。

（1）在【切换】选项卡上的“切换到此幻灯片”功能组中单击“效果选项”按钮，在打开的下拉列表中选择一种切换属性。不同的切换效果类型可以有不同的切换属性，例如图 17－9（a）和图 17－9（b）展示的“显示”与“形状”的效果选项有不同的切换属性。

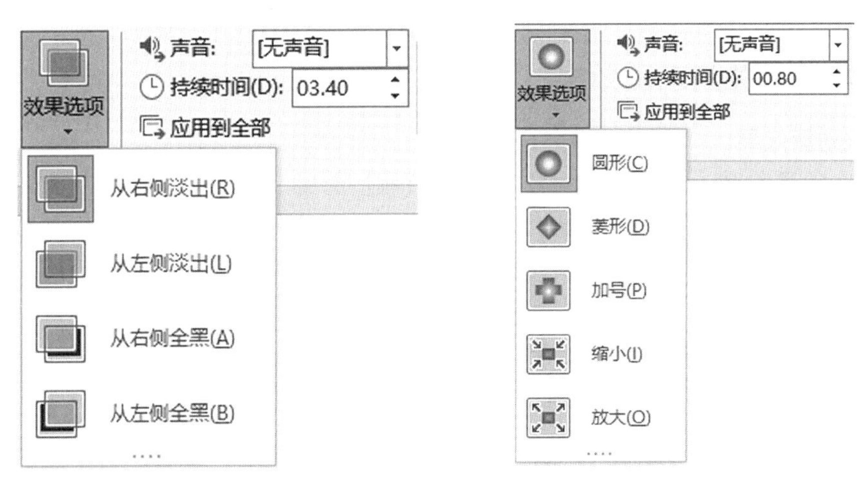

（a）“显示”切换方式的“效果选项”列表　　（b）“形状”切换方式的“效果选项”列表

图 17－9　“效果选项”列表

（2）在【切换】选项卡上的“计时”功能组右侧可设置换片方式。其中，“设置自动换片时间”表示经过该时间段后自动切换到下一张幻灯片。“计时”功能组左侧可设置切换时伴随的声音。在“声音”下拉列表中选择一种切换声音；在“持续时间”框中可设置当前幻灯片切换效果的持续时间，在 03 及以前版本中有设置切换效果快慢的选项，从 07 版本以后就用设置精确的“持续时间”控制切换效果的快慢。“计时”功能组如图 17－10 所示。

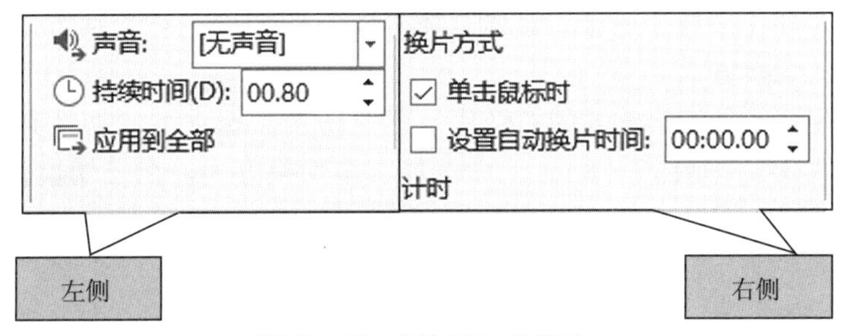

图 17－10　“计时”功能组

【实例 6】打开演示文稿“审计业务档案管理实务培训 . pptx”，第 1 节所有幻灯片的切换方式设置为自右侧“推入”效果，自动换片，换片时间为 5 秒；第 2 节所有幻灯片的切换方式设置为自左侧“擦除”效果，自动换片，换片时间为 8 秒；第 3 节所有幻灯片的切换方式设置为自顶部“覆盖”效果，自动换片，换片时间为 10 秒。

◆ 操作步骤：

①单击第 1 节的导航栏，该节的所有幻灯片被选中，在【切换】选项卡下的“计时”功能组中的“换片方式”功能区域中取消勾选“单击鼠标时”，勾选“设置自动换片时间”，并将自动换片时间设置为“00:05. 00”。

②选中第 1 节的所有幻灯片，在【切换】选项卡下的“切换到此幻灯片”功能组中打开切换方式列表，从中选择“推入”切换方式，单击右侧的“效果选项”按钮，在下拉列

表中选择“自右侧”

③使用同样的方法，为剩余的两节应用不同的切换方式，并设置切换属性。

• **注意**：①与②步骤的顺序可以调换，上文所采取的顺序有助于读者深入理解“自动换片”的含义，即换片时间独立于不同的切换方式，一次设置后，无论这页幻灯片的切换方式如何变换，决定放映幻灯片时这页幻灯片在屏幕上停留时间的“自动换片”时间不变。

17.4 检查并审阅演示文稿

17.4.1 检查演示文稿

在共享、传递演示文稿之前，通过检查功能，可以找出演示文稿中的兼容性问题、隐藏属性以及一些个人信息。也许需要将其中的个人信息删除。检查演示文稿的操作方法如下。

步骤 1：单击【文件】选项卡下“信息”按钮。

步骤 2：单击“检查问题”按钮，从下拉列表（图 17－11）中选择需要检查的项目。

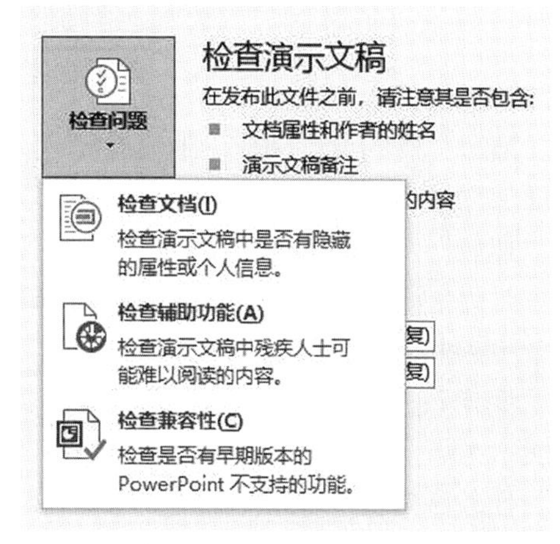

图 17－11 “检查问题”下拉列表

MS Office 二级考纲要求掌握“检查文档”项目的使用方法，单击“检查文档”命令，弹出“提示保存”对话框，单击“是”按钮，弹出“文档检查器”对话框，从中勾选需要检查的内容，单击“检查”按钮，将会对演示文稿中隐藏的属性及个人信息进行检查，并将结果显示在列表中，单击检查结果右侧的“全部删除”按钮，可删除相关信息。

【实例 7】打开演示文稿“审计业务档案管理实务培训 . pptx”，删除演示文稿中每张幻灯片的备注文字信息。

◆ **操作步骤**：

①单击【文件】选项卡下“信息”按钮。

②单击“检查问题”按钮，从下拉列表中选择“检查文档”。

③单击“提示保存”对话框中“是”按钮。

④确认勾选“文档检查器”中“演示文稿备注”复选框，单击“检查”按钮。

⑤在“审阅检查结果”中，单击“演示文稿备注”对应的“全部删除”按钮，即可删除全部备注文字信息，单击“关闭”按钮。

⑥保存并关闭演示文稿。

17.4.2 审阅演示文稿

当整个幻灯片编辑完成后，为确保幻灯片内容准确无误，通常都需要对幻灯片进行审阅。通过如图 17－12 所示的【审阅】选项卡上的相关工具，可以对演示文稿进行拼写与语法检查、中文简体/繁体相互转换、添加和编辑批注，并可实现不同演示文稿的比较与合并，其操作方法与 Word 中类似功能基本相同。同时，PowerPoint 还提供了对文本词句的在线翻译、英文同义词查询功能，可通过单击“语言”功能组里的“翻译”按钮和“校对”功能组里的“同义词库”按钮，分别会在任务窗格区中显示“信息检索”窗格和“同义词库”窗格，从中进行操作和浏览。

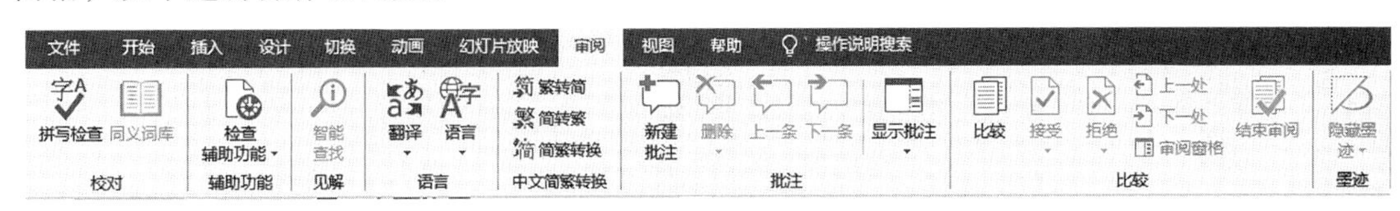

图 17－12 【审阅】选项卡

1. “比较”按钮

演示文稿的设计制作，通常会产生过程稿，也会因协同工作产生多个版本，还会因共享或征求意见产生修改稿。PowerPoint 虽未提供 Word 的“修订”功能，但也可通过演示文稿的“比较”功能，辅助制作者完成修订审阅工作。

对两个演示文稿进行比较，并对修订部分进行审阅的操作方法如下：

步骤1：在打开的演示文稿中，单击【审阅】选项卡上的“比较”功能组中的“比较”按钮。

步骤2：在弹出的“选择要与当前演示文稿合并的文件”对话框中，选择需要进行对比的演示文稿，然后单击“合并”按钮，此时，演示文稿处于修订审阅状态，右侧显示“修订”任务窗格。

步骤3：在“修订”任务窗格的“详细信息”页中，有“幻灯片更改”和“演示文稿更改”两个列表框，其中“演示文稿更改”列表框中罗列对演示文稿属性的修订记录，“幻灯片更改”列表框中仅罗列当前幻灯片出现修订的记录和批注信息，如果当前幻灯片未做任何修改，则会提示“未更改此幻灯片。下一组更改在幻灯片 x 上”。

在当前幻灯片中，凡是有更改的对象，其右上角会出现修订标志；在“大纲|幻灯片”窗口中，对演示文稿属性更改的幻灯片缩略图上方也会出现修订标志。

步骤4：单击“幻灯片更改”或“演示文稿更改”列表框中的某条修订记录，或者直接单击幻灯片上的修订标志，在修订标志的右侧会弹出该修订的具体更改项，勾选某项更改等同于单击【审阅】选项卡中“比较”功能组中的“接受”命令，表明接受修订，不勾选代表拒绝修订。

步骤5：单击【审阅】选项卡中“比较”功能组中的“接受”或“拒绝”命令的下拉按钮，则会弹出命令菜单，用于接受或拒绝单个修订、当前幻灯片所有修订或者当前演示文稿所有修订。

【实例8】打开演示文稿“新入职员工规章制度培训. pptx”，比较与演示文稿“内容修订 . pptx”的差异，接受其对于文字内容的所有修改（其他差异可忽略）。

◆ 操作步骤：

①单击【审阅】选项卡上的“比较”功能组中的“比较”按钮，弹出“选择要与当前演示文稿合并的文件”对话框，浏览并选中目标文件夹下的“内容修订”文件，单击“合并”按钮。

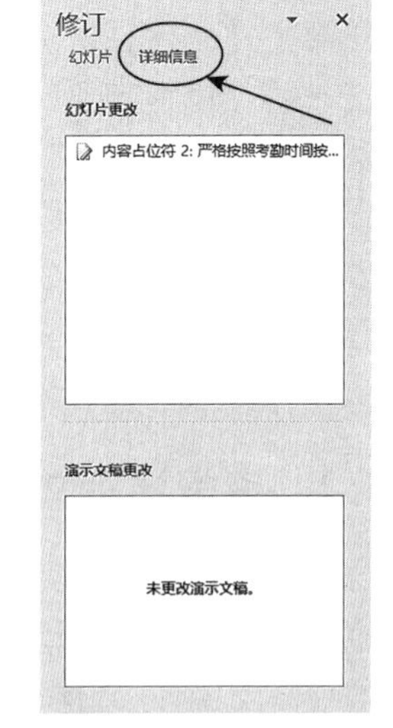

图 17－13 “修订”任务窗格

②在“修订”任务窗格（图 17－13）的“详细信息”中

检查幻灯片更改情况，没有对文字内容修改的可以忽略。经过检查每一页幻灯片更改情况，发现第 6、第 14、第 15 页幻灯片做了对文字内容的修改。

③选中第 6 张幻灯片，单击右侧“修订”任务窗格中的“内容占位符 2”，将左侧出现的下拉列表中所有选项全部勾选，如图 17－14 所示；按照同样的方法将第 14 和第 15 张幻灯片中出现的列表框中所有选项全部勾选。

全部更改为"内容占位符 2"
插入 "8:15-" (未知用户)
删除 "8;15-" (未知用户)
插入 ") " (未知用户)

图 17－14 “幻灯片更改”列表框

④单击“比较”功能组中的“结束审阅”按钮，在弹出的提示对话框中单击“是”按钮。

⑤保存并关闭演示文稿。

2. 新建、删除批注

（1）新建批注。在【审阅】选项卡上的“批注”功能组中单击“新建批注”按钮，在“批注”任务窗格的文本框中输入文本即可新建批注。

【实例 9】打开演示文稿 PPT57. pptx，在第 1 张幻灯片中添加批注，内容为“圣方济各又称圣法兰西斯。”。

◆ 操作步骤：

①选中第 1 张幻灯片，在【审阅】选项卡上的“批注”功能组中单击“新建批注”按钮，在“批注”任务窗格的文本框中输入“圣方济各又称圣法兰西斯。”“批注”任务窗格如图 17－15。

图 17－15 “批注”任务窗格

②保存并关闭演示文稿。

具有批注的对象由批注图标表示单击图标以查看有关“批注窗格”中对象的批注。要在批注之间移动，可单击“批注窗格”顶部或者“批注”功能组中的“上一条”或“下一条”按钮。

在要回复的批注中，单击“回复”。在文本输入框中键入答复，然后按 Tab 键完成。

（2）删除批注。右键单击要删除批注的批注图标，在快捷菜单中单击“删除批注”，或者在“批注”窗格中，单击要删除的批注，然后单击右上方的“删除批注”按钮×。

3. 中文简繁转换

在【审阅】选项卡中，可以对演示文稿进行中文简繁转换，操作方法与 Word 中的类似，此处不赘述。

【实例 10】打开演示文稿“新入职员工规章制度培训 . pptx”，将演示文稿的内容转换为繁体，但不要转换常用的词汇用法。

◆ 操作步骤：

单击【审阅】选项卡下“中文简繁转换”功能组中的“简繁转换”按钮，弹出“中文简繁转换”对话框（图 17－16），选择“简体中文转换为繁体中文”，单击“确定”按钮完成转换。

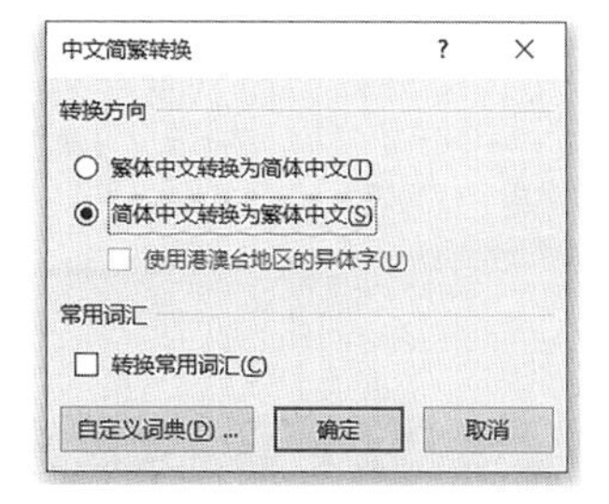

图 17－16 “中文简繁转换”对话框

17.5 保护演示文稿

演示文稿的制作是一项设计性、创新性工作，形成的成果可能属于知识产权、商业秘密或者隐私的范畴，需要进行保护。演示文稿可以通过“标记为最终状态”“用密码进行加密”“限制访问”“添加数字签名”等功能对文档进行不同级别的保护。通过限制访问和数字签名的方式保护需要获得相应的服务或授权，可查询相关帮助，本书不做描述。

17.5.1 将演示文稿标记为最终状态

完成演示文稿的制作后，可以将其标记为最终状态，此时演示文稿将处于只读状态，不可编辑修改，起到了一定的保护文档作用。方法如下：

步骤1：单击【文件】选项卡下“信息”按钮。

步骤2：单击“保护演示文稿”按钮，从下拉列表（图17－17）中选择“标记为最终”选项。将弹出一个确认对话框，单击“确定”按钮后屏幕将弹出一个含义为“文档已被标记为最终状态”的信息提示对话框，同时在工作窗口功能区的下方出现一条黄色的提示防止编辑信息，如图17－18所示。此时，演示文稿在逻辑上被标记为只读状态，但演示文稿的文件属性并没有设置为只读。如果想对标记为最终状态的演示文稿再进行修改编辑，则只需在黄色提示信息条上单击“仍然编辑”按钮，就可以取消最终状态的标记。

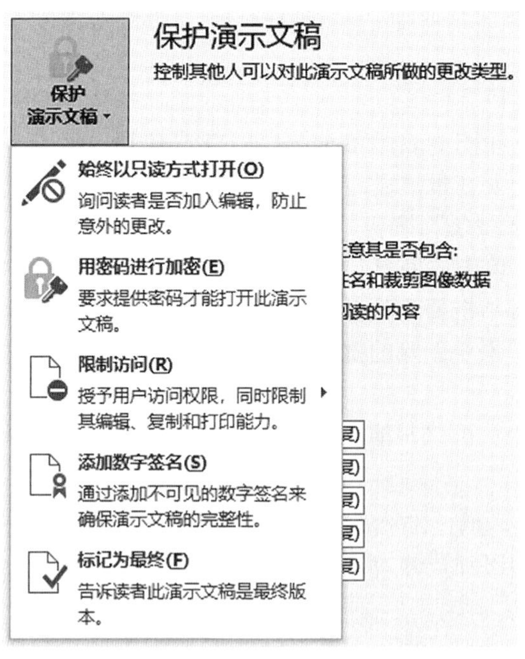

图17－17 “保护演示文稿”对话框

图17－18 “标记为最终状态”提示信息条

17.5.2 用密码保护演示文稿

为了避免演示文稿被非法打开或内容泄露，可以通过密码保护的方式对演示文稿进行加密，PowerPoint 在打开演示文稿文件时会要求输入密码，密码输入正确后才能加载该演示文稿的内容。方法如下：

步骤1：单击【文件】选项卡下“信息”按钮。

步骤2：单击“保护演示文稿”按钮，从下拉列表中选择“用密码进行加密”选项。将弹出“加密文档”对话框，在“密码”编辑框中输入要设置的密码，单击“确定”按钮。再次弹出“确认密码”对话框，输入同样的密码后单击“确定”按钮。

设置了密码的演示文稿，“保护演示文稿”按钮及其说明信息的位置将出现黄色底纹。如果想取消演示文稿的密码保护，在正确打开该演示文稿后，在“加密文档”对话框的“密码”编辑框中删除所有字符，然后单击“确定”按钮即可删除密码。

第 18 章　放映或共享演示文稿

设计和制作完成后的演示文稿需要面对观众进行放映演示才能达到最终的目的。由于使用场合的不同，PowerPoint 提供幻灯片放映设置功能；为了方便与他人共享演示文稿，还可以将演示文稿打包输出、转换其他格式输出并可进行打印。

18.1　放映演示文稿

演示文稿制作完成后，可通过下述方法进入幻灯片放映视图观看幻灯片演示效果。

（1）按 F5 键。

（2）按 Shift + F5 组合键。

（3）在【幻灯片放映】选项卡上的“开始放映幻灯片”功能组中单击“从头开始”按钮。

（4）在【幻灯片放映】选项卡上的“开始放映幻灯片”功能组中单击“从当前幻灯片开始”按钮。

（5）在工作窗口右下方的视图切换区中单击“幻灯片放映”按钮。

幻灯片放映视图会占据整个计算机屏幕，放映过程中可以看到文字、图形、计时、动画效果和切换效果在实际演示中的具体效果。其中，方法（1）和（3）为从第 1 张幻灯片开始播放，方法（2）、（4）和（5）为从当前幻灯片开始播放。

在播放过程中，键盘和鼠标是最常规、最方便的播放控制手段。例如，按空格、Enter、PageDown、→、↓键，单击鼠标左键，轻微向后滚动鼠标滚轮，可以播放下一个动画或切换到下一个幻灯片；按 Backspace、PageUp、↑、←键，轻微向前滚动鼠标滚轮，可以返回上一个动画或上一个幻灯片；按 Home 键，跳转到第一张幻灯片；按 End 键，跳转到最后一张幻灯片；按 Esc 键，可退出幻灯片放映。

18.1.1　幻灯片放映控制

幻灯片可以通过不同的放映方式进行放映，可以在放映过程中添加标记，还可以做一些特殊控制。

1. 隐藏幻灯片

对于演示文稿中不准备放映的幻灯片可以用幻灯片放映下拉菜单中的“隐藏幻灯片”命令隐藏，被隐藏的幻灯片序号上有一条斜线，被隐藏的幻灯片在放映过程中将被跳过。

【实例 1】打开演示文稿“第 1 章计算机基础知识 . pptx”，隐藏第 5 ~ 16 张幻灯片。

◆ **操作步骤：**

①选择第 5 ~ 16 张幻灯片，在“幻灯片放映”选项卡上的“设置”功能组中单击“隐藏幻灯片”按钮，或者在缩略图窗格中右击某一张被选定幻灯片，在快捷菜单中选择“隐藏幻灯片”命令。

②保存并关闭演示文稿。

● **注意：** 选择被隐藏的幻灯片，再次单击“隐藏幻灯片”按钮，可取消幻灯片的隐藏状态。

2. 设置放映方式

在【幻灯片放映】选项卡上的“设置”功能组中单击“设置幻灯片放映”按钮，打开“设置放映方式”对话框（图 18－1）。

图 18－1　“设置放映方式”对话框

（1）“放映类型”设置。“放映类型”功能组提供了 3 种放映类型供选择。

演讲者放映（全屏幕）：用于运行全屏显示的演示文稿。这是最常用的方式，通常用于演讲者自行播放演示文稿，演讲者具有完整的控制权，并可采用自动或人工方式进行放映。需要将幻灯片投射到大屏幕上时，也可以使用此方式。

观众自行浏览（窗口）：选择此项可运行小规模的演示文稿。这种演示文稿将出现在小型窗口内，并提供在放映时移动、编辑、复制和打印幻灯片的命令。在此方式下，不能单击鼠标进行放映，可以使用滚动条从一张幻灯片移动到另一张幻灯片，也可以使用键盘上的 Page Down、Page Up 键进行控制。还可显示“Web”工具栏，以便显示其他的演示文稿和 Office 文档。

在展台浏览（全屏幕）：用于自动运行演示文稿。例如，在展览会场中，如摊位、展台或其他地点需要运行无人照管的幻灯片放映，可以设置成这种方式，并且每次放映完毕后重新启动。

（2）循环放映演示文稿。在公共场所播放的演示文稿，如产品展示类、企业形象类演示文稿，一般都需要设置成循环播放的方式，以便演示文稿播放完成后自动从头开始再次播放。

在“设置放映方式”对话框的“放映选项”功能组中勾选“循环放映，按 ESC 键终止”，在播放演示文稿时会自动循环放映。

（3）“推进幻灯片”功能组。在“推进幻灯片”功能组中可以选择控制放映时幻灯片的换片方式。“演讲者放映（全屏幕）”和“观众自行浏览（窗口）”放映方式通常采用“手动”换片方式；而“在展台浏览（全屏幕）”方式通常进行了事先排练，可选择“如果出现计时，则使用它”换片方式，令其自行播放。

【实例 2】打开演示文稿介绍“第二次世界大战 . pptx”，设置演示文稿由观众自行浏览、“循环放映，按 Esc 键终止”的放映方式、“手动”换片。

◆ 操作步骤：

①单击【幻灯片放映】选项卡下“设置”功能组中的“设置幻灯片放映”按钮，弹出“设置放映方式”对话框，将“放映类型”设置为“观众自行浏览（窗口）”，将“放映选项”设置为“循环放映，按 Esc 键终止”，将“推进幻灯片”设置为“手动”，单击“确定”按钮。

②保存并关闭演示文稿。

（4）“放映幻灯片”功能组。在“放映幻灯片”功能组中，可以选择播放全部，也可以通过设定开始序号和终止序号来确定幻灯片的放映范围。也可以选择“自定义放映”下拉列表中的某种方案进行播放，自定义放映的设置方法参见第 18. 1. 3 小节的内容。

【实例 3】打开演示文稿“辽宁号航空母舰 . pptx”，设置演示文稿为循环放映方式，每页幻灯片的放映时间为 10 秒，在自定义循环放映时不包括最后一页的致谢幻灯片。

◆ 操作步骤：

①选中所有幻灯片，在【切换】选项卡上的“计时”功能组中的“换片方式”功能区域中取消勾选“单击鼠标时”，勾选“设置自动换片时间”，并将自动换片时间设置为“00:10. 00”。

②单击【幻灯片放映】选项卡上的“设置”功能组中的“设置幻灯片放映”按钮，弹出“设置放映方式”对话框，在“放映选项”中勾选“循环放映，按 ESC 键终止”；在“放映幻灯片”中选择“从 1 到 9”（不包括最后一页的致谢幻灯片即可）；“推进幻灯片”设为“如果出现计时，则使用它”，单击“确定”按钮。

③保存并关闭演示文稿。

（5）“多监视器”功能组。在“多监视器”功能组中，当计算机连接了多个监视器（包含显示器、投影仪等显示设备）时，可以进行设置以获得最合适的演示效果。在“幻灯片放映监视器”下拉列表中，除了“自动”外，还会罗列出计算机连接的所有监视器，选择某个监视器，则幻灯片就在这个监视器上放映；如果选择“自动”，则默认在“监视器 2”中放映，如果勾选了“使用演示者视图”，则在“监视器 2”中放映幻灯片的同时，在“主要监视器”上会放映演示者视图。

在“演示者视图”中，左侧显示的内容与全屏放映视图一致，并可以进行幻灯片的放映控制；右侧上半部分显示下一张或下一个动画的幻灯片缩略图，下半部分显示当前幻灯片的备注信息。这种方式非常方便演示者进行汇报、演讲和授课。

3. 在放映中添加注释

为了使观看者更加了解幻灯片所表达的意思，可以在演示过程中向幻灯片添加标注。

【实例 4】放映演示文稿“新入职员工规章制度培训 . pptx”，并使用荧光笔工具圈住第 6 张幻灯片中的文本“请假流程:”（需要保留墨迹注释）。

◆ 操作步骤：

①选中第 6 张幻灯片，单击【幻灯片放映】选项卡下“开始放映幻灯片”功能组中的“从当前幻灯片开始”按钮。

②在放映状态下，单击鼠标右键，在弹出的快捷菜单中选择“指针选项/荧光笔”，此时鼠标光标变成荧光笔样式，绘制一个图形将“请假流程:”文本圈住。

③单击鼠标右键，在弹出的快捷菜单中选择“结束放映”命令，弹出“是否保留墨迹注释”，单击“保留”按钮。

④保存并关闭演示文稿。

可以给标注用的绘图笔设置不同的颜色。在放映状态下，单击鼠标右键，在弹出的快捷菜单中选择“指针选项/墨迹颜色”命令，在“墨迹颜色”列表中，单击一种颜色。

在注释添加错误时，或是幻灯片讲解结束时，可以将注释消除。在放映状态下，在添加有注释的幻灯片中，单击鼠标右键，在弹出的快捷菜单中选择“指针选项/橡皮擦”命令，当鼠标光标变为 时，在幻灯片中有注释的地方，按鼠标左键并拖动，即可擦除注释。

18.1.2 应用“排练计时”

为了更加准确地估计演示时长，可以事先对放映过程进行排练并记录排练时间。

在【幻灯片放映】选项卡上的“设置”功能组中单击“排练计时”按钮，幻灯片进入放映状态，同时弹出“录制”工具栏（图18－2），显示当前幻灯片的放映时间和当前的总放映时间。

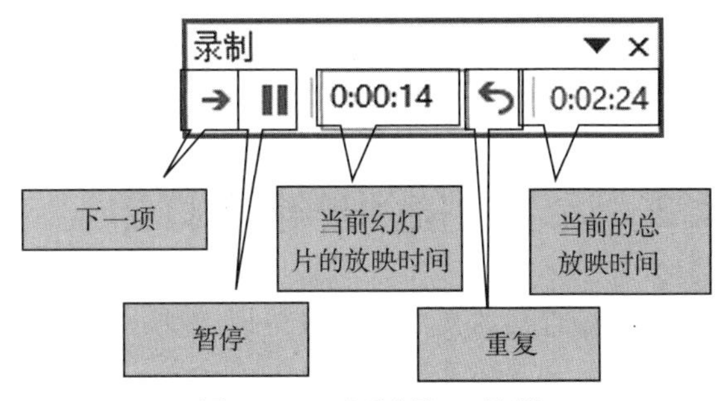

图18－2 “录制”工具栏

单击“下一项”按钮，可继续放映当前幻灯片中的下一个动画对象或进入下一张幻灯片。当进入新的一张幻灯片放映时，幻灯片放映时间会重新计时，总放映时间累加计时。其间可以通过单击“暂停”按钮暂停幻灯片放映的录制。

幻灯片放映排练结束时，或者中途单击“关闭”按钮或按Esc键，弹出是否保存排练时间对话框，如果选择“是”，则在幻灯片浏览视图下每张幻灯片的左下角显示该张幻灯片放映时间。单击选中某张幻灯片，在【切换】选项卡上的“计时”功能组的“设置自动换片时间”编辑框中，可以修改当前该张幻灯片的放映时间，如图18－3所示。

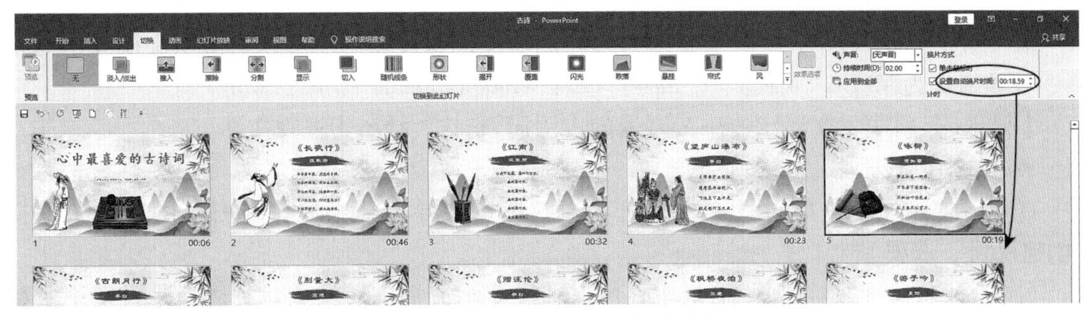

图18－3 修改幻灯片的播放时间

18.1.3 自定义幻灯片放映

PowerPoint提供的自定义放映功能，可以在不改变演示文稿内容的前提下，只对放映内容进行重新组合，从而适应不同的演示需求。

【实例5】在演示文稿“心中最喜爱的古诗词.pptx”中创建两个演示方案，第一个演示方案包含第1、第7、第8、第12张幻灯片，并将该演示方案命名为“放映方案1”；第二个演示方案包含第1、第5、第11、第13、第14张幻灯片，并将该演示方案命名为“放映方案2”。

◆ 操作步骤：

①在【幻灯片放映】选项卡“开始放映幻灯片”功能组中单击“自定义幻灯片放映”按钮，选择“自定义放映”命令，弹出“自定义放映”对话框。

②在对话框中单击“新建”按钮，弹出“定义自定义放映”对话框，在“幻灯片放映名称”文本框中输入“放映方案1”。在“在演示文稿中的幻灯片”列表框中勾选上“1. 心中最喜爱的古诗词”，然后单击“添加”命令即可将幻灯片1添加到“在自定义放映中的幻灯片”列表框中。

③按照同样的方式分别将幻灯片7、幻灯片8、幻灯片12添加到右侧的列表框中。

④单击“确定”按钮后返回“自定义放映”对话框。

⑤按照①~④的方法创建演示方案“放映方案2”。

⑥保存并关闭演示文稿。

18.2 演示文稿的导出和打印

制作好的演示文稿，不仅可以放映供人观看，或与他人共享，还可以将其转换为其他格式进行传送，或将其打印在纸张上。PowerPoint 提供了多种共享、输出演示文稿的方法，用户可以将制作出来的演示文稿输出为多种形式，以满足在不同环境下的需要。本节将对导出和打印演示文稿的方法进行讲解。

18.2.1 导出演示文稿

PowerPoint 可以将制作完成的演示文稿发布为视频文件，也可以打包到 CD，还可以转换为其他格式的文件。

1. 导出为视频文件

在 PowerPoint 2016 中提供了导出为视频的功能，通过该功能可以将演示文稿导出为视频，视频格式为 MPEG-4 视频（.mp4）或者 Windows Media 视频（.wmv）。

【实例6】将演示文稿“心中最喜爱的古诗词.pptx”导出为视频文件。

◆ 操作步骤：

①打开演示文稿，单击【文件】选项卡，选择“导出”命令，在右侧的窗格中选择“创建视频”选项。

②在右侧的“创建视频”面板中，可以选择演示文稿的转换质量、选择是否使用录制的计时和旁白，设置放映每张幻灯片的秒数，如图18-4所示。

③单击“创建视频”按钮，此时会弹出“另存为”对话框，选择保存视频文件的类型（.mp4或者.wmv），输入文件名，选择保存位置后，单击“保存”按钮，开始创建视频。

• 注意： 创建视频过程中，可以通过查看屏幕底部的状态栏来跟踪视频创建过程。创建视频所需时间的长短取决于演示文稿的复杂程度，有可能需要几个小时甚至更长的时间。创建完成后，若要播放新创建的视频，可打开相应的文件夹，然后双击该视频文件。

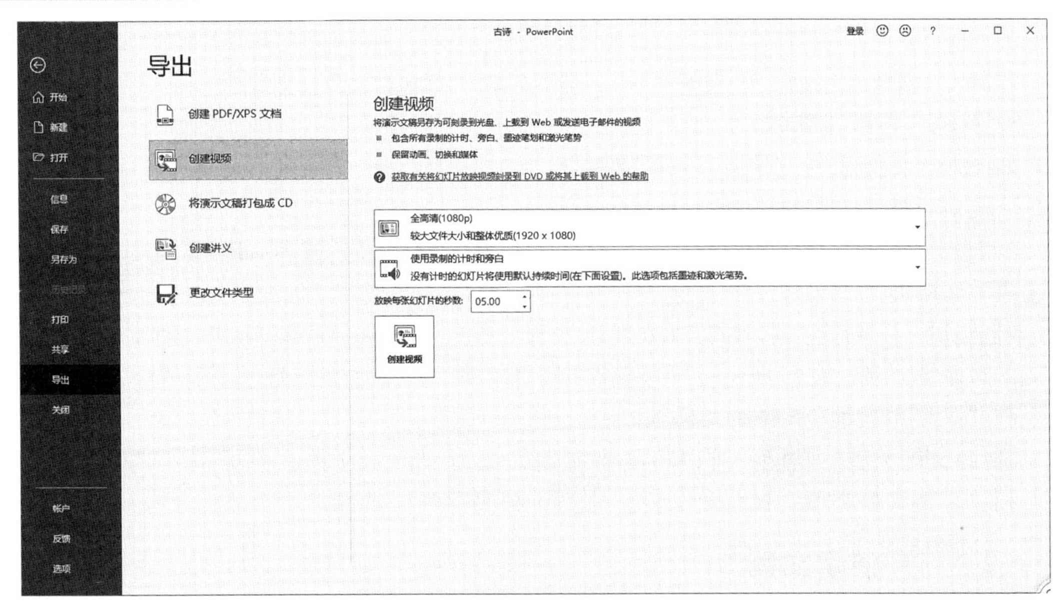

图 18－4　将演示文稿发布为视频文件

2. 将演示文稿打包成 CD

可以将演示文稿打包到磁盘的文件夹或 CD 光盘上，如果要成功打包到 CD 光盘，前提是需要配备刻录机和空白 CD 光盘。打包操作步骤如下：

步骤 1：打开演示文稿，单击【文件】选项卡，选择“导出”命令，在右侧的窗格中选择“将演示文稿打包成 CD”选项。

步骤 2：在右侧的面板上，单击“打包成 CD”按钮，弹出“打包成 CD”对话框，如图 18－5 所示。

步骤 3：在此对话框中，可以为此 CD 命名，可以通过“添加”“删除”按钮操作，增加和删除要打包的演示文稿和其他文件。单击“选项”按钮，在弹出的“选项”对话框中（图 18－6），

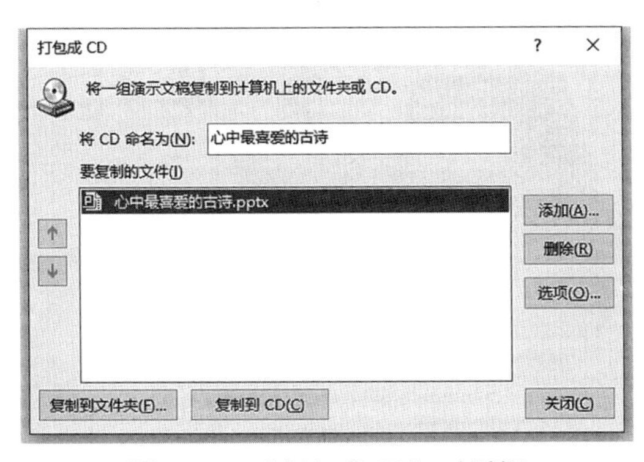

图 18－5　“打包成 CD”对话框

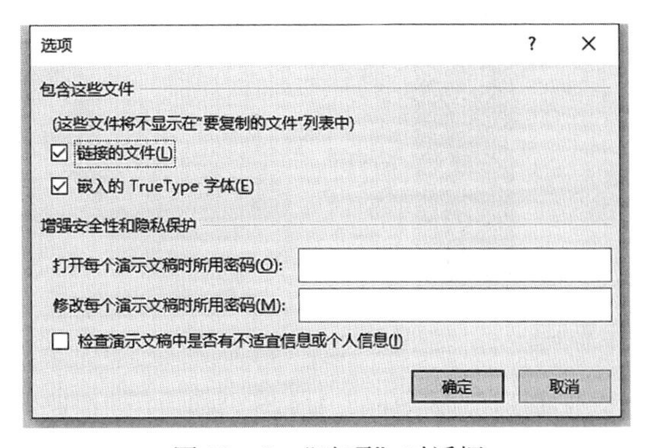

图 18－6　“选项”对话框

可以设置嵌入的字体和演示文稿的密码。在默认情况下，打包内容包含与演示文稿相关的链接的文件和嵌入的 TrueType 字体。

步骤4：单击“复制到文件夹”按钮，可将演示文稿打包到指定的文件夹中；单击“复制到 CD”按钮，在可能出现的提示对话框中单击“是”，则将演示文稿打包并刻录到事先放好的 CD 上。

步骤5：打包结束后，单击“关闭”按钮关闭“打包成 CD”对话框。

3. 其他“导出”功能

如图 18－4 所示的“导出”页面有包含“创建视频”和“将演示文稿打包成 CD”在内共5个选项，其他3项的功能如下：

“创建 PDF/XPS 文档”功能：可以将演示文稿发布为 PDF 或者 XPS 文档，相当于另存为这两种文档类型的文件。

“创建讲义”功能：采用向 Word 发送内容的方式，在 Microsoft Word 中创建演示文稿的讲义，并提供“备注在幻灯片旁”“空行在幻灯片旁”“备注在幻灯片下”“空行在幻灯片下”和“只使用大纲”5种讲义模式。

“更改文件类型”功能：可以将演示文稿另存为“演示文稿文件类型”“图片文件类型”和“其他文件类型”的多种文件，相当于“另存为”功能。

18.2.2 打印演示文稿

PowerPoint 的打印功能非常强大，不仅可以将幻灯片打印到纸上，还可以打印到投影胶片上通过投影仪来放映。

单击【文件】选项卡，选择“打印”命令，打开如图 18－7 所示的“打印”页面。在右侧的窗格中预览演示文稿效果，在中间的选项区中进行相关的打印设置。“打印”窗格中各选项的主要作用如下：

图 18－7 “打印”页面

“份数”数值框：用来设置打印的份数。

“打印机”下拉列表框：自动调用系统默认的打印机，当用户的电脑上装有多台打印机时，可以根据需要选择打印机或设置打印机的属性。

“打印全部幻灯片”下拉列表框：用来设置打印范围，系统默认打印当前演示文稿中的所有内容，用户可以选择打印当前幻灯片或在其下的“幻灯片”文本框中输入需要打印的幻灯片编号。

“整页幻灯片”下拉列表框：用来设置打印的版式、边框和大小等参数。

“单面打印”下拉列表框：用来设置单面或双面打印。

“对照”下拉列表框：用来设置打印排列顺序。

“灰度”下拉列表框：用来设置幻灯片打印时的颜色。

【实例7】打开演示文稿“食物中的水为什么如此奇妙.pptx”，设置使用黑白模式打印时，第5张和第10张幻灯片中的图片不会被打印。

◆ **操作步骤：**

①单击【视图】选项卡下“颜色/灰度”功能组中的“黑白模式”按钮，切换到“黑白模式”。

②选中第5张幻灯片中的图片对象，单击“更改多选对象”功能组中的“不显示”按钮。

③选中第10张幻灯片中的图片对象，单击“更改多选对象”功能组中的“不显示”按钮。

④单击“返回颜色视图”按钮。

⑤保存并关闭演示文稿。

• **注意：**PowerPoint可以用彩色、灰度或黑白打印演示文稿的幻灯片、大纲、备注和讲义。

参 考 文 献

段文宾，2020. MS Office 高级应用教程——全国计算机二级等级考试辅导［M］. 北京：清华大学出版社.

何鹍，吴爽，刘光洁，2019. 计算机公共基础与 MS Office 高级应用［M］. 北京：科学出版社.

教育部考试中心，2021. 全国计算机等级考试二级教程——MS Office 高级应用［M］. 北京：高等教育出版社.

姚志鸿，郑宏亮，张也非，2021. 大学计算机基础（Windows 10 + Office 2016）［M］. 北京：科学出版社.

邹山花，陈国俊，孙雪凌，2020. 计算机基础及 MS Office 高级应用［M］. 上海：上海交通大学出版社.